Mastercam 2019 中文版
标准实例教程

袁涛　胡仁喜　等编著

机 械 工 业 出 版 社

本书基于大中专院校机械加工专业数控加工课堂教学需要，结合当前应用广泛、功能强大的CAD/CAM软件Mastercam 2019，对Mastercam数控加工的各种基本方法和技巧进行了详细介绍。

全书分为8章，分别介绍了从设计和加工两个方面全面介绍了Mastercam的使用方法与技巧，设计功能方面介绍了二维以及三维图形绘制与编辑、曲面和曲线的创建与编辑等知识；加工功能方面介绍了二维和三维加工等知识。

本书最大的特点是实例非常丰富，基本做到了一个知识点配一个实例，通过实例讲解帮助读者迅速掌握知识点的功能特点。

为了配合学校师生利用此书进行教学的需要，随书配送了电子资料包，内含全书实例操作过程录屏讲解MP4文件和实例源文件。为了增强教学的效果，更进一步方便读者的学习，编者亲自对实例动画进行了配音讲解，通过登录百度网盘，下载本书实例的操作过程视频MP4文件，读者可以像看电影一样轻松愉悦地学习本书。

本书可以作为机械制造相关专业大中专院校的授课教材，也可以作为机械加工从业人员或爱好者的自学辅导教材。

图书在版编目（CIP）数据

Mastercam 2019中文版标准实例教程/袁涛等编著. —4版. —北京：机械工业出版社, 2019.6

ISBN 978-7-111-62973-3

Ⅰ.①M… Ⅱ.①袁… Ⅲ.①数控机床－加工－计算机辅助设计－应用软件－教材 Ⅳ.①TG659-39

中国版本图书馆CIP数据核字(2019)第115103号

机械工业出版社（北京市百万庄大街22号 邮政编码100037）
策划编辑：曲彩云 责任编辑：曲彩云
责任校对：刘秀华 责任印制：郜 敏
北京中兴印刷有限公司印刷
2019年8月第4版第1次印刷
184mm×260mm・22.5印张・551千字
0001－3000册
定价：79.00元

电话服务
客服电话：010-88361066
010-88379833
010-68326294

客服网址
机工官网：www.cmpbook.com
机工官博：weibo.com/cmp1952
金书网：www.golden-book.com
机工教育服务网：www.cmpedu.com

前　言

Mastercam 是美国 CNC Software 公司开发的一套 CAD/CAM 软件，利用这个软件，可以辅助使用者完成产品从设计到制造全过程中最核心的问题。由于其诞生较早且功能齐全，特别是在 CNC 编程上快捷方便，已成为国内外制造业广泛采用的 CAD/CAM 集成软件之一，主要用于机械、电子、汽车、航空等行业，特别是在模具制造业中应用尤为广泛。

本书分为 8 章，分别介绍了从设计和加工两个方面全面介绍了 Mastercam 的使用方法与技巧，设计功能方面介绍了二维以及三维图形绘制与编辑、曲面和曲线的创建与编辑等知识；加工功能方面介绍了二维和三维加工等知识。

本书最大的特点是实例非常丰富，基本做到了一个知识点配一个实例，通过实例讲解帮助读者迅速掌握知识点的功能特点。

本书编者长期从事 Mastercam 专业设计与制造实践和教学工作，对 Mastercam 有很深入的了解。书中的每个实例都是编者独立设计和加工的真实零件，每一章都提供了独立、完整的零件加工过程，每个操作步骤都有简洁的文字说明和精美的图例展示。“授人以鱼不如授人以渔”，本书的实例安排本着“由浅入深，循序渐进”的原则，力求使读者“用得上、学得会、看得懂”，并能够学以致用，从而尽快掌握 Mastercam 设计中的诀窍。

编者根据自己多年的实践经验，从易于上手和快速掌握的实用角度出发，侧重于讲述具体加工方法，以及在加工过程中可能遇到的一些疑难问题的解决方法与技巧。在各个章节中先就内容进行讲解，然后再配合实际的操作范例来介绍各个部分的重要功能。从零件加工的要求进行分析，不但讲述机械零件的加工过程，更从不同角度讲述了加工方法的思考方式，使读者学习 Mastercam 能够举一反三，触类旁通。

为了配合各学校师生利用此书进行教学的需要，随书配送了电子资料包，内含全书实例操作过程录屏讲解 MP4 文件和实例源文件。为了增强教学的效果，更进一步方便读者的学习，编者亲自对实例动画进行了配音讲解。读者可以登录百度网盘地址：https://pan.baidu.com/s/1ny-7 KMPInIFMzChHKh-k0A 下载，密码：5h4y（如果没有百度网盘，需要先注册一个才能下载）。

本书可作为机械制造相关专业大中专学校的授课教材，也可以作为机械加工从业人员或爱好者作为自学辅导教材。

本书由陆军工程大学军械士官学校的袁涛老师和河北交通职业技术学院的胡仁喜老师主要编写，其中袁涛执笔编写了第 1~6 章，胡仁喜执笔编写了第 7~8 章。刘昌丽、杨雪静、康士廷、张日晶、孟培、孙立明、闫聪聪、卢园、张俊生、李瑞、董伟、王玉秋、王敏、王玮、王义发、王培合、周冰、王艳池、解江坤、井晓翠、张亭、王泽朋、毛瑢等参加了部分章节的编写工作。

由于时间仓促、编者水平有限，书中错误、纰漏之处在所难免，欢迎广大读者、同仁登录网站www.sjzswsw.com或联系 win760520@126.com批评指正，编者将不胜感激。也欢迎加入三维书屋图书学习交流群 QQ：761564587 交流探讨。

编　者

目　录

1.1 Mastercam 简介

1.1.1 功能特点

Mastercam 2019 共包含五种机床类型模块：“设置”模块，“铣床”模块，“车床”模块，“线切割”模块，“木雕”模块。“设置”模块用于被加工零件的造型设计，“铣床”模块主要用于生成铣削加工刀具路径，“车床”模块主要用于生成车削加工刀具路径，“线切割”模块主要用于生成线切割加工刀具路径，“木雕”模块主要用于生成雕刻。本书对应用最广泛的“设置”模块和“铣床”模块进行介绍。

Mastercam 主要完成三个方面的工作。

1. 二维或三维造型

Mastercam 可以非常方便地完成各种二维平面图形的绘制工作，并能方便地对它们进行尺寸标注、图案填充（如画剖面线）等操作。同时它也提供了多种方法创建规则曲面（圆柱面、球面等）和复杂曲面（波浪形曲面、鼠标状曲面等）。

在三维造型方面，Mastercam 采用目前流行的功能十分强大的 Parasolid 核心（另一种是 ACIS）。用户可以非常随意地创建各种基本实体，再联合各种编辑功能可以创建任意复杂程度的实体。创建出来的三维模型可以进行着色、赋材质和设置光照效果等渲染处理。

2. 生成刀具路径

Mastercam 的终极目标是将设计出来的模型进行加工。加工必须使用刀具，只要被运动着的刀具接触到的材料才会被切除，所以刀具的运动轨迹（即刀路）实际上就决定了零件加工后的形状，因而设计刀具路径是至关重要的。在 Mastercam 中，可以凭借加工经验，利用系统提供的功能选择合适的刀具、材料和工艺参数等完成刀具路径的工作，这个过程实际上就是数控加工中最重要的部分。

3. 生成数控程序，并模拟加工过程

完成刀具路径的规划以后，在数控机床上正式加工，还需要一份对应于机床控制系统的数控程序。Mastercam 可以在图形和刀具路径的基础上，进一步自动和迅速地生成这样的程序，并允许用户根据加工的实际条件和经验修改，数控机床采用的控制系统不一样，则生成的程序也有差别，Mastercam 可以根据用户的选择生成符合要求的程序。

为了使用户非常直观地观察加工过程、判断刀具轨迹和加工结果的正误，Mastercam 提供了一个功能齐全的模拟器，从而使用户可以在屏幕上预见“实际”的加工效果。生成的数控程序还可以直接与机床通信，数控机床将按照程序进行加工，加工的过程和结果与屏幕上一模一样。

1.1.2 工作环境

当用户启动 Mastercam 时，会出现如图 1-1 所示的工作环境界面。

1. 标题栏

与其他的 Windows 应用程序一样，Mastercam 2019 的标题栏在工作界面的最上方。标

第 1 章

Mastercam 2019 软件概述

本章简要介绍了 Mastercam 2019 的基础知识。包括 Mastercam 的功能特点、工作环境以及系统配置等内容，最后通过一个简单的实例帮助读者对 Mastercam 进行初步认识。

- Mastercam 的工作环境
- Mastercam 的系统配置

题栏不仅显示 Mastercam 图标和名称，还显示了当前所使用的功能模块。

用户可以通过选择“机床”选项卡“机床类型”面板中的不同机床，进行功能模块的切换。对于“铣床”“车床”“线切割”“木雕”，可以选择相应的机床进入相应的模块，而对于“设置”则可以直接选择“机床类型”面板中的“设置”命令切换至该模块。

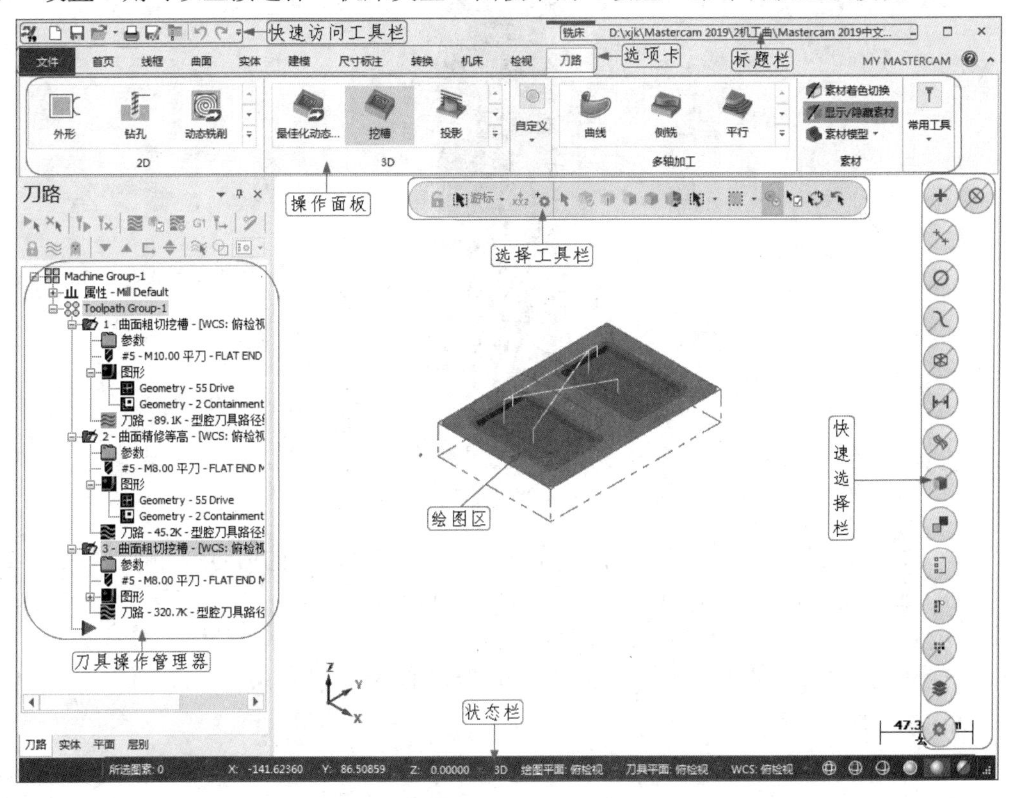

图 1-1　Mastercam 的工作环境

2. 选项卡

用户可以通过选项卡获取大部分功能，选项卡包括：“文件”“首页”“线框”“曲面”“实体”“建模”“尺寸标注”“转换”“机床”“检视”“刀路”。下面将对每个选项卡进行简单介绍。

（1）“文件”选项卡提供了新建文件、开启文件、开启编辑文件、合并文件、保存文件、转换文件、列印文件、选项等标准功能，如图 1-2 所示。

1）“新建文件”：创建一个新的文件，如果当前已经存在一个文件，则系统会提示是否要恢复到初始状态。

2）“开启文件”：打开一个已经存在的文件。

3）“合并文件”：将两个以上的图形文件合并到同一个文件中。

4）“开启编辑文件”：打开并编辑如 NC 程序的 ASCⅡ文本文件。

5）“储存检视、另存为、部分储存”：保存、另存为、部分保存数据。其中部分保存可以将整个图形或图形中的一部分另行存盘。

6）“转换文件”：将图形文件转换为不同的格式导入或导出

图 1-2　“文件”选项卡

7）“列印文件”：打印图形文件，以及在打印之前对打印的内容进行预览。

8）“说明”：输入或查看图形文件的说明性或者批注文字。

9）“选项”：设置系统的各种命令或自定义选项卡。

（2）“首页”选项卡提供了剪贴簿、属性、规划、删除、显示、分析、插件等操作面板，如图 1-3 所示。

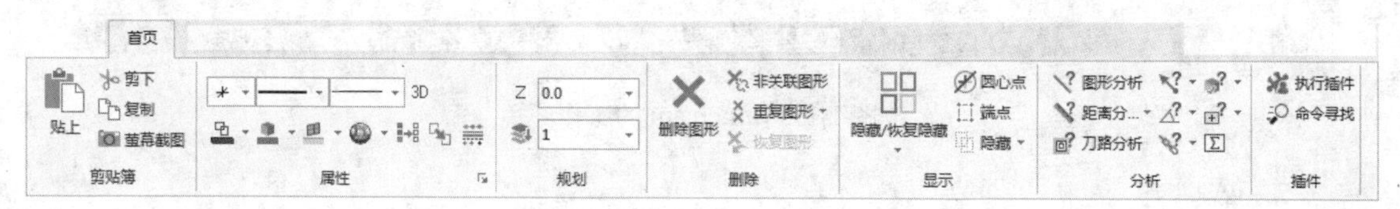

图 1-3　“首页”选项卡

1）“剪贴簿”：剪切、复制或粘贴图形文件，包括图形、曲面或实体，但不能用于刀路的操作。

2）“属性”：用于设置点、线型、线宽的样式；线条、实体、曲面的颜色、材质等属性。

3）“规划”：用于设置层高和选择图层。

4）“删除”：用于删除或按需求选择删除图形、实体、曲面等。

5）“显示”：用于显示或隐藏特征。

6）“分析”：对图形、实体、曲面、刀路根据需求做各种分析、

7）“插件”：用于执行或查询插件命令。

（3）“线框”选项卡主要用于图形的绘制和编辑，包括点、线、圆弧、曲线、形状、曲线、修剪操作面板，如图 1-4 所示。

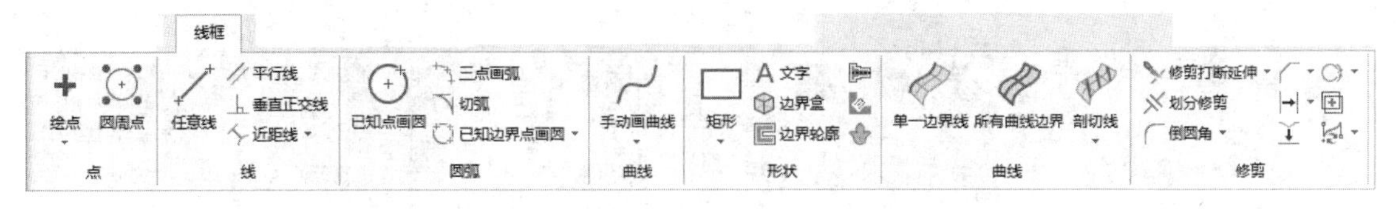

图 1-4　“线框”选项卡

（4）“曲面”选项卡主要用于曲面的创建和编辑，包括基本实体、建立、修剪、法向操作面板，如图 1-5 所示。

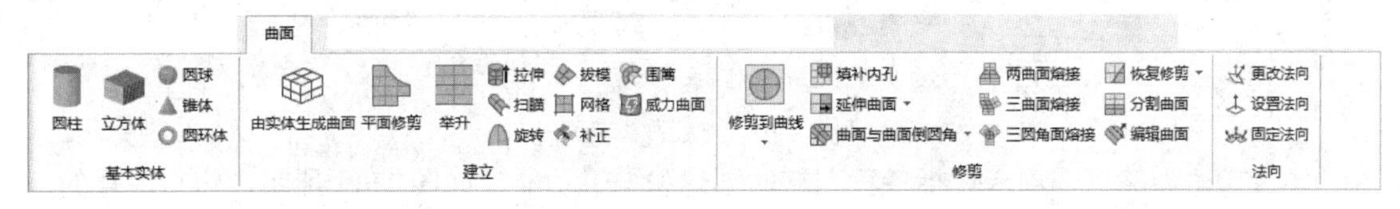

图 1-5　“曲面”选项卡

（5）“实体”选项卡主要用于实体的创建和编辑，包括基本实体、建立、修剪、工程图操作面板，如图 1-6 所示。

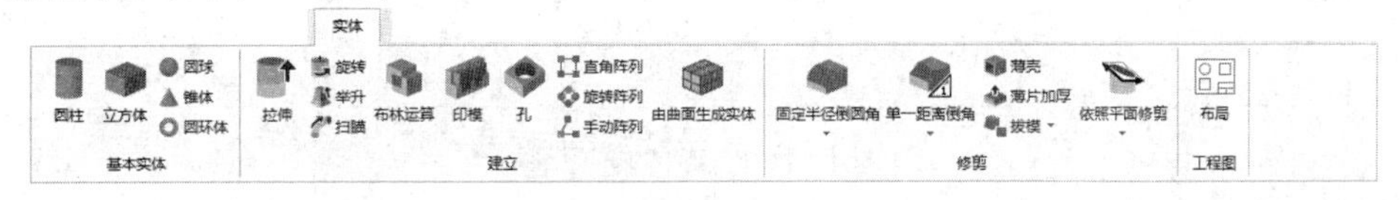

图 1-6　“实体”选项卡

（6）“建模”选项卡主要用于模型的编辑，包括建立、建模编辑、修剪、布局、颜色操作面板。

（7）“尺寸标注”选项卡主要用于对绘制的图形进行尺寸标注、注解和编辑，包括尺寸标注、纵标注、注解、重建、修剪操作面板，如图 1-7 所示。

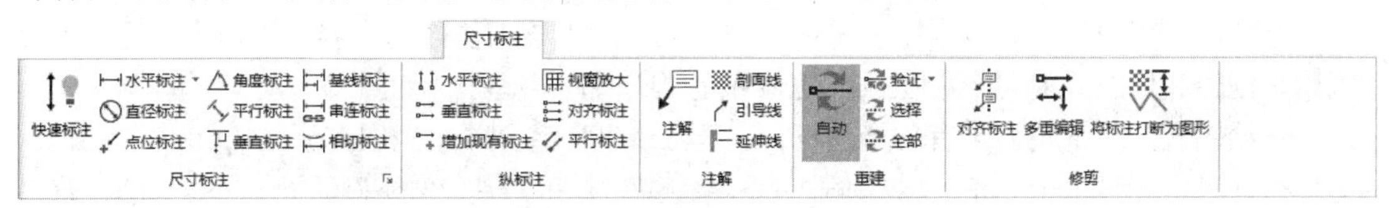

图 1-7　“尺寸标注”选项卡

（8）“转换”选项卡可以用来对绘制的图形完成镜射、旋转、缩放、平移、补正等操作，从而提高设计造型的效率，如图 1-8 所示。

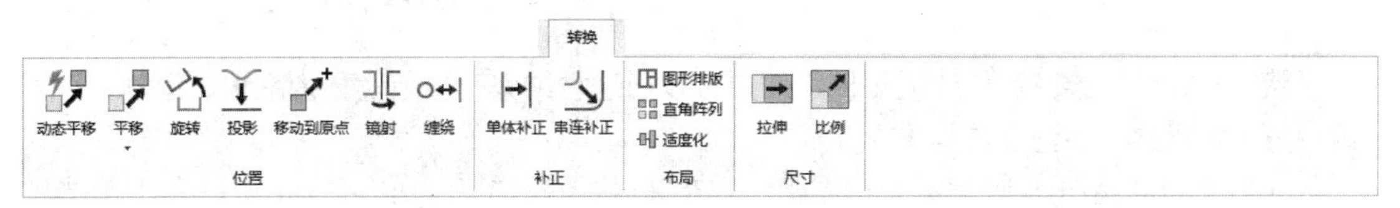

图 1-8　“转换”选项卡

（9）“机床”选项卡用于选择机床类型、模拟加工、生成报表以及机床模拟等。如图 1-9 所示。

（10）“检视”选项卡用于视图的缩放，视角的转换、视图类型的转换以及各种管理器的显示与隐藏等，包括缩放、图形检视、外观、刀路、管理、显示、网格、控制、检视面板等操作面板。如图 1-10 所示。

图 1-9 “机床”选项卡

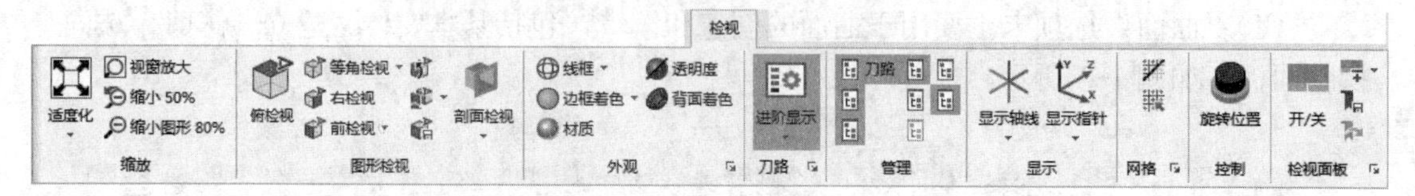

图 1-10 “检视”选项卡

（11）“刀路”选项卡包括各种刀路的创建和编辑功能，如图 1-11 所示。值得注意的是，该选项卡只有选择了一种机床类型后才被激活。

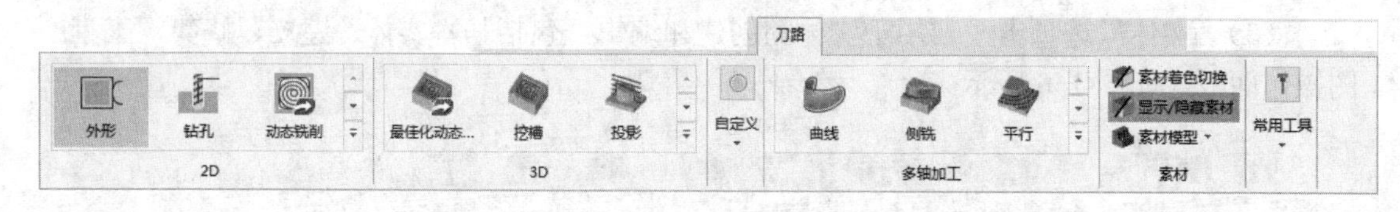

图 1-11 “刀路”选项卡

3. 操作面板

操作面板是为了提高绘图效率，提高命令的输入速度而设定的命令按钮的集合，操作面板提供了比命令更加直观的图标符号。单击这些图标按钮就可以直接打开并执行相应的命令。

4. 绘图区

绘图区是用户绘图时最常用也是最大的区域，利用该工作区的内容，用户可以方便地观察、创建和修改几何图形、拉拔几何体和定义刀具路径。

在绘图区的左下角显示有一个图标，这是工作坐标系（WCS，Work Coordinate System）图标。同时，还显示了视角（Gview）、坐标系（WCS）和刀具/绘图平面（Cplane）的设置等信息。

值得注意的是：Mastercam 应用默认的米制或英制显示数据，用户可以非常方便地根据需要修改单位制。

5. 状态栏

状态栏显示在绘图窗口的最下侧，用户可以通过它来修改当前实体的颜色、层别、群组、方位等设置。各选项的具体含义如下：

（1）“3D”：用于切换 2D/3D 构图模块。在 2D 构图模块下，所有创建的图素都具有当前的构图深度（Z 深度），且平行于当前构图平面，用户也可以在 AutoCursor 工具栏中指定 X、Y、Z 坐标，从而改变 Z 深度。而在 3D 构图模式下，用户可以不受构图深度和构图面的限制。

（2）“刀具平面”：单击该区域打开一个快捷菜单，用于选择、设置刀具视角。

（3）“绘图平面”：单击该区域的一个快捷菜单，用于选择、创建设置构图、刀具平面。

（4）“Z”：表示在构图面上的当前工作深度值。用户既可以单击该区域在绘图区域选择一点，也可以在右侧的文本框中直接输入数据，作为构图深度。

（5）“WCS”：单击该区域将打开一快捷菜单，用于选择、设置工作坐标系。

6. 刀具路径、实体管理器

Mastercam 2019 将刀具路径管理器和实体管理器集中在一起，并显示在主界面上，充分体现了新版本对加工操作和实体设计的高度重视，事实上这两者也是整个系统的关键所在。刀具路径管理器对已经产生的刀具参数进行修改，如重新选择刀具大小及形状、修改主轴转速及进给率等，而实体管理器则能够修改实体尺寸、属性及重排实体构建顺序等。

7. 提示栏

当用户选择一种功能时，在绘图区会出现一个小的提示栏，它引导用户怎样完成刚选择的功能。例如，当用户执行“线框”→“线”→“绘制任意线”命令时，在绘图区会弹出“指定第一个端点”提示栏。

1.1.3 图层管理

图层是用户用来组织和管理图形的一个重要工具，用户可以将图素、尺寸标注、刀具路径等放在不同的图层里，这样在任何时候都很容易地控制某图层的可见性，从而方便地修改该图层的图素，而不会影响其他图层。在管理器中单击“层别”按钮，会弹出如图 1-12 所示“层别”管理器对话框。

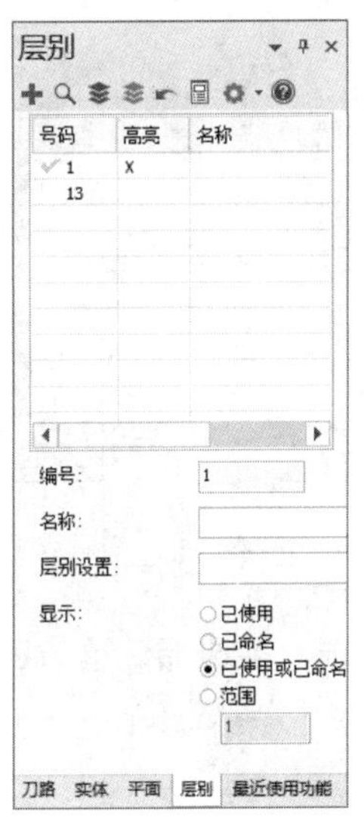

图 1-12 “层别”管理器对话框

1. 新建图层

在“层别”管理器中单击“新建图层”按钮，创建一个新图层，也可以在“编号”文本框中输入一个层号，并在“名称”文本框中输入图层的名称，然后按 Enter 键，就新建了一个图层。

2. 设置当前图层

当前图层是指当前用于操作的层，此时用户所有创建的图素都将放在当前图层中，在 Mastercam 中，有两种方式设置图层为当前图层：

（1）在图层列表中，单击图层编号即可将该图层设置为当前图层。

（2）在“首页”选项卡的“规划”面板中单击“更改层别”按钮右侧的下拉箭头，在弹出的下拉菜单中选择所需的图层，从而将该层设置为当前图层。

3．显示或隐藏图层

如果想要将某图层的图素不可见，用户就需要隐藏该图层。单击图层所在行与“高亮”栏相交的单元格，就可以显示或隐藏该图层，此时可见“x”被去除，如果再次单击则重新显示该图层。

1.1.4　选择方式

在对图形进行创建、编辑修改等操作时，首先要求选择图形对象。Mastercam 的自动高亮显示功能使得当鼠标指针掠过图素时，其显示改变，从而使得图素的选择更加容易。同时，Mastercam 还提供了多种图素的选择方法，不仅可以根据图素的位置进行选择（如单击、窗口选择等方法），而且还能够对图素按照图层、颜色和线型等多种属性进行快速选定。

图 1-13 所示为“选择”工具栏。在二维建模和三维建模中，这个工具栏被激活的对象是不同的，但其基本含义相同。该工具栏中主要选项的含义已经在图中注明，下面只对选择方式进行简单介绍。

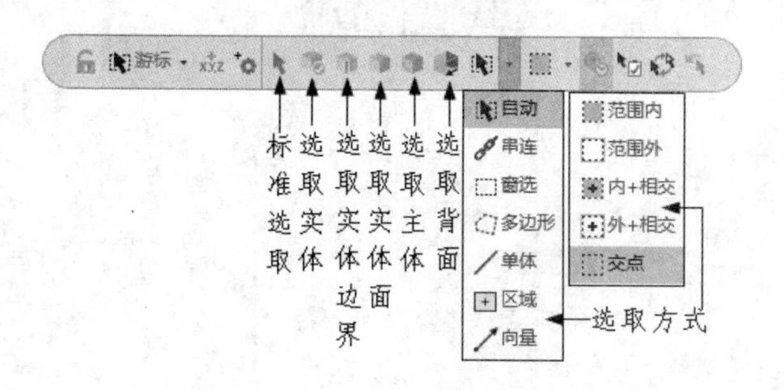

图 1-13　选择工具栏

Mastercam 提供了选择串连、窗选、多边形、单体、区域、向量 6 种对象的选择方式。

1．串连

串连可以选取一系列的串连在一起的图素，对于这些图素，只要选择其中任意一条，系统就会根据拓扑关系自动搜索相连的图素，并选中之。

2．窗选

窗选是在绘图区中框选矩形的范围来选取图素的，可以使用不同的窗选设置，其中：视窗内表示完全处于窗口内的图素才被选中；视窗外表示完全处于窗口外的图素才被选中；范围内表示处于窗口内且与窗口相交的图素都被选中；范围外表示处于窗口外且与窗口相交的图素被选中；交点表示只与窗口相交的图素才被选中。

3．多边形

多边形与窗选类似，只不过选择的范围不再是矩形，而是多边形区域，同样也可以使用窗选设置。

4. 单体

单体是最常用的选择方法，单击图素则该图素被选中。

5. 区域

与串连选择类似，但范围选择不仅要首尾相连，而且还必须是封闭的。区域选择的方法是在封闭区域内单击一点，则选中包围点的形成封闭的所有图素。

6. 向量

可以在绘图区连续指定数点，系统将这些点之间按照顺序建立向量，则与该向量相交的图素被选中。

1.1.5 串连

串连常被用于连接一连串相邻的图素，当执行修改、转换图形或生成刀具路径选取图素时均会被使用到。串连有两种类型：开式串连和闭式串连。开式串连是指起始点和终止点不重合，如直线，圆弧等；闭式串连是指起始点和终止点重合，如矩形、圆等。

执行串接图形时，要注意图形的串接方向，尤其是规划刀具路径时更为重要，因为它代表刀具切削的行走方向，也作为刀具补正偏移方向的依据。在串连图素上，串连的方向用一个箭头标识，且以串连起点为基础。

在使用“拉伸实体”“孔”等命令后，将首先弹出“串连选项”对话框，如图 1-14 所示，利用该对话框可以在绘图区选择待操作的串连图素，然后设置相应的参数后完成操作。“串连选项”对话框中的各选项的含义如下：

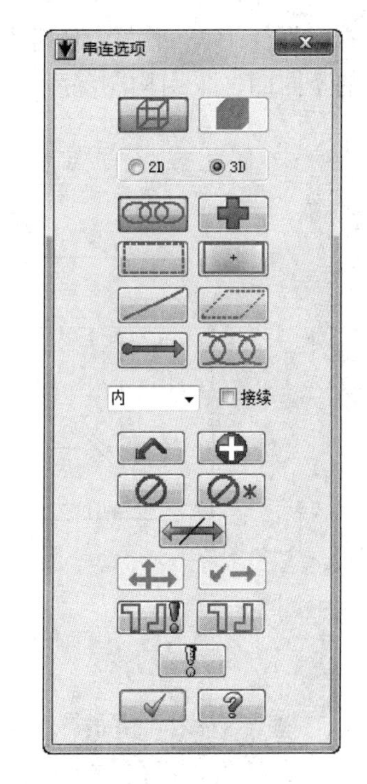

图 1-14　“串连选项”对话框

（串连）：这是默认的选项，通过选择线条链中的任意一条图素而构成串连，如果该线条的某一交点是由 3 个或 3 个以上的线条相交而成，此时系统不能判断该往哪个方向搜寻，此时，系统会在分支点处出现一个箭头符号，提示用户指明串连方向，用户可以根据需要选择合适的分支点附近的任意线条确定串连方向。

（单点）：选取单一点作为构成串连的图素。

（窗选）：使用鼠标框选封闭范围内的图素构成串连图素，且系统通过窗口的第一个角点来设置串连方向。

（区域）：使用鼠标选择在一边界区域中的图素作为串连图素。

（单体）：选择单一图素作为串连图素。

（多边形）：与窗口选择串连的方法类似，它用一个封闭多边形来选择串连。

（向量）：与向量围栏相交的图素被选中构成串连。

（部分串连）：它是一个开式串连，由整个串连的一部分图素串连而成，部分串连先选择图素的起点，然后再选择图素的终点。

内　▾（选取方式）：用于设置窗口、区域或多边形选取的方式，包括四种情况。“内”，即选取窗口、区域或多边形内的所有图素；“内＋相交”，即选取窗口、区域或多边形内以及与窗口、区域或多边形相交的所有图素；“相交”，即仅选取与窗口、区域或多边形边界相交的图素；“外＋相交”，即选取窗口、区域或多边形外以及与窗口、区域或多边形相交的所有图素；“外”，即选取窗口、区域或多边形外的所有图素。

(反向)：更改串连的方向。

(选项)：选择设置串连的相关参数。

1.1.6 构图平面及构图深度

构图平面是用户绘图的二维平面，即用户要在 XY 平面上绘图，则构图平面必须是顶面或底面（亦即俯视或仰视），如图 1-15 所示。同样，要在 YZ 平面上绘图，则构图平面必须为左侧或右侧（亦即左侧视或右侧视），要在 ZX 平面上绘图，则构图平面必须设为前面或后面（亦即前视或后视）。默认的构图平面为 XY 平面。

当然即使在某个平面上绘图，具体的位置也可能不同，如图 1-16 所示，虽然三个二维图素都平行于 XY 平面，但其 Z 方向的值却不同。在 Mastercam 中，为了区别平行于构图平面的不同面，采用构图深度来区别。

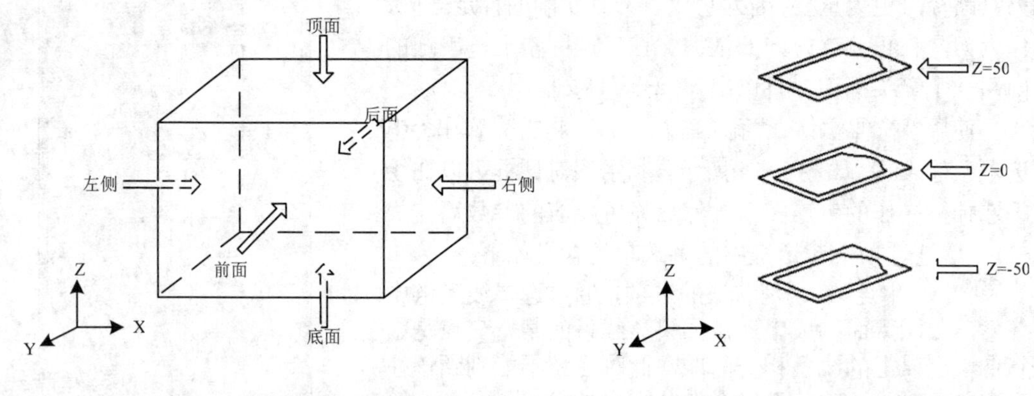

图 1-15　构图平面示意图　　　图 1-16　构图深度示意图

1.2 系统配置

Mastercam 系统的配置主要包括内存设置、公差设置、文件参数设置、传输参数设置和工具栏设置等，单击“文件”选项卡下拉菜单中的“配置”命令，用户就可以根据需要对相应的选项进行设置，图 1-17 所示为“系统配置”对话框。

每个选项卡都具有三个按钮：为打开系统配置文件按钮；为保存系统配置文件按钮，用于将更改的设置保存为默认设置，建议用户将原始的系统默认设置文件备份，避免错误的操作后而无法恢复；为合并系统配置文件按钮。

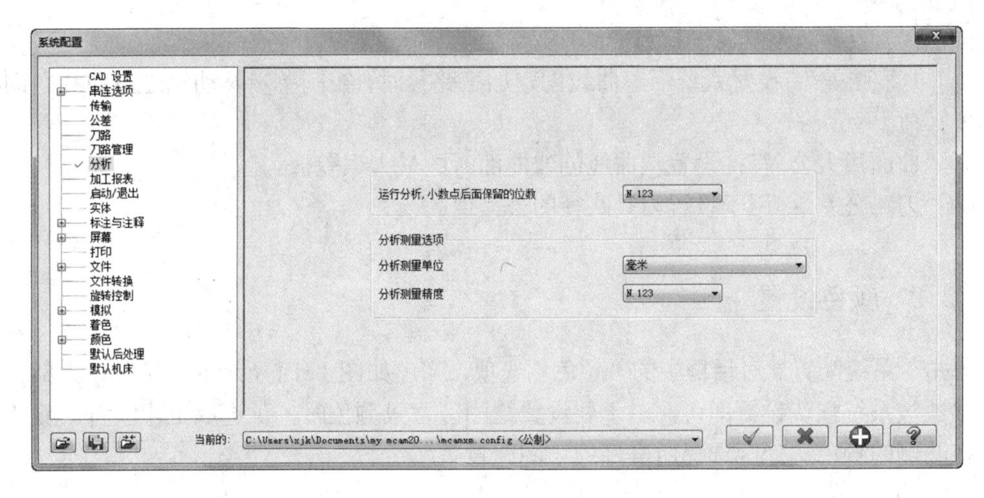

图 1-17　“系统配置”对话框

1.2.1　公差设置

单击“系统配置”对话框中主题栏里的“公差”选项，弹出如图 1-18 所示对话框。公差设置是指设定 Mastercam 在进行某些具体操作时的精度，如设置曲线、曲面的光滑程度等。精度越高，所产生的文件也就越大。

各项设置的含义如下：

1)“系统公差”：决定系统能够区分的两个位置之间的最大距离，同时也决定了系统中最小的直线长度，如果直线的长度小于该值，则系统认为直线的两个端点是重合的。

图 1-18　“公差”选项对话框

2)“串连公差”：用于在对图素进行串连时，确定两个端点不相邻的图素仍然进行串连的最多距离，如果图素端点间的距离大于该值，则系统无法将图素串连起来。

串连是一种选择对象的方式，该方式可以选择一系列的连接在一起的图素。Mastercam 系统的图素是指点、线、圆弧、样条曲线、曲面上的曲线、曲面、标注，还有实体，或者说，屏幕上能画出来的东西都称为图素。图素具有属性，Mastercam 为每种图素设置了颜色、层、线型（实线、虚线、中心线）、线宽等四种属性，对点还有点的类型属性，这些属性可以随意定义，定义后还可以改变。串连有开放式和封闭式两种类型。对于起点和终点不重合的串连称为开放式串连，重合的则称为封闭式串连。

3)“平面串连公差”：用于设定平面串连几何图形的公差值。

4)“最短圆弧长”：设置最小的圆弧尺寸，从而防止生成尺寸非常小的圆弧。

5)“曲线最小步进距离”：设置构建的曲线形成加工路径时，系统在曲线上单步移动的最小距离。

6)“曲线最大步进距离”：设置构建的曲线形成加工路径时，系统在曲线上单步移动的最大距离。

7)“曲线弦差”：设置系统沿着曲线创建加工路径时，控制单步移动轨迹与曲线之间的最大误差值。

8）“曲面最大公差”：设置从曲线创建曲面时的最大误差值。

9）“刀路公差”：用于设置刀具路径的公差值。

1.2.2 颜色设置

单击“系统配置”对话框中的“颜色”选项，弹出如图 1-19 所示的对话框，大部分的颜色参数按系统默认设置即可，对于要设置绘图区背景颜色时，可选取工作区背景颜色，然后在右侧的颜色选择区选择所喜好的绘图区背景颜色。

1.2.3 串连设置

单击“系统配置”对话框中主题栏里的“串连选项”选项，弹出如图 1-20 所示的对话框，建议初学者使用默认选项。

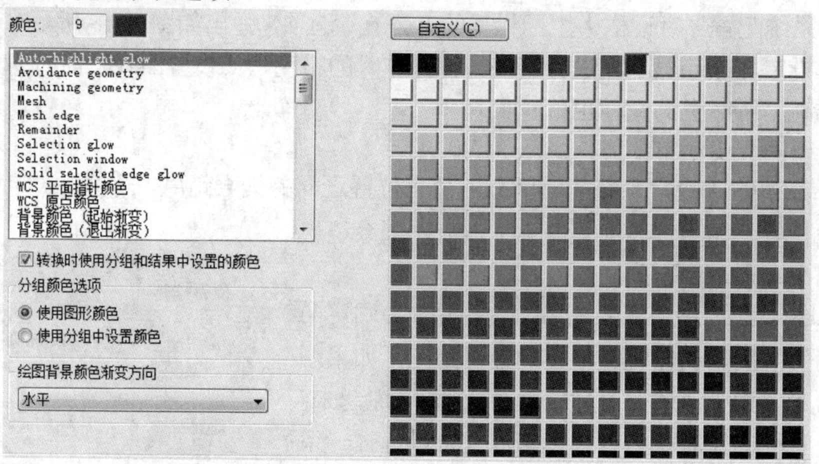

图 1-19 “颜色”选项对话框

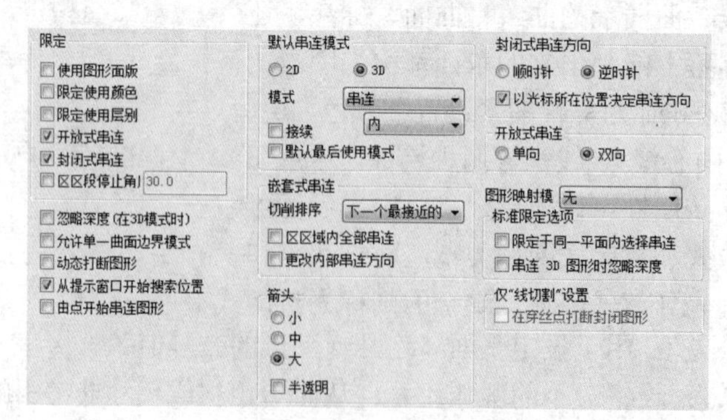

图 1-20 “串连选项”选项对话框

1.2.4　着色设置

单击“系统配置”对话框中主题栏里的“着色”选项，弹出如图 1-21 所示的对话框，在此对话框中可设置曲面和实体着色方面的参数。

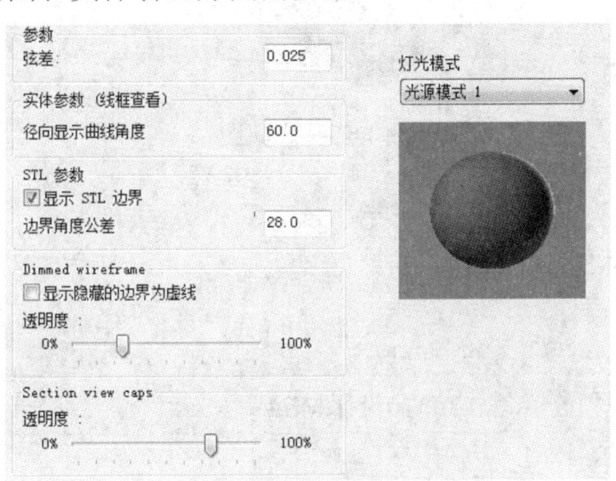

图 1-21　“着色”选项对话框

1.2.5　刀具路径设置

单击“系统配置”对话框中主题栏里的“刀路”选项，弹出如图 1-22 所示的对话框，在此对话框中可设置刀具路径方面的参数。

1）“缓存”：设置缓存的大小。

2）“删除记录文件”：设置删除生成记录的准则。

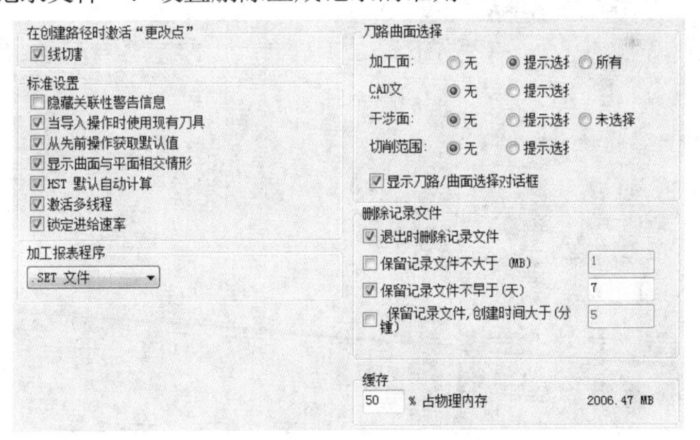

图 1-22　“刀路”选项对话框

1.3　入门实例

本节选取了一个简单的产品，如图 1-23 所示，来介绍 Mastercam 软件中的产品设计到模具制造加工操作过程。

图 1-23　产品图

1.3.1 产品设计

网盘\视频教学\第1章\产品设计.MP4

操作步骤如下：

01 创建图层。单击“层别”选项卡，分别创建图层 1、图层 2、图层 3、图层 4，并设置图层名称分别为“实体”“曲面”“线框”和“型腔”，然后将图层 3 设置为当前图层。

02 创建矩形。启动 Mastercam 2019 软件，进入主界面后，单击“线框”选项卡“形状”面板“矩形”下拉菜单中的“圆角矩形”按钮，系统弹出“Rectangular Shapes（圆角矩形）”对话框，然后根据图 1-24 所示步骤进行操作。

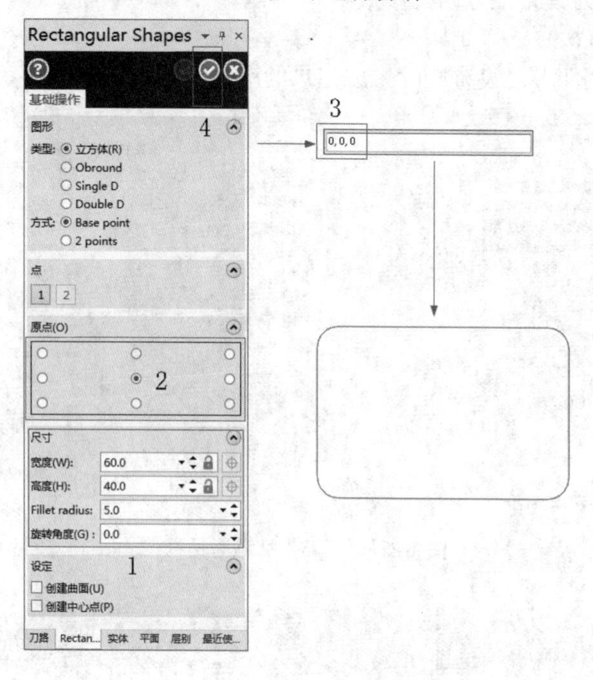

图 1-24　创建矩形

03 变换视角。单击“检视”选项卡“图形检视”面板中的“等角检视”按钮，将视角切换到等角视图。

04 设置图层。单击“层别”管理器，将图层 1 设置为当前图层。

05 拉伸实体。单击“实体”选项卡“建立”面板中的“拉伸”按钮，弹出“串连选项”对话框，然后按图 1-25 所示步骤进行操作。

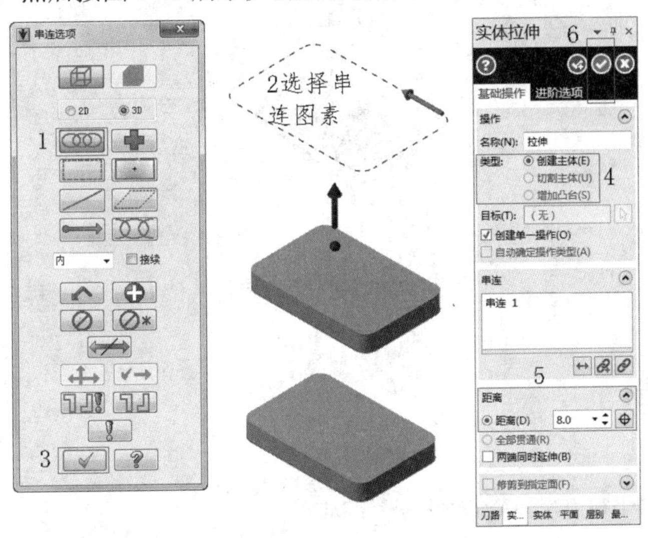

图 1-25　拉伸操作步骤

06 顶面各边倒圆。单击“实体”选项卡“修剪”面板中的“固定半径倒圆”按钮，然后根据图 1-26 所示步骤进行操作。

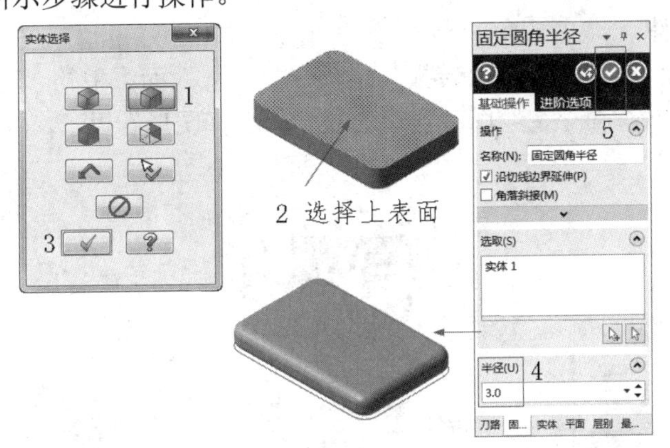

图 1-26　倒圆角操作步骤

07 抽壳。单击“实体”选项卡“修剪”面板中的“薄壳”按钮，然后根据图 1-27 所示步骤进行操作。

08 保存文件。单击“快速访问工具栏”中的“保存”按钮，弹出“另存为”对话框。设置保存的路径，然后在文件名文本框中输入“产品设计”，并单击“保存”按钮保存文件。

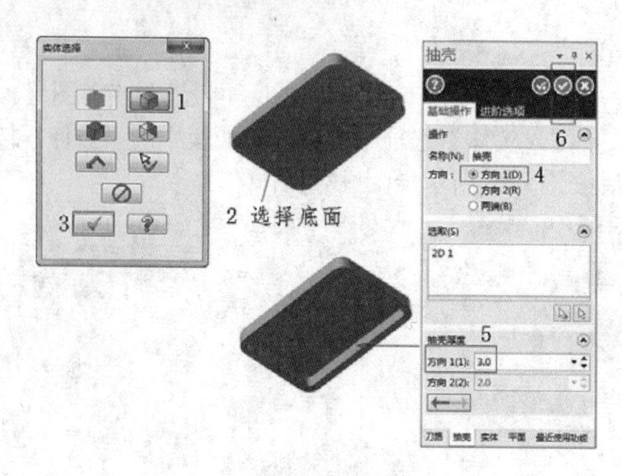

图 1-27　抽壳操作步骤

1.3.2 模具设计

网盘\视频教学\第1章\模具设计.MP4

操作步骤如下：

01 调入设计好的产品文件。单击“快速访问工具栏”中的“打开”按钮，在弹出的“打开”对话框中选择“网盘\源文件\第 1 章\产品设计”文件，然后单击“打开”按钮 打开(O) ，打开文件。

02 对产品比例缩放。单击“转换”选项卡“尺寸”面板中的“比例”按钮，执行“转换”→“比例缩放”命令，绘图区窗口会显示“选择图形”提示，然后根据图 1-28 所示步骤进行操作。

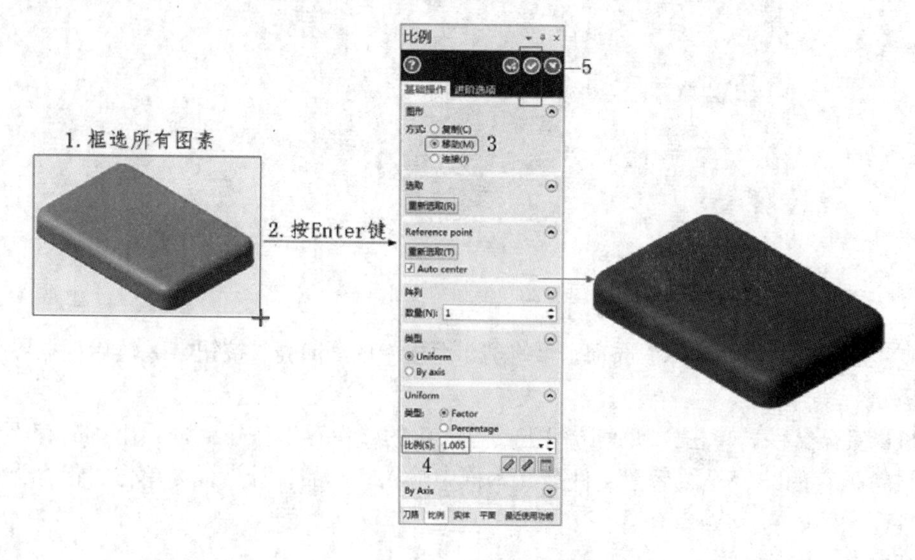

图 1-28　比例缩放操作步骤

03 层别设置。单击“层别”管理器，将图层 2 设置为当前图层。

04 单击“曲面”选项卡“建立”面板中的“由实体生成曲面”按钮，接着选择全部实体特征，按 Enter 键，弹出“由实体生成曲面”对话框，操作过程及显示如图 1-29 所示。

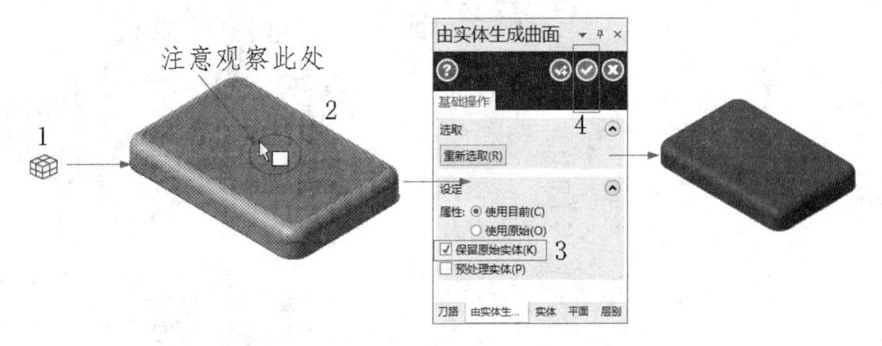

图 1-29　曲面层别操作

05 单击“层别”管理器，接着在“高亮”中取消选中层别 1，然后单击“X”按钮确定隐藏层别 1。

06 单击“快速选择栏”中的“选取全部曲面图形”按钮，选择所有的曲面，然后在“首页”选项卡“属性”面板中单击“曲面颜色”下拉按钮，在弹出的下拉菜单中单击“更多的颜色”按钮 更多的颜色...，弹出“颜色”对话框，在“当前颜色”文本框中输入 3，然后单击“确定”按钮，确定改变颜色，具体操作过程如图 1-30 所示。

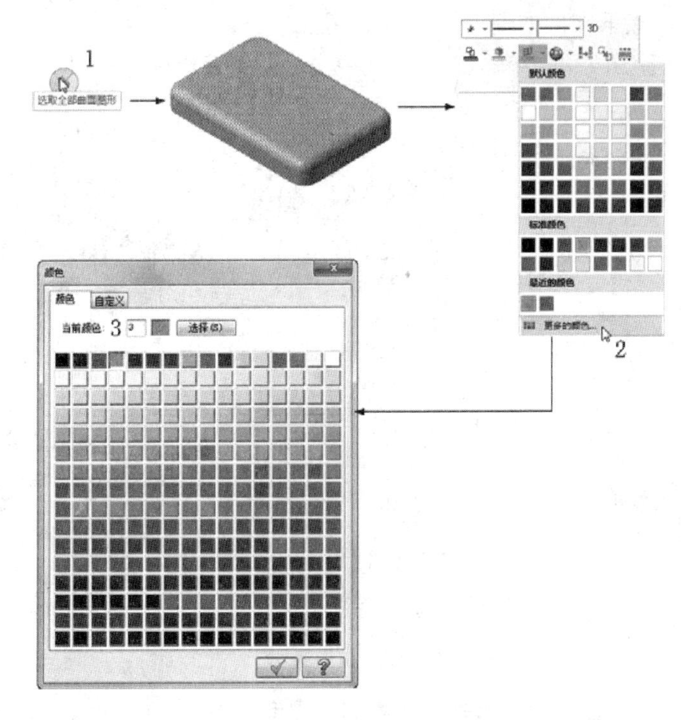

图 1-30　改变颜色操作

07 在“绘图平面”状态栏中单击“俯检视”选项，将绘图平面切换到俯视图。

08 平移操作。按 F9 键显示原点坐标轴，接着单击“转换”选项卡“位置”面板中的“平移”按钮，接下来根据图 1-31 所示步骤操作。

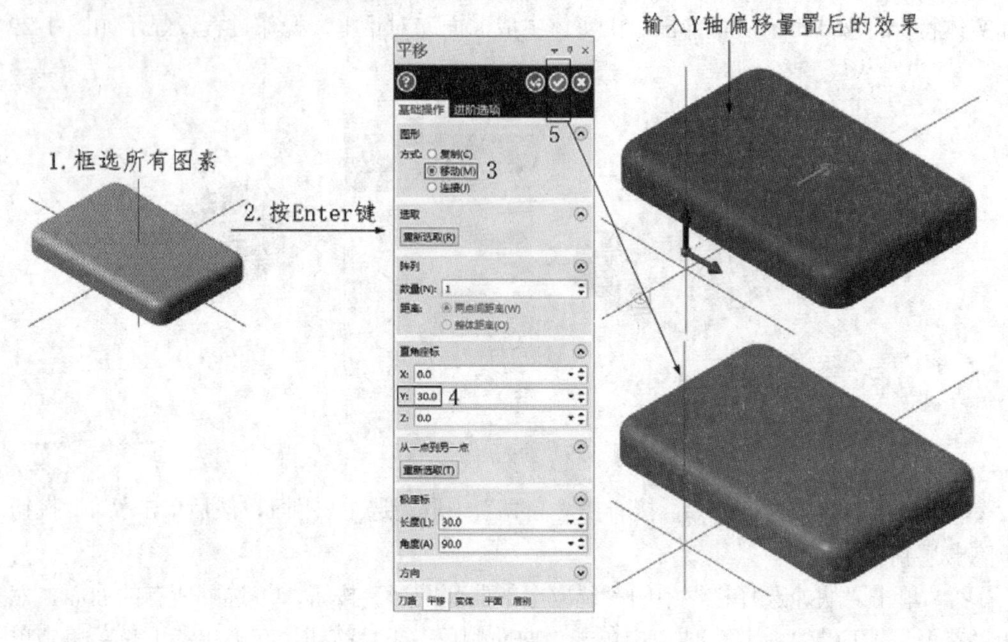

图 1-31　平移操作

09 镜像操作。按 F9 键隐藏原点坐标轴，接着单击“转换”选项卡“位置”面板中的“镜射”按钮，接下来根据图 1-32 所示步骤操作。

10 在绘图区空白处单击鼠标右键，在弹出的快捷菜单中选择“清除颜色”命令清除颜色。

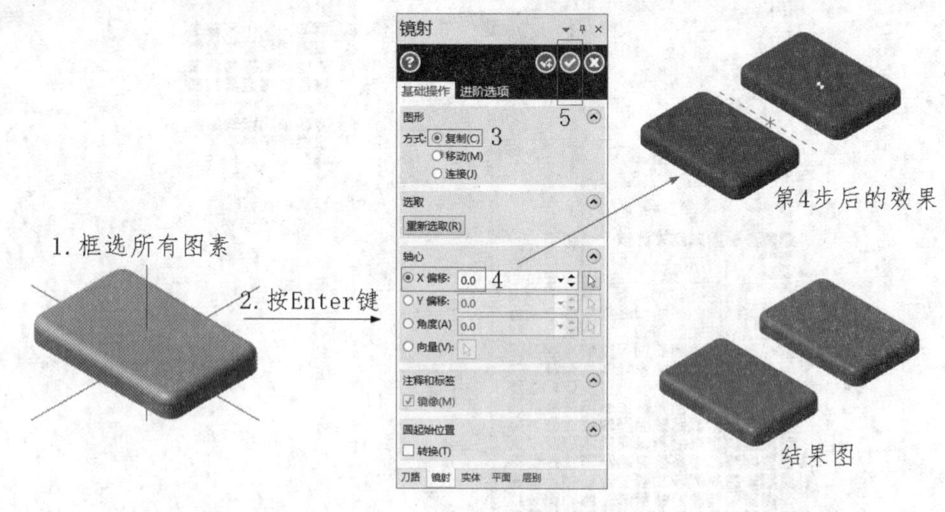

图 1-32　镜像操作

11 单击“层别”管理器，接着在“高亮”中取消选中的层别 2，然后单击“X”按钮确定隐藏层别 2。接着选择编号为 3 的图层使其为当前图层，隐藏编号为 2 的图层。

12 单击“线框”选项卡“形状”面板中的“圆角矩形”按钮，系统弹出“Rectangular

Shapes（圆角矩形）”对话框，接下来根据图 1-33 所示步骤操作。

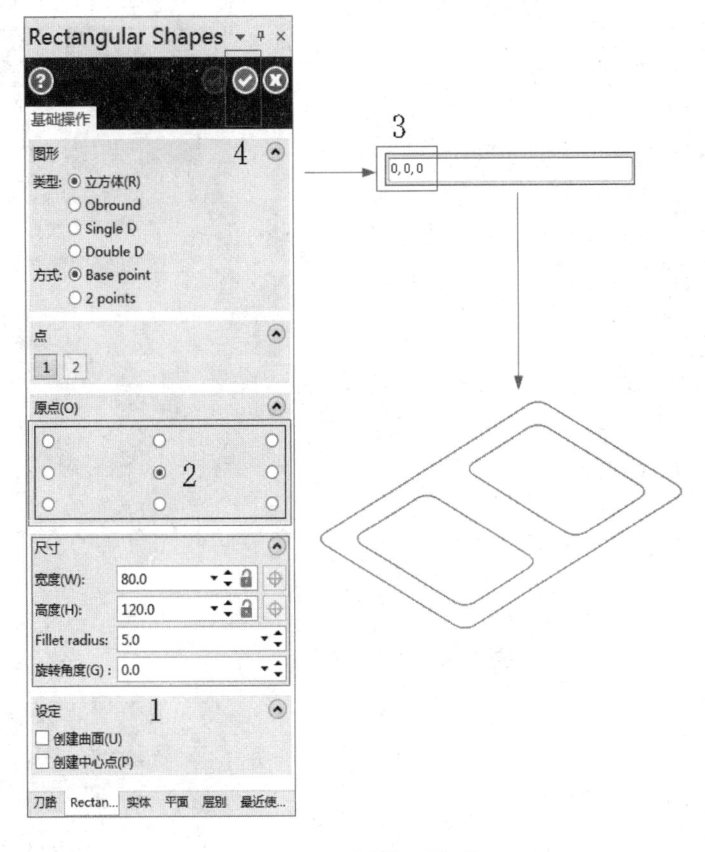

图 1-33　绘制矩形操作

13 单击“层别”管理器，接着选择编号为 4 的图层为当前图层。

14 单击“首页”选项卡“属性”面板中的“曲面颜色”下拉按钮，在弹出的下拉菜单中单击“更多的颜色”按钮 更多的颜色...，弹出“颜色”对话框，在“当前颜色”文本框中输入 7，然后单击“确定”按钮。

15 创建修剪平面。单击“曲面”选项卡“建立”面板中的“平面修剪”按钮，弹出“串连设置”对话框，依次选择 3 个矩形截面，然后单击“串连选项”对话框中的“确定”按钮，系统弹出“恢复到边界”对话框，单击“确定”按钮，具体操作过程如图 1-34 所示。

16 单击“层别”管理器，在“高亮”中取消选中的层别 3，然后单击“X”按钮确定隐藏层别 3。接着在“高亮”中选中层别 2，显示层别 2，结果如图 1-35 所示。

17 单击“首页”选项卡“规划”面板中的“更改层别”按钮，系统提示：“选择要改变层别的图形”，然后单击“快速选择栏”中的“按层别选择所有图形”按钮，弹出“选择所有--单一选择”对话框，在该对话框中勾选“2 曲面”复选框，然后单击该对话框中的“确定”按钮，如图 1-36 所示，然后按 Enter 键，弹出“更改层别”对话框，在该对话框“选项”组中勾选“移动”复选框，在“编号”文本框中输入 4，单击“确定”按钮，如图 1-37 所示，这样就将图层 2 上的图素移动到了图层 4 上，最终结果如图 1-38 所示。

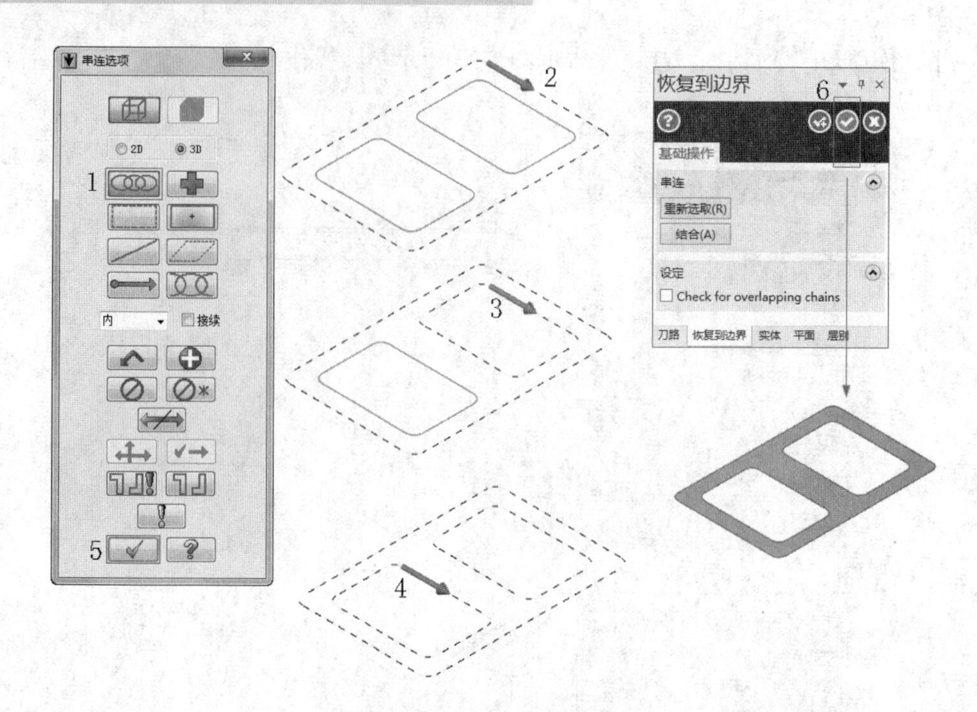

图 1-34　创建修剪平面操作

图 1-35　显示图层结果

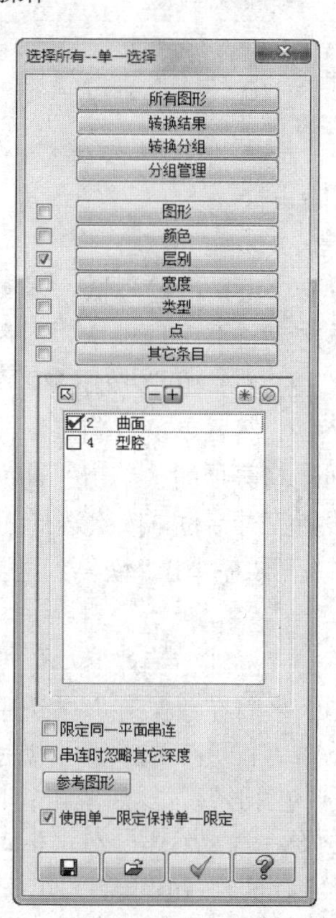

图 1-36　“选择所有--单一选择”对话框

图 1-37 “更改图层”对话框

图 1-38 型腔结果

18 单击“快速访问工具栏”中的“另存为”按钮，弹出“另存为”对话框。设置保存的路径，然后在文件名文本框中输入“模具设计”，并单击“保存”按钮保存文件。

1.3.3 型腔刀路编程

网盘\视频教学\第1章\型腔刀路编程.MP4

操作步骤如下：

01 加工工艺分析。此型腔结构较简单，成型尺寸要求不高，但表面要求光滑，所以型腔材料采用 718 钢。根据型腔的形状，首先使用曲面挖槽粗加工功能进行粗加工，加工余量为 0.25mm，接着使用等高外形精加工功能对深槽的四周曲面进行精加工，然后用曲面挖槽粗加工功能对型腔底面进行光刀，这样便完成了型腔加工。

02 根据型腔的结构形式、材料硬度及尺寸等，为了提高加工效率采用 ϕ10mm 硬质合金平底刀进行型腔开粗，表 1-1 列出了曲面挖槽粗加工的加工参数。

表 1-1 曲面挖槽粗加工的加工参数

工件材料	ALUMINUM mm - 2024	切削深度	0.3mm
刀具材料	高速钢—HSS	XY 进给率	1200mm/min
刀具类型	平底刀	Z 进给率	1000mm/min
刀具刃数	4	主轴转速	3000r/min
刀具直径	10mm	提刀速度	3000mm/min
刀角半径	/	预留量	0.25

❶单击“快速访问工具栏”中的“打开”按钮，在弹出的“打开”对话框中选择“网盘\源文件\第 1 章\模具设计”文件，然后单击“打开”按钮打开(O)，打开文件，如图 1-39 所示。

❷单击“检视”选项卡“图形检视”面板中的“右检视”按钮，将构图面切换到右视图。

❸单击“转换”选项卡“位置”面板中的“旋转”按钮，接着根据图 1-40 所示步

骤进行操作。

图 1-39　型腔模具

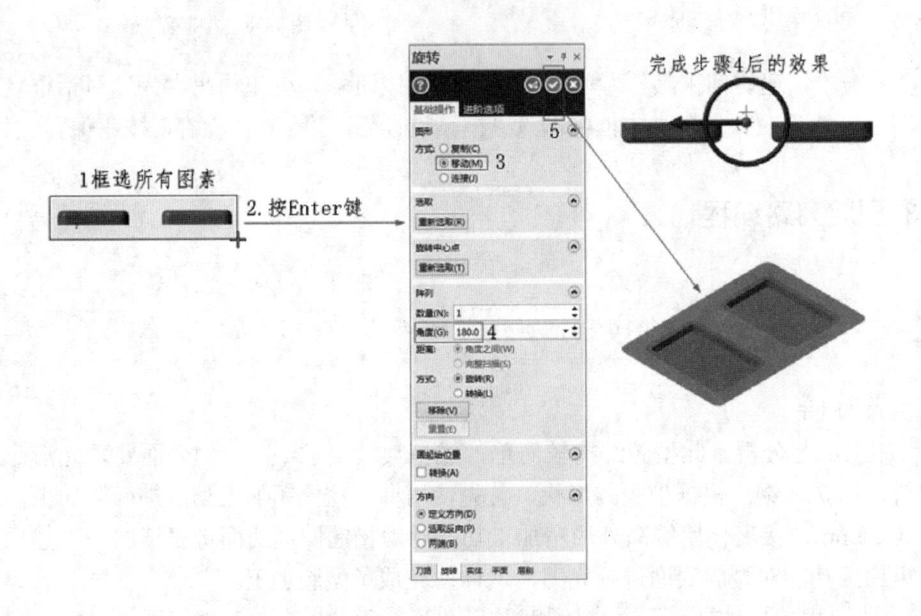

图 1-40　旋转型腔模具操作

❹单击“机床”选项卡“机床类型”中的“铣床”按钮，选择“默认”选项，系统弹出“刀路”选项卡。

❺在“操作管理”中设置材料，单击界面左侧“操作管理”中的“刀路”选项卡，接着光标放置在属性栏中的素材设置上单击，弹出“机床分组属性”对话框，填入参数，具体操作步骤如图 1-41 所示。

❻单击“层别”管理器，然后单击“号码”中的 3，将图层 3 设置为当前图层，接着取消图层 4 高亮中的“X”，隐藏图层 4，结果如图 1-42 所示。

❼单击“转换”选项卡“位置”面板中的“平移”按钮，具体操作步骤根据图 1-43 所示进行。

❽单击“层别”管理器，然后单击“号码”中的 4，将图层 4 设置为当前图层，显示型腔。

❾单击“刀路”选项卡“3D”面板“粗切”组中的“挖槽”按钮，具体操作步骤根据图 1-44 所示进行。

❿操作完图 1-44 所示的步骤后，弹出“曲面粗切挖槽”对话框，具体根据图 1-45 所示步骤进行操作。

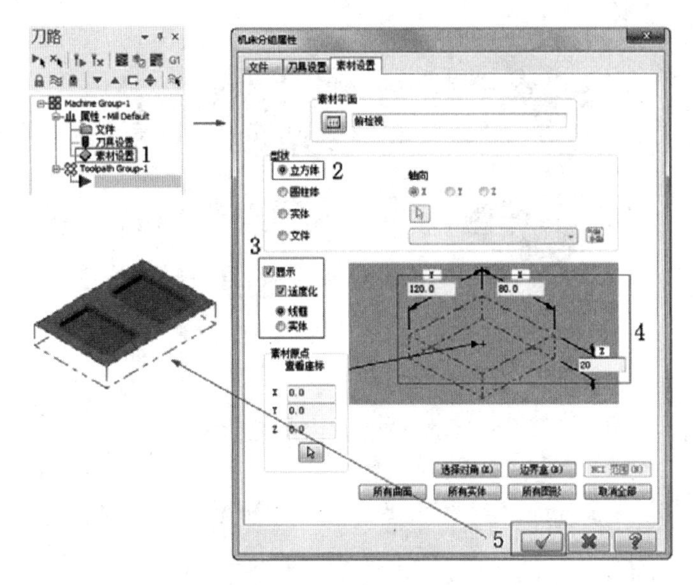

图 1-41 设置模具坯料尺寸

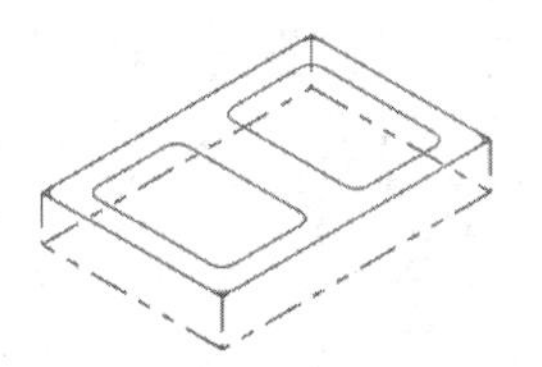

图 1-42 结果显示

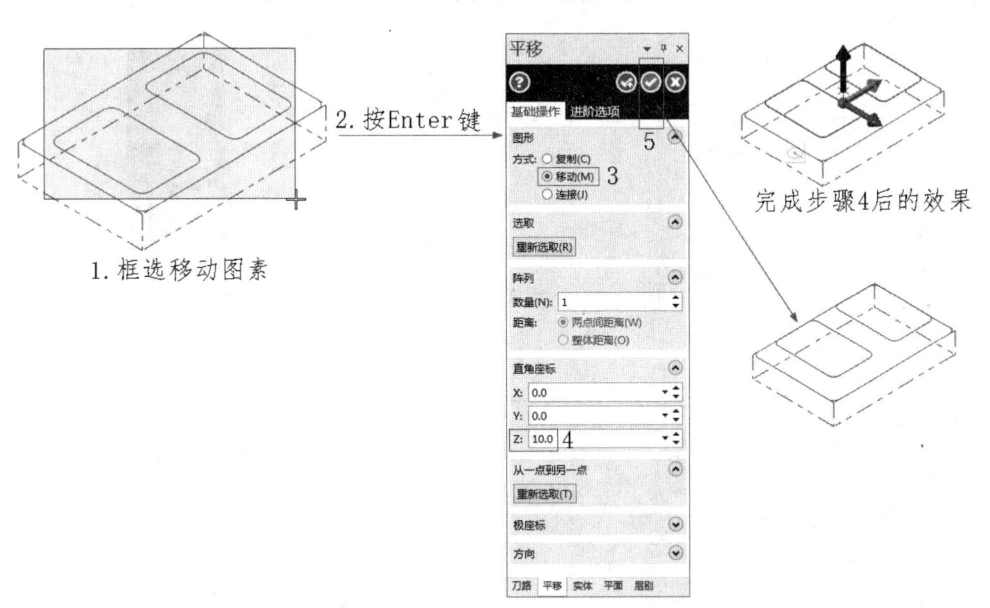

图 1-43 平移操作步骤

⓫操作完图 1-45 所示的步骤后单击“曲面参数”选项卡，并设置参数及选项如图 1-46 所示。

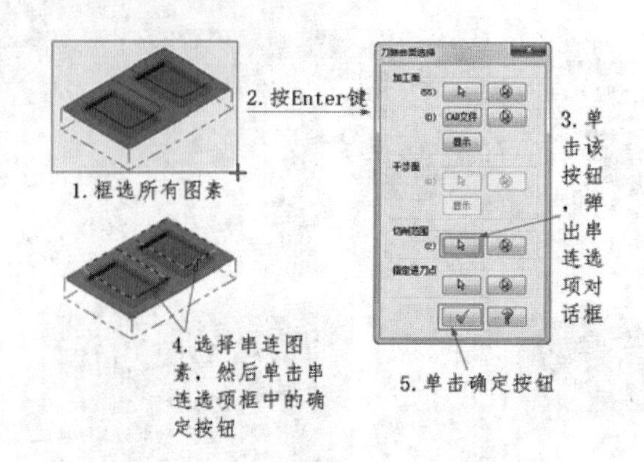

图 1-44　选择加工图素及边界

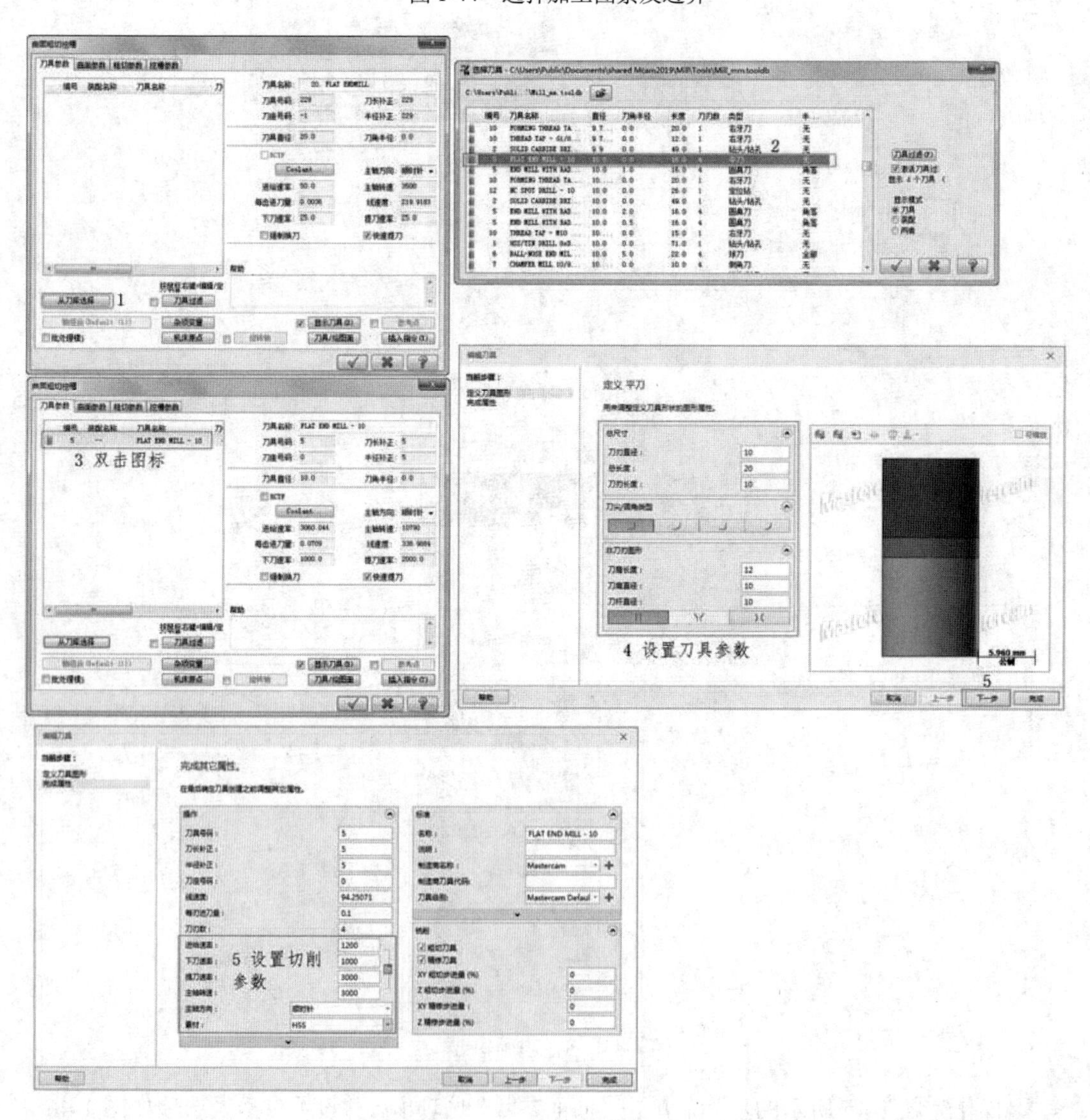

图 1-45　新建刀具操作步骤

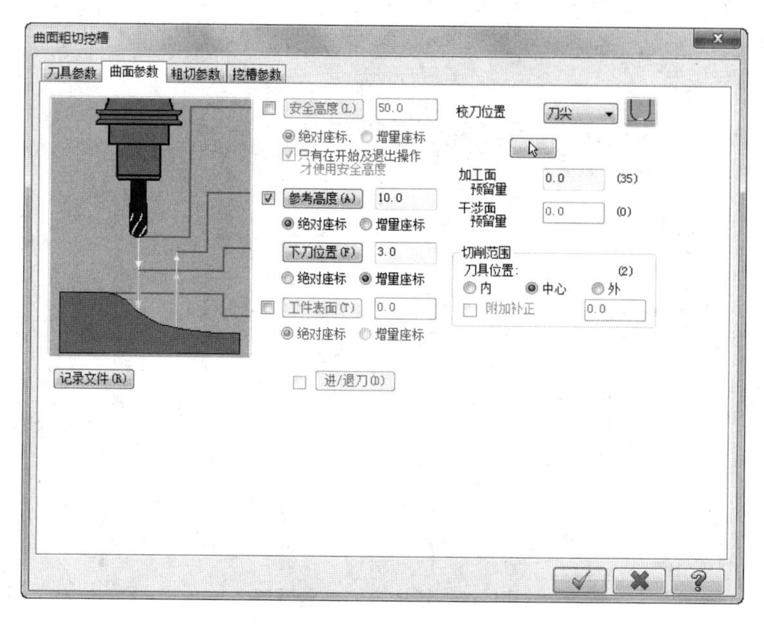

图 1-46　设置曲面参数

⓬单击“粗切参数”选项卡，设置参数及选项如图 1-47 所示。

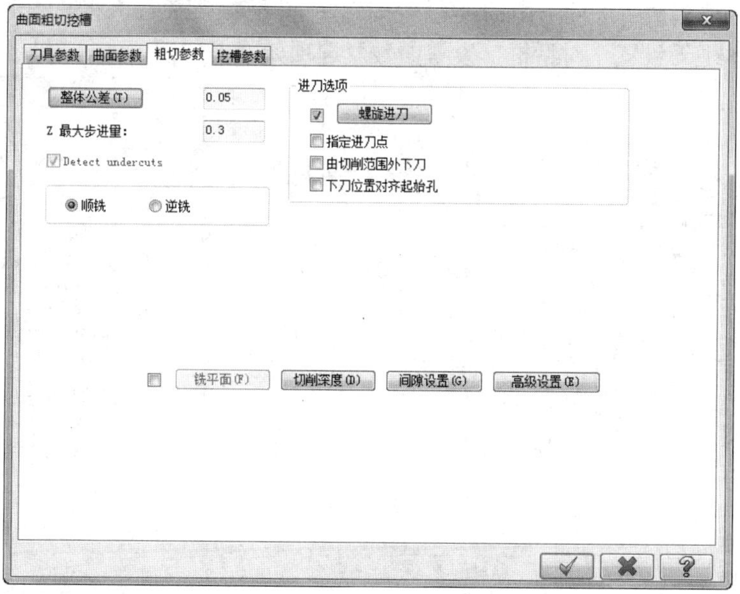

图 1-47　设置粗切参数

⓭在“粗切参数”选项卡中勾选“螺旋进刀”复选框，将其激活，并单击该按钮，弹出“螺旋/斜插下刀设置”对话框，接着单击“斜插进刀”选项卡，参数设置如图 1-48 所示。

⓮单击“确定”按钮，退出对话框，再单击“切削深度”按钮，弹出“切削深度设定”对话框，然后设置参数及选项如图 1-49 所示。

⓯单击“切削深度设定”对话框中的“确定”按钮，退出对话框，再单击“间隙

设置”按钮 间隙设置(G)，弹出“刀路间隙设置”对话框，然后设置参数及选项如图 1-50 所示。

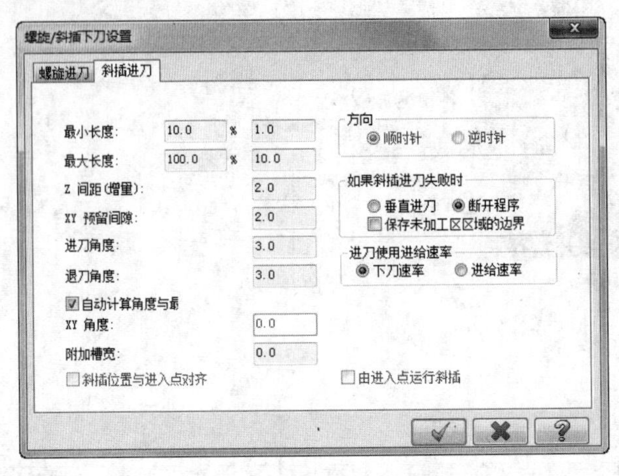

图 1-48　斜插下刀参数设置

⓰单击“确定”按钮，退出对话框，接着单击“挖槽参数”选项卡，并设置参数及选项如图 1-51 所示。

⓱勾选“挖槽参数”选项卡中的“进/退刀”复选框 进/退刀(L)，将其激活，并单击该按钮，弹出“进/退刀设置”对话框，设置参数及选项如图 1-52 所示。

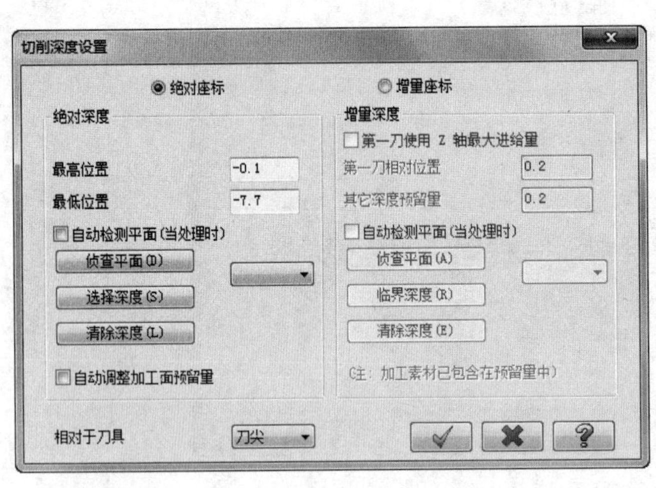

图 1-49　切削深度参数设置

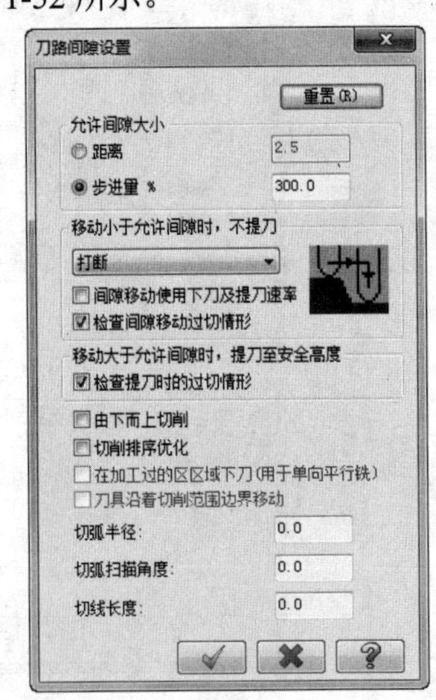

图 1-50　刀具路径间隙参数设置

⓲单击“确定”按钮，退出对话框，接着在“曲面粗切挖槽”对话框中单击“确定”按钮，系统开始进行曲面挖槽粗加工刀路计算，结果如图 1-53 所示。

03 等高外形精加工。根据型腔的结构形式、材料硬度及残余余量等，采用 ϕ8mm 硬质合金平底刀进行型腔精加工，表 1-2 列出了等高外形精加工的加工参数。

❶按 Alt+T 组合键隐藏刀具路径，然后单击“刀路”选项卡“自定义”面板中的“等高”按钮，然后根据图 1-54 所示操作。

表 1-2 等高外形精加工的加工参数

工件材料	ALUMINUM mm - 2024	切削深度	0.25mm
刀具材料	高速钢—HSS	XY 进给率	1000mm/min
刀具类型	平底刀	Z 进给率	900mm/min
刀具刃数	4	主轴转速	2000r/min
刀具直径	8mm	提刀速度	2000mm/min
刀具半径	/	预留量	0mm

图 1-51　挖槽参数设置

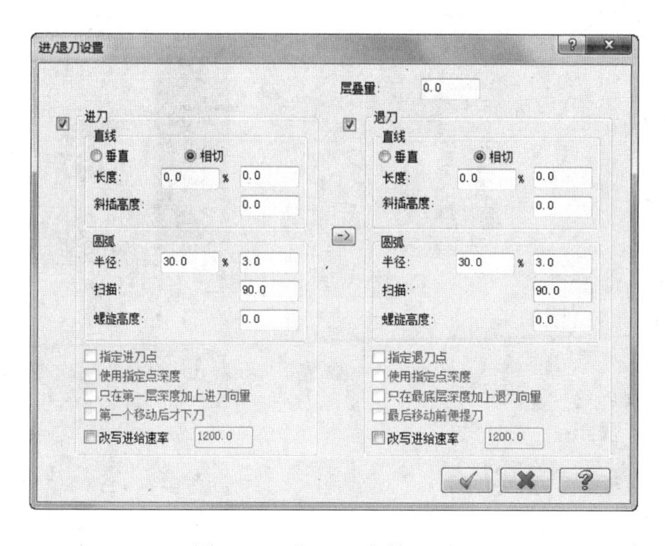

图 1-52　进/退刀参数设置

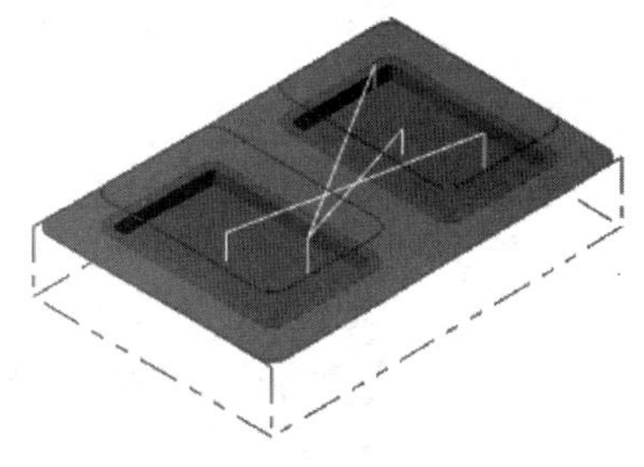

图 1-53　曲面挖槽粗加工刀具路径结果

❷单击“刀路曲面选择”对话框中的“确定”按钮，弹出“曲面精修等高”对话框，然后根据图 1-55 所示进行操作。

❸完成设置后，单击“曲面参数”选项卡，并设置参数及选项如图 1-56 所示。

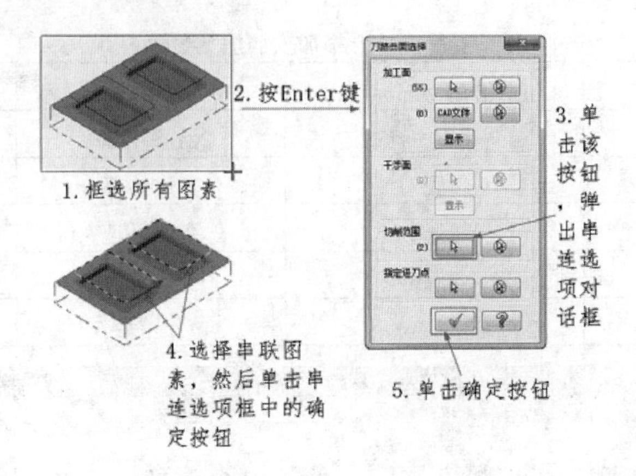

图 1-54　选择加工图素及边界

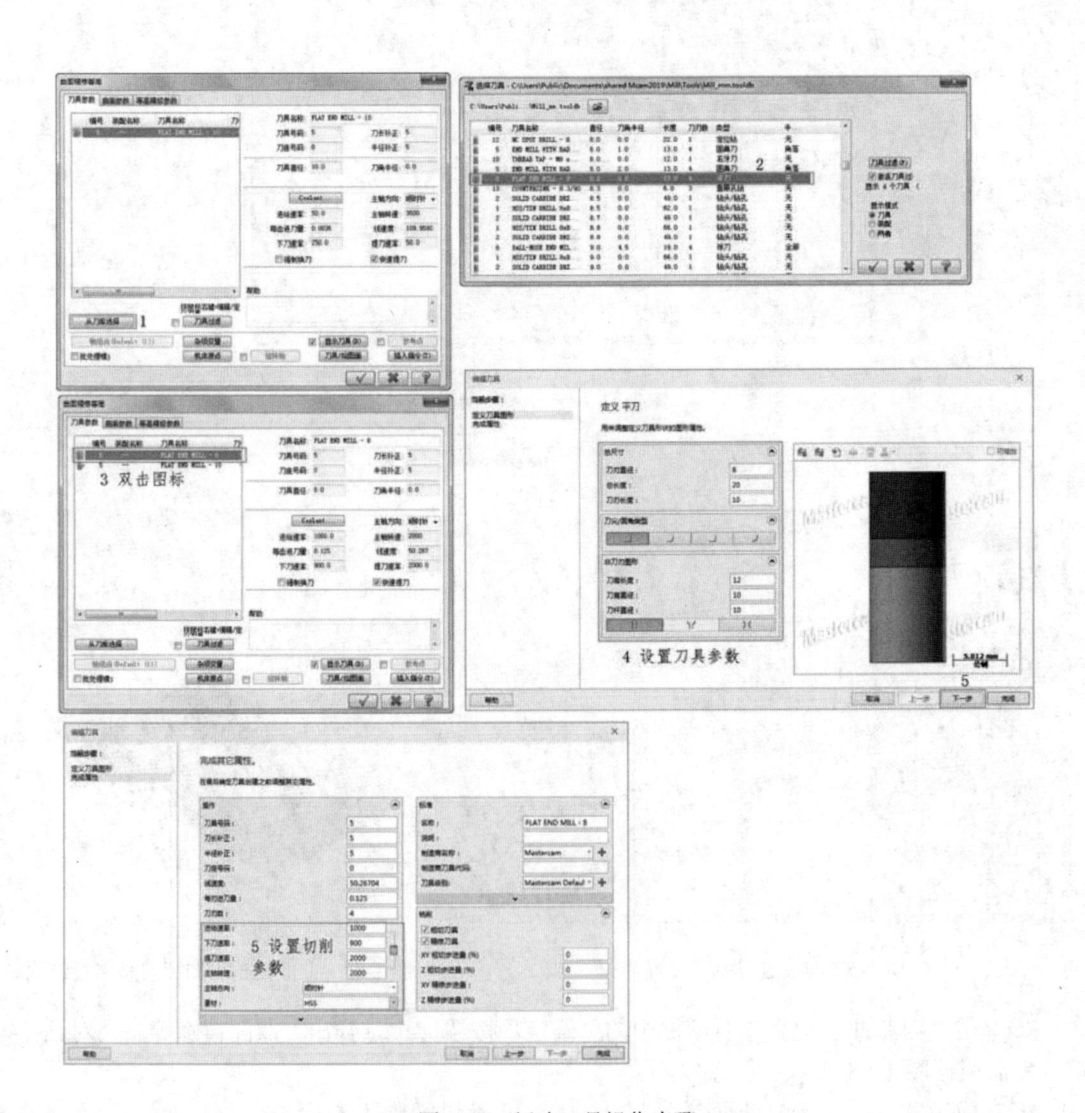

图 1-55　新建刀具操作步骤

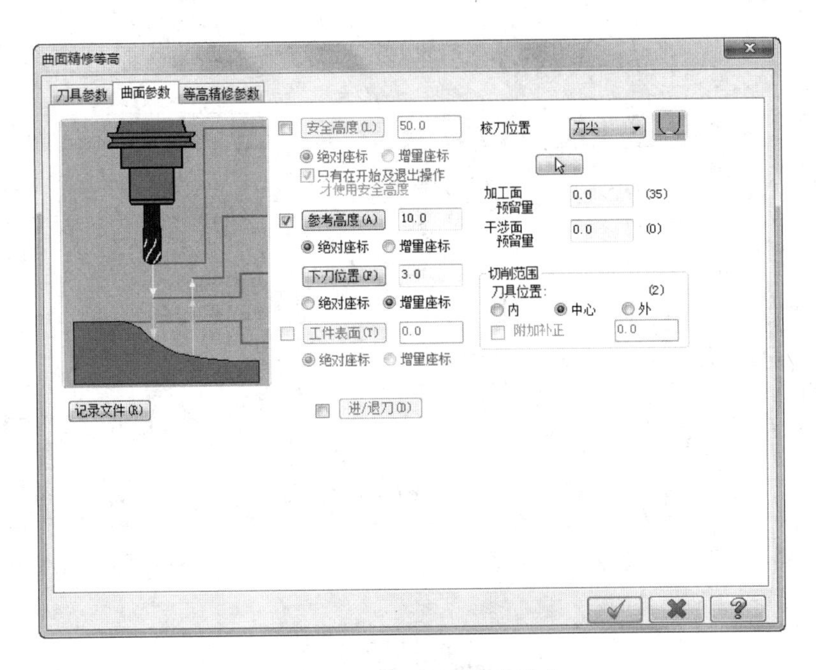

图 1-56　曲面加工参数设定

❹单击“等高精修参数”选项卡，设置参数及选项如图 1-57 所示。

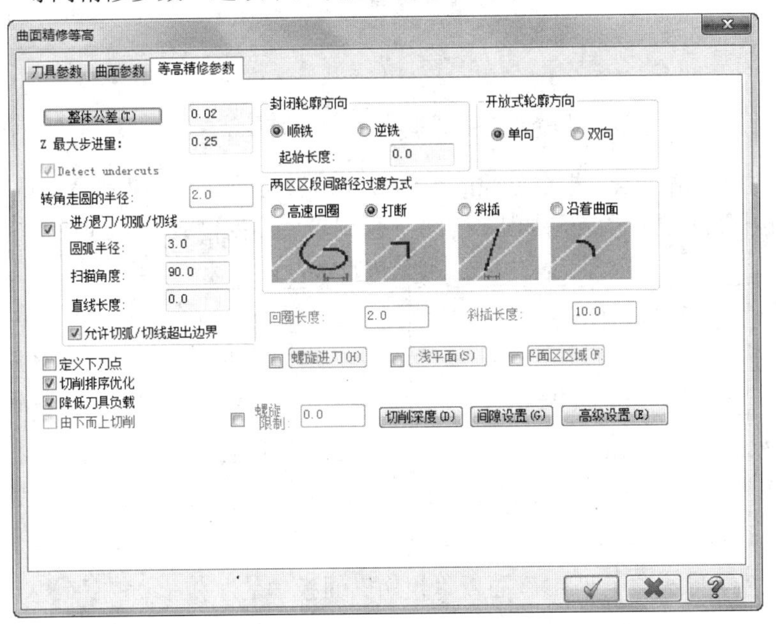

图 1-57　等高外形精加工参数设定

❺单击“切削深度”按钮切削深度(D)，弹出“切削深度设定”对话框，设置参数及选项如图 1-58 所示。

❻单击“切削深度设定”对话框中的“确定”按钮，退出对话框，再单击“高级设置”按钮高级设置(E)，弹出“高级设置”对话框，设置参数及选项如图 1-59 所示。

❼单击“高级设置”对话框中的“确定”按钮，退出对话框，然后在“曲面精修

等高”对话框中单击“确定”按钮，系统开始进行等高外形半精加工刀路计算，结果如图 1-60 所示。

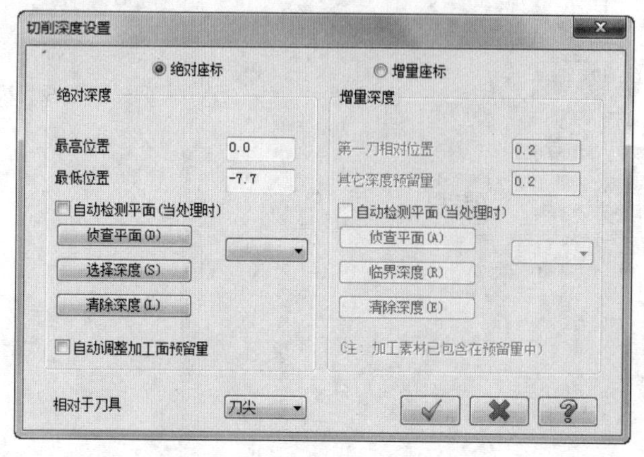

图 1-58　切削深度参数及选项

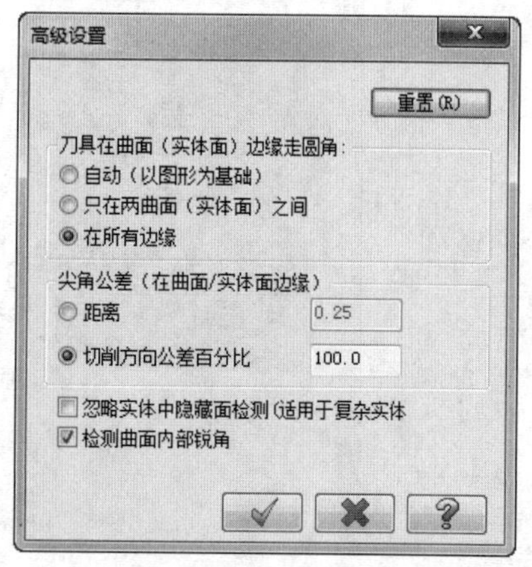

图 1-59　曲面加工参数设定

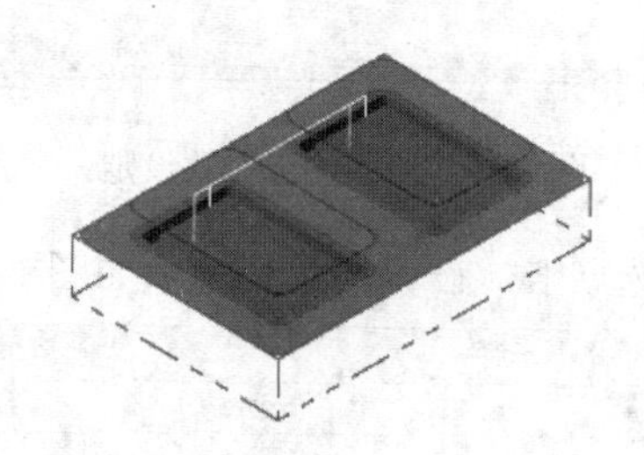

图 1-60　等高外形精加工刀具路径结果

04 底面挖槽精加工。根据型腔的结构形式、材料硬度及底部残余余量等，采用 ϕ 8mm 硬质合金平底刀进行型腔精加工，表 1-3 列出了底面挖槽精加工的加工参数。

表 1-3　底面挖槽精加工的加工参数

工件材料	ALUMINUM mm - 2024	切削深度	0.1mm
刀具材料	高速钢—HSS	XY 进给率	450mm/min
刀具类型	平底刀	Z 进给率	450mm/min
刀具刃数	4	主轴转速	1200r/min
刀具直径	8mm	提刀速度	1500mm/min
刀具半径	/	预留量	0mm

❶单击“刀路”选项卡“3D”面板“粗切”面板中的“挖槽”按钮，然后根据图 1-61 所示进行操作。

❷单击“刀路曲面选择”对话框中的“确定”按钮，弹出“曲面粗切挖槽”对话框，接着在刀具参数栏中选择直径为 8 的平刀，接着再设置参数，具体操作过程如图 1-62 所示。

❸单击“曲面参数”选项卡，然后设置参数及选项如图 1-63 所示。

❹单击“粗切参数”选项卡，然后设置参数及选项如图 1-64 所示。

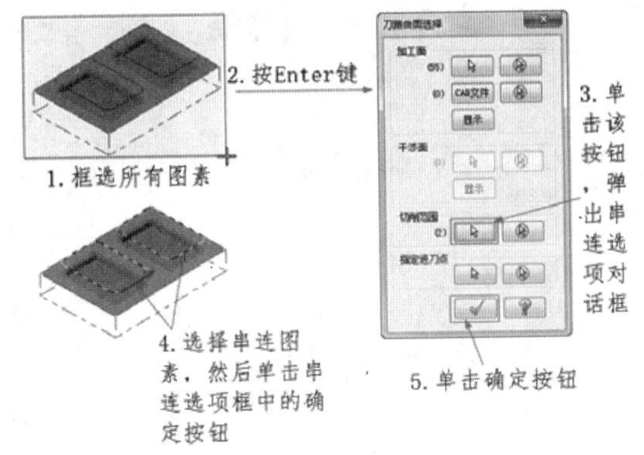

图 1-61　选择加工图素及边界

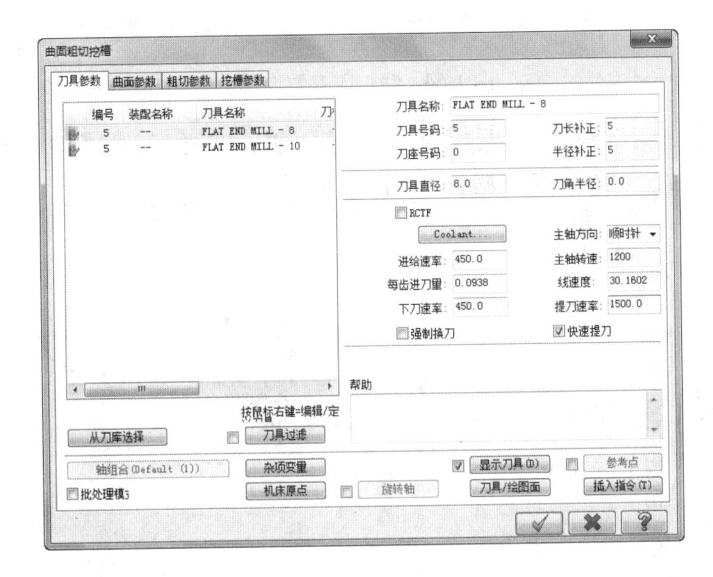

图 1-62　刀具参数设置

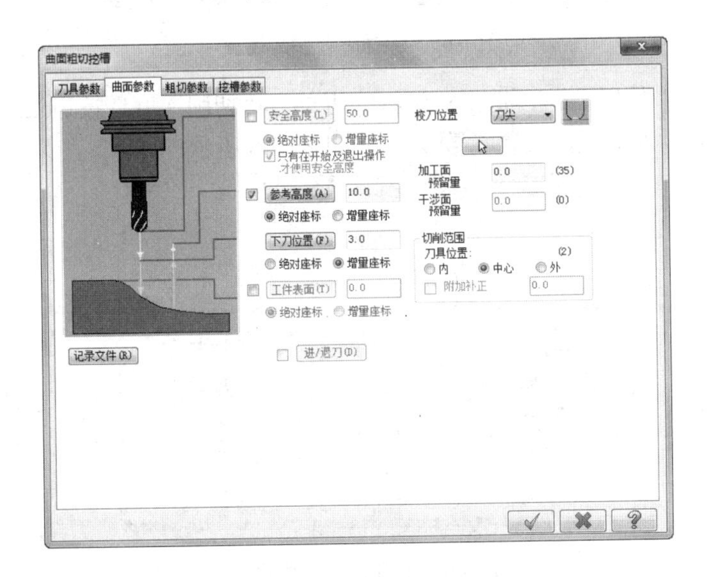

图 1-63　曲面加工参数设置

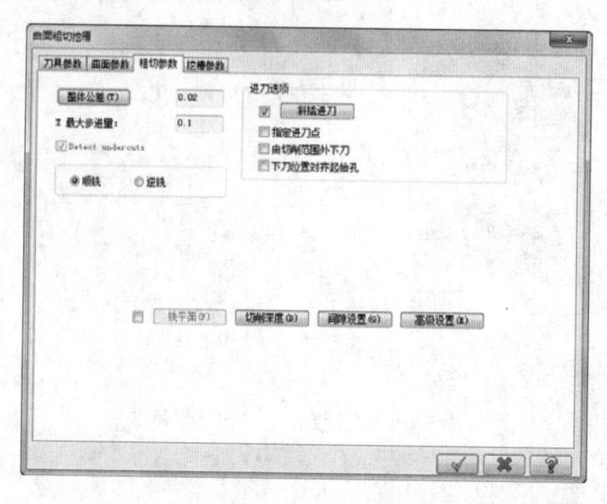

图 1-64　粗加工参数设置

❺单击“斜插进刀”按钮[斜插进刀]，弹出“螺旋/斜插下刀参数”对话框，接着单击“斜插进刀”选项卡，设置参数及选项如图 1-65 所示。

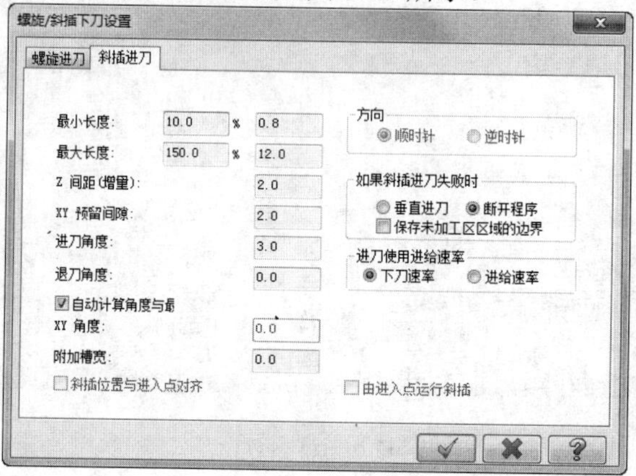

图 1-65　斜插下刀参数设置

❻单击“确定”按钮[✓]，退出对话框，再单击“切削深度”按钮[切削深度(D)]，弹出“切削深度设定”对话框，设置参数及选项如图 1-66 所示。

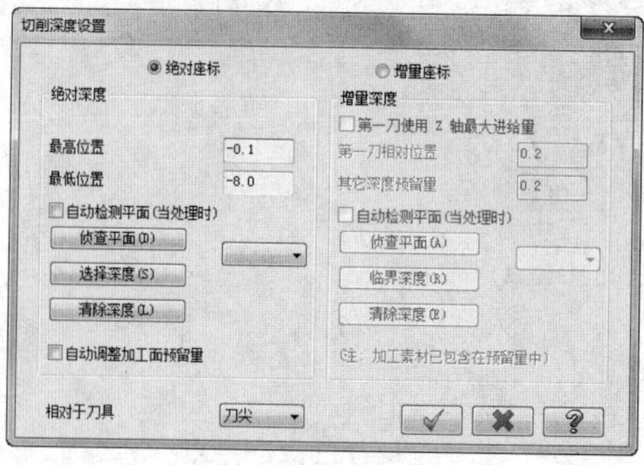

图 1-66　切削深度参数设置

❼单击“确定”按钮，退出对话框，接着单击“挖槽参数”选项卡，并设置参数及选项如图 1-67 所示。

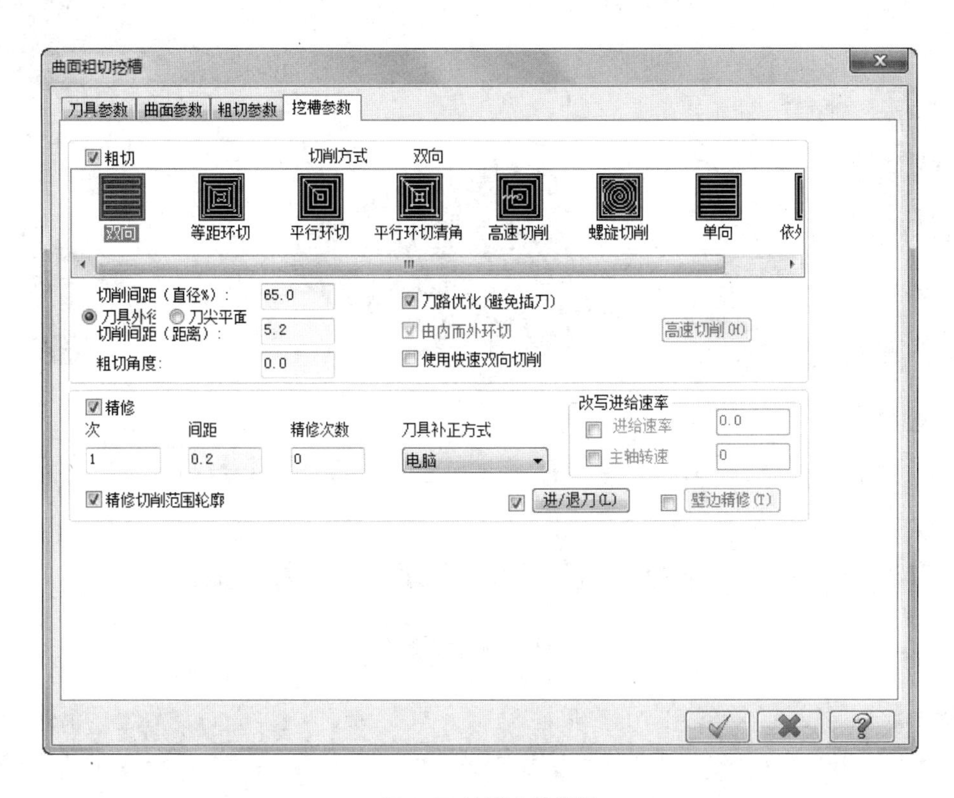

图 1-67 挖槽参数设置

❽单击“曲面粗切挖槽”对话框中“确定”按钮，系统开始进行曲面挖槽粗加工刀路计算，结果如图 1-68 所示。

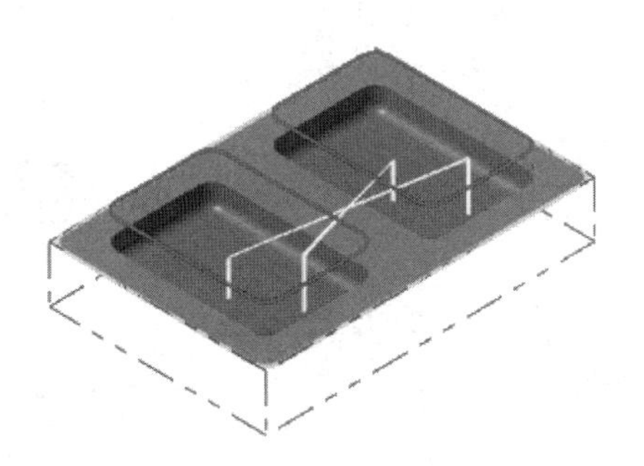

图 1-68　曲面挖槽粗加工刀具路径结果

05 仿真加工。

❶对已产生的刀具路径进行仿真加工，具体操作步骤如图 1-69 所示。

❷单击“快速访问工具栏”中的“另存为”按钮，弹出“另存为”对话框。设置保存的路径，然后再文件名文本框中输入“型腔刀路编程”，并单击“保存”按钮保存文件。

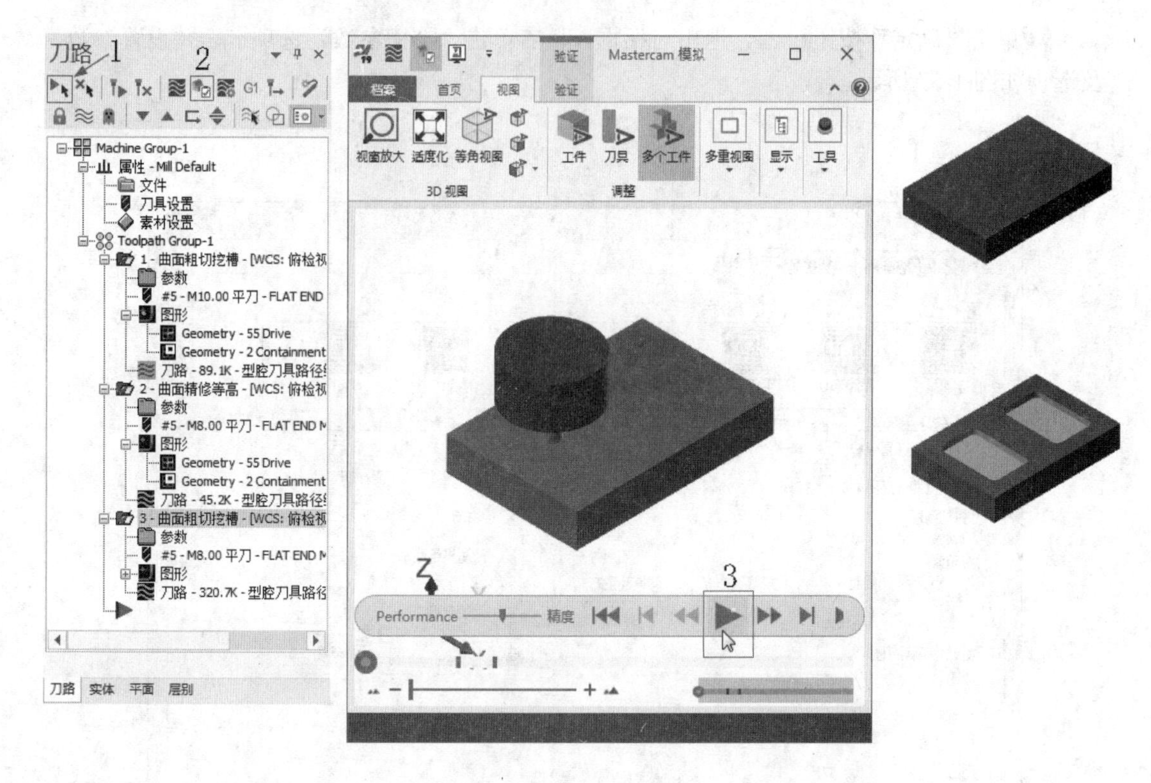

图 1-69　加工仿真操作

1.4 思考与练习

1. Mastercam 2019 软件由哪几个模块组成？试述各模块的功能。
2. Mastercam 2019 软件中系统的背景颜色、图形颜色、线型等如何设置？
3. 如何设置图层、编辑图层、突显图层等？
4. 选择图素的基本模式有几种？最常用的是哪两种模式？
5. 工作窗口中构图面、视图面、绘图深度的概念是什么？如何操作？

1.5 上机操作与指导

1. 启动 Mastercam 2019 软件，熟悉窗口界面。

2. 将 Mastercam 2019 系统的背景颜色设置为白色、图素颜色设置为黑色、线性设置为虚线、线宽设置为第一种。

3. 在屏幕上显示栅格，栅格大小为 200、间距为 100。

4. 分别以不同的构图深度，例如 z=10、20、30 等，绘制直线，接着将视角转换为等角视角，来观察这些直线所处的位置。

第 2 章

二维图形绘制

本章主要介绍 Mastercam 2019 系统的二维图形绘制操作方法。包括点、线、圆弧、矩形、多边形等基本图形绘制。

通过本章的学习，可以帮助读者初步掌握 Mastercam 的二维图形绘制功能。

- 点的绘制
- 线的绘制
- 圆弧的绘制
- 矩形的绘制
- 曲线的绘制

2.1 点的绘制

点是几何图形的最基本图素。各种图形的定位基准往往是各种类型的点，如直线的端点、圆或弧的圆心等。点和其他图素一样具有各种属性，同样可以编辑它的属性。Mastercam 2019 软件提供了 6 种绘制点的方式，要启动“绘点”功能，可单击“线框”选项卡“点”面板中的“绘点”按钮，也可单击“线框”选项卡“点”面板中的“绘点”下拉按钮，在其中选择绘制点的方式。

2.1.1 绘点

单击“线框”选项卡“点”面板中的“绘点”按钮，系统弹出“绘点”对话框，如图 2-1 所示，就能够在某一光标指定位置绘制点（包括端点、中点、交点等位置，但要求事先设置好光标自动捕捉功能，如图 2-2 所示），也可以单击“选择工具栏”中的“输入坐标点”按钮，在弹出的文本框中输入坐标点的位置，用户可按照“21, 35, 0”或者“X21Y35Z0”格式直接输入要绘制点的坐标，然后按 Enter 键，如果要继续绘制新点，则单击“绘点”对话框中的“确定并创建新操作”按钮，如果要结束该命令，则单击“绘点”对话框中的“确定”按钮，完成点的绘制。

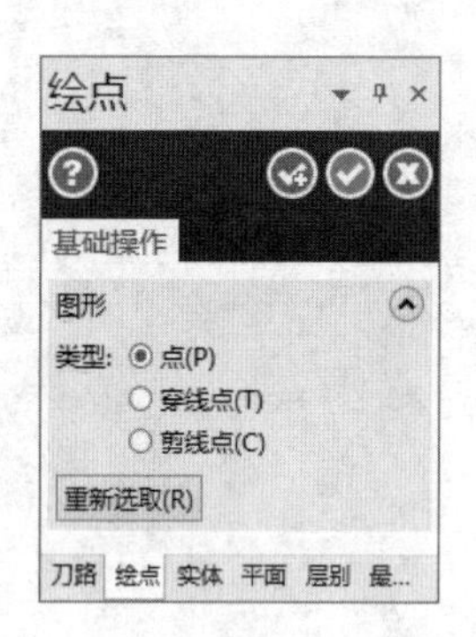

图 2-1 “绘点”对话框

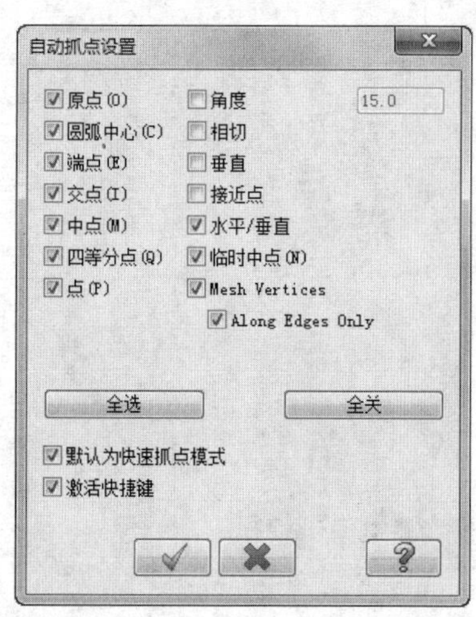

图 2-2 “自动抓点设置”对话框

2.1.2 动态绘点

动态绘点指的是沿已有的图素，如直线、圆弧、曲线、曲面等，通过在其上移动的箭头来动态生成点，换句话说是，生成点是根据图素上某一点的位置来确定的。

“例 2-1” 在曲线上动态绘点。

网盘\视频教学\第2章\在曲线上动态绘点.MP4

操作步骤如下：

01 单击“线框”选项卡“点”面板“绘点”下拉菜单中的“动态绘点”按钮 动态绘点，系统弹出“动态绘点”对话框，同时在绘图区域弹出“选择直线，圆弧，曲线，曲面或实体面”提示信息。

02 选择图 2-3 所示的曲线，接着在曲线上出现一动态移动的箭头，箭头所指方向是曲线的正向，也是曲线的切线方向，箭头的尾部即是将要确定点的位置。

03 移动曲线上的箭头，待箭头尾部的十字到所需位置后，单击鼠标左键，曲线上显示出绘制的点。

04 单击“动态绘点”对话框中的“确定”按钮或者双击 Esc 键，退出动态绘点操作。

以上步骤如图 2-3 所示。

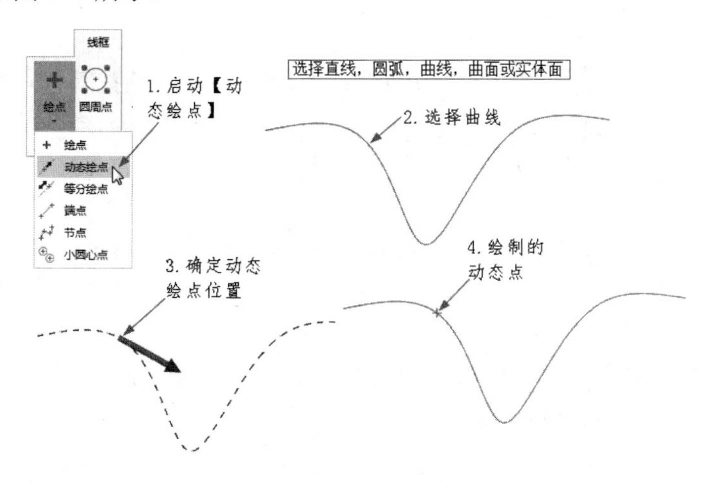

图 2-3 “动态绘点”操作示例

动态点位置也可根据图素零点的相对距离和该点正法线方向的偏移距离来确定。方法是，在“动态绘点”对话框“距离”组中的“沿（A）”的文本框 沿(A): 0.0 中输入与图素零点相对的距离值即可。

2.1.3 绘制节点

曲线节点绘制是指绘制样条曲线的原始点或控制点，借助节点，可以对参数曲线的外形进行修整。

“例 2-2” 在曲线上绘制节点。

网盘\视频教学\第2章\在曲线上绘制节点.MP4

操作步骤如下：

01 单击“线框”选项卡“点”面板“绘点”下拉菜单中的“节点”按钮 节点，系统弹出“请选择曲线”提示信息。

02 选择图 2-4 所示的曲线，完成曲线节点的绘制。

绘制参数节点的具体操作步骤如图2-4所示。

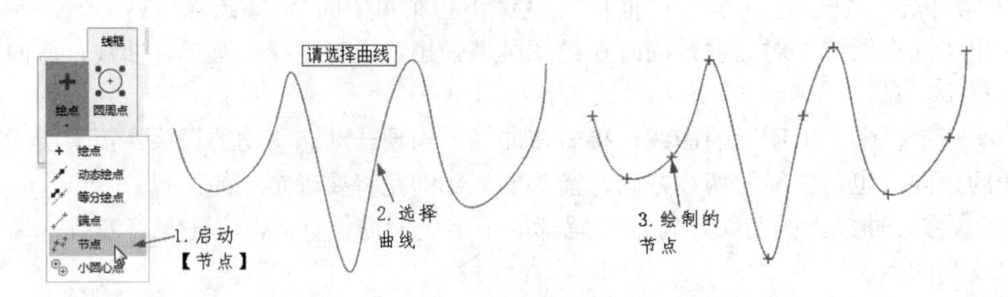

图2-4 “节点”绘制操作示例

2.1.4 绘制等分点

绘制等分点是指在几何图素上绘制几何图素的等分点。包括按等分点数绘制等分点和按等分间距绘制等分点两种形式。

“例2-3” 在曲线上按等分点数绘制等分点。

网盘\视频教学\第2章\在曲线上按等分点数绘制等分点.MP4

操作步骤如下：

01 单击“线框”选项卡“点”面板“绘点”下拉菜单中的“等分绘点”按钮 等分绘点，系统弹出“等分绘点”对话框，同时在绘图区域弹出“沿一图形画点：请选择图形”提示信息。

02 选取所要绘制等分点的几何图形。

03 在“等分绘点”对话框“点数”组的文本框中输入等分点个数为“5”。

04 按Enter键，则几何图素上绘制出了等分点。

05 单击“等分绘点”对话框中的“确定”按钮，完成操作。

按等分点数绘制等分点的具体操作过程如图2-5所示。

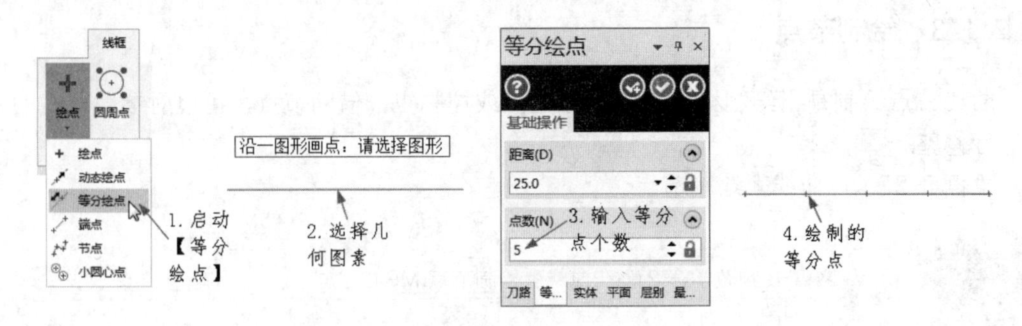

图2-5 等分点数“绘制等分点”操作示例

按等分间距绘制等分点的绘制步骤同按等分点数绘制等分点步骤，在此不再赘述。具体操作过程如图2-6所示。

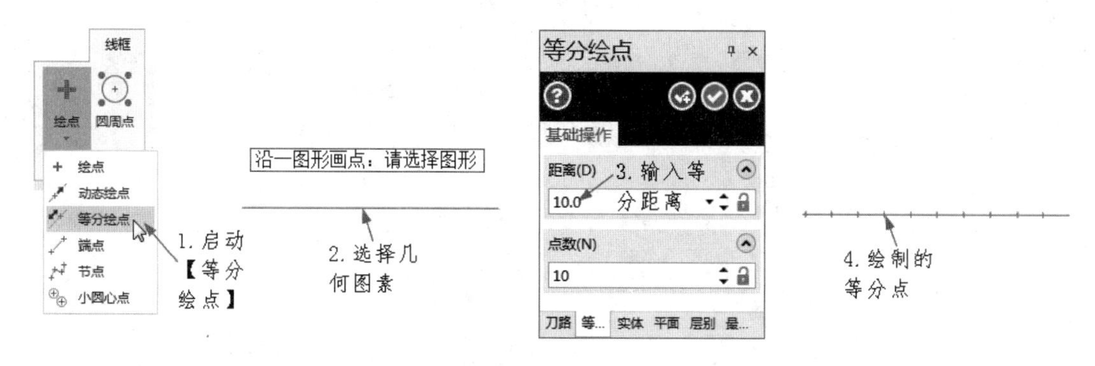

图 2-6　等分距离“绘制等分点”操作示例

2.1.5　绘制端点

执行“绘图”→“手动控制”→“端点”命令，系统自动选择绘图区内的所有几何图形并在其端点处产生点。

2.1.6　绘制小圆心点

绘制小圆心点指的是绘制小于或等于指定半径的圆或弧的圆心点。

“例 2-4”绘制小圆心点。

网盘\视频教学\第2章\绘制小圆心点.MP4

操作步骤如下：

01 单击“线框”选项卡“点”面板“绘点”下拉菜单中的“小圆心点”按钮 小圆心点，系统弹出“小圆心点”对话框，同时在绘图区域弹出“选择弧/圆，按 Enter 键完成”提示信息。

02 在“小圆心点”对话框“最大半径”组的文本框中输入半径值为“20”。

03 如果要绘制弧的圆心点，可以勾选“包括不完整的圆弧”复选框 ☑ 包括不完整的圆弧(P)。

04 选择要绘制圆心的几何图素。

05 按 Enter 键，完成小圆心点的绘制。

具体操作步骤如图 2-7 所示。如果在绘制完圆心后要求删除原几何图素，则在“小圆心点”对话框中勾选“删除圆弧”复选框☑ 删除圆弧(D)。

完成图 2-7 的操作后，读者会发现半径值大于 20 的圆未画出圆心，这是因为半径设定值为 20，则系统仅画出半径值小于和等于 20 的弧或圆的圆心。

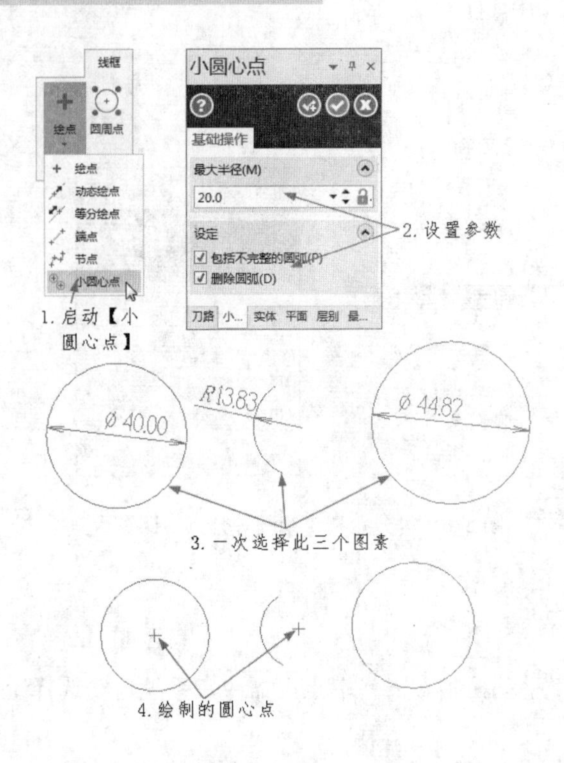

图 2-7　绘制小弧圆心的操作

2.2 线的绘制

Mastercam 2019 软件提供了 7 种直线的绘制方法，要启动线绘制功能，单击“线框”选项卡“线”面板中的不同命令，如图 2-8 所示。

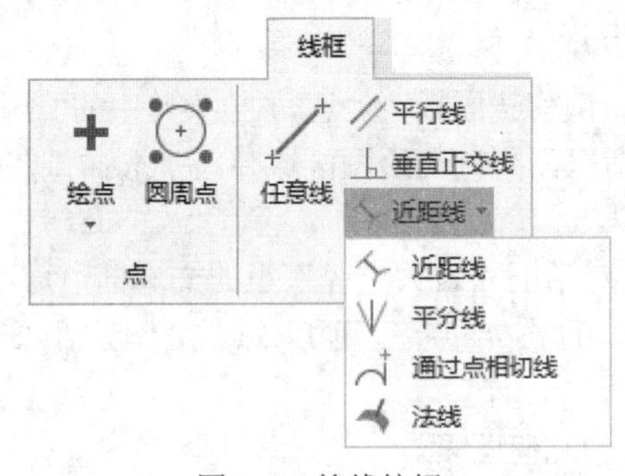

图 2-8　绘线按钮

2.2.1　绘制任意线

绘制任意线命令能够绘制水平线、垂直线、极坐标线、连续线或切线。单击“线框”选项卡“线”面板中的“任意线”按钮，系统弹出“任意线”对话框，如图 2-9 所示。

“任意线”对话框中复选框含义如下：

（1）勾选“相切”复选框☑ 相切(T)，可绘制与某一圆或圆弧相切的直线。

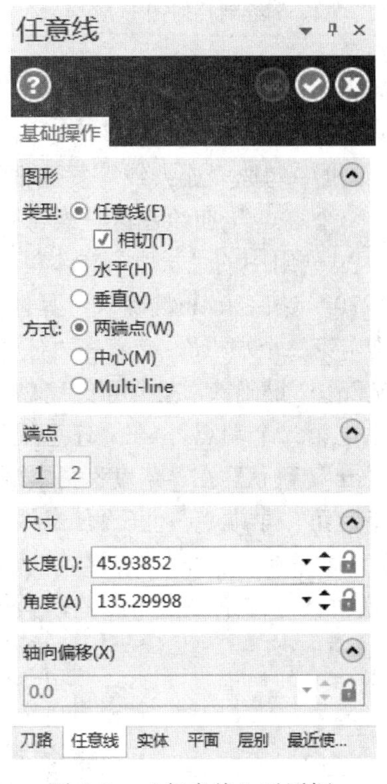

图 2-9　“任意线”对话框

（2）勾选“水平”复选框◉ 水平(H), 绘制水平线。

（3）勾选“垂直”复选框◉ 垂直(V), 绘制垂直线。

（4）勾选“两端点”复选框◉ 两端点(W), 以起点和终点方式绘制直线。

（5）勾选“中心”复选框◉ 中心(M)，以中心点方式绘制直线。

（6）勾选“连续线”复选框◉ Multi-line，绘制连续直线。

（7）在“尺寸”组中的“长度”文本框中 长度(L): 0.0001 可输入直线的长度，并可单击按钮将长度锁定。

（8）在“尺寸”组中的“角度”文本框中 角度(A) 0.0 可输入直线的角度，并可单击按钮将角度锁定。

“例 2-5”　绘制如图 2-10 所示的几何图形。

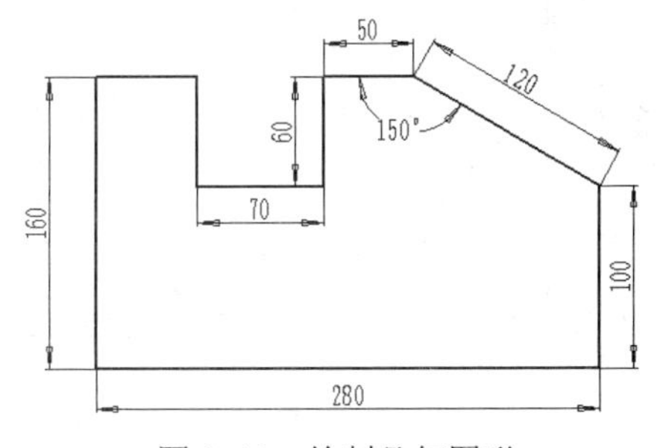

图 2-10　绘制几何图形

网盘\视频教学\第2章\绘制几何图形.MP4

操作步骤如下：

01 单击“线框”选项卡“线”面板中的“任意线”按钮，系统弹出“任意线”对话框，在如图 2-9 所示对话框中勾选“连续线”复选框 Multi-line。

02 系统提示“指定第一个端点”，在绘图区任意部位选择一点作为线段的第一个点，接着在“任意线”对话框“尺寸”组中的“长度”文本框中输入“160”，按 Enter 键确认，在“角度”文本框中输入“270”，按 Enter 键确认，具体操作步骤及结果如图 2-11 所示。

03 系统继续提示“指定第二个端点”，接着在“任意线”对话框“尺寸”组中的“长度”文本框中输入“280”，按 Enter 键确认，在“角度”文本框中输入“0”，按 Enter 键确认。

04 系统继续提示“指定第二个端点”，在“任意线”对话框“尺寸”组中的“长度”文本框中输入“100”，按 Enter 键确认，在“角度”文本框中输入“90”，按 Enter 键确认。

05 系统继续提示“指定第二个端点”，在“任意线”对话框“尺寸”组中的“长度”文本框中输入“120”，按 Enter 键确认，在“角度”文本框中输入“150”，按 Enter 键确认。Mastercam 系统是按照逆时针方向来测量角度的，具体绘制结果如图 2-12 所示。

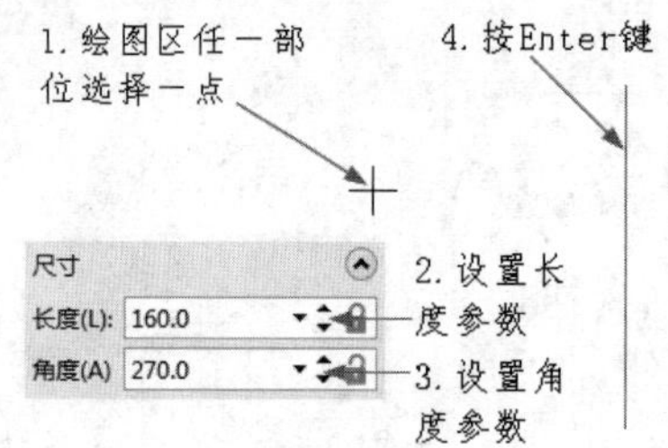

图 2-11　绘制第一条线段

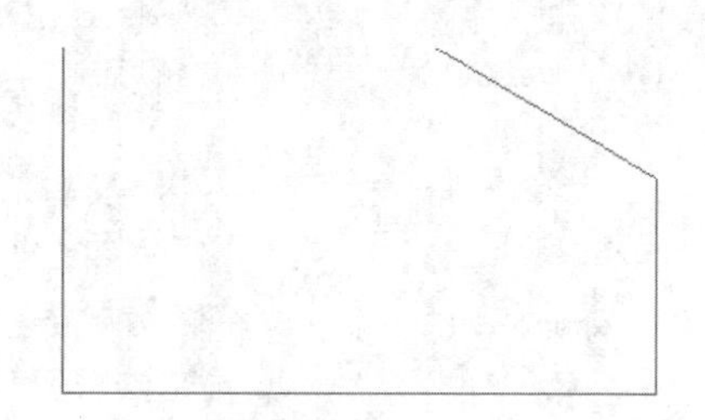

图 2-12　绘制第四条线段的结果

06 采用同样方法，在“任意线”对话框“尺寸”组中分别输入“长度”和“角度”为（50，180）、（60，270）、（70，180）、（60，90），操作完此步后，结果如图 2-13 所示。

07 系统继续提示“指定第二个端点”，选择第一条线段的端点，如图 2-14a 所示，接着绘图区显示出 2-14b 所示的最终结果图形，单击“任意线”对话框中的“确定”按钮，结束绘线操作。

08 单击快速访问工具栏中的“保存”按钮，以文件名“例 2-5”保存文件。

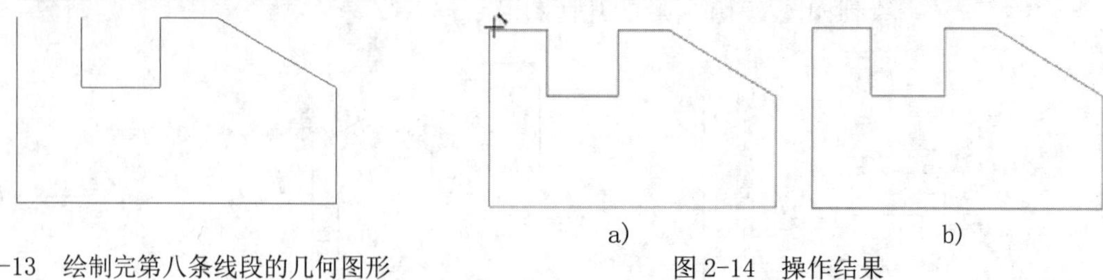

图 2-13　绘制完第八条线段的几何图形　　图 2-14　操作结果

2.2.2　绘制近距线

单击“线框”选项卡“线”面板中的“近距线”按钮，选择两个已有的图素，绘制出它们的最近连线，如图 2-15 所示。

图 2-15　近距线示例

2.2.3　平分线

“平分线”命令用于绘制两条直线交点处引出的角平分线。

“例 2-6”　绘制分角线。

网盘\视频教学\第2章\绘制分角线.MP4

操作步骤如下：

01 单击“线框”选项卡“线”面板“近距线”下拉菜单中的“平分线”按钮，弹出“平分线”对话框，如图 2-16 所示，同时系统提示“选择二条相切的线”。

02 依次选择 A 线和 B 线。

03 选择角平分线的某一侧为保留线。

04 在“长度”文本框中输入角平分线长度为“50”。

05 单击对话框中的“确定”按钮，完成操作。

具体操作步骤如图 2-17 所示。

图 2-16　绘制“平分线”对话框

A
B
1. 依次选择
A线和B线
2. 选择此线
为保留线
长度(L)
50.0
3. 输入长度
4. 单击“确定”按钮

图 2-17　绘制“平分线”操作示例

2.2.4　绘制垂直正交线

“绘制垂直正交线”命令用于绘制与直线、圆弧或曲线相垂直的线。

“例 2-7”　绘制圆弧的垂直正交线。

网盘\视频教学\第2章\绘制圆弧的垂直正交线.MP4

操作步骤如下：

01 单击“线框”选项卡“线”面板中的“垂直正交线”按钮，弹出“垂直正交线”对话框，如图 2-18 所示，同时系统提示“选择线、圆弧、曲线或边界”。

02 系统提示：“选取直线、圆弧或曲线”，选择要绘制法线的图素，选择图 2-19 中的弧 A，则在绘图区中生成一条法线。

03 系统提示“请选择任意点”，在“长度”文本框中输入垂直正交线长度为“50”。

04 在绘图区任选一点。

05 按 Enter 键，确定所绘制法线。

06 单击对话框中的“确定”按钮，完成操作。

以上步骤如图 2-19 所示。

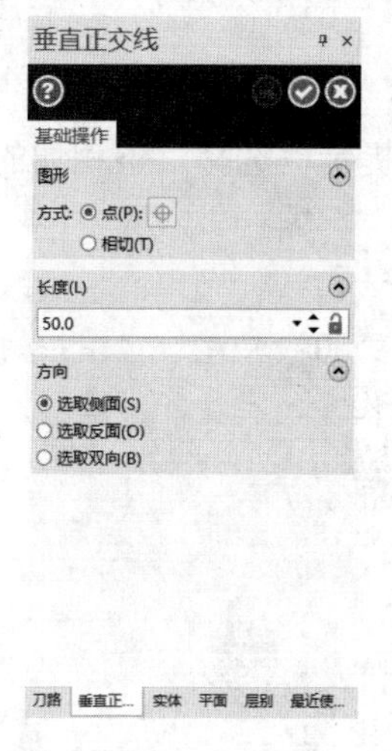

图 2-18 “垂直正交线”对话框

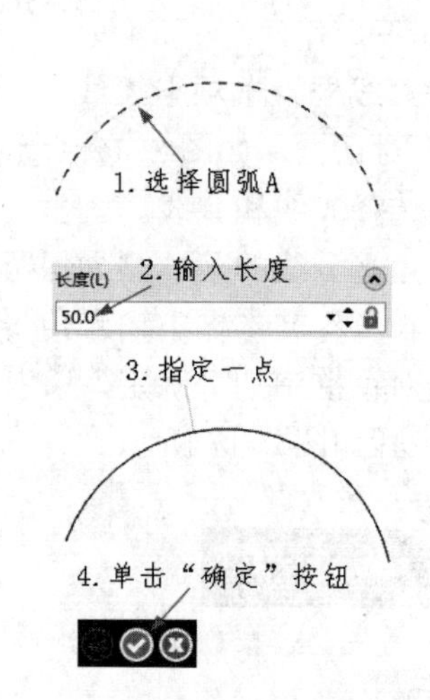

图 2-19 “垂直正交线”绘制操作示例

2.2.5 绘制平行线

“绘制平行线”命令用于绘制与已有直线相平行的线段。

“例 2-8”绘制平行线。

网盘\视频教学\第2章\绘制平行线.MP4

操作步骤如下：

01 单击“线框”选项卡“线”面板中的“平行线”按钮，系统弹出“平行线”对话框，如图 2-20 所示。

02 勾选对话框中的“相切”复选框 相切(T)。

03 系统提示“选择直线”，选择图 2-21 中的直线 A。

04 系统提示“选择与平行线相切的圆弧”，选择图 2-21 中的圆 B。

05 由于与被选中直线相平行的直线且与圆相切的线段有两条，系统会根据所选的圆的位置自动选择并生成一条直线。

绘制的平行线长度相等，以上绘制步骤如图 2-21 所示。

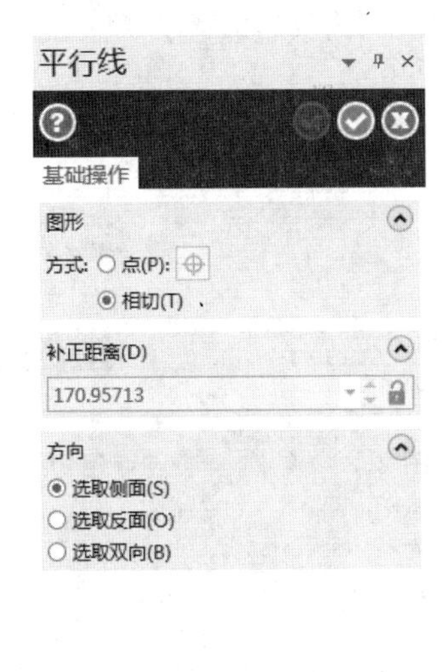

图 2-20 “平行线”对话框

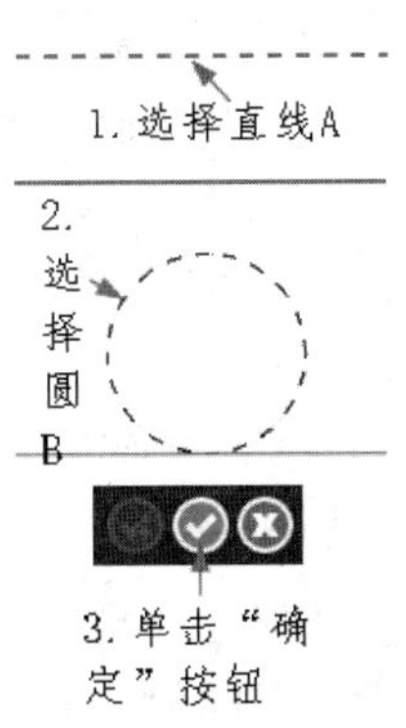

图 2-21 “平行线”绘制操作示例

提示

在“平行线”对话框“补正距离”组中的文本框中输入两平行线间的距离 ，再利用“方向”组中的 s 的复选框来选择平行线在被选中直线的哪一侧或者两侧都绘制的方法，也可绘制平行线。

2.2.6 绘制通过点相切线

“通过点相切线”命令用于绘制过已有圆弧或圆上一点并切和该圆弧或圆相切的线段。

“例 2-9”绘制通过点相切线。

网盘\视频教学\第2章\绘制通过点相切线.MP4

操作步骤如下：

01 单击“线框”选项卡“线”面板“近距线”下拉菜单中的“通过点相切线”按钮，系统弹出“通过点相切”对话框，如图 2-22 所示。

02 系统提示“选择圆弧或曲线”，然后选择图 2-23 中的圆。

03 系统提示“选择圆弧或者曲线上的相切点”，选取圆上的一点。

04 系统提示“选择切线的第二个端点或者输入长度”在绘图区域单击一点，绘制切线。

05 单击对话框中的“确定”✔按钮，完成操作。

以上绘制步骤如图 2-23 所示。

图 2-22 “通过点相切”对话框

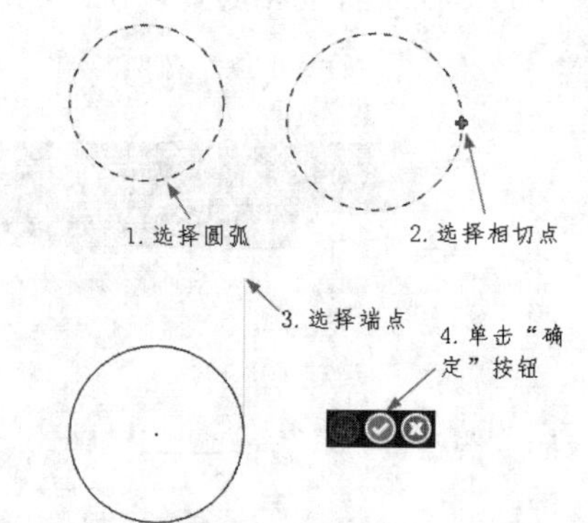

图 2-23 绘制“通过点相切线”操作实示例

2.2.7 绘制法线

“法线”命令用于绘制通过已有圆弧或平面上一点并切和该圆弧或平面垂直的线段。

“例 2-10”绘制法线。

网盘\视频教学\第2章\绘制法线.MP4

操作步骤如下：

01 单击“线框”选项卡“线”面板“近距线”下拉菜单中的“法线”按钮，系统弹出“法线”对话框，如图 2-24 所示。

02 系统提示“选择曲面或面”，然后选择图 2-25 中的曲面，此时出现一个箭头，箭头的方向为绘制法线的方向。

03 系统提示“选择曲面或面”，然后在上步选择的曲面上单击选取一点。

04 在对话框中的“长度”组的文本框中输入“50”。

05 单击对话框中的“确定”✔按钮，完成操作。

以上绘制步骤如图 2-25 所示。

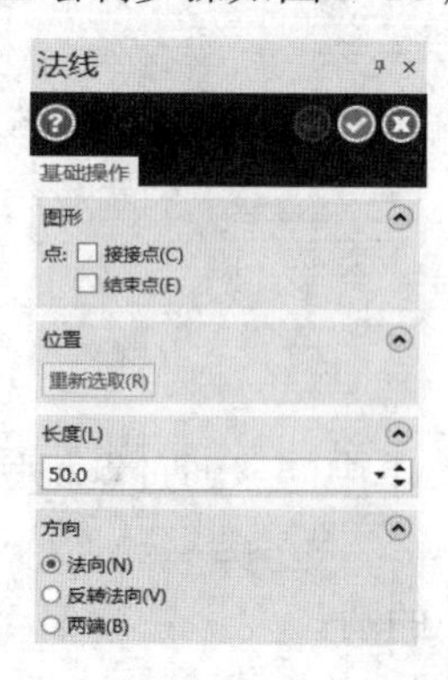

图 2-24 “法线”对话框

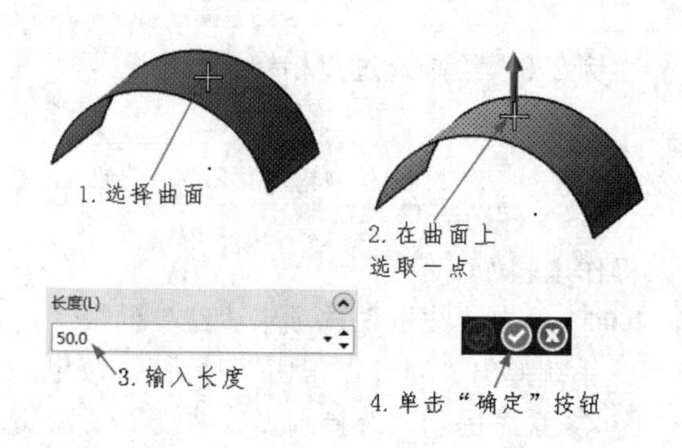

图 2-25 绘制“法线”操作实示例

2.3 圆弧的绘制

圆弧也是几何图形的基本图素，掌握绘制圆弧的技巧，对快速完成几何图形有关键性作用。Mastercam 2019 拥有 7 种绘制圆和弧的方法。要启动圆弧绘制功能，单击“线框”选项卡“圆弧”面板中的不同命令，如图 2-26 所示，其中每一个命令均代表一种方法。

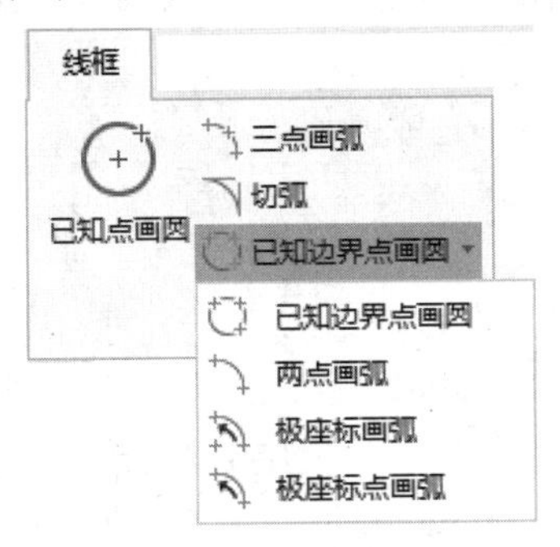

图 2-26　圆弧绘制子菜单

2.3.1　已知边界点画圆

“已知边界点画圆”指的是通过不在同一条直线上的三点绘制一个圆，它具有两点绘圆、两点相切、三点绘圆以及三点相切 4 种方式。单击“线框”选项卡“圆弧”面板中的“已知边界点画圆”按钮，系统弹出“已知边界点画圆”对话框，如图 2-27 所示。

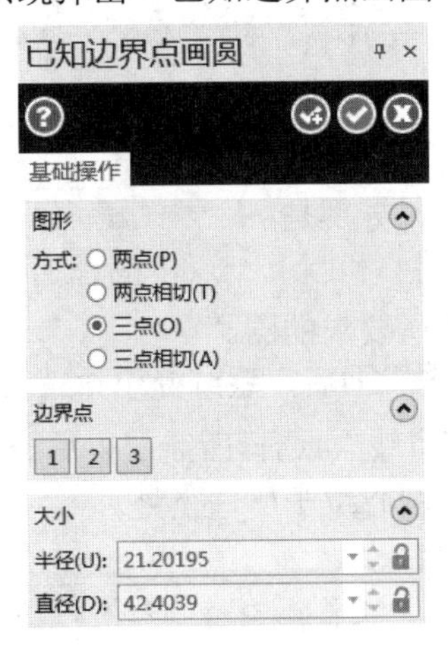

图 2-27　“已知边界点画圆”对话框

有 4 种途径可供选择，分别是：

1）勾选“两点”复选框 两点(P)后，可在绘图区中选取两点绘制一个圆，圆的直径就等于所选两点之间的距离。

2）勾选“两点相切”复选框 两点相切(T)后，可在绘图区中连续选取两个图素（直线、圆弧、曲线），接着再在“半径”文本框 半径(U): 0.0 或者“直径”文本框 直径(D): 0.0 中输入所绘圆的半径值或直径值，系统将会绘制出与所选图素相切且半径值或直径值等于所输入值的圆。

3）勾选“三点”按钮◉ 三点(O)后，可连续在绘图区中选取不在同一直线上的三点来绘制一个圆。此法经常用于正多边形外接圆的绘制。

4）勾选“三点相切”按钮◉ 三点相切(A)后，可在绘图区中连续选取三个图素（直线、圆弧、曲线），接着再在“半径”文本框半径(U): 0.0 或者“直径”文本框直径(D): 0.0 中输入所绘圆的半径值或直径值，系统将会绘制出与所选图素相切且半径值或直径值等于所输入值的圆。

最后，单击“确定”按钮，完成操作。

2.3.2 已知点画圆

“已知点画圆”是利用确定圆心和圆上一点的方法绘制出圆。单击“线框”选项卡“圆弧”面板中的“已知点画圆”按钮，系统弹出“已知点画圆”对话框，如图 2-28 所示。

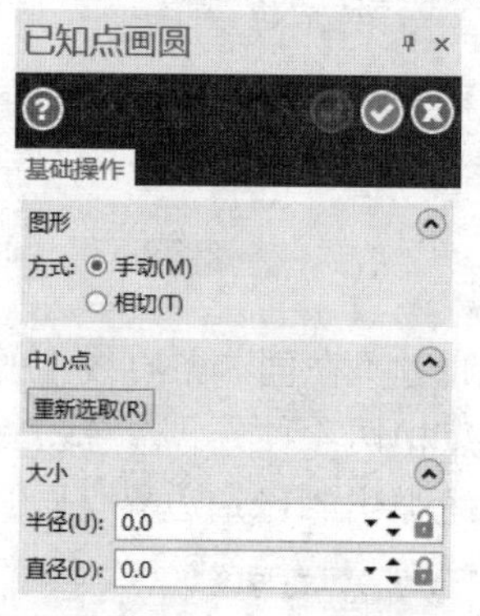

图 2-28 “已知点画圆”对话框

该方法有两种途径可供选择，分别是：

1）在绘图区中，连续选取圆心和圆上一点，或者选取圆心后，在“半径”或“直径”输入栏中输入数值，即可绘制出所要求的圆。

2）勾选“相切”复选框◉ 相切(T)后，系统提示“请输入圆心点”，在绘图区中选定一点，接着系统提示“选择圆弧或直线”，选择所需图素后，系统将绘制出一个圆。所绘制的圆与所选的圆弧或直线相切，且圆心位于所选点处。

单击“确定”按钮，完成操作。

2.3.3 极坐标画弧

“极坐标画弧”命令是指通过确定圆心、半径、起始和终止角度来绘制一段弧。单击“线框”选项卡“圆弧”面板“已知边界点画圆”下拉菜单中的“极坐标画弧”按钮，系统弹出“极坐标画弧”对话框，如图 2-29 所示。

具体操作步骤如下：

01 在绘图区中选择一点作为圆心。

02 在“半径” 半径(U): 50.0 或“直径” 直径(D): 100.0

文本框中输入所绘圆弧的半径值或直径值。

03 在“开始角度”开始角度(S): 0.0 文本框中输入所绘圆弧第一端点的极角。

04 在“结束角度”结束角度(E): 180.0 文本框中输入所绘圆弧第二端点的极角。

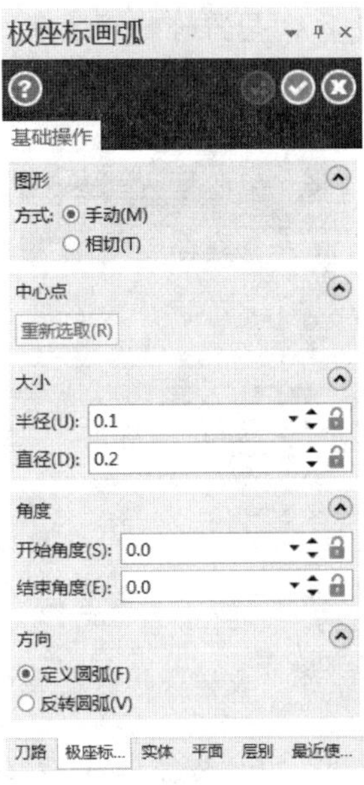

图 2-29 “极坐标画弧”对话框

05 勾选“方向”组中的“反转圆弧”复选框 反转圆弧(V)，选择所绘圆弧的绘制方向。

06 单击“确定”按钮，完成操作。

提示

勾选“方式”组中的“相切”复选框 相切(T)，可绘制一条与选定图素相切的圆弧，圆弧的起点是两图素相切的切点，弧的结束角度输入后，即可绘制出圆弧。

2.3.4 极坐标点画弧

极坐标点画弧绘制命令是指通过确定圆弧起点或终点，并给出圆弧半径或直径、开始角度和结束角度的方法来绘制一段弧。单击“线框”选项卡“圆弧”面板“已知边界点画圆”下拉菜单中的“极坐标点画弧”按钮，系统弹出“极坐标点画弧”对话框，如图 2-30 所示。

“极坐标点画弧”有两种途径绘制圆弧，分别是：

1）勾选“方式”组中的“开始点”复选框 开始点(S)，在绘图区中指定一点作为圆弧的起点，接着在“半径” 半径(U): 10.0 或“直径” 直径(D): 20.0 文本框中输入所绘圆弧的半径值或直径值，在“角度”组中的“开始”开始(A): 0.0 和“结束” 结束(E): 0.0 文本框中分别输入圆弧的开始角度和结束角度。

2）勾选“方式”组中的“开始点”复选框 开始点(S)，在绘图区中指定一点作为圆弧的终点，接着在“半径” 半径(U): 10.0 或“直径” 直径(D): 20.0 文本框中输入所绘圆弧的半径值或直径值，在“角度”组中的“开始” 开始(A): 0.0 和“结束” 结束(E): 0.0 文本框中分别输入圆弧的开始角度和结束角度。

提示

极坐标点画弧，选择弧的起点和终点的绘制方法所绘出的圆弧虽然几何图形相同，但弧的方向不同。

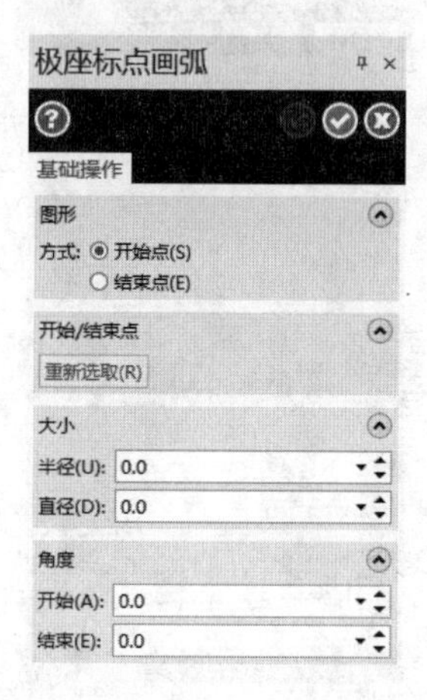

图 2-30 “极坐标点画弧”对话框

2.3.5 两点画弧

单击“线框”选项卡“圆弧”面板“已知边界点画圆”下拉菜单中的“两点画弧”按钮，系统弹出“两点画弧”对话框，如图 2-31 所示。

“两点画弧”有两种途径绘制圆弧，分别是：

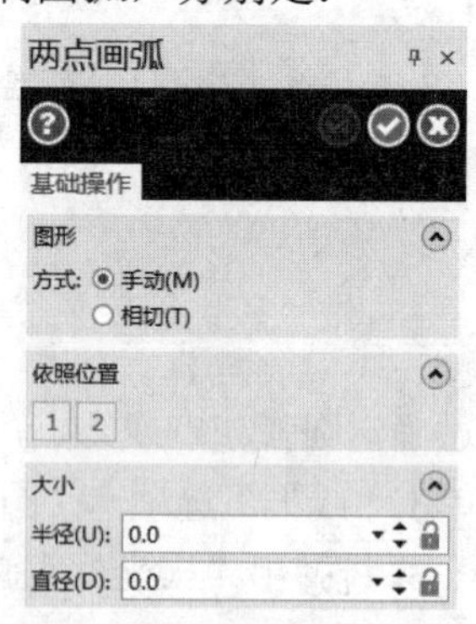

图 2-31 “两点画弧”对话框

1）在绘图区中连续指定两点，指定的第一点作为圆弧的起点，第二点作为圆弧的终点，接着在对话框中的“半径” 半径(U): 0.0 或“直径” 直径(D): 0.0 文本框中输入圆弧的半径值或直径值。

2）勾选“方式”组中的“相切”复选框◉ 相切(T)，在绘图区中连续指定两点，指定的第一点作为圆弧的起点，第二点作为圆弧的终点，接着在绘图区中指定与所绘圆弧相切的图素。

2.3.6 三点画弧

“三点画弧”命令是指通过指定圆弧上的任意3个点来绘制一段弧。单击“线框”选项卡“圆弧”面板“已知边界点画圆”下拉菜单中的“三点画弧”按钮，系统弹出“三点画弧”对话框，如图2-32所示。

图2-32 “三点画弧”对话框

“三点画弧”有两种途径绘制圆弧，分别是：

1）勾选“方式”组中的“点”复选框◉ 点(P)，在绘图区中连续指定三点，则系统绘制出一圆弧。这三点分别是圆弧的起点，圆弧上的任意一点，圆弧的终点。

2）勾选“方式”组中的“相切”复选框◉ 相切(T)，连续选择绘图区中的三个图素（图素必须是直线或者圆弧），则系统绘制出与所选图素都相切的圆弧。

2.3.7 切弧绘制

“切弧”命令是指通过指定绘图区中已有的一图素与所绘制弧相切的方法来绘制弧。单击“线框”选项卡“圆弧”面板中的“切弧”按钮，系统弹出“切弧”对话框，如图2-33所示。

该方法有七种途径绘制圆弧，分别是：

1）在“方式”组中选择“单一物体切弧”选项单一物体切弧，在“半径”半径(U): 0.0或“直径”直径(D): 0.0文本框中输入所绘圆弧的半径值或直径值，系统提示“选择一个圆弧将要与其相切的圆弧”，选择相切的图素，系统提示“指定相切点位置”，在图素上选择切点，选定后，系统绘制出多个符合要求的圆弧，系统提示“选择圆弧”，选取所需圆弧。

2）在“方式”组中选择“通过点切弧”选项通过点切弧，在“半径”半径(U): 0.0或“直径”直径(D): 0.0文本框中输入所绘圆弧的半径值或直径值，系统提示“选择一个圆弧将要与其相切的圆弧”，选择相切的图素，系统提示“指定经过点”，在绘图区域选择一点，选定后，系统提示“选择圆弧”，选取所需圆弧。

3）在“方式”组中选择“中心线”选项，在“半径”或“直径”文本框中输入所绘圆弧的半径值或直径值，系统提示“选择一个直线将要与其相切的圆弧”，选择相切的直线图素，系统提示“请指定要让圆心经过的线”，在绘图区域选择另一条线，系统绘制出所有符合条件的圆，系统提示“选择圆弧”，选取所需圆。

图 2-33 “切弧”对话框

4）在“方式”组中选择“动态切弧”选项，系统提示“选择一个圆弧将要与其相切的圆弧”，选择相切的图素，系统提示“将箭头移动到相切位置—按<S>键使用自动捕捉功能”，将箭头移动到适当位置，接下来利用光标动态的在绘图区中选择圆弧的终点。

5）在“方式”组中选择“三物体切弧”选项，系统提示“选择一个圆弧将要与其相切的圆弧”，一次选择与其相切的三个图素，则系统绘制出所需圆弧，圆弧的起点位于所选的第一个图素上，圆弧的终点位于所选的第三个图素上。

6）在“方式”组中选择“三物体切圆”选项，系统提示“选择一个圆弧将要与其相切的圆弧”，一次选择与其相切的三个图素，则系统绘制出所需圆。

7）在“方式”组中选择“两物体切弧”选项，在“半径”或“直径”文本框中输入所绘圆弧的半径值或直径值，系统提示“选择一个圆弧将要与其相切的圆弧”，一次选择与其相切的两个图素，则系统绘制出所需圆弧，圆弧的起点位于所选的第一个图素上，圆弧的终点位于所选的第二个图素上。

“例 2-11”绘制切弧。

网盘\视频教学\第2章\绘制切弧.MP4

操作步骤如下：

01 单击“线框”选项卡“圆弧”面板中的“切弧”按钮，系统弹出“切弧”对话框。

02 在“方式”组中选择“动态切弧”选项

03 系统提示“选择一个圆弧将要与其相切的圆弧”，此时应该选取圆。

04 通过光标选择一点，作为切弧的切点。

05 通过光标选择一点，作为切弧的终点

06 单击“确定”按钮，完成切弧的绘制。

以上绘制步骤如图 2-34 所示。

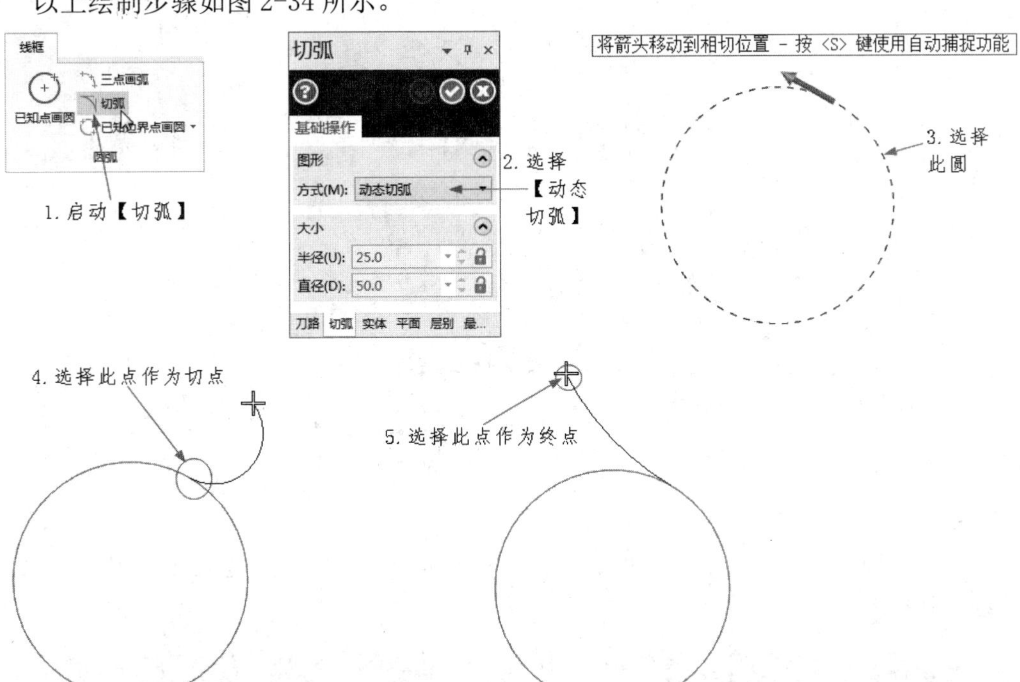

图 2-34 动态绘制切弧

2.4 矩形的绘制

本节将介绍矩形的绘制方法。单击“线框”选项卡“形状”面板中的“矩形”按钮，启动矩形绘制操作，系统弹出如图 2-35 所示的“矩形”对话框。

有 3 种绘制矩形的方法，分别是：

1）在绘图区中直接选取一对矩形的对角点，则系统在绘图区中绘制出所需矩形。

2）在“尺寸”组中的“宽度” 宽度(W): 50.0 文本框中输入矩形的宽度值，在“高度” 高度(H): 25.0 文本框中输入矩形的长度值，然后在绘图区中选取矩形的一个角点，再按 Enter 键，则系统绘制出所需矩形。宽度值与高度值都可为负数，这样可以确定矩形其他点相对于第一点的位置。

3）勾选“设定”组中的“矩形中心点” ☑ 矩形中心点(A)，系统提示“选择基准点位置”，此基准点为矩形的中点，选定后，在“尺寸”组中的“宽度” 宽度(W): 50.0 文本框中输入矩形的宽度值，在“高度” 高度(H): 25.0 文本框中输入矩形的长度值，再按 Enter 键，则系统绘制出所需矩形。

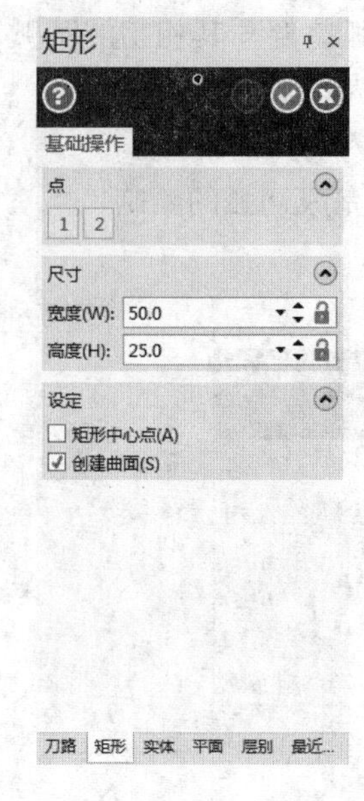

图 2-35 “矩形”对话框

提示

如果在绘制矩形时，勾选了“设定”组中的“创建曲面”复选框☑ 创建曲面(S)，则系统将绘制出矩形平面。

2.5 圆角矩形的绘制

Mastercam 2019 系统不但提供了矩形的绘制功能，而且还提供了 4 种变形矩形的绘制方法，提高了制图的效率。单击“线框”选项卡“形状”面板“矩形”下拉菜单中的“圆角矩形”按钮▭，启动圆角矩形绘制功能，系统弹出“Rectangular Shapes（圆角矩形）”对话框，对话框中各选项功能如图 2-36 所示。

由于变形矩形绘制功能在绘图中经常用到，而且十分方便，因此本节将详细介绍其中两种变形矩形的绘制方法，一个是倒圆角的矩形，另一个是键槽变形矩形的绘制。

“例 2-12”绘制倒圆角矩形。

网盘\视频教学\第2章\绘制倒圆角矩形. MP4

操作步骤如下：

01 单击“线框”选项卡“形状”面板“矩形”下拉菜单中的“圆角矩形”按钮▭，系统弹出“Rectangular Shapes（圆角矩形）”对话框。

02 在对话框中设置矩形的绘制方式，此例选择“Base piont（基准点）”绘制矩形方式。

03 在“尺寸”组中的“宽度”文本框中输入“60”、“高度”文本框中输入“120”、“Fillet radius(倒圆角半径)”文本框中输入“5”，“旋转角度”文本框中输入“30”。

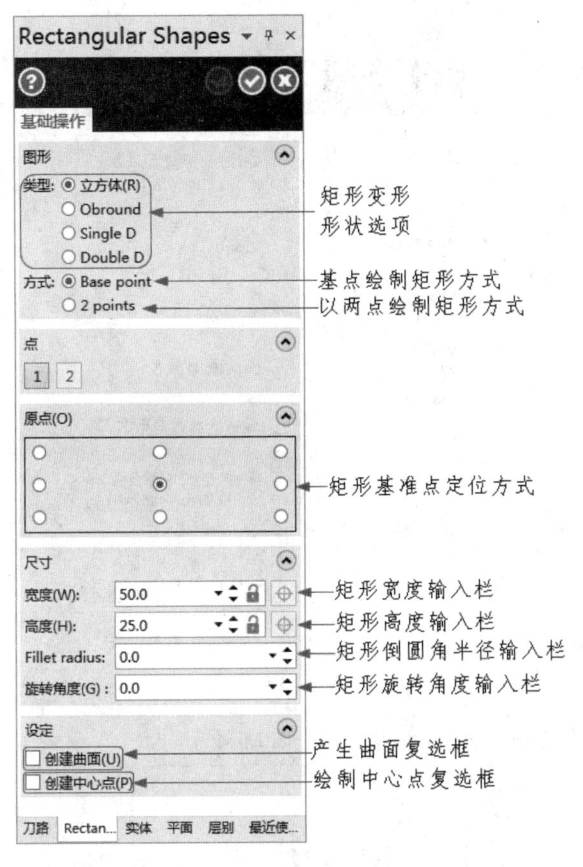

图 2-36 “Rectangular Shapes（圆角矩形）”对话框

04 选择矩形变形形状为“立方体”。

05 系统提示“选择基准点位置”，在绘图区域选择一点，然后单击“Enter”键。

06 单击对话框中的“确定”按钮，完成图形的绘制。

绘制结果如图 2-37 所示。

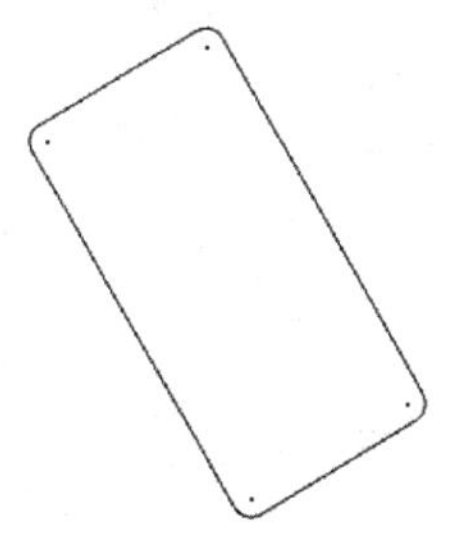

图 2-37 绘制倒圆角矩形

2.6 绘制多边形

单击“线框”选项卡“形状”面板“矩形”下拉菜单中的“多边形”按钮，启动多边形绘制功能，系统弹出“Polygon（多边形）”对话框，对话框中各选项功能如图 2-38 所示。

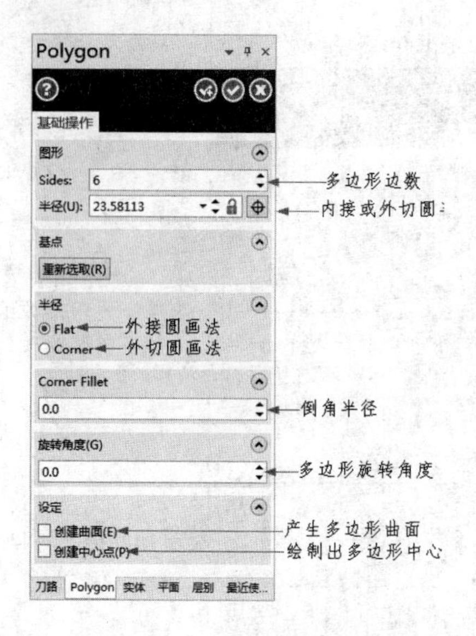

图 2-38 “Polygon（多边形）”对话框

“例 2-13”绘制五边形。

网盘\视频教学\第2章\绘制五边形. MP4

操作步骤如下：

01 单击“线框”选项卡“形状”面板“矩形”下拉菜单中的“多边形”按钮，弹出“ Polygon（多边形）”对话框。

02 在边数文本框中输入“5”，在半径文本框中输入“30”。

03 勾选“Flat（外切）” Flat复选框。

04 在倒角半径文本框中输入“5”。

05 在旋转角度文本框中输入“45”。

06 在绘图区中指定此基点的位置。

07 按 Enter 键，完成图形的绘制。

08 单击对话框中的“确定”按钮，完成五边形的绘制。

绘制结果如图 2-39 所示。

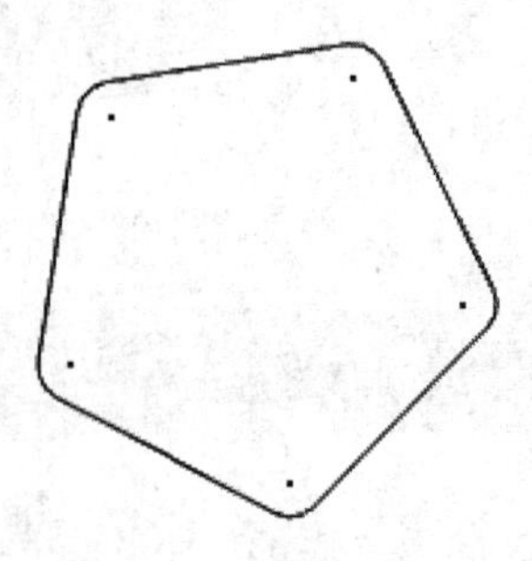

图 2-39 绘制五边形

2.7 绘制椭圆

单击“线框”选项卡“形状”面板“矩形”下拉菜单中的“椭圆”按钮○，启动椭圆图形的绘制功能，系统弹出“Ellipse（椭圆）”对话框，对话框中各选项功能如图 2-40 所示。

“例 2-14”绘制椭圆。

网盘\视频教学\第2章\绘制椭圆. MP4

操作步骤如下：

01 单击“线框”选项卡“形状”面板“矩形”下拉菜单中的“椭圆”按钮○，弹出“ Ellipse（椭圆）”对话框。

02 勾选类型组中的“NURBS” ◉ NURBS复选框。

03 在绘图区中指定此基点的位置。

04 在“半径”组中的“A”轴方向文本框中输入“60”，在“B”轴方向文本框中输入“40”。

05 在“扫描角度”组中的“开始角度”文本框中输入角度为“45”，在“结束角度”文本框中输入角度为“360”。

06 在“旋转角度”组中的文本框中输入旋转角度为“45”，按 Enter 键，完成中心坐标的输入。

07 单击对话框中的“确定”按钮✔，完成椭圆的绘制。

绘制结果如图 2-41 所示。

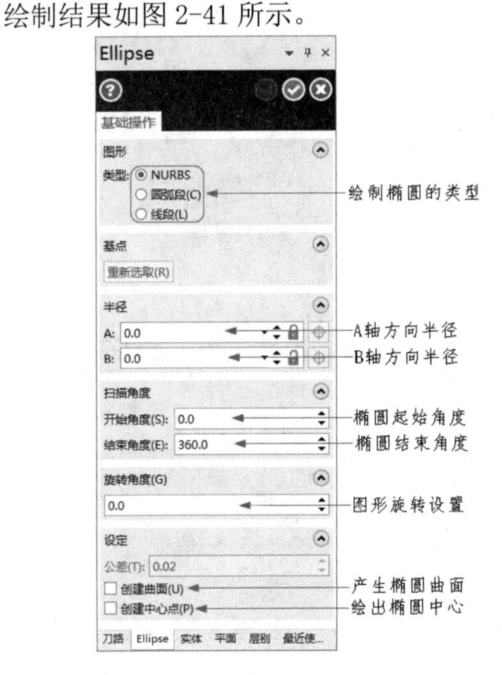

图 2-40 “Ellipse（椭圆）”对话框

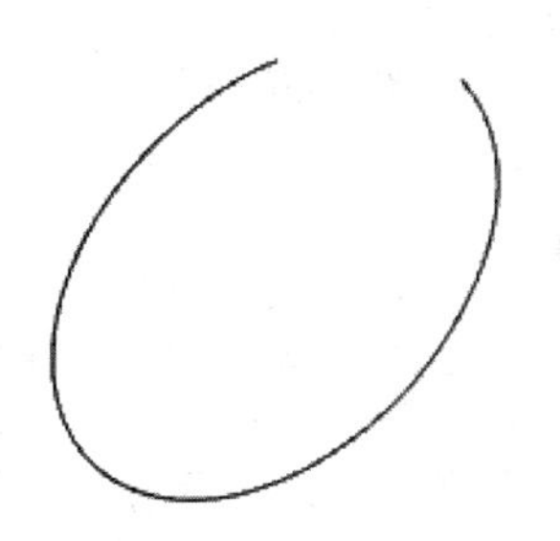

图 2-41 绘制椭圆

2.8 绘制曲线

在 Mastercam 中，曲线是采用离散点的方式来生成的。选择不同的绘制方法，对离散点的处理也不同。Mastercam 采用了两种类型的曲线——参数式曲线和 NURBS 曲线。参数曲线是由二维和三维空间曲线用一套系数定义的，NURBS 曲线是由二维和三维空间曲线以节点和控制点定义的，一般 NURBS 曲线比参数式曲线要光滑且易于编辑。

2.8.1 手动画曲线

单击“线框”选项卡“曲线”面板下拉菜单中的“手动画曲线”按钮，即进入手动绘制样条曲线状态。系统提示“选择一点。按<Enter>或<应用>键完成”，则在绘图区定义样条曲线经过的点（ P0～PN)，按 Enter 键选点结束，完成样条曲线。

2.8.2 自动生成曲线

单击“线框”选项卡“曲线”面板下拉菜单中的“自动生成曲线”按钮，即进入自动绘制样条曲线状态。

系统将顺序提示选取第一点 P0，第二点 P1 和最后一点 P2，如图 2-42a 所示，选取 3 点后，系统自动选取其他的点绘制出样条曲线，如图 2-42b 所示。

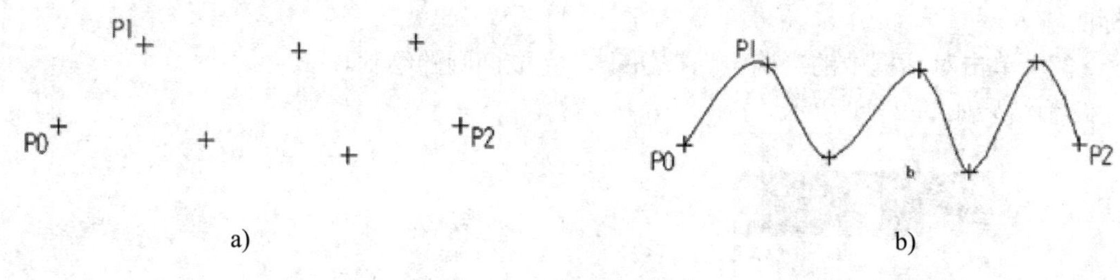

a) b)

图 2-42 自动绘制曲线

2.8.3 转成单一曲线

单击“线框”选项卡“曲线”面板下拉菜单中的“转成单一曲线”按钮，即进入转成曲线状态。

“例 2-15”绘制转成曲线。

网盘\视频教学\第2章\绘制转成曲线. MP4

具体操作步骤如下：

01 单击“线框”选项卡“曲线”面板下拉菜单中的“转成单一曲线”按钮，系统弹出“串连选择”对话框，提示“选择串联 1”，在绘图区选择需要转换成曲线的连续线。

02 单击“串连选择”对话框中的“确定”按钮，结束串连几何图形的选择。

03 在“转成单一曲面”对话框“偏差”文本框中输入偏差值。

04 在“原始曲线”组中勾选“删除曲线”◉ 删除曲线(D)复选框。此设置表明几何图素转换成曲线后，不再保留。

05 单击对话框中的“确定”按钮，结束转成曲线操作。

原来的连续线被转成曲线后，外观无任何变化，但它的属性已发生了改变。

2.8.4 曲线熔接

曲线熔接命令可以在两个对象（ 直线、连续线、圆弧、曲线）上给定的正切点处绘制一条样条曲线。

“例 2-16”绘制如图 2-43 所示的熔接曲线。

网盘\视频教学\第2章\绘制熔接曲线. MP4

操作步骤如下：

01 单击“线框”选项卡“曲线”面板下拉菜单中的“曲线熔接”按钮，弹出“曲线熔接”对话框。

02 提示区提示“选取曲线 1”，选取曲线 S1，曲线 S1 上显示出一个箭头。

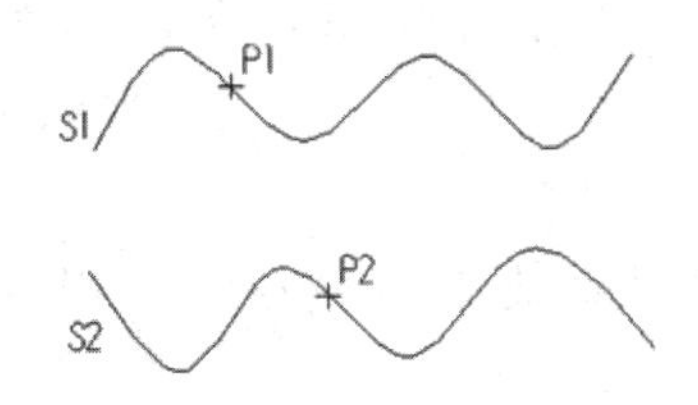

图 2-43 熔接曲线选择点示例

03 移动曲线 S1 上箭头到曲线 P1 上的熔接位置（此位置以箭头尾部为准），再单击鼠标左键。

04 提示区提示“选取曲线 2”，选取曲线 S2，曲线 S2 上显示出一个箭头。

05 移动曲线 S2 上箭头到曲线 P2 上的熔接位置（此位置以箭头尾部为准），再单击鼠标左键，此时系统显示出按默认设置要生成的样条曲线，如图 2-44 所示。

06 “曲线熔接”对话框中有 5 个选项，各选项含义如下：

图形 1：用来重新设置第一个选取对象及其上的相切点。

图形 2：用来重新设置第二个选取对象及其上的相切点。

类型、方式：该选项是指绘制熔接曲线后，对原几何对象如何处理。可选择修剪，打断，两者修剪，图形 1（1），图形 2（2）。选择修剪，表示熔接后，对原几何图形做修剪处理；选择打断，表示熔接后，对原几何图形做打断处理；选择两者修剪，表示熔接后，对原来的两条曲线做修剪处理；选择图形 1（1），表示熔接后，仅修剪第一条曲线；选择图形 2（2），表示熔接后，仅修剪第二条曲线。本例选择两者修剪。

大小（M）文本框大小(M) 1.0：设置第一个选取对象的熔接值。

大小（A）文本框大小(A) 1.0：设置第二个选取对象的熔接值。

图 2-44 所示为两几何对象的熔接值均设置为 1 的结果；图 2-45 所示为两熔接值均设置为 2 的结果。

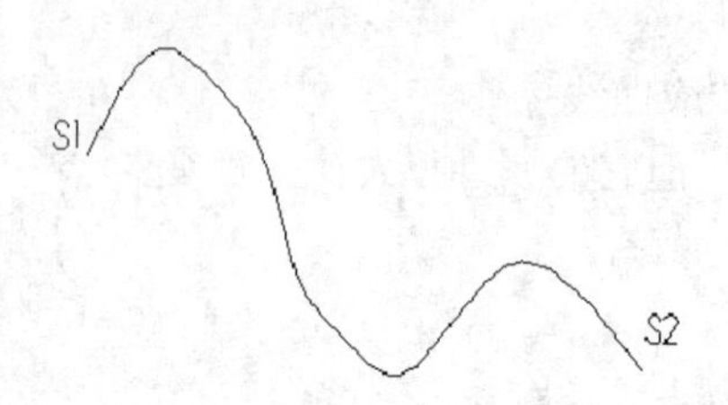

图 2-44　熔接值为 1 的熔接示例

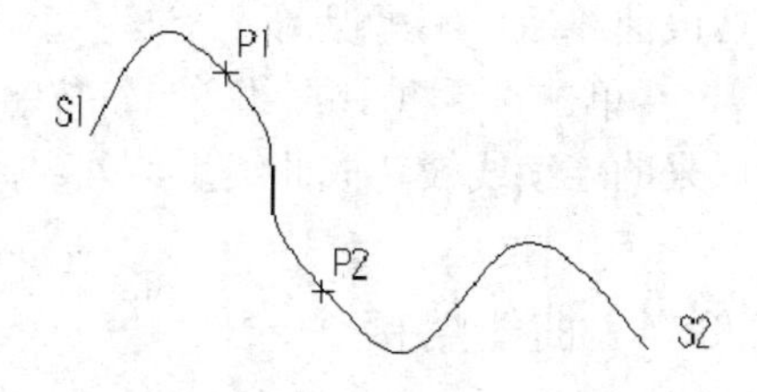

图 2-45　熔接值为 2 的熔接示例

07 单击对话框中的“确定”按钮，退出曲线熔接操作。

2.9 绘制螺旋

在 Mastecam 2019 系统中，螺旋的绘制常配合曲面绘制中的扫描面或实体中的扫描体命令来绘制螺旋。单击“线框”选项卡“形状”面板“矩形”下拉菜单中的“螺旋”按钮，启动螺旋的绘制。

启动螺旋线（间距）绘制命令后，系统弹出“Spiral（螺旋）”对话框，对话框中各选项的含义如图 2-46 所示。

提示

输入圈数后，系统根据第一圈的旋绕高度和最后一圈的旋绕高度就会自动计算给出螺旋线的总高度，反之亦然。

“例 2-17”绘制如图 2-47 所示的螺旋线。

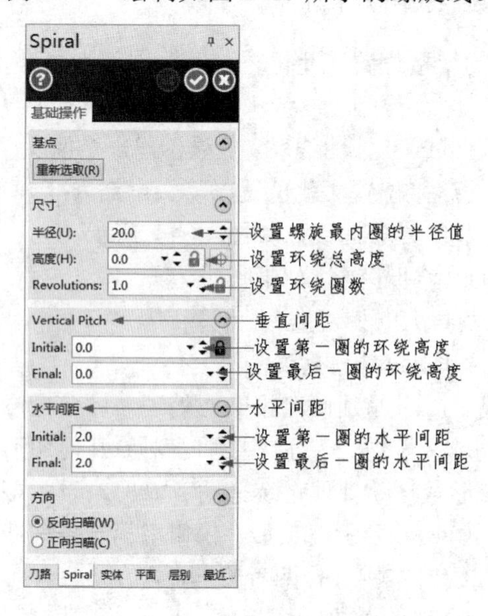

图 2-46 “Spiral（螺旋）”对话框

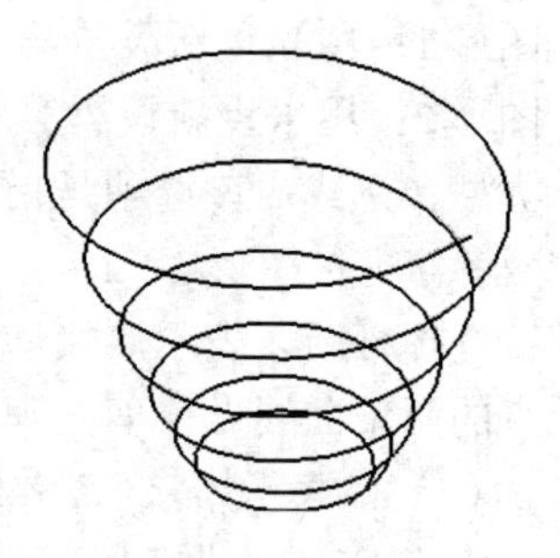

图 2-47　螺旋线

网盘\视频教学\第2章\绘制螺旋线. MP4

具体操作步骤如下：

01 单击“线框”选项卡“形状”面板“矩形”下拉菜单中的“螺旋”按钮。

02 系统提示“请输入圆心点”，在绘图区中点选圆心点。

03 在“Spiral（螺旋）”对话框中，设置第一圈的环绕高度为“2.5”，最后一圈的环绕高度为“14”，设置第一圈的水平间距为“2”，最后一圈的水平间距为“5”，设置“半径”为“10”，旋绕圈数为“6”，如图 2-48 所示。

04 单击“Spiral（螺旋）”对话框中的“确定”按钮，完成操作。

05 单击“检视”选项卡“图形检视”面板中的“等角检视”按钮，观察所绘制的螺旋线。

图 2-48 设置“Spiral（螺旋）”对话框

2.10 绘制螺旋线（锥度）

在 Mastecam 2019 系统中，螺旋线（锥度）的绘制常配合曲面（Surface）绘制中的扫描面或实体中的扫描实体命令来绘制螺纹和标准等距弹簧。单击“线框”选项卡“形状”面板“矩形”下拉菜单中的“螺旋线（锥度）”按钮，

启动螺旋线绘制命令后，系统弹出“Helix（螺旋线）”对话框，各参数选项的含义如图 2-49 所示。

“例 2-18”绘制如图 2-50 所示的螺旋线。

网盘\视频教学\第2章\绘制螺旋线(锥度). MP4

具体操作步骤如下：

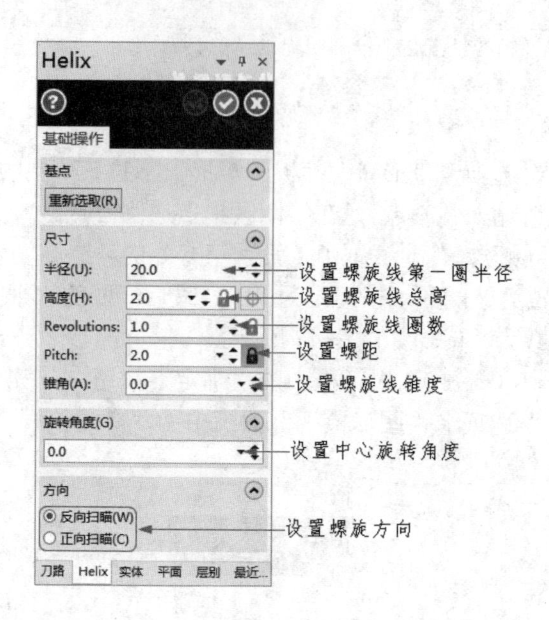

图 2-49 “Helix（螺旋线）”对话框

01 单击“线框”选项卡“形状”面板“矩形”下拉菜单中的“螺旋线（锥度)”按钮。

02 系统提示“请输入圆心点”，在绘图区中点选一点作为圆心点。

03 在“Helix(螺旋线)”对话框中，设置“旋转圈数”为“5”，“旋转角度”为“0”，“半径”为“15”，“螺距”为“9”，“锥角”为“0”，如图 2-51 所示。

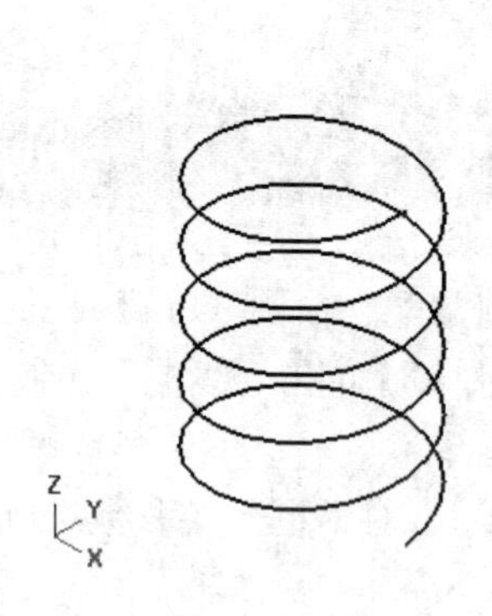

图 2-50 螺旋线

图 2-51 设置“Helix（螺旋线）”对话框

04 单击对话框中的“确定”按钮，完成操作。

05 单击“检视”选项卡“图形检视”面板中的“等角检视”按钮，观察所绘制的螺旋线。

2.11 其他图形的绘制

Mastercam 还提供了一些特殊的图形，它们分别是门形图、阶梯形图形和退刀槽，下面将介绍它们的操作方法。

2.11.1 门形图形的绘制

单击“线框”选项卡“其他图形”面板中的“画门状图形”按钮，系统将弹出“画门状图形”对话框，该对话框用于指定门形的参数，各参数的意义如图 2-52 所示。

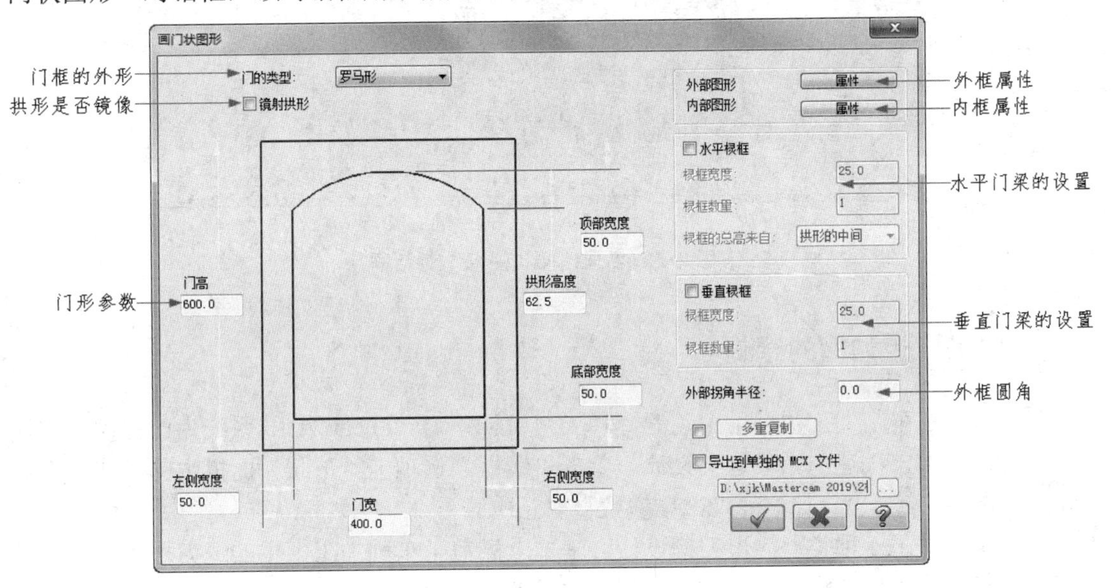

图 2-52 “画门状图形”对话框

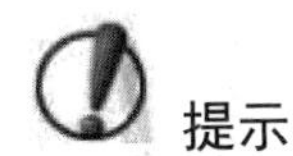

提示

“其他图形”面板是采用自定义功能区命令，编者自己定义的面板，因为默认的“线框”选项卡中没有“画门状图形”、“画楼梯状图形”命令，通过定义功能区，根据需要用户可自己创建。

2.11.2 阶梯形图形的绘制

单击“线框”选项卡“其他图形”面板中的“画楼梯状图形”按钮，如图 2-53 所示。

阶梯类型说明：

开放式：生成的阶梯为 Z 形的线串，只包含直线。

封闭式：生成的阶梯为中空的封闭线串，包含直线和弧。

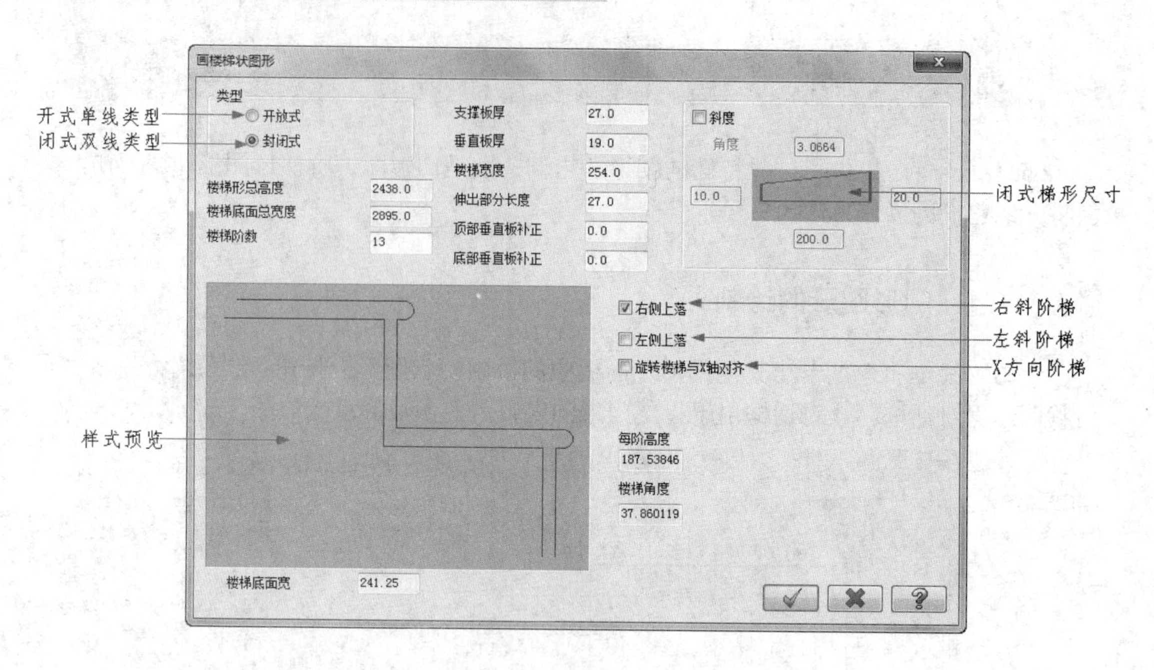

图 2-53 “画楼梯状图形”对话框

2.11.3 退刀槽的绘制

退刀槽在车削加工中经常用到的一种工艺设计，Mastercam 2019 系统为此提供了方便的操作，令用户快速的完成这类设计。单击“线框”选项卡“形状”面板中的“凹槽”按钮，系统将会弹出“标准环切凹槽参数”对话框。

系统提供了 4 种类型的退刀槽设计，基本上涵盖了车削加工中用的退刀槽类型，每种类型又根据具体尺寸的不同，提供了相应的退刀槽尺寸。

“标准环切凹槽参数”对话框中各项参数的含义如图 2-54 所示。

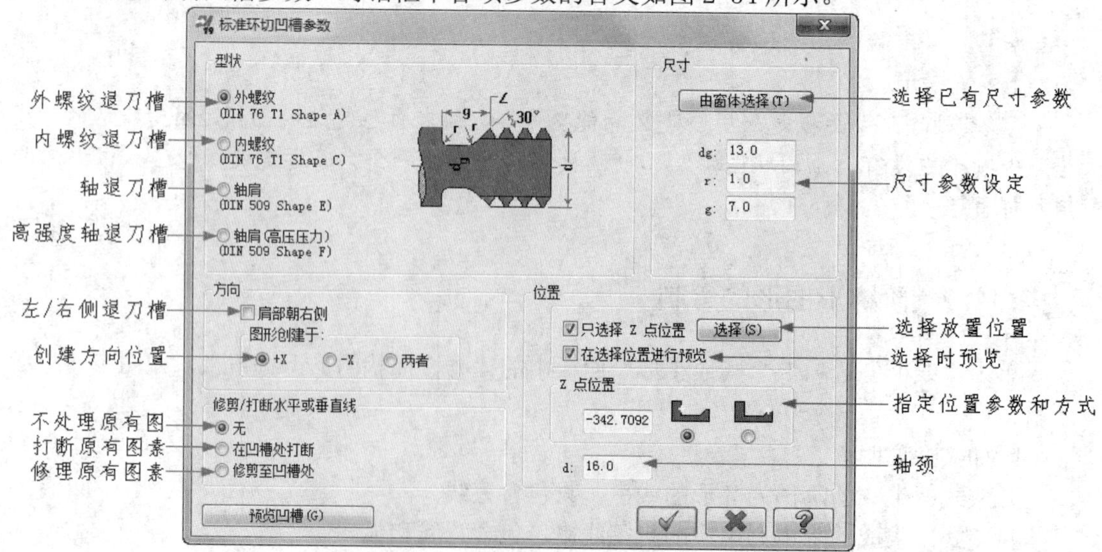

图 2-54 “标准环切凹槽参数”对话框

2.12 倒圆角

机械零件边、棱经常需要倒成圆角，因此倒圆角功能在绘图中是很重要的。系统提供了两个倒圆角选项，一个是用来绘制单个圆角的命令，一个是绘制串连圆角的命令。

2.12.1 倒圆角

单击“线框”选项卡“修剪”面板中的“倒圆角”按钮，系统弹出“倒圆角”对话框，如图2-55所示。

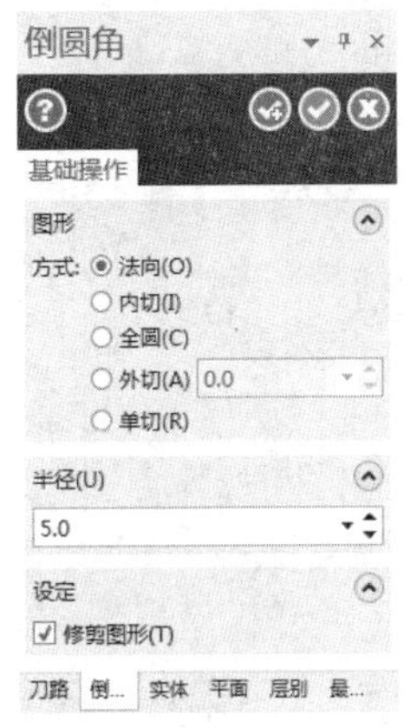

图2-55 “倒圆角”对话框

“倒圆角”对话框各组功能如下：

“半径”文本框5.0：圆角半径设置栏，在文本框中输入圆角的半径数值。

“方式”组：该组有“法向”“内切”“全圆”“外切”“单切”五种方式，每种方式的功能都有图标说明，图2-56是这五种倒圆角方式对应的示例图。

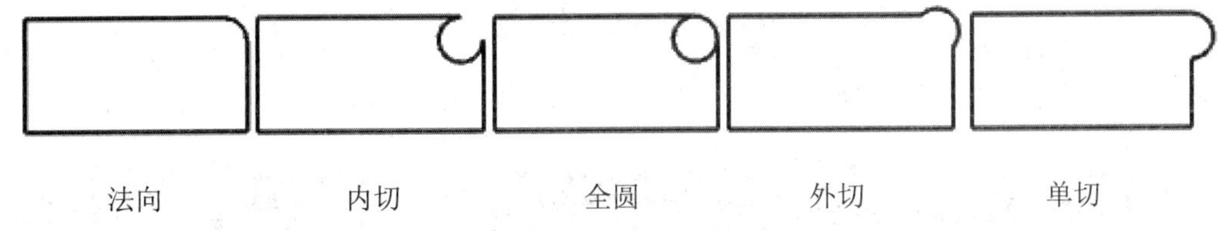

法向　　内切　　全圆　　外切　　单切

图2-56 五种倒圆角方式的结果图

取消勾选设定组中的“修剪图形”复选框 修剪图形(T)，则在绘制圆角后仍保留原交线。

2.12.2 绘制串连圆角

绘制串连倒圆角命令能将选择的串连几何图形的所有锐角一次性倒圆角。单击“线框”选项卡“修剪”面板“倒圆角”下拉菜单中的“串连倒圆角”按钮，系统弹出“串连倒圆角”对话框，如图2-57所示，同时弹出的还有“串连选项”对话框。

“串连倒圆角”对话框中选项的含义如下（与倒圆角功能相同的选项将不再阐述）：

重新选取(R)：重新选择串连图素。

“方向”组：此项功能相当于一个过滤器，它将根据串连图素的方向来判断是否执行倒圆角操作。选项说明如下：

“全部”复选框◉ 全部(A)：系统不论所选串连图素是正向还是反向，所有的锐角都会绘制倒角。

“正向扫瞄”复选框◉ 正向扫瞄(K)：仅在所选串连图素的方向是正向时，绘制所有的锐角倒角。

“反向扫瞄”复选框◉ 反向扫瞄(W)：仅在所选串连图素的方向是反向时，绘制所有的锐角倒角。

图 2-58 更加详细的说明了此问题。

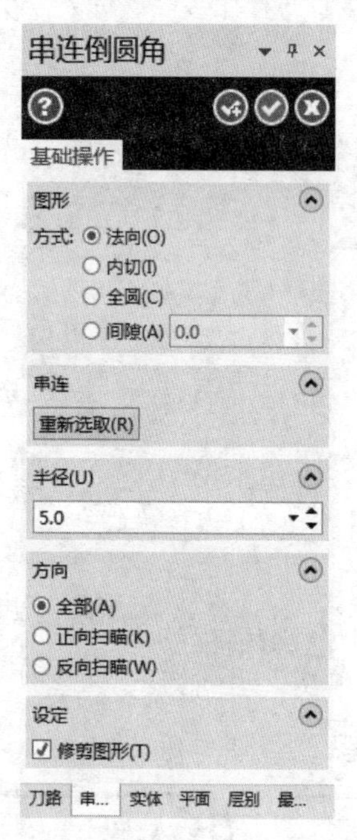

图 2-57 “串连倒圆角”对话框

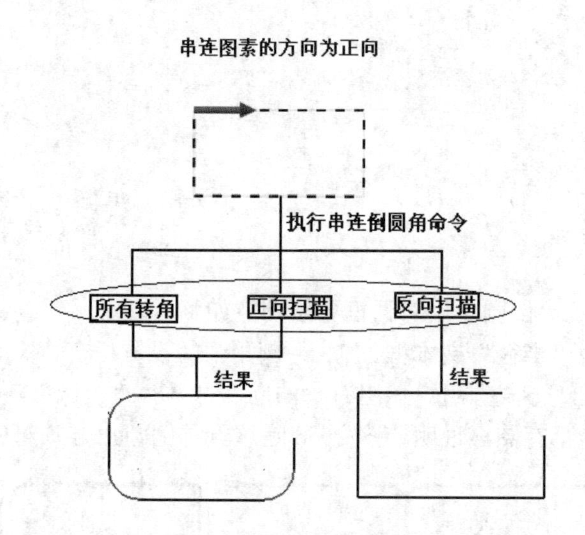

图 2-58 串连倒圆角的过滤器设置说明

2.13 倒角

系统提供了两个倒角选项，一个是用来绘制单个倒角的命令，一个是绘制串连倒角的命令。

2.13.1 绘制倒角

单击“线框”选项卡“修剪”面板中的“倒角”按钮，系统弹出“倒角”对话框，如图 2-59 所示。

“倒角”对话框中各选项的功能如下：

“方式”组：在此栏的下拉列表菜单中选择倒角的几何尺寸设定方法，这是倒角第一步就要操作的步骤，因为其他功能键将根据倒角方式的不同来决定是否激活，而且功能含义也有所变化。系统提供了 4 种倒角的方式，分别是：

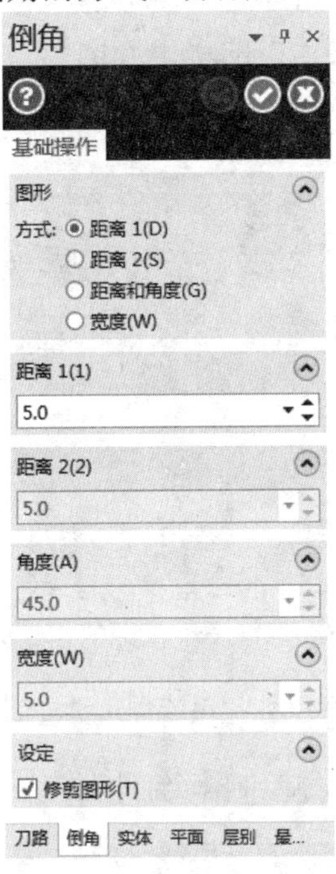

图 2-59 “倒角”对话框

◉ 距离 1(D)：根据一个尺寸进行倒角，此时只有距离 1(1) 5.0 尺寸输入文本框被激活，数值栏中的数值代表图 2-60 所示图形中 D 的值。

◉ 距离 2(S)：根据两个尺寸倒角，此时距离 1(1) 5.0 尺寸输入文本框数值代表图 2-61 所示图形中 D1 的值，距离 2(2) 5.0 尺寸输入文本框数值代表图 2-61 所示图形中 D2 的值。

◉ 距离和角度(G)：根据角度和尺寸倒角，此时距离 1(1) 5.0 尺寸输入文本框数值代表图 2-62 所示图形中 D 的值，角度(A) 45.0 角度输入栏数值代表图 2-62 所示图形中 A 的角度值。

◉ 宽度(W)：根据宽度倒角，此时宽度(W) 5.0 尺寸输入栏数值代表图 2-63 所示图形中 W 的值。

取消勾选设定组中的“修剪图形”复选框☐ 修剪图形(T)，则在绘制倒角后仍保留原交线。

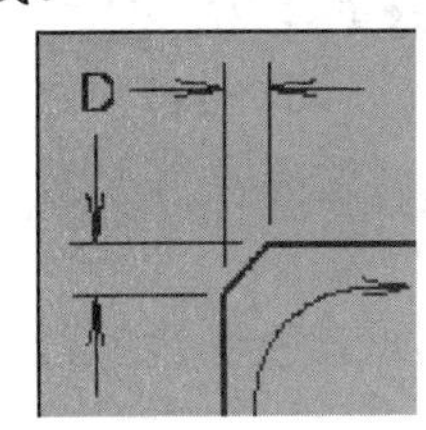

图 2-60 一个尺寸倒角

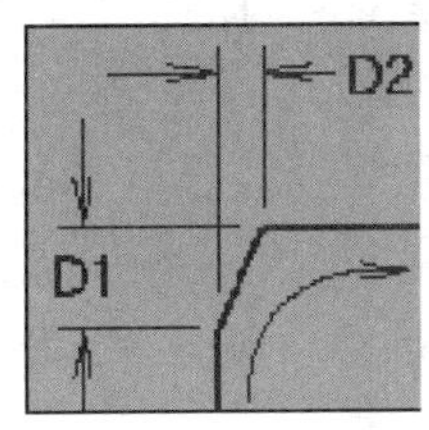

图 2-61 两个尺寸倒角

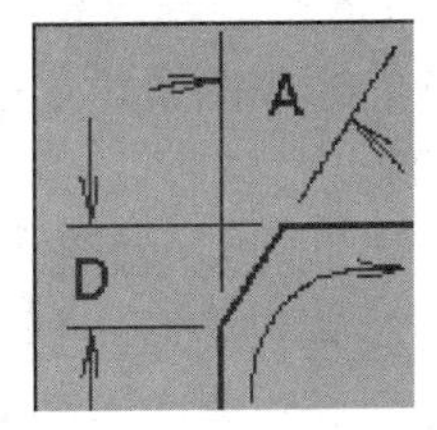

图 2-62 角度和尺寸倒角

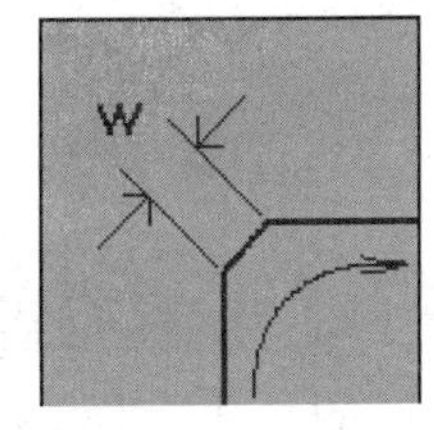

图 2-63 宽度倒角

2.13.2 绘制串连倒角

绘制串连倒角命令能将选择的串连几何图形的所有锐角一次性倒角。单击“线框”选项卡“修剪”面板“倒角”下拉菜单中的“串连倒角”按钮 串连倒角，系统弹“串连倒角”对话框如图 2-64 所示，同时弹出“串连选项”对话框。

图 2-64 “串连倒角”对话框

Mastercam 2019 系统提供了 2 种绘制串连倒角的方法,其功能含义与绘制倒角的相同。

2.14 绘制边界盒

边界盒的绘制常用于加工操作，用户可以用边界盒命令得到工件加工时所需材料的最小尺寸值，便于加工时的工件设定和装夹定位。由此命令创建的零件边界盒，其大小由图形的尺寸加扩展距离的值决定。

单击“线框”选项卡“形状”面板中的“边界盒”按钮，进入边界盒绘制操作，系统弹出“边界盒”对话框。“边界盒”对话框内参数的设置分为四个部分，以下是各部分的分述。

第一部分为图素的选取，如图 2-65 所示，它含有两个选项：

：选取图素按钮，单击此按钮表明，仅选择绘图区内的一个几何图形来创建其边界框（仅能选择某一个几何图形，不能选择几何体）。选定图形，再按 Enter 键，系统就会创建此几何图形的边界框。

○ 全部显示(A)：勾选此复选框，系统将以绘图区内的所有几何图形来创建边界框。

第二部分为边界盒的构成图素，如图 2-66 所示，它含有五个选项：

□ 线和圆弧(L)：勾选此复选框，绘制的边界框以线段或弧显示（根据边界盒选项对话框中的边界框形式不同而不同），如图 2-67 所示。

□ 点(P)：勾选此复选框，绘制出边界框的顶点，如图 2-68 所示。如果边界盒形式选取的是圆柱形，则生成圆柱线框两个端面的圆心点。

□ 中心点(E)：勾选此复选框，绘制出边界框的中心点，如图 2-69 所示。

□ Face center points：勾选此复选框，绘制出边界框各个面的中心点，如图 2-70 所示。

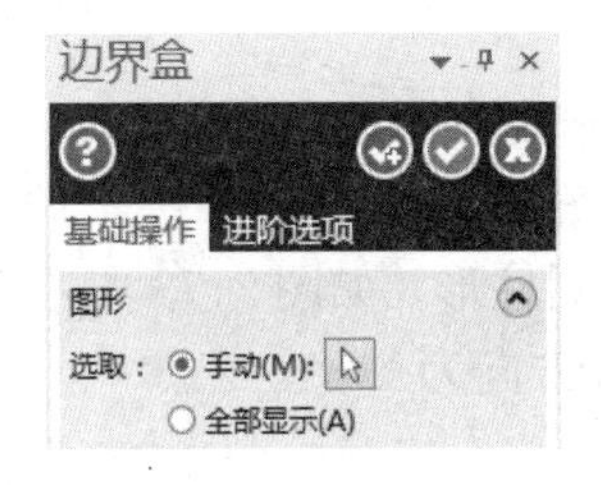

图 2-65　选取图素选项

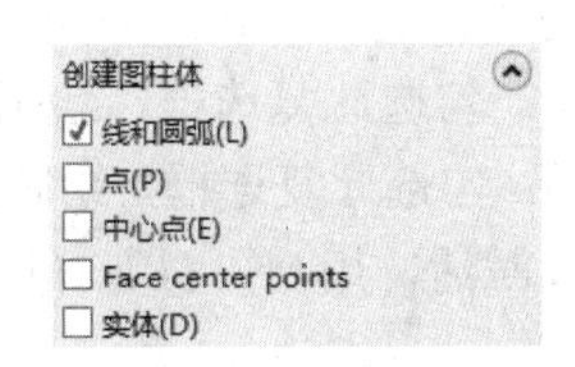

图 2-66　边界盒的构成要素

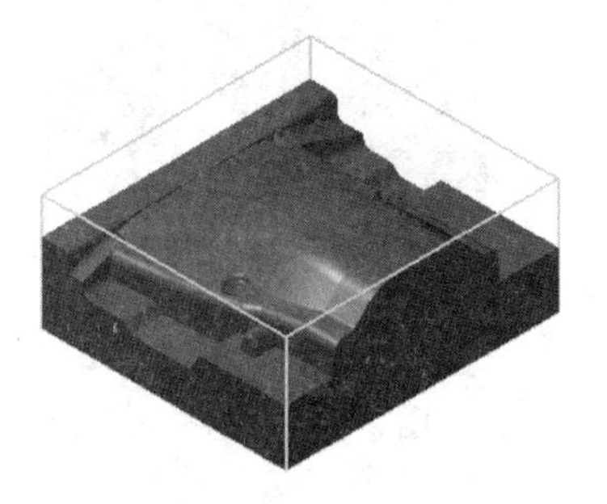

图 2-67　以线或弧构建边界盒

图 2-68　以点构建边界盒

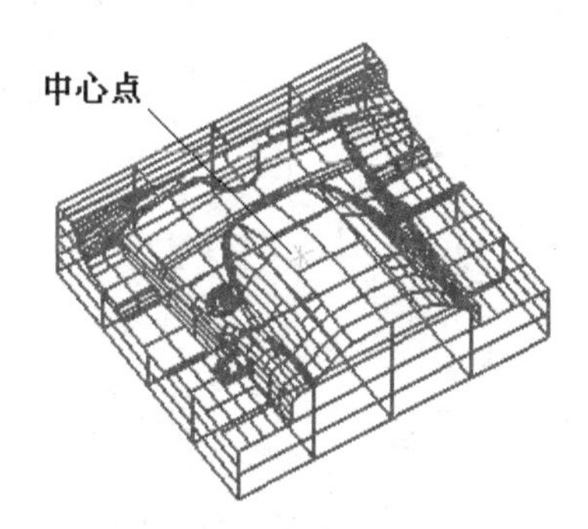

图 2-69　以中心点构建边界盒

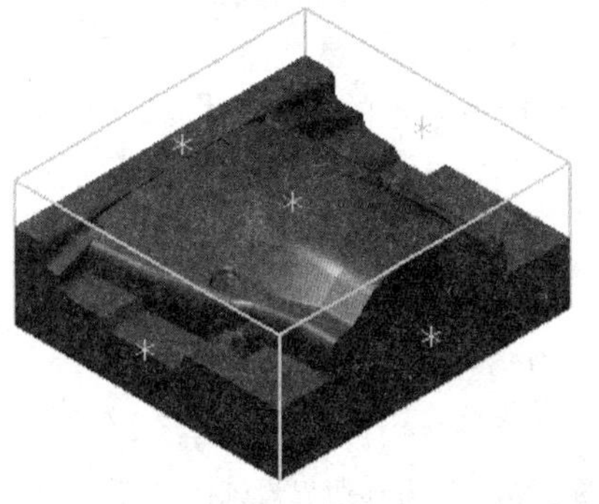

图 2-70　以面中心点构建边界框

☑ 实体(D)：勾选此复选框，绘制出边界盒的实体，如图 2-71 所示。此选项与前四个选项配合使用。

图 2-71　以实体构建边界盒

提示

如果几何形状是其他软件绘制的，导入 Mastercam 之后，绘制边框线，不能直接产生工件坯料。

第三部分为边界盒的形状，如图 2-72 所示，它含有两个选项：

◉ 立方体(R)：勾选此复选框，绘制的边界框是矩形。

○ 圆柱体(C)：勾选此复选框，绘制的边界框是圆柱形，如图 2-73 所示，此时圆柱体轴线方向复选框被激活，用户可以选择圆柱体的轴线方向为 X、Y、Z。

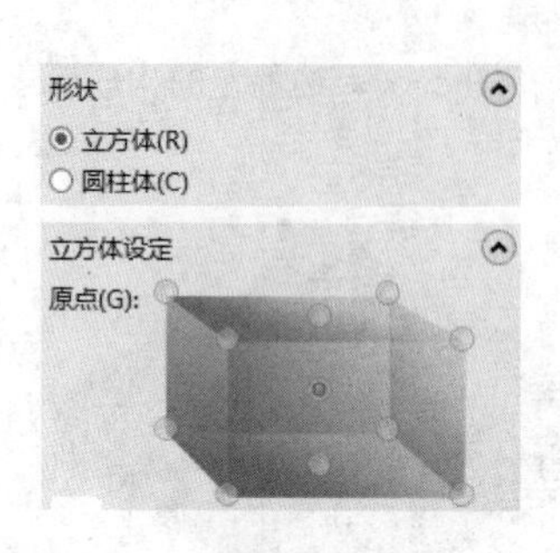

图 2-72　边界盒形式选项

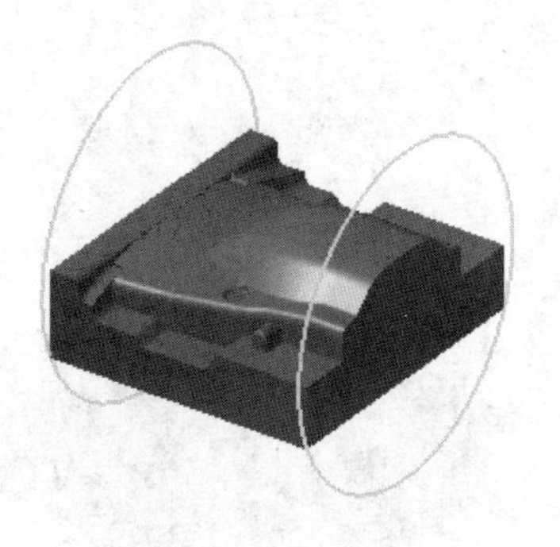

图 2-73　圆柱形边界盒

第四部分为边界盒的延伸量，它含有两种选项：

当用户选择边界盒的形状为立方体时，边界盒的延伸是沿 X、Y、Z 方向，如图 2-74 所示。

当用户选择边界盒的形状为圆柱体时，边界盒的延伸是沿轴线和径向方向，如图 2-75 所示。

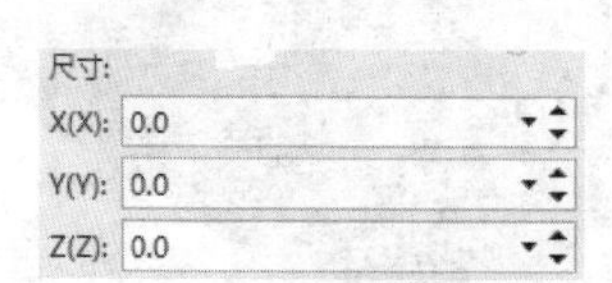

图 2-74　立方体边界盒延伸选项

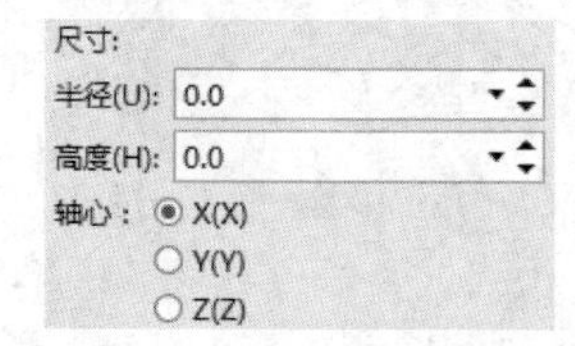

图 2-75　圆柱体边界盒延伸选项

2. 15　绘制文字

在 Mastercam 中，绘制文字命令创建的文字与图形标注创建的文字不同，前者创建的文字是由直线、圆弧等组合而成的组合对象，可直接应用于生成刀具路径；而后者创建的文字是单一的几何对象，不能直接应用于生成刀具路径，只有经转换处理后才能应用于生成刀具路径。绘制文字功能主要用于工件表面文字雕刻。

“单击”线框选项卡“形状”面板中的“文字按钮” A，弹出“Create Letters（文字绘制）”对话框，如图 2-76 所示，处理文字绘制任务。

创建步骤如下：

01 单击“线框”选项卡“形状”面板中的“文字”按钮A，系统弹出“Create Letters（文字绘制）”对话框。

02 在对话框中的“字体”组“类型”选项后的“True Type Font(真实字型)”按钮，弹出“字体”对话框，如图 2-77 所示，在该对话框中可以选择更多的设置。

图 2-76 “Create Letters（文字绘制）”对话框

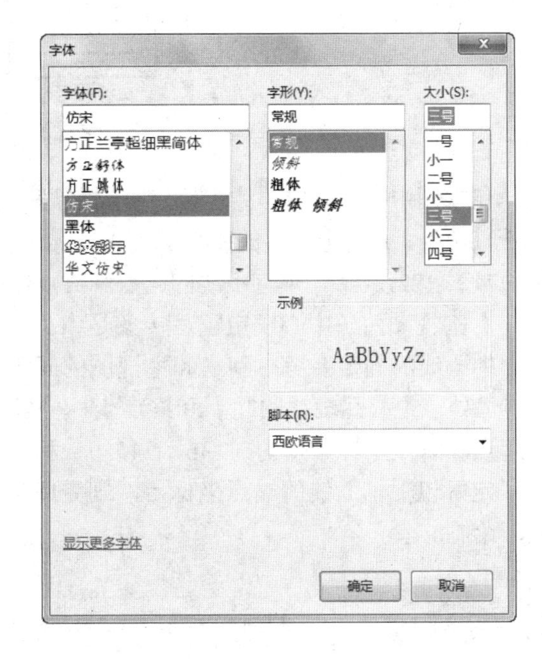

图 2-77 “字体”对话框

03 在“文字”空白栏中输入要绘制的文字。

04 在“尺寸”组中的“高度”文本框 高度(T): 10.0 中输入参数，可设置绘制文字的大小。

05 在“尺寸”组中的“间距”文本框 间距(S): 2.0 中输入参数，可设置绘制文字的间距。

06 在“对齐”组中可以设置文字的对齐方式，包括：“水平”对齐、“垂直”对齐、“圆弧”对齐等对齐方式。

07 单击对话框中的“进阶选项”选项卡，在该选项卡中单击“Note text”按钮 Note text，弹出“注释文本”对话框，在该对话框中可继续设置文字的参数。

2.16 综合实例——轴承座

图 2-78 所示的是一个轴承座的平面图。此轴承座的表达需要三个视图，分别是主视图、俯视图、左剖视图。绘制前，先要对三个视图进行良好的布局，因此首先要确定几条中心线。

轴承座主视图上的最大半圆为 49，而圆心到底部的距离为 59，因此需要绘制一条从点（0，54，0）到（0，-64，0）的中心线，另一条中心线是（-50，0，0）到（50，0，0）。

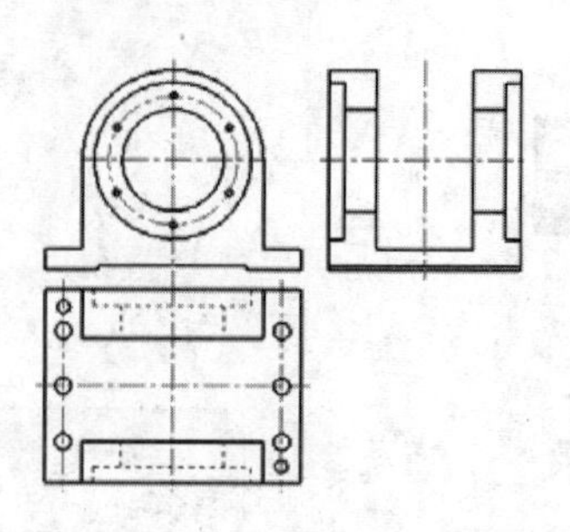

图 2-78 轴承座

俯视图中有两条中心线定位，由于轴承座宽度为 104，所以俯视图的中心线交点定在（0，-122，0）处，则两个视图的距离就为 15。水平中线的起点和终点坐标分别为（-74，-122，0）和（74，-122，0），垂直中线的起点和终点坐标分别为（0，-65，0）和（0，-179，0）。

左剖视图两条中心线定位，一条是中心孔轴线，它和主视图中的中线位于同一高度。另一中心线的确定要考虑到它和主视图的间距为 15，因此，它们的交点应定在坐标（136，0，0）处。中心孔轴线的起点和终点坐标分别为（79，0，0）和（193，0，0），垂直中线的起点和终点坐标分别为（136，54，0）和（136，-64，0）。

定好以上辅助线的端点坐标后，则完成了布图工作。现在启动 Mastercam 系统，进入图形绘制。

网盘\视频教学\第2章\轴承座. MP4

具体步骤如下：

01 创建 3 个图层，分别为第 1 层、第 2 层、第 3 层、第 4 层，并分别命名为“实线”、“中心线”、“虚线”和“尺寸线”。接着在“首页”选项卡“规划”面板中将图层 2 设置为当前图层，在“属性”面板中设置图层 2 的线型为点画线、线宽为第一种、颜色为红色等属性。

02 单击“线框”选项卡“线”面板中的“任意线”按钮，按照布图要求，输入各中心线坐标，完成图 2-79 所示辅助线。

03 单击“线框”选项卡“圆弧”面板中的“已知点画圆”按钮，以（0，0，0）点为圆心，以 70 为直径绘制出螺纹孔分布的中心圆，如图 2-80 所示。

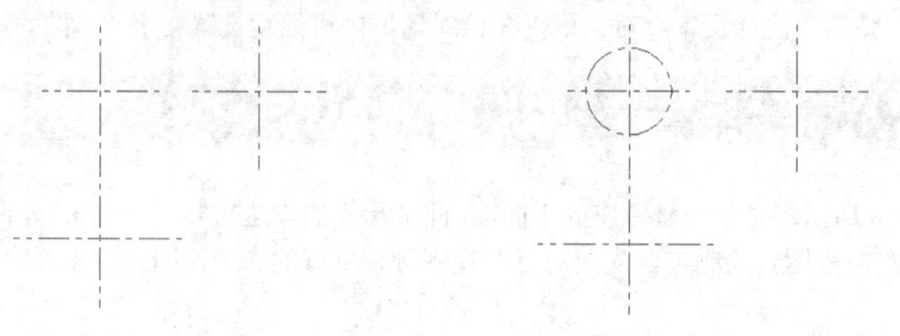

图 2-79 绘制中心线　　图 2-80 绘制螺纹孔中心圆

04 在“首页”选项卡“规划”面板中设置当前图层为 1，在“属性”面板中设置线型为实线，线宽设置为第二种宽度，颜色设置为黑色，绘制轴承孔。单击“线框”选项卡“圆弧”面板中的“已知点画圆”按钮，以（0，0，0）点为圆心，分别以55和85为直径，绘制圆，如图2-81所示。

05 绘制轴承座顶部外形。单击“线框”选项卡“圆弧”面板中的“极坐标画弧”按钮，选择（0，0，0）为圆心，接着在“极坐标画弧”对话框中输入图2-82所示的参数，绘制出的图形如图2-83所示，注意每输入一个数据都要按Enter键。

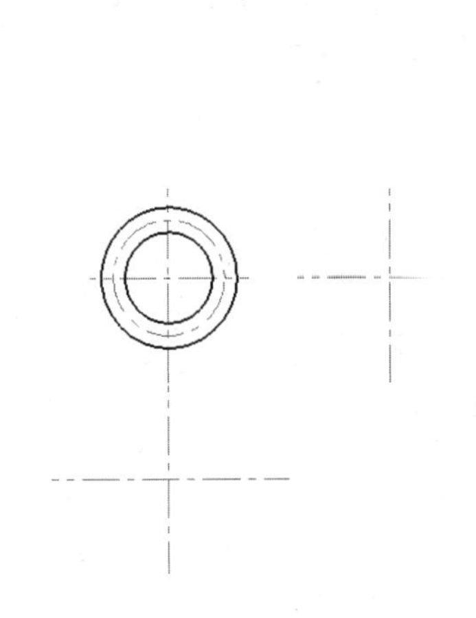

图2-81 绘制轴承孔

图2-82 “极坐标画弧”对话框设置

06 绘制轴承座外形。单击“线框”选项卡“线”面板中的“任意线”按钮，勾选“任意线”对话框中的“Multi-line”复选框 Multi-line，选择顶部圆弧左端为多段线的起点，接着在“任意线”对话框中勾选“垂直”复选框 垂直(V)，在“尺寸”组的“长度”文本框中输入48，按Enter键，用光标指定此竖线的方向，指定后单击，绘制出轴承座的一条竖直边线。接下来，勾选“水平”复选框 水平(H)，在“长度”文本框中输入20，绘制出一条长度为20的水平线。

接着，按照上述方法依次绘制竖直线（长度11），水平线（长度29），竖直线（长度2），水平线（长度40），绘制过程中方向的制定很重要。
操作完此步后的图形如图2-84所示。

07 镜像轴承座外形。单击“转换”选项卡“位置”面板中的“镜射”按钮，系统提示“选择图形”，则选中第6步完成的轴承座外形，接着按Enter键，弹出“镜射”对话框，设置选项按照图2-85的左图所示，设置完后单击“镜射”对话框中的“确定”按钮，系统显示出如图2-85右图所示的轴承座主视图外形。

08 绘制轴承座上的螺纹孔。单击“线框”选项卡“圆弧”面板中的“极坐标画弧”按钮，在主视图竖直中心线和螺纹孔中心圆的上部交点，绘制一个半径为2，从0°到270°弧，作为螺纹孔的大径。

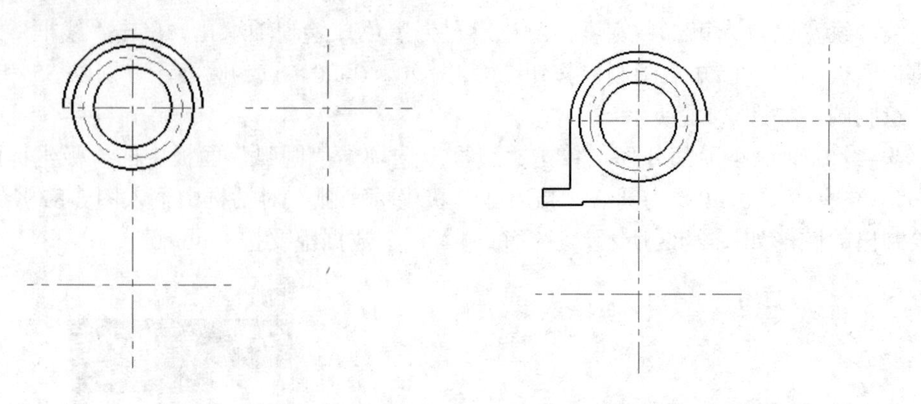

图 2-83　绘制轴承座顶部外形　　　　图 2-84　绘制轴承座外形

接着执行单击“线框”选项卡“圆弧”面板中的“已知点画圆”按钮，以 1.8 为半径在该位置绘制出螺纹孔的小径，绘制出的螺纹孔如图 2-86 所示。

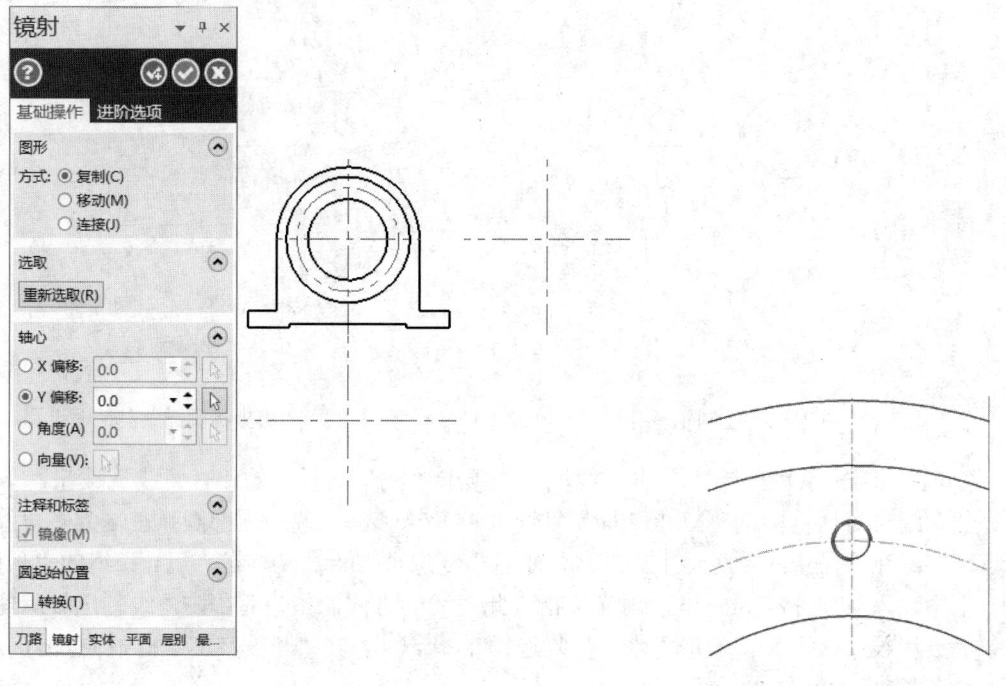

图 2-85　镜像轴承座外形　　　　图 2-86　绘制螺纹孔

09 旋转复制出其他螺纹孔。单击“转换”选项卡“位置”面板中的“旋转”按钮，框选刚才绘制的螺纹孔，再单击“Enter”键，系统弹出“旋转”对话框，参数按照图 2-87 左图所示设置，其中旋转中心设置为轴承孔的圆心，接着可预览旋转复制的结果图，如图 2-87 右图所示。

轴承座主视图的完善需要绘制出其他视图，下面进行俯视图的绘制。

10 绘制矩形。单击“线框”选项卡“形状”面板中的“矩形”按钮，在“矩形”对话框中勾选“矩形中心点”按钮☑ 矩形中心点(A)，接着选择俯视图两中心线的交点，接下来在“矩形”对话框“尺寸”组中的“宽度”和“高度”文本框中输入矩形的宽度和高度为 138 和 104，每个数据输入后都要单击“Enter”键，绘制完毕后的图形如图 2-88 所示。

11 根据轴承座主视图，绘制投影到俯视图上的边线。单击“线框”选项卡“线”面板中的“任意线”按钮，分别以图 2-88 所示的 A 点和 B 点为直线的第一端点，向 L1 绘制垂线，结果图如 2-89 所示。

12 修剪线段。单击“线框”选项卡“修剪”面板中的“修剪打断延伸”按钮，修剪刚才绘制的两条投影线，注意修剪线段时保留线段的选取，结果如图 2-90 所示。

13 绘制轴承座开裆边线。

❶轴承座开裆距离为 52，因此需要绘制两条与水平中心线相平行的线，且距离为 52。单击“转换”选项卡“位置”面板中的“平移”按钮，选择俯视图水平中心线，接着按 Enter 键，系统弹出“平移”对话框，对话框参数设置如图 2-91 左图所示，系统显示平移线，再单击“平移”对话框中的“确定”按钮。

❷单击“线框”选项卡“线”面板中的“任意线”按钮，第一个端点选择刚才绘制的平移线与其中一条投影线的交点，第二个端点选择另一个交点。绘制出图 2-91 右上图所示的图形，然后退出绘制线操作。

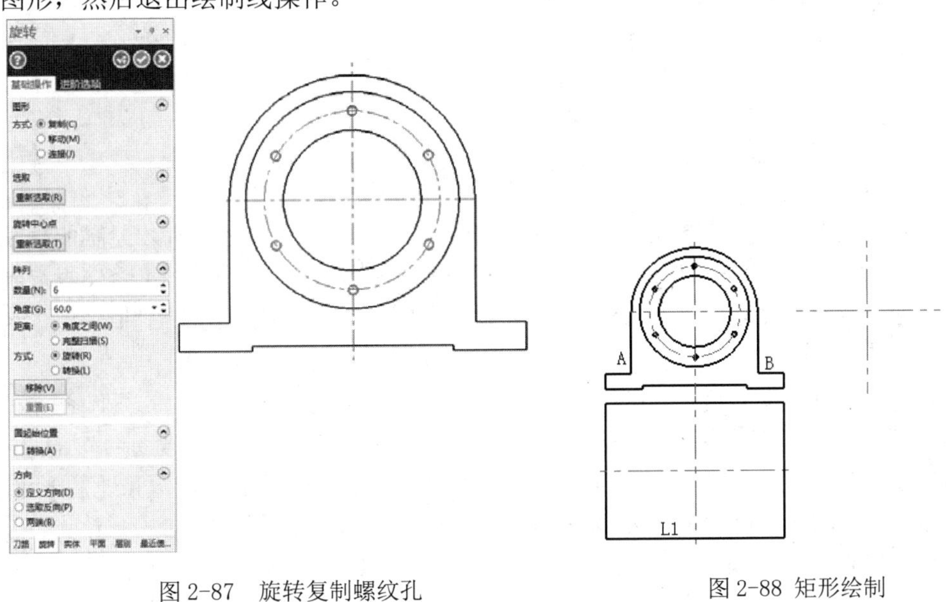

图 2-87　旋转复制螺纹孔　　　　图 2-88　矩形绘制

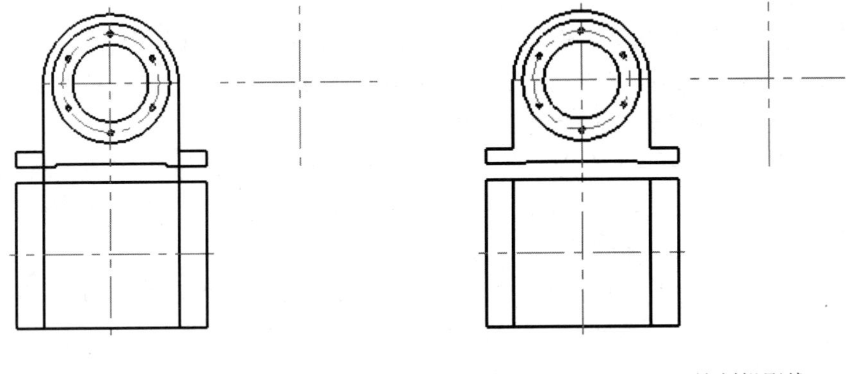

图 2-89　绘制投影线　　　　图 2-90　绘制投影线

❸选中本步平移复制的点画线，按 Delete 键，删除此作图辅助线。

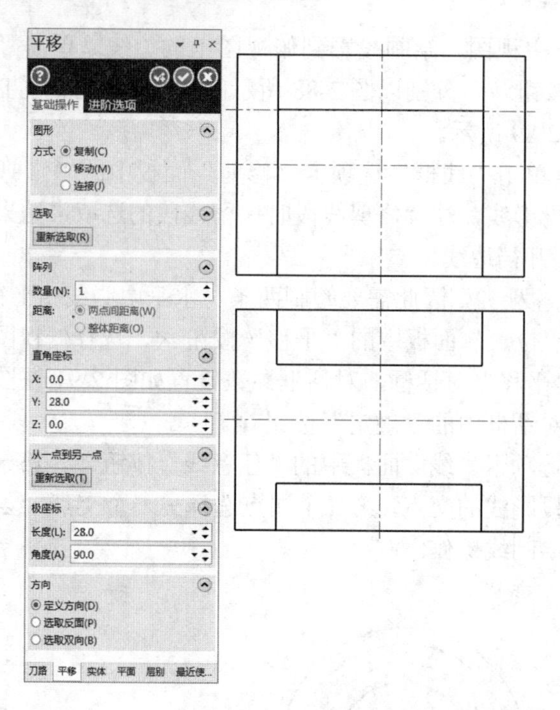

图 2-91　绘制开档线

❹单击“转换”选项卡“位置”面板中的“平移”按钮，选择刚才绘制的直线，接着按 Enter 键，再在“平移”对话框“直角坐标”中的“Y”文本框中输入-56，得到轴承座的第二条开档线，然后打断、删除两条开档线之间的竖直直线，完成后的图如图 2-91 右下图所示。

(14) 绘制轴承座固定孔的中线。单击“转换”选项卡“位置”面板中的“平移”按钮，选择俯视图竖直中心线，接着按 Enter 键，再在“平移”对话框“直角坐标”中的“X”文本框中输入 59，接着勾选“方向”组中的“选取双向”复选框，看到绘图区预览图形正确后，单击“平移”对话框中的“确定”按钮。此步的提示与结果图如图 2-92 所示。

(15) 以水平中心线与固定孔中心线的交点为圆心，绘制两个直径为 9 的圆。接着对两圆进行双向平移复制，在 Y 项输入框中输入 30，得到如图 2-93 所示的图形。

(16) 绘制销钉孔。绘制直径为 7 的销钉孔。由轴承座设计图可知销钉孔的中心在固定孔的中心连线上，且离两边距离为 9。根据以上已知条件，则可绘制出图 2-94 所示的图形，接着利用平移移动功能（指在“平移”对话框中激活“移动”复选按钮）移动销钉孔到正确位置，得到的最终结果如图 2-95 所示。

(17) 绘制俯视图中的轴承孔。主视图轴承孔已绘出，根据三视图的关系将主视图轴承孔向俯视图投影，则可确定轴承孔的部分尺寸，再结合设计图要求确定轴承孔的其他位置尺寸。

❶在“首页”选项卡“规划”组中设置当前图层为 3，在“属性”面板中设置线型为虚线，线宽设定为第一种线宽，颜色设定为深蓝色（代号 251）。

❷单击“线框”选项卡“线”面板中的“任意线”按钮，分别以点 A、B、C、D 为端点向轴承座俯视图中的 L1 线绘制垂直线，如果所绘制的垂直线超过或者离 L1 还有一段距离，然后单击“线框”选项卡“修剪”面板中的“修剪打断延伸”按钮，修剪或延

伸虚线。

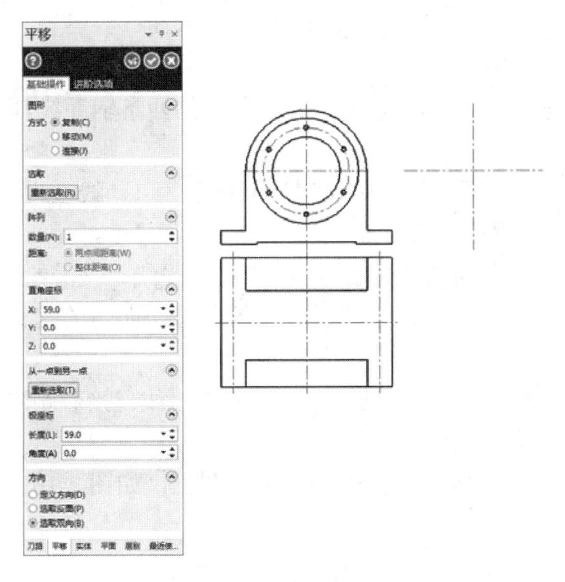

图 2-92　绘制固定孔中心线

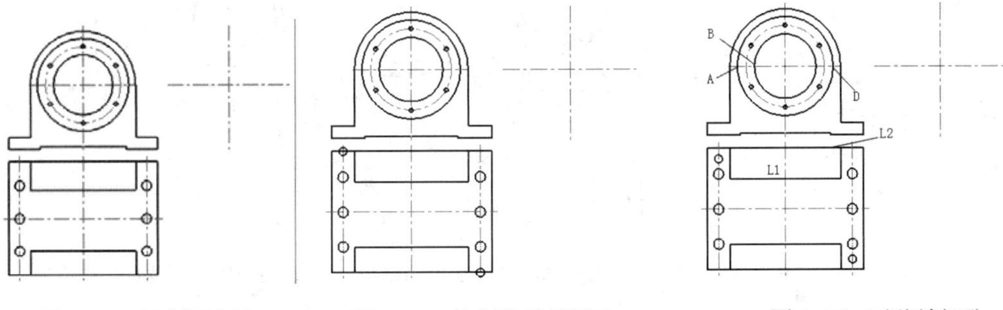

图 2-93　绘制固定孔　　图 2-94　绘制辅助销钉孔　　图 2-95　平移销钉孔

❸对直线 L2 向下平移复制 8.5，最终的结果图如图 2-96 所示。

18 单击“线框”选项卡“任意线”按钮中的“任意线”按钮，分别以图 2-96 所示的 A、B 二交点为端点绘制虚线。接下来，选中图 2-96 所示的 L3 直线，接着按 Delete 键删除 L3 直线，然后单击“线框”选项卡“修剪”面板中的“修剪打断延伸”按钮，修剪虚线，结果如图 2-97 所示。

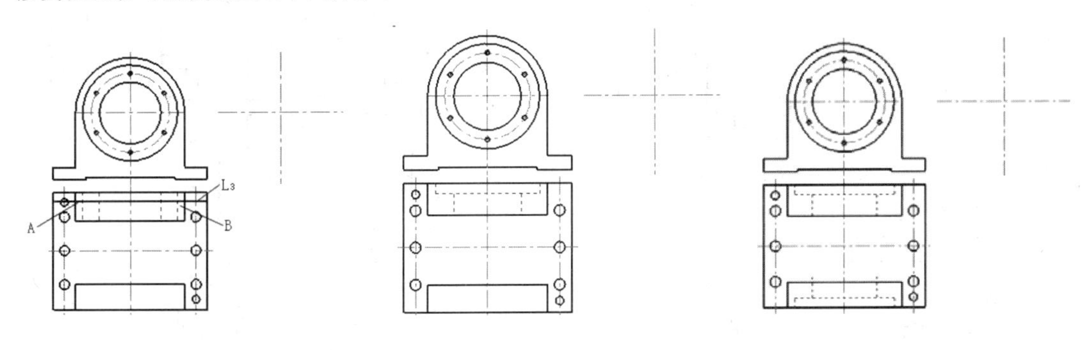

图 2-96　第 17 步的结果图　　图 2-97　第 18 步的结果图　　图 2-98　第 19 步的结果

19 镜像轴承孔。第 18 步操作完后，轴承座中一端的轴承孔就绘制出来了，接着以水平中心线为对称轴镜像轴承孔得到 2-98 所示的图形。

20 开始绘制左剖视图。

❶利用绘图功能与编辑功能绘制出图 2-99 所示的四条辅助线，四条辅助线与竖直中心线的交点分别为 E、F、G 和 H。

❷在“首页”选项卡“规划”组中设置当前图层为 1，线型设定为实线，线宽设定为第二种线宽，颜色设定为黑色（代号 0）。

❸以 E 点为端点，向左绘制一条长度为 52 的水平线，接着绘制一条垂直线直到顶部虚线，再绘制一条向右长度为 26 的水平线，再绘制一条向下的垂直线直到虚线 L4，再绘制一条水平线直到 G 点。

❹以 F 点为端点，向左绘制一条长度为 52 的水平线。接着删除图 2-99 所绘制的四条辅助虚线，完成后如图 2-100 所示。

21 根据三视图原理将轴承孔投影到左剖视图上，如图 2-101 所示。

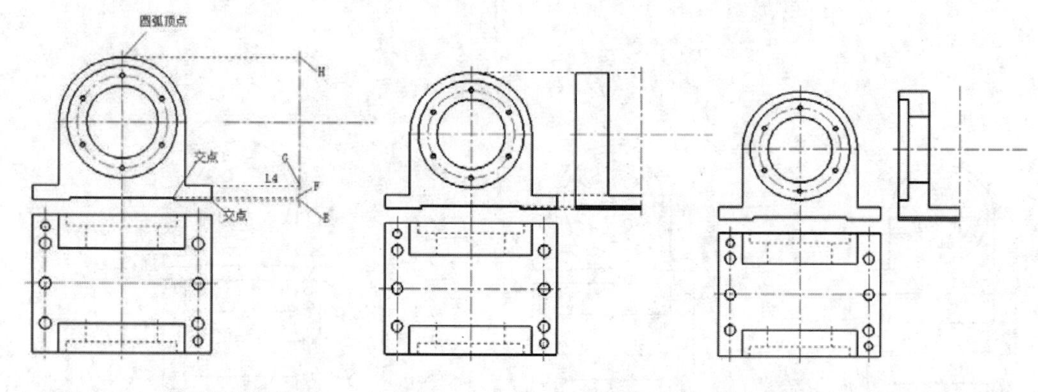

图 2-99　绘制作图辅助线　　图 2-100　第 20 步的结果　　图 2-101　第 21 步的结果

22 镜像出轴承座的另一半。由于轴承座是对称的，因此利用镜像对称功能以竖直中心线为对称轴对称出另一半，结果如图 2-102 所示。

23 投影轴承座螺纹孔。根据三视图原理，将主视图中的螺纹孔投影到左剖视图上，暂时不投影螺纹部分，结果如图 2-103 所示。

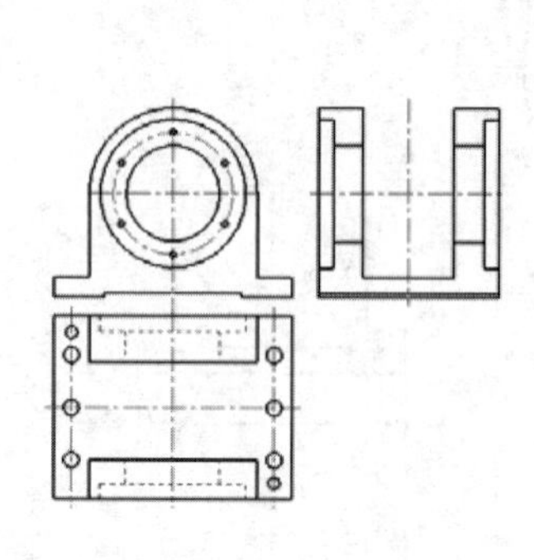

图 2-102　第 22 步的结果

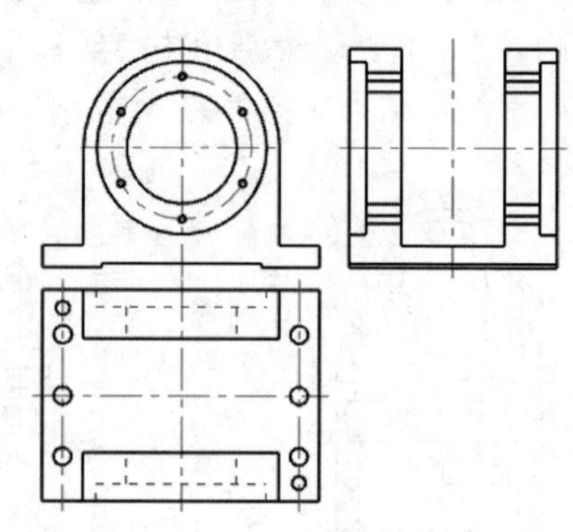

图 2-103　第 23 步的结果

2.17 思考与练习

1. 简述 Mastercam 2019 软件中绘制点的方式有哪几种？
2. 简述 Mastercam 2019 软件中绘制圆弧的方式有哪几种？
3. 矩形和变形矩形的绘制有什么区别？
4. 在 Mastercam 2019 中系统提供了几种文字类型，各有什么区别。

2.18 上机操作与指导

1. 应用不同的绘线方法绘制直线。
2. 绘制你熟悉的零件。
3. 绘制如图 2-104 所示的二维图形。

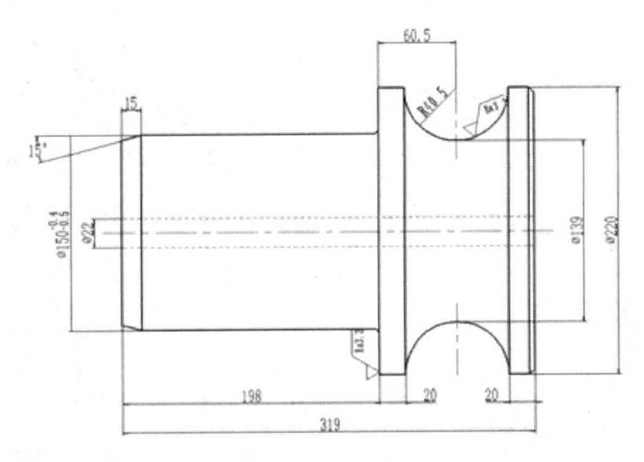

图 2-104　绘制吊耳练习

第 3 章

二维图形编辑和标注

本章主要讲述各种二维图形编辑以及尺寸标注等知识。

通过本章的学习，可以帮助读者初步掌握Mastercam 的二维绘图编辑和标注绘制功能。

- 图形的编辑
- 二维图形的标注

3.1 图形的编辑

使用编辑工具可以对所绘制的二维图形做进一步加工，并且提高绘图效率，确保设计结果准确完整。Mastercam 2019 系统的二维图形编辑命令集中在“首页”、“线框”与“转换”三个选项卡中。

要对图形进行编辑，首先要选取几何对象，才能进一步对几何对象进行操作，所以在介绍各编辑命令之前，先介绍几何对象的选取方法。

Mastercam 2019 系统的选择功能集中在“选择工具栏”和“快速选择栏”，如图 3-1 所示。

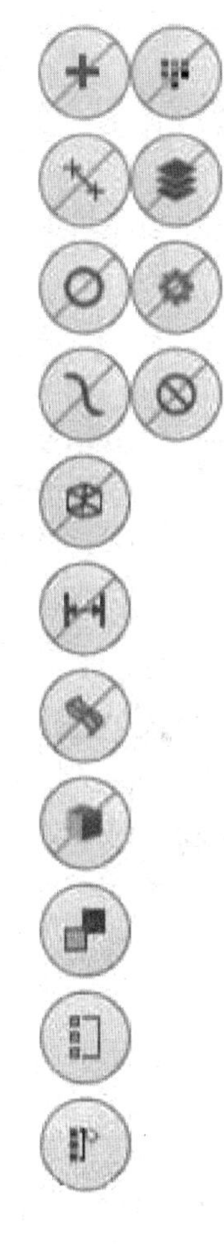

图 3-1　“选择工具栏”和“快速选择栏”

1. 直接选取几何对象

当系统提示选取几何对象时，可以直接使用鼠标依次单击要选取的几何对象，被选中的几何对象呈变色显示，表示对象被选中。

2. 条件选取

单击“快速选择栏”中的“限定选取”或“单一限定选取”按钮，弹出“选择所有—单一选择”对话框，对话框中各条件选项说明如图 3-2 所示。用户可以在这两个对话框中设置被选择图素需要符合的条件。单击前者，系统将会自动选出所有符合条件的图素；单击后者，仍要依靠用户自行选择，但仅能选择符合条件的图素。对于勾选图素条件，系统会激活图素选择条件设定栏，本例选择“显示线架构”，则系统自动勾选的图素类型将是选择几何对象的条件，凡是符合这些条件的选项，系统会自动选取作为操作对象。

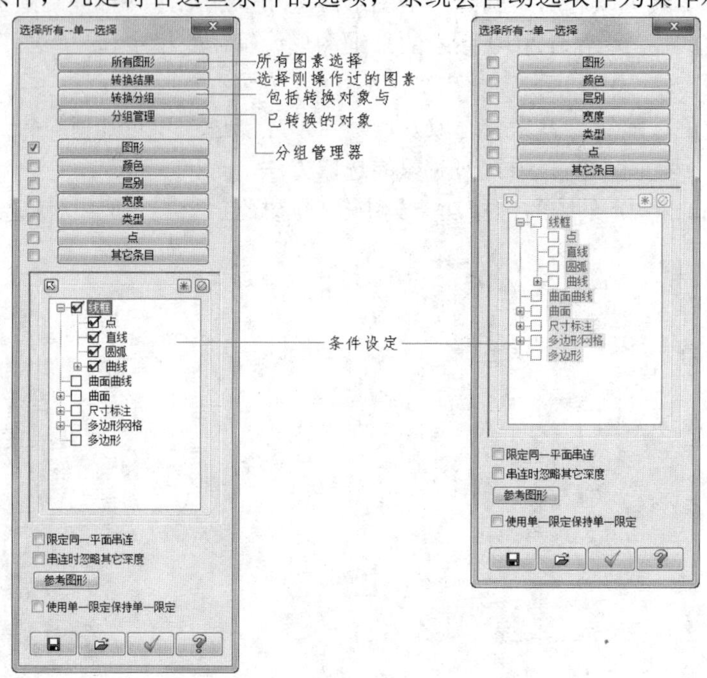

图 3-2　条件选取

3. 窗口选取

窗口选取选项通过定义一个选取窗口来选取几何对象。在“选择工具栏”中单击“选取方式”下拉按钮，则弹出几种选取对象的方法，其中 窗选 代表矩形窗口选择， 多边形 代表多边形窗口选择，它们和范围选择按钮 范围内 配合使用，一起完成选取对象的操作。

4. 取消选择

单击“清除选取”按钮，取消所选择的对象。

3.1.1　首页中的编辑命令

首页中的编辑命令主要在“删除”面板中，如图 3-3 所示。

“删除”面板中各命令功能说明如下：

删除图形：单击此命令，选择绘图区中要删除的图素，再按 Enter 键，即可删除选中的几何体。

重复图形：此命令用于坐标值重复的图素，例如两条重合的直线，选择此命令后，系统会自动删除重复图素的后者。

进阶设置：执行此命令，系统提示选择图素，图素选定后，按 Enter 键，系统弹出如图 3-4 所示“删除重复图形”对话框，用户可以通过设定重复几何体的属性作为删除判定条件。

恢复图形：此命令可以按照被删除的次序，重新生成已删除的对象。

图 3-3 “删除”面板

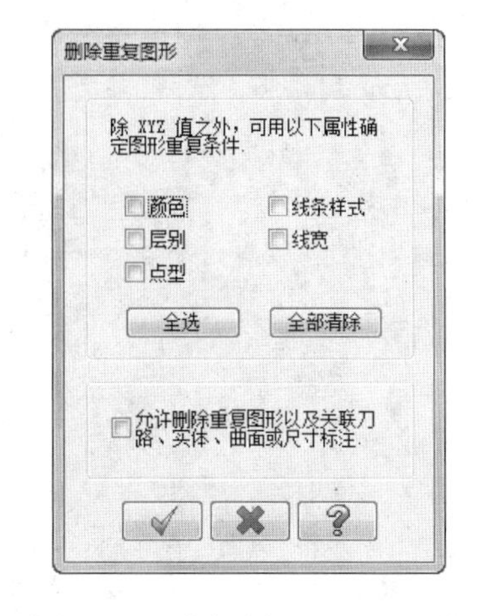

图 3-4 “删除重复图形”对话框

3.1.2 线框中的编辑命令

线框中的编辑命令主要在“修剪”面板中，如图 3-5 所示。

图 3-5 “修剪”面板

“修剪”面板中各项命令的说明如下：

1. 修剪打断延伸

修剪打断延伸：单击此命令，系统弹出“修剪打断延伸”对话框，如图 3-6 所示，同时系统提示“选取图形去修剪或延伸”，则选取需要修剪或延伸的对象，光标选择对象时的位置决定保留端，接着系统提示“选择修剪/延伸的图素”，则选取修剪或延伸边界。具体操作步骤如图 3-7 所示。

系统根据选取的修剪或延伸对象是否超过所选的边界来判断是剪切还是延伸。

“修剪打断延伸”对话框中的功能按钮说明如下：

1）修剪(T)：“修剪”复选框。被剪切的部分将被删除。

2）打断(B)：打断复选框。断开的图形分为两个几何体。

3）自动(A)：系统根据用户选择判断是“修剪单一物体”还是“修剪两物体”，此命令为默认设置。

4）◉ 修剪单一物体(1)：勾选该复选框表示对单个几何对象进行修剪或延伸。

5）◉ 修剪两物体(2)：勾选该复选框表示同时修剪或延伸两个相交的几何对象，操作示例如图 3-8 所示。

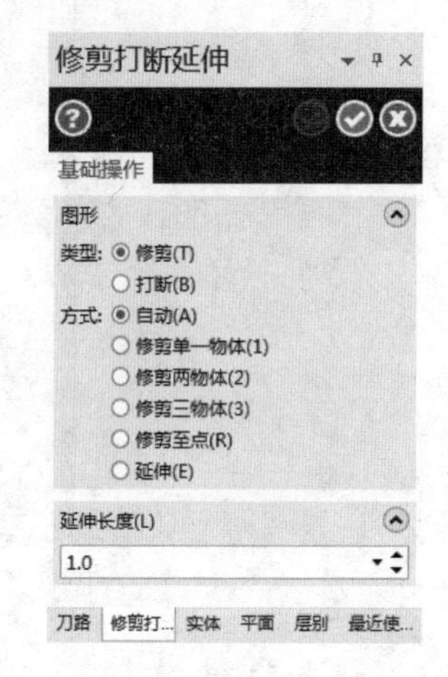

图 3-6 “修剪打断延伸”对话框

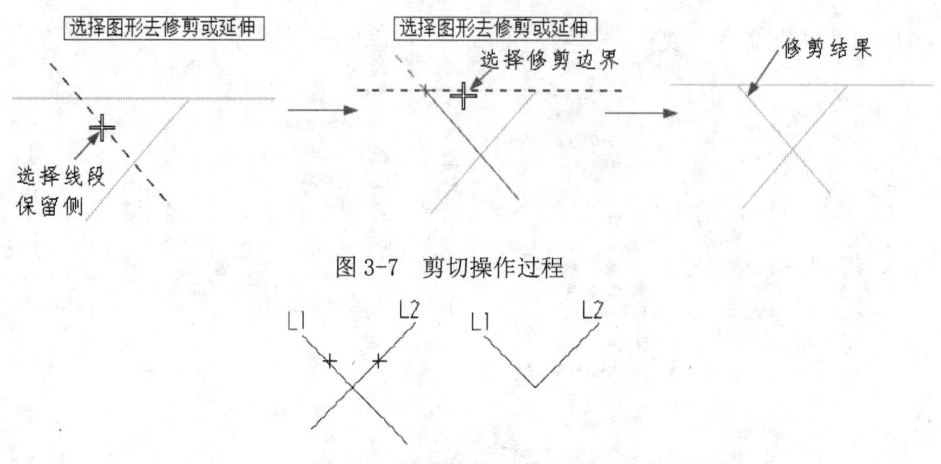

图 3-7 剪切操作过程

图 3-8 同时修剪两个几何对象

提示

要修剪的两个对象必须要有交点，要延伸的两个对象必须有延伸交点，否则系统会提示错误。光标选择的一端为保留段。

6）◉ 修剪三物体(3)：勾选该复选框表示同时修剪或延伸三个依次相交的几何对象，操作示例如图 3-9。

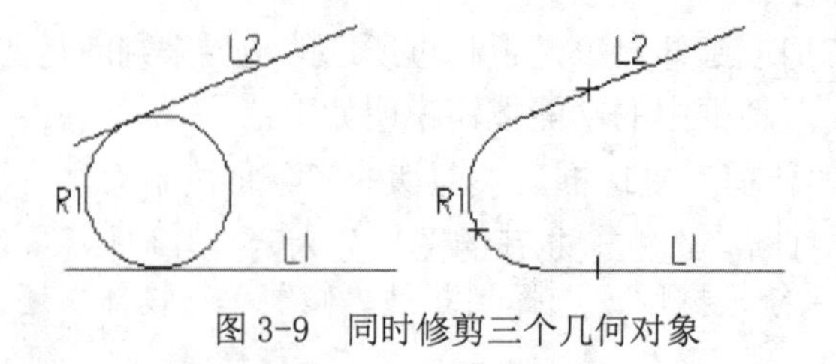

图 3-9 同时修剪三个几何对象

操作此功能时，注意在选取要修改的图素时，先选择线 L1 和 L2，再选择 R1，因为Mastercam 系统规定第三个对象必须和前两个对象有交点或延长交点。

7）◉ 修剪至点(R)：勾选该复选框表示将几何图形在光标所指点处剪切。如果光标不是落在几何体上而是在几何体外部则几何体延长到指定点，操作示例如图 3-10 所示。

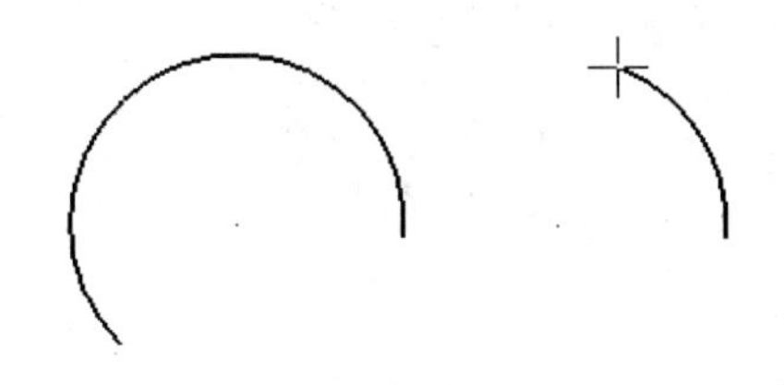

图 3-10　剪切物体

8）◉ 延伸(E)：勾选该复选框表示可以根据输入指定的长度值进行延伸图素。

2. 多物体修剪

多物体修剪：此项功能用来一次剪切/延伸具有公共剪切/延伸边界的多个图素。如图 3-11 是此功能的操作示例。

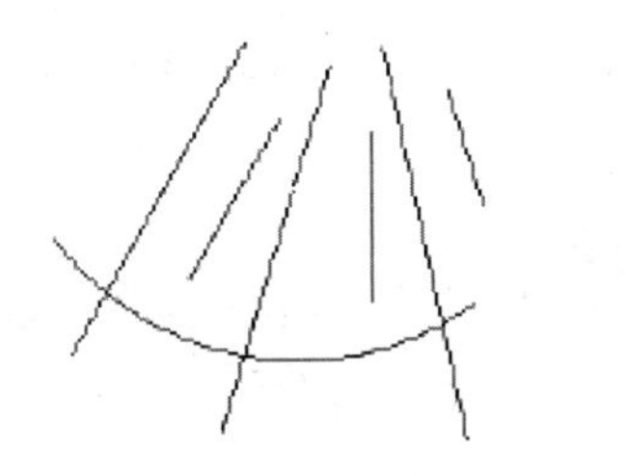

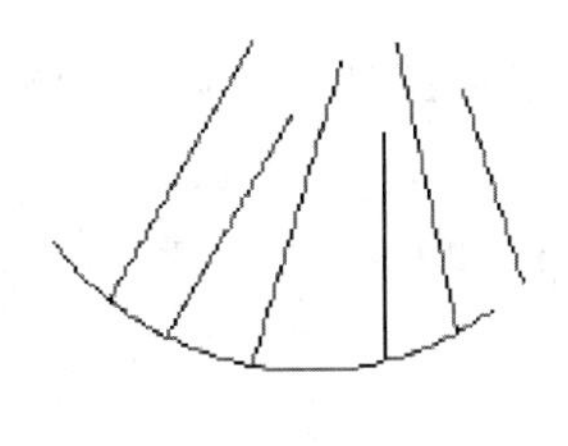

图 3-11　多物体修剪

3. 在交点打断

在交点打断：该选项可以将两个对象（线、圆弧、样条曲线）在其交点处同时打断，从而产生以交点为界的多个图素。

4. 打断若干段

打断若干断：该选项将几何对象分割打断成若干线段或弧段。

将对象（包括圆弧）分段成若干段直线，可根据距离，分段数、弦高等参数来设定。分段后，所选的原图形可保留也可删除。

5. 连接图形

连接图形：此命令可以将两个几何对象连接为一个几何对象。运用此功能必须注意它只能进行线与线、弧与弧、样条曲线与样条曲线之间的操作；所选取的两个对象必须是相容的，即两直线必须共线，两圆弧必须同心同半径，两样条曲线必须来自同一原始样条曲线；当两个对象属性不相同时，以第一个选取的对象属性为连接后的对象属性。

6. 两点打断

两点打断：此命令将在指定点上打断图形。

7. 打断至点

打断至点：此命令将选定的图形在图形上的点处打断，进行此命令，选择的图形上必须包含用于打断的点。

8. 打断全圆

打断全圆：该功能用于将一个选定的圆均匀分解成若干段，系统待用户选定要分段的圆后，会弹出分段对话框，询问用户将此圆分成几段，在对话框中输入分段数，接着按 Enter 键，则所选圆被分成指定的若干段。

9. 封闭全圆

封闭全圆：该功能将任意圆弧修复为一个完整的圆，操作示例如图 3-12 所示。

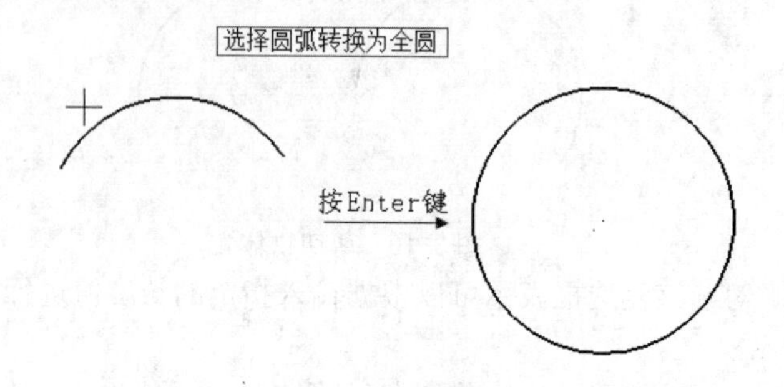

图 3-12　恢复全圆

10. 修改曲线

修改曲线：利用此功能可以显示并且用鼠标改变样条曲线的控制点，操作示例如图 3-13 所示。

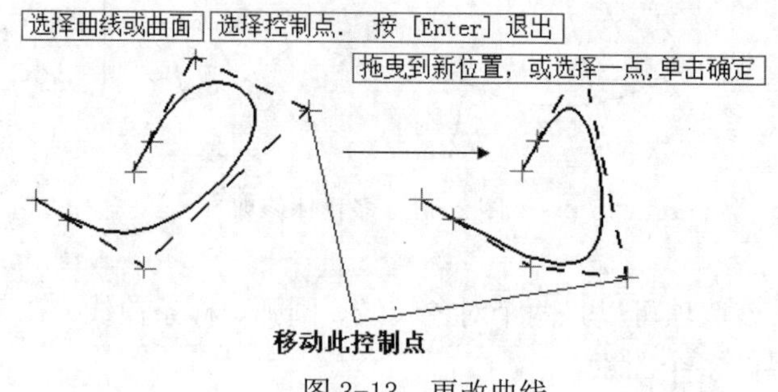

图 3-13　更改曲线

11. 曲线变弧

曲线变弧：与将圆弧转换为样条曲线相对应，用户也可以将圆弧状的样条曲线转换为圆弧，从而可以查找其圆心。

12. 恢复修剪曲线

恢复修剪曲线：恢复修建全部选择的曲线和 NURBS 曲线到原始状态，返回先前修剪后受影响的操作。

13. 修复曲线

修复曲线：当曲线节点太多或由尖角形成的平滑曲线节点较小时，采用该命令重新定义曲线，减少节点。

3.1.3　转换中的编辑命令

编辑图形除了用编辑菜单中的命令外，转换菜单中的功能主要对图形进行平移、镜像、偏置、缩放、阵列、投影等操作，这些功能主要是用来改变几何对象的位置、方向和大小尺寸等，这些命令对三维操作同样有效。

“转换”选项卡如图 3-14 所示。

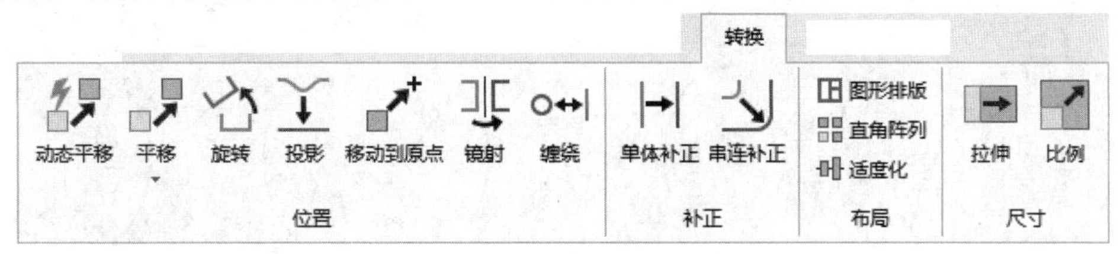

图 3-14 “转换”选项卡

“转换”选项卡中各命令的功能说明如下：

1. 平移

平移：该命令是指将选中的图素沿某一方向进行平行移动的操作，平移的方向可以通过相对直角坐标、极坐标或者通过两点来指定。通过平移，可以得到一个或多个与所选中图素相同的图形。

具体操作步骤如下：

（1）单击“转换”选项卡“位置”面板中的“平移”按钮，系统提示“平移/数组：选择要平移/数组的图形”，则选取平移的几何图形。

（2）按 Enter 键，系统弹出“平移”对话框，勾选“复制”复选框，在“阵列”组中的“数量”文本框中输入“1”， 在“直角坐标”组中的“X”文本框中输入“20”，在“极坐标”组中的“长度”文本框中输入“20”，如图 3-15 所示。

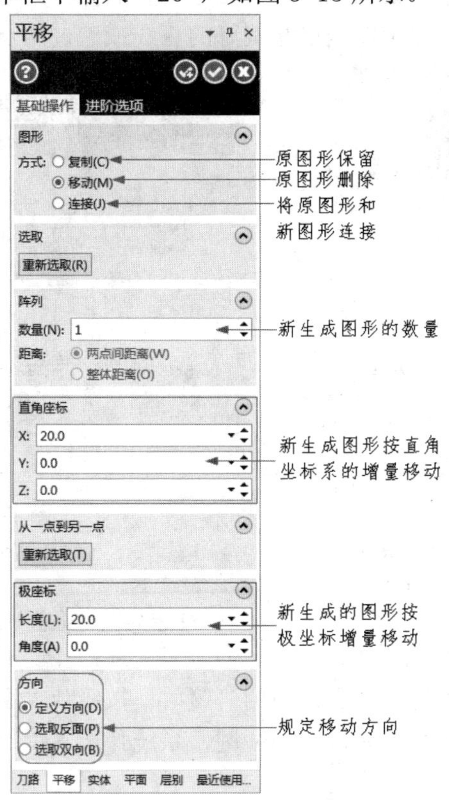

图 3-15 “平移”对话框设定

（3）预览结果，如果移动的方向反了，或者需要两端平移则通过勾选“方向”组中的复选框来调节，结果比较如图 3-16 所示。

（4）单击“确定”按钮，完成操作。

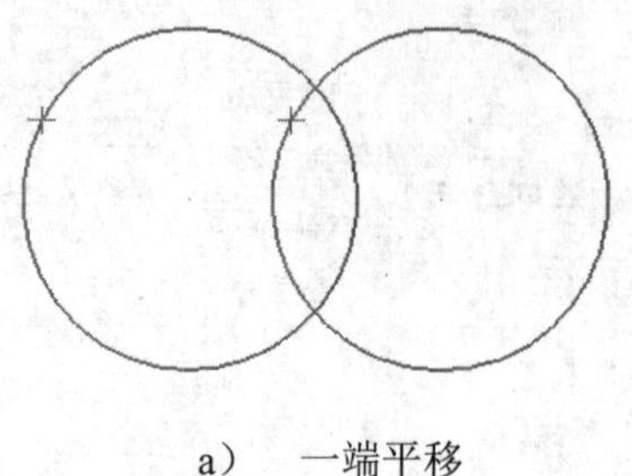

a）　一端平移

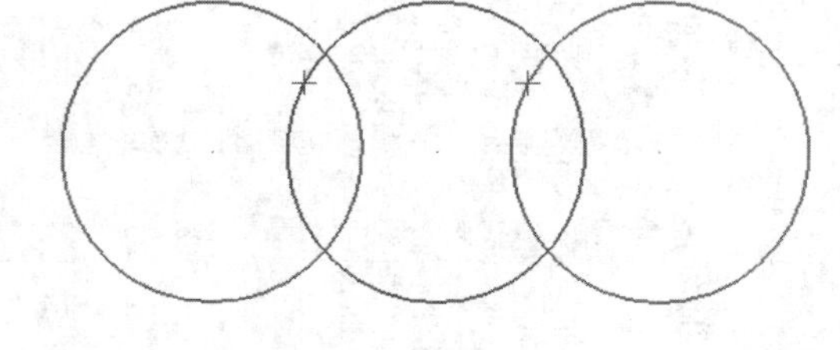

b）两端平移

图 3-16　平移复制结果

2．3D 平移

3D 平移是指将选中的图素在不同的视图之间进行平移操作。

单击“转换”选项卡“位置”面板“平移”下拉菜单中的“3D 平移”按钮 3D 平移，系统弹出提示“平移/数组：选择要平移/数组的图形”，选择需要平移操作的图素，接着按 Enter 键，系统弹出“3D 平移”对话框，对话框中各项参数的意义如图 3-17 所示。其中源视图参考点指在源图形所在视图上取的一点，这一点将和目标视图的参考点对应。目标视图参考点是用来确定平移图形的位置。

3．镜射

镜射是指将选中的图素沿某一直线进行对称复制的操作。该直线可以是通过参照点的水平线、竖直线或倾斜线，也可以是已绘制好的直线或通过两点来指定。

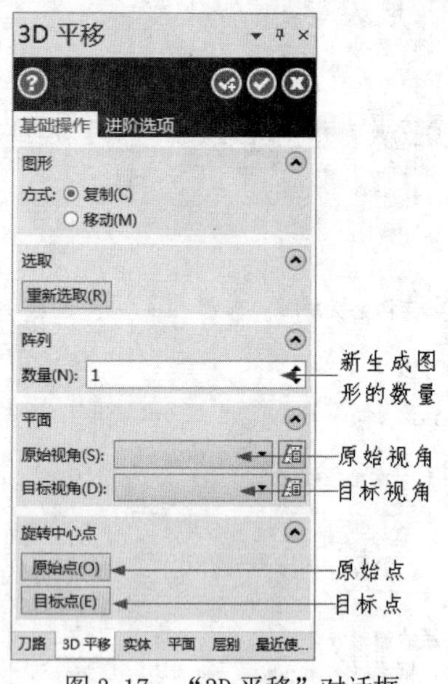

图 3-17　“3D 平移”对话框

图 3-18　“镜射”对话框

单击“转换”选项卡“位置”面板中的“镜射”按钮，系统弹出提示“选取图形”，则选取需要镜像操作的图形，接着按 Enter 键，系统弹出“镜射”对话框，对话框中各项参数的意义如图 3-18 所示。

镜像的结果有移动、复制、连接三种方式。在选用水平线、竖直线或倾斜线作为对称轴时，用户可以在对应的文本框中输入该线的 Y 坐标、X 坐标或角度值，也可以单击对应的按钮，在图形区单击或捕捉一点作为参照点。

4．旋转

旋转功能将选择的对象绕任意选取点进行旋转。单击“转换”选项卡“位置”面板中的“旋转”按钮，系统弹出提示“选择图形”，则选取需要旋转操作的图素，接着按 Enter 键，系统弹出“旋转”对话框，对话框中各项参数的意义如图 3-19 所示。

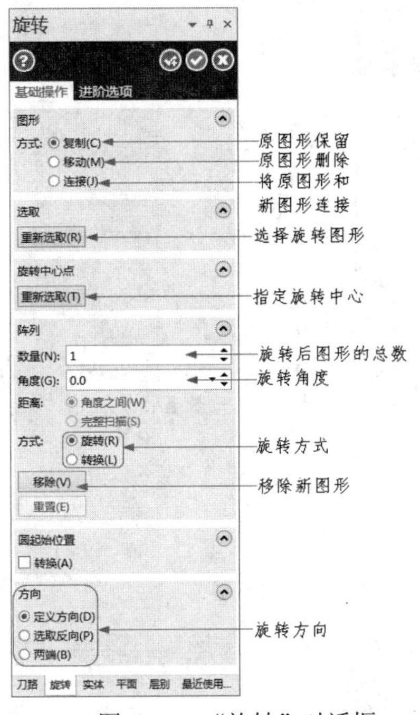

图 3-19 “旋转”对话框

其中新图形随旋转中心旋转是与新图形转换相对应，新图形旋转是图形绕自身中心旋转一角度。图 3-20 能更好的解释此问题。

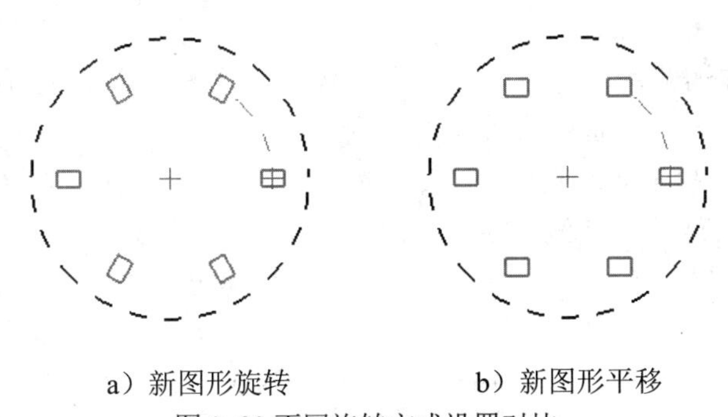

a）新图形旋转　　b）新图形平移

图 3-20 不同旋转方式设置对比

在旋转产生的多个新图形中，可以直接删除其中的某个或几个新图形，利用移除新图新功能即可，单击此按钮，接着选择要删除的新图形，再按 Enter 键。单击还原新图形即可还原删除的图形。

5．比例

比例功能可将选取对象按指定的比例系数缩小或放大。单击“转换”选项卡“尺寸”面板中的“比例”按钮，系统弹出提示“选择图形”，则选取需要比例缩放操作的图形，接着按 Enter 键，系统弹出“比例”对话框，对话框中各项参数的意义如图 3-21 所示。

不等比例缩放需要指定沿 X、Y、Z 轴各方向缩放的比例因子或缩放百分比。

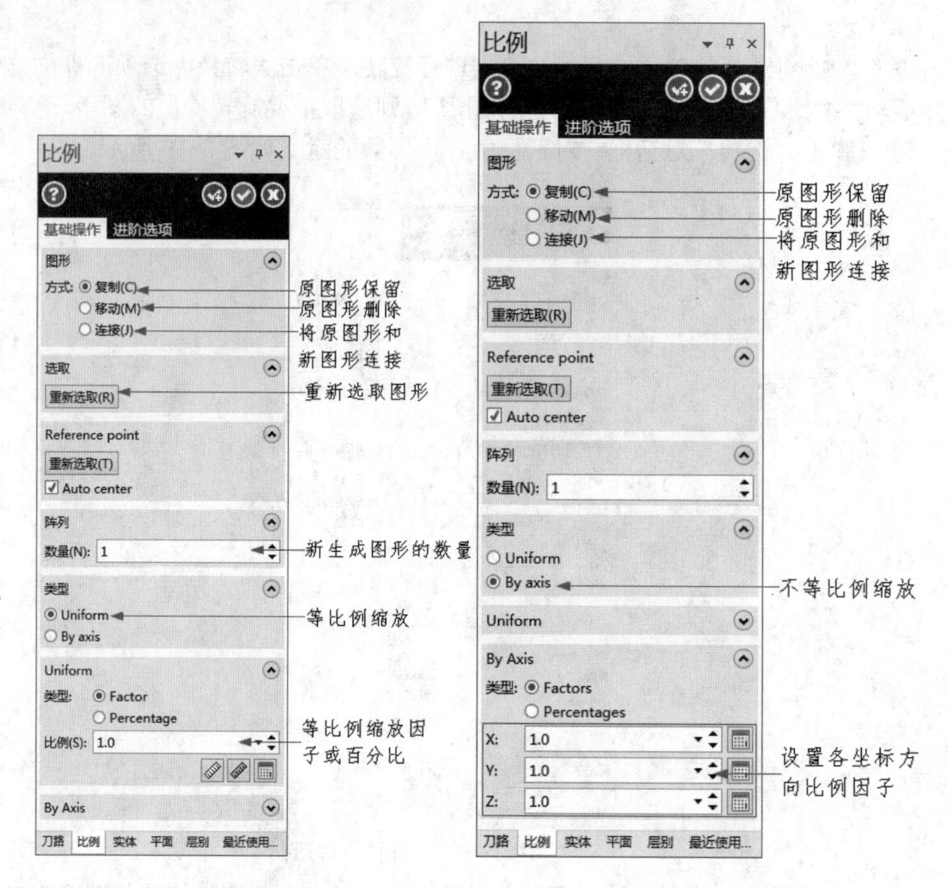

a）等比例缩放　　　　b）不等比例缩放

图 3-21　“比例”对话框

6. 单体补正

单体补正也称为偏置，是指以一定的距离来等距离偏移所选择的图素。偏移命令只适用于直线、圆弧、SP 样条曲线和曲面等图素。

单击“转换”选项卡“补正”面板中的“单体补正”按钮，系统弹出提示“选择补正、线、圆弧、曲线或曲面曲线”，则选取需要补正操作的图形，系统提示“指定补正方向”，则利用光标在绘图区中选择补正方向，接着在系统弹出的“单体补正”对话框中设置各项参数，如图 3-22a 所示。图 3-22b 是单体补正操作的示例。

在命令执行过程中每次仅能选择一个几何图形去补正，补正完毕后，系统提示“选择补正、线、圆弧、曲线或曲面曲线”，则接着选下一个要补正的对象。操作完毕后，按 Esc 键结束补正操作。

7. 串连补正

串连补正是对串连图素进行偏置。

如图 3-23 所示将图形向外偏移。

具体操作过程如下：

（1）单击“转换”选项卡“补正”面板中的“串连补正”按钮。系统弹出提示“补正：选择串连 1”，并且弹出“串连选项”对话框。

（2）选择串连图素，单击“串连选项”对话框中的“确定”按钮。

（3）系统弹出提示“指定补正方向”，则利用光标在绘图区中选择补正方向。

（4）系统弹出“串连补正”对话框，勾选“方向”组中的“复制”复选框，在“阵列”组中的“距离”文本框中输入“10”，其他参数采用默认值，如图 3-23 所示，系统显示预览图形。

（5）单击“串连补正”对话框中的“确定”按钮✓。

在该对话框中，偏置深度是指新图形相对于原图形沿 Z 轴方向（构图深度）的变化；偏置角度由偏置深度决定。如果选中绝对坐标，则偏置深度为新图形的 Z 坐标值，若选中增量坐标，则偏置深度为新图形相对于原图形沿 Z 轴方向的变化大小。在图 3-23 图中，设定了增量坐标，则原图与新生成的图在 Z 轴方向相差 10mm。

由于在串连对话框中设置了偏置后，新生图形的拐角处用圆弧代替，所以原来的矩形尖角经过偏置后变成了圆角。

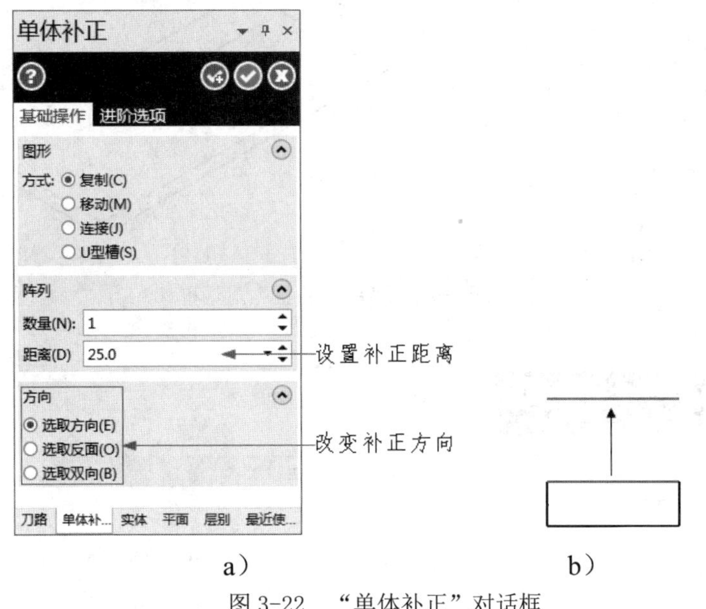

图 3-22 “单体补正”对话框

8. 投影

投影功能将选定的对象投影到一个指定的平面上。单击“转换”选项卡“位置”面板中的“投影”按钮⊻，系统弹出提示“选择图形去投影”，则选取需要投影操作的图形，接着按 Enter 键，系统弹出“投影”对话框，对话框中各项参数的意义如图 3-24 所示。

投影命令具有三种投影方式可供选择，分别是投影到构图面、投影到平面、投影到曲面。选择投影到构图面需要设定投影深度；选择投影到平面需要选择及设定平面选项；选择投影到曲面需要选定目标面。

其中投影到曲面又分为沿构图面方向投影和沿曲面法向投影。当相连图素投影到曲面时，不再相连，此时就需要通过设定连接公差使其相连。

曲面投影选项中的“Points/Lines”按钮请参考 Mastercam 帮助文件。

9. 阵列

阵列功能是绘图中经常用到的工具，它是指将选中的图形沿两个方向进行平移并复制的操作。

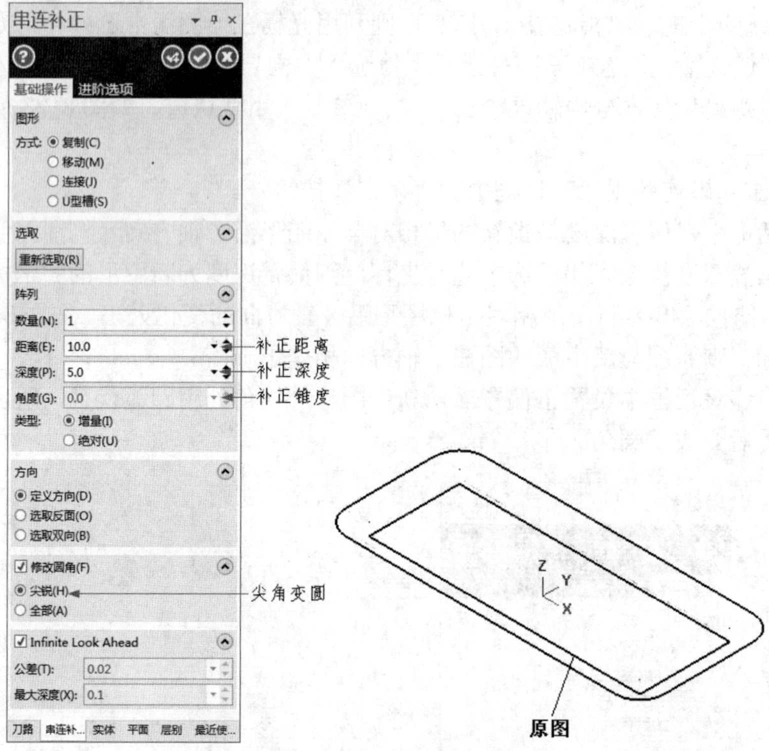

图 3-23 “串连补正”对话框

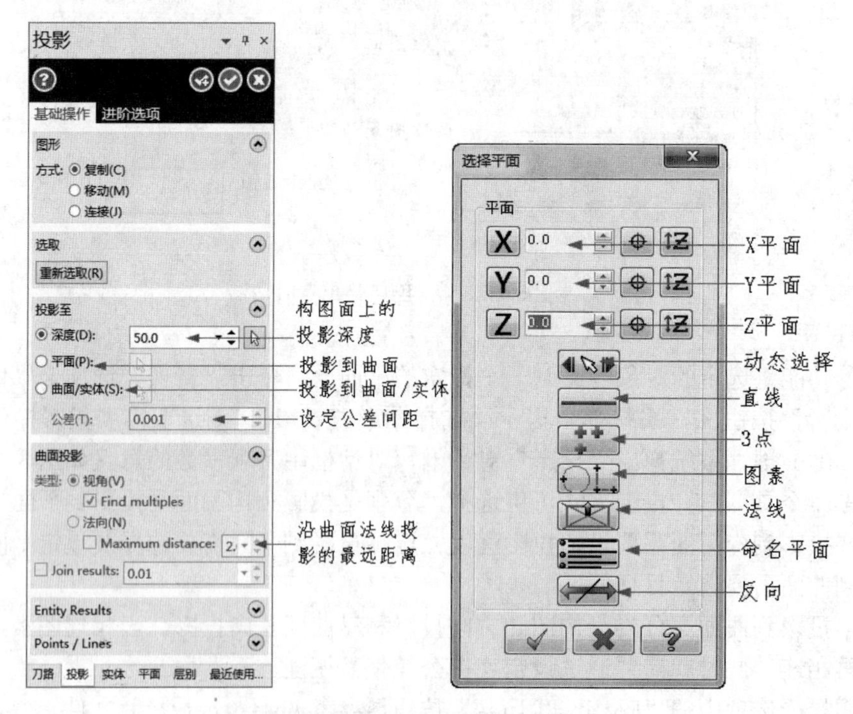

图 3-24 “投影”相关对话框

单击“转换”选项卡“布局”面板中的“直角阵列”按钮 **直角阵列**，系统弹出提示“选择图形”，则选取需要阵列操作的图素，接着按 Enter 键，系统弹出“直角数组”对话框，对话框中各项参数的意义如图 3-25 所示。

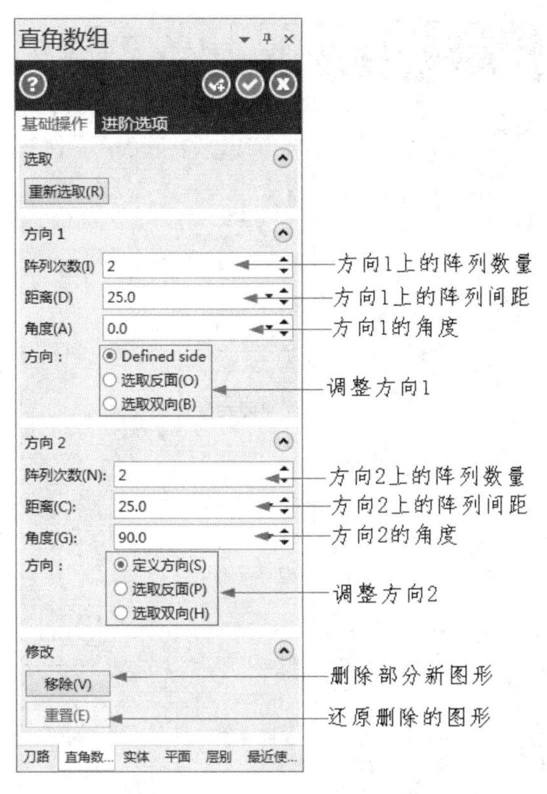

图 3-25 “直角数组”对话框

10．缠绕

缠绕功能是将选中的直线、圆弧、曲线盘绕于一圆柱面上，该命令还可以把一缠绕的图形展开成线，但与原图形有区别。

单击“转换”选项卡“位置”面板中的“缠绕”按钮，系统弹出提示“缠绕：选取串连 1”，则选取需要缠绕操作的图形，接着单击“串连选项”对话框中的“确定”按钮，系统弹出“缠绕”对话框，对话框中各项参数的意义如图 3-26a 所示，选取相应参数后，系统显示虚拟缠绕圆柱面，并且显示缠绕结果，图 3-26b 显示了此结果。

缠绕时的虚拟圆柱由定义的缠绕半径、构图平面内的轴线（本例为 Y 轴）决定。旋转方向可以是顺时针方向，也可以是逆时针方向。

11．拉伸

拉伸功能将选择的对象进行平移、旋转操作。单击“转换”选项卡“尺寸”面板中的“拉伸”按钮，系统弹出提示“拉伸：窗选相交的图形拉伸”，则选取需要拉伸操作的图形，接着按 Enter 键，系统弹出“拉伸”对话框，如图 3-27 示，在“阵列”组中的“数量”文本框中设置拉伸数量，在“直角坐标”组中的“X”文本框中设置 X 轴的拉伸距离，在“极坐标”组中的“长度”文本框中设置拉伸长度，在“角度”文本框中设置拉伸角度，单击“确定”按钮，完成拉伸。

拉伸功能与平移、旋转功能相比，它操作随意，在绘图区中随光标的位置来定位，因此图形的定位不如平移、旋转功能准确。

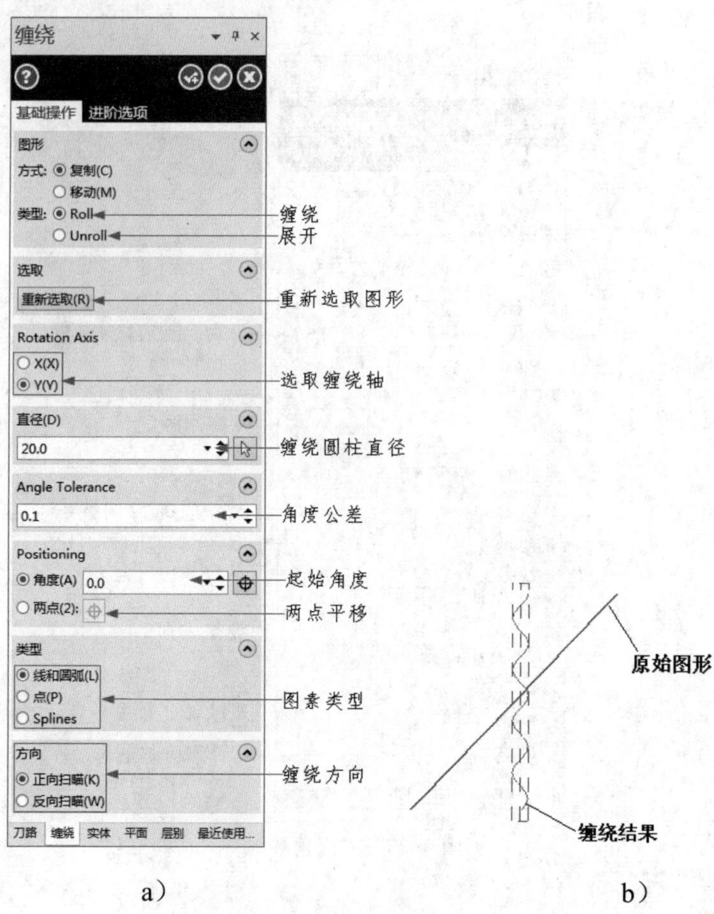

a） b）

图 3-26 缠绕选项与缠绕结果示例

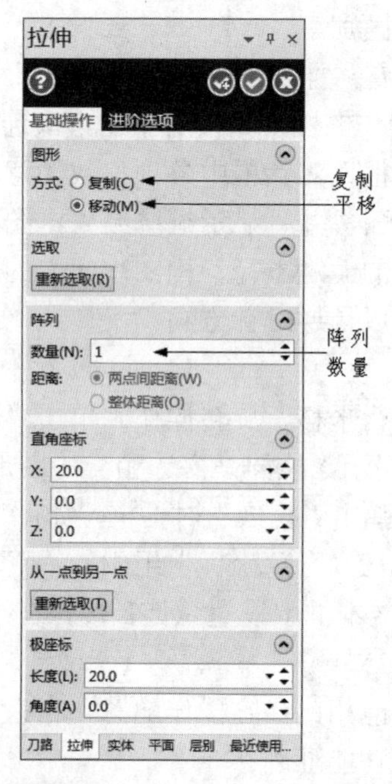

图 3-27 “拉伸”对话框

3.2 二维图形的标注

图形标注是绘图设计工作中的一项重要任务，主要包括标注各类尺寸、注释文字和剖面线等。由于 Mastercam 系统的最终目的是为了生成加工用的 NC 程序，所以本书仅是简单介绍这方面的功能。

3.2.1 尺寸标注

一个完整的尺寸标注由一条尺寸线、两条尺寸界线、标注文本和两个尺寸箭头 4 个部分组成，如图 3-28 所示。Mastercam 系统把尺寸线分成了两部分，按标注时先选择的一边作为第一尺寸线，另一边为第二尺寸线。它们的大小、位置、方向、属性、显示情况都可以通过菜单工具来设定。

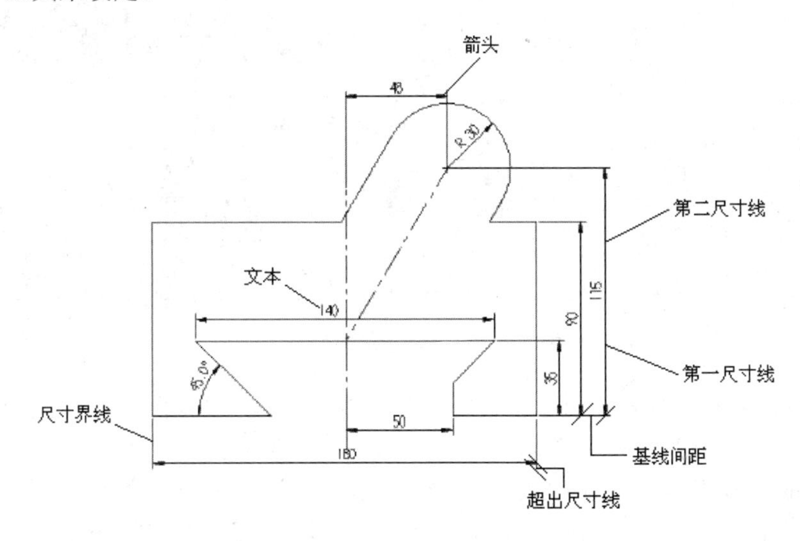

图 3-28　尺寸标注组成

下面对组成尺寸标注的各部分加以说明：

1）尺寸线：用于标明标注的范围。Mastercam 通常将尺寸线放置在测量区域中，如果空间不足，则将尺寸线或文字移到测量区域的外部，这取决于标注尺寸样式的旋转规则。尺寸线一般分为两段，可以分别控制它们的显示。对于角度标注，尺寸线是一段圆弧。尺寸线应使用细线进行绘制。

2）尺寸界线：从标注起点引出的标明标注范围的直线，可以从图形的轮廓线、轴线、对称中心线引出，同时，轮廓线、轴线及对称中心线也可以作为尺寸界限。尺寸界线也应使用细线进行绘制。

3）标注文本：用于标明图形的真实测量值。标注文本可以只反映基本尺寸，也可以带尺寸公差。标注文本应按标准字体进行书写，同一个图形上的字高一致；在图中遇到图线时，须将图线断开；尺寸界线断开影响图形表达，则应调整尺寸标注的位置。

4）箭头：箭头显示在尺寸线的末端，用于指出测量的开始和结束位置。

5）起点：尺寸标注的起点是尺寸标注对象的定义点，系统测量的数据均以起点为计算点，起点通常是尺寸界线的引出点。

尺寸线、尺寸界线、标注文本和尺寸箭头的大小、位置、方向、属性都可以通过菜单工具来设定。单击“尺寸标注”选项卡“尺寸标注”子菜单右下角的“启动”按钮，系统弹出“自定义选项”对话框，如图 3-29 所示，用户可对其中的参数进行设定，每进行一项参数的设定，对话框中的预览都会根据设定而改变，因此本文不再赘述。

对于已经完成的标注，用户可以通过单击“尺寸标注”选项卡“修剪”子菜单中的“多重标注”按钮，再选择需要编辑的标注，进行属性编辑。

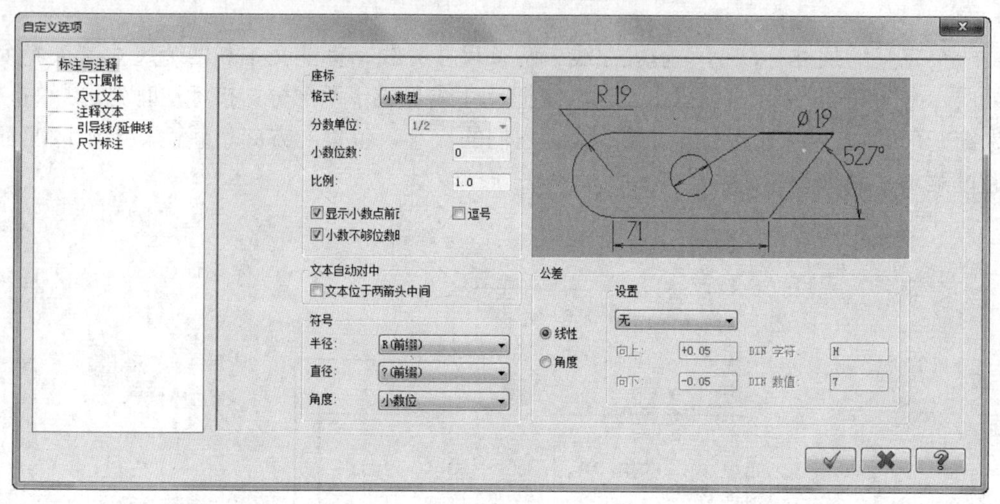

图 3-29 “自定义选项”对话框

Mastercam 系统为用户提供了 11 种尺寸标注方法，执行“绘图”→“尺寸标注”→“标注尺寸”命令，系统弹出标注尺寸的子菜单，如图 3-30 所示。

水平标注、垂直标注、角度标注、直径标注、平行标注的示例如图 3-31 所示，这几种标注操作比较简单，执行标注命令后，按照系统提示的步骤操作即可。

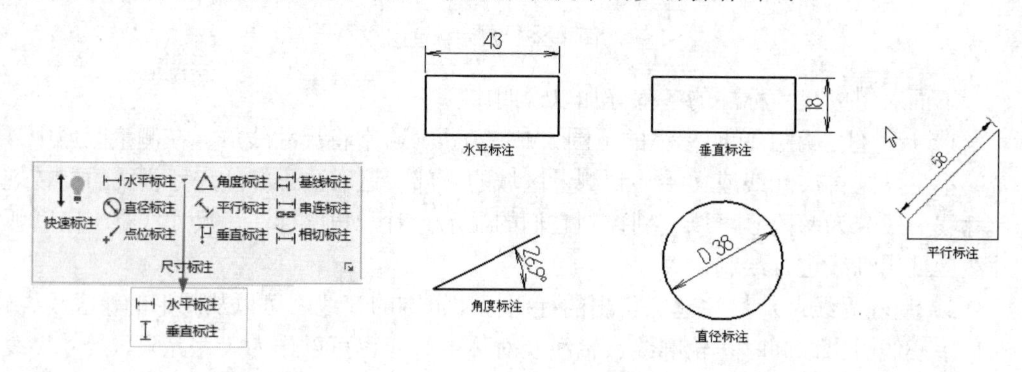

图 3-30 “尺寸标注”子菜单　　　　图 3-31 标注示例

下面介绍其他的几种标注方法：

1. 基准标注

基准标注命令是以已有的线性标注（水平、垂直或平行标注）为基准对一系列点进行线性标注，标注的特点是各尺寸为并联形式。

“例 3-1”标注如图 3-32 所示的尺寸。

网盘\视频教学\第3章\基准标注. MP4

操作步骤如下：

01 单击“尺寸标注”选项卡“尺寸标注”子菜单中的“基线标注”按钮，系统提示“选取一线性尺寸”。

02 选取已有的线性尺寸，本例选取尺寸“30”。

03 系统提示“指定第二个端点”，则选取第二个尺寸标注端点 P1，因为 P1 与 A1 的距离大于 P1 与 A2 的距离，点 A1 即作为尺寸标注的基准。系统自动完成 A1 与 P1 间的水平标注。

04 依次选取点 P2、P3 可绘制出相应的水平标注，如图 3-32 所示。

05 按 Esc 键返回。

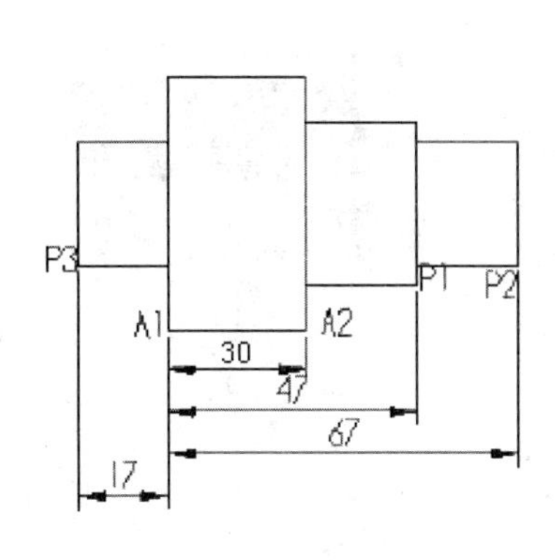

图 3-32　基准标注

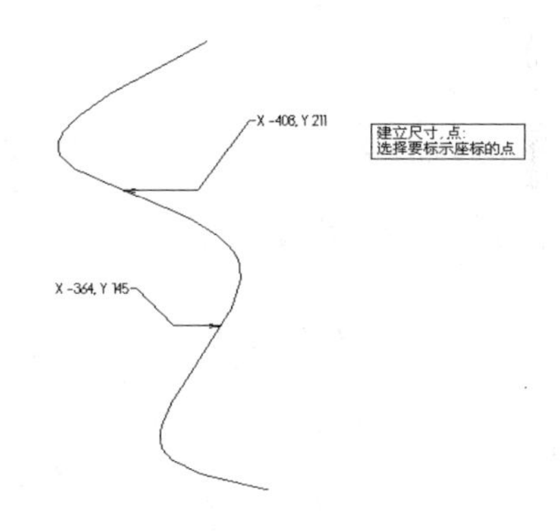

图 3-33 点位标注

2. 点位标注

点位标注用来标注图素上某个位置的坐标值。

操作步骤如下：

01 单击“尺寸标注”选项卡“尺寸标注”子菜单中的“基线标注”按钮，系统提示“绘制尺寸标注（点）：选择点以绘制点位标注”，选择要标注坐标的点。

02 选择图素上一点，如图 3-33 所示。

03 移动光标把注释文字放置于图中合适的位置。

04 重复步骤 **02** 、 **03** ，标注图素上的其他点。

05 按 Esc 键返回。

3. 相切标注

相切标注命令用来标注出圆弧与点、直线或圆弧等分点间水平或垂直方向的距离。

“例 3-2” 标注如图 3-34 所示的图形。

网盘\视频教学\第3章\相切标注. MP4

操作步骤如下：

01 单击“尺寸标注”选项卡“尺寸标注”子菜单中的“相切标注”按钮。

02 选取直线 L1。

03 选取圆 A1。

04 用鼠标拖动标注至合适位置，单击鼠标左键，完成相切标注“20”。

05 继续选取直线、圆弧或点，可完成如图 3-34 所示的相切标注“20”和“ 35”，标注完成后按 Esc 键返回。

在圆弧上的端点为圆弧所在圆的 4 个等分点之一（ 水平相切标注为 0° 或 180° 四等分点，垂直相切标注为 90° 或 270° 四等分点）。相切标注在直线上的端点为直线的一个端点。对于点，选取点即为相切标注的一个端点。

Mastercam 系统提供了一种智能标注方法，称作快速标注。单击“尺寸标注”选项卡“尺寸标注”子菜单中的“快速标注”按钮，则系统根据选取的图素，自动选择标注方法，当系统不能完全识别时，用户可利用“尺寸标注”对话框，如图 3-35 所示，帮助系统完成标注。

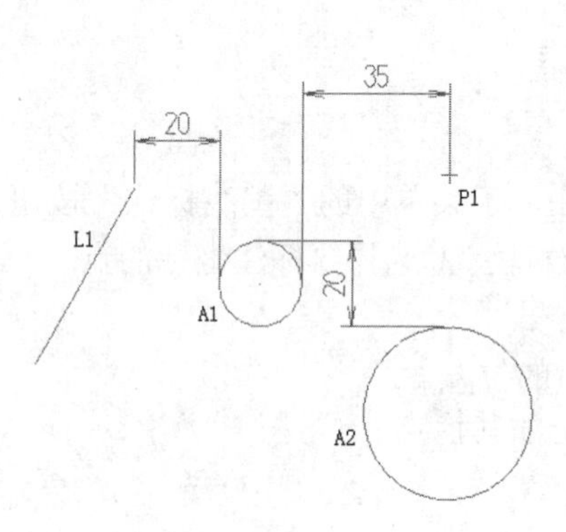

图 3-34　相切标注

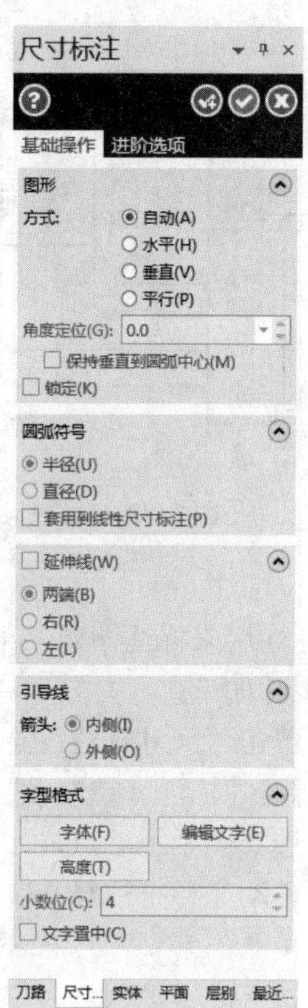

图 3-35　“尺寸标注”对话框

3.2.2　图形标注

1．图形注释

单击“尺寸标注”选项卡“注解”面板中的“注解”按钮，系统弹出“Note（注解）”对话框，如图 3-36 示，用户在此对话框中加入文字及设置参数。完成后，在图形指定位置加上注解。

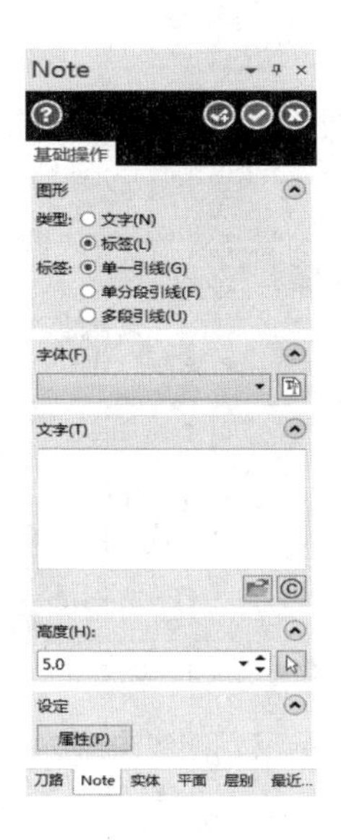

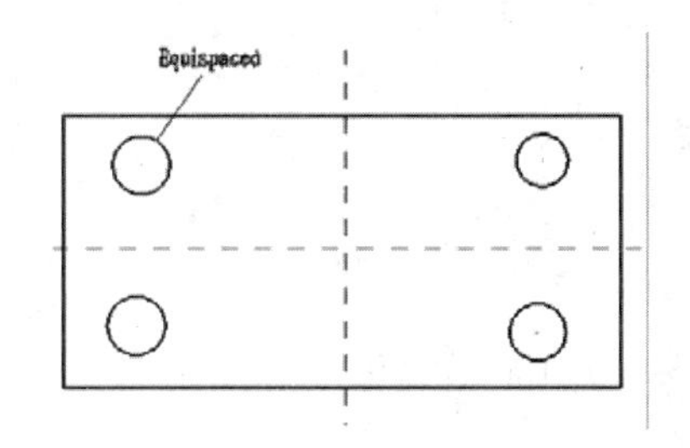

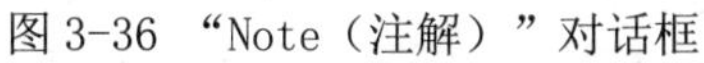
图 3-36 “Note（注解）”对话框

图 3-37 延伸线示例

2. 延伸线

延伸线指的是在图素和相应注释文字之间的一条直线。单击“尺寸标注”选项卡“注解”面板中的“延伸线”按钮，系统提示“标注：绘制尺寸界线：指定第一个端点”，则在绘图区选择一点，接着系统提示“标注：绘制尺寸界线：指定第二个端点”，则在绘图区选择第二个点，延伸线就绘制出来了，当然第一点的选择要靠近说明的图素，第二点靠近文本。图 3-37 所示为延伸线的示例。

3. 引导线

引导线与延伸线相比而言，差别在于它带箭头，且是折线，它也是连接图素与相应注释文字之间的一种图形。单击“尺寸标注”选项卡“注解”面板中的“引导线”按钮，系统提示“绘制引导线：显示引导线箭头位置”，则在需要注释的图素上放置箭头，接着系统提示“显示引导线尾部位置”，指定后，系统再次提示“绘制引导线：显示引导线箭头位置”，按 Esc 键退出，则在绘图区中指定引导线尾部的第二个端点，系统继续会提示确定尾部的其他各点，完成后按 Esc 键退出引导线绘制操作。

3.2.3 图案填充

在机械工程图中，图案填充用于表达一个剖切的区域，而且不同的图案填充表达不同的零部件或者材料。Mastercam 系统提供了图案填充的功能。具体操作步骤是：

（1）单击“尺寸标注”选项卡“注解”面板中的“剖面线”按钮，打开“串联选项”对话框和如图 3-38 所示的“Cross Hatch（剖面线）”对话框，用户根据绘图要求选择所需的剖面线试样，如果在剖面线对话框中未找到所需的剖面线，则可单击“进阶选项”按钮 Define，进入图 3-39 所示的“自定义剖面线图样”对话框，在对话框中定制新的图案样式。选定剖面线样式，设定好剖面线参数后，单击“Cross Hatch（剖面线）”对话框中的“确定”按钮。

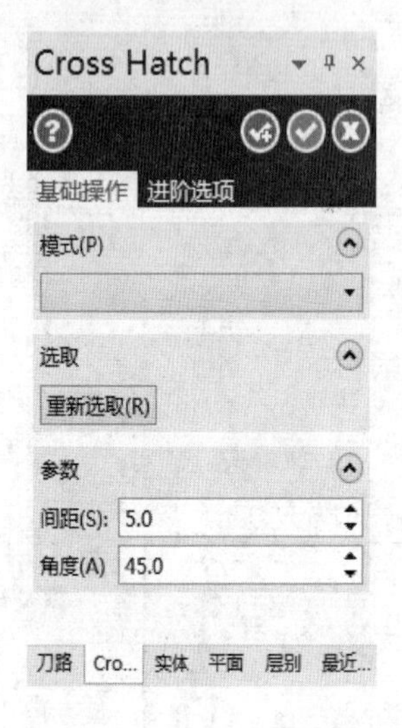

图 3-38“Cross Hatch（剖面线）”对话框

图 3-39“自定义剖面线图样”对话框

（2）系统提示“相交填充：选取串连 1”，则选取剖面线的外边界。

（3）系统接着提示“剖面线：选取串连 2……”，则接着选取其他剖面线边界。

（4）选取完毕后，单击“串连选项”对话框中的“确定”按钮。

操作完以上步骤后，系统绘制出剖面线。图 3-40 所示为剖面线示例。

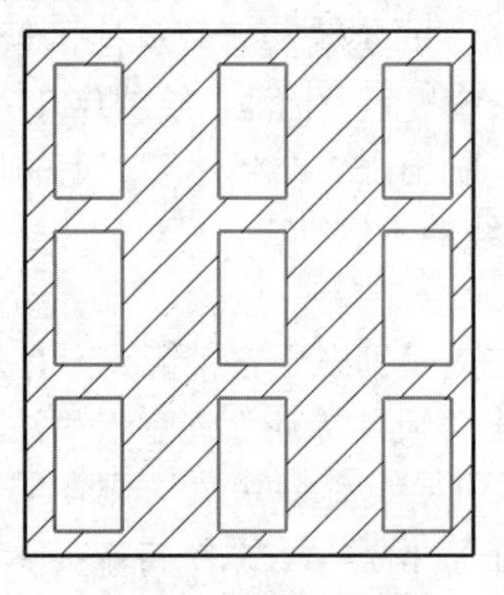

图 3-40　剖面线示例

3.3 综合实例——轴承座

本例在上一章的基础上进行图案填充和尺寸标注，如图 3-41 所示。

网盘\视频教学\第3章\轴承座. MP4

操作步骤如下：

01 绘制剖面线准备工作。由于 Mastercam 只能对首尾相接的封闭空间进行填充。

此时需将绘制剖面线的空间提取出来，因此需要删去部分线。单击“线框”选项卡“修剪”面板中的“划分修剪”按钮，在“划分修剪”对话框中勾选“修剪”复选框，接着选取需要删去的线。注意光标放到的位置即是要删除的一段，修剪完的图形如图 3-42 所示。

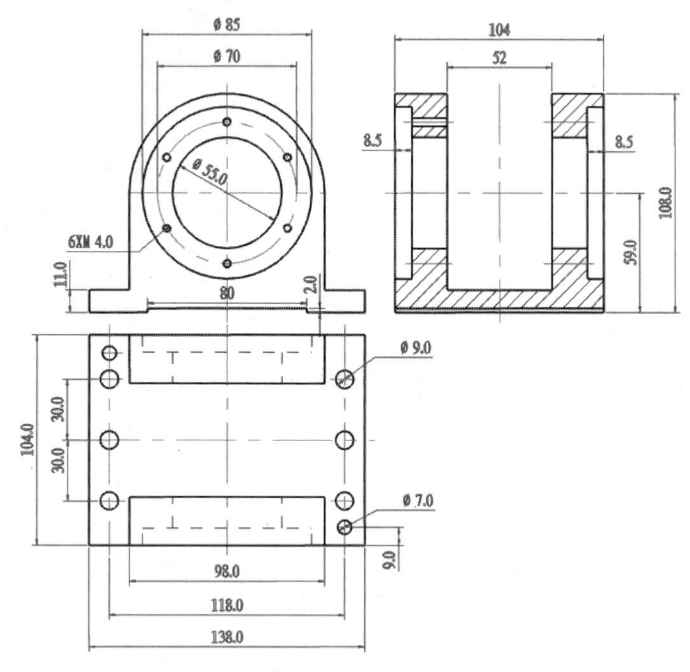

图 3-41 轴承座

02 绘制剖面线。单击“尺寸标注”选项卡“注释”面板中的“剖面线”按钮，系统弹出“串连选项”对话框和“Cross Hatch（剖面线）”对话框（见图 3-43），且系统提示“相交填充：选择串连 1”，则按照图 3-43 所示，依次选取孤岛 I1、I2、I3、I4，选取完串连图素后，单击“串连选项”对话框中的“确定”按钮，在“Cross Hatch（剖面线）”对话框中的参数按照图 3-44 所示，设置好参数后，单击“Cross Hatch（剖面线）”对话框中的“确定”按钮，接着系统显示剖面线，如图 3-45 所示。

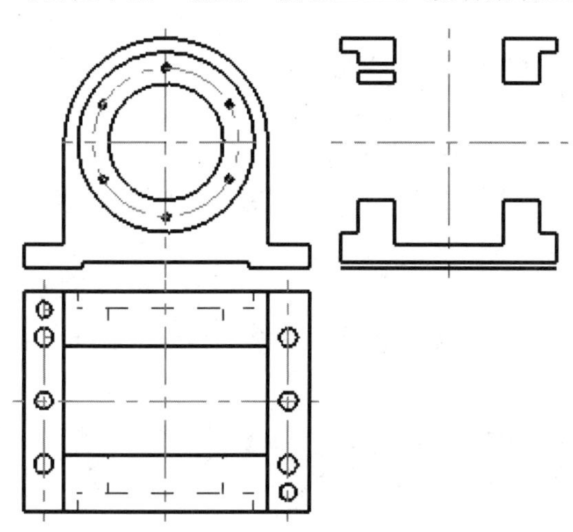

图 3-42 删除结果

图 3-43 “Cross Hatch（剖面线）”对话框

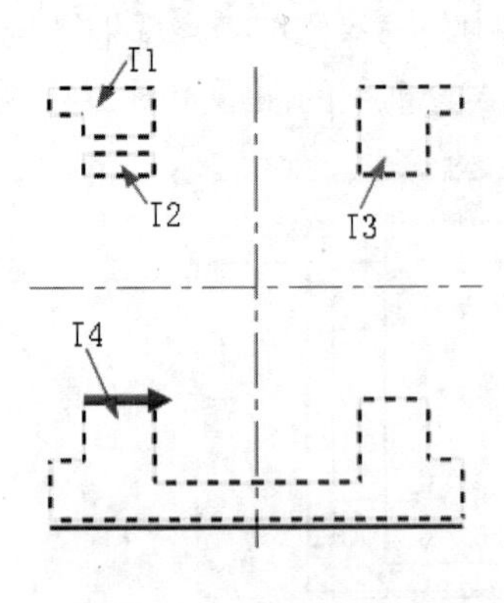

图 3-44　选取串连图素

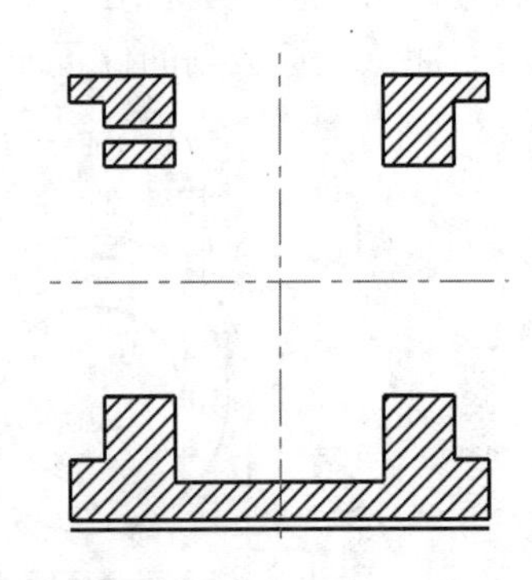

图 3-45　第 2 步所示的结果

03 接下来，把 **01** 删除的图素利用绘图命令全部补齐。

04 根据三视图原理，把各视图中缺少的线补齐，添全所有的中心线，完成整个轴承座的绘制，绘制好的图形如图 3-46 所示。

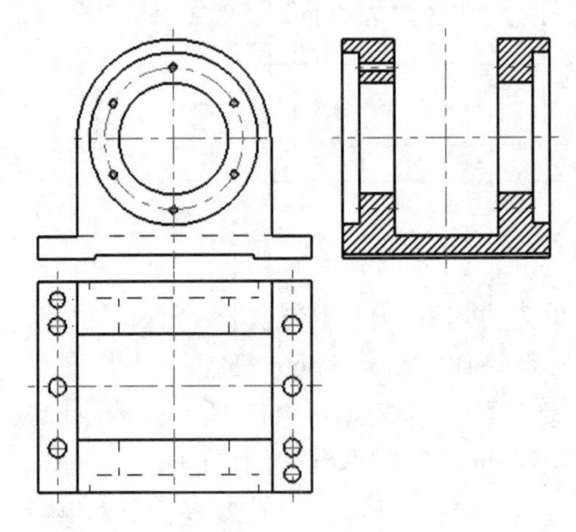

图 3-46　轴承座

05 标注尺寸。设置当前图层为 4，线型设定为实线，线宽设定为第一种线宽，颜色设定为蓝色（代号 9）。

❶单击“尺寸标注”选项卡“尺寸标注”面板中的“水平标注”按钮⊢⊣水平标注，根据系统提示指定第一个端点和第二个端点，用鼠标拖动标注至合适位置，单击鼠标左键，完成水平标注“85”，同理，标注其他水平尺寸。

❷单击“尺寸标注”选项卡“尺寸标注”面板中的“直径标注”按钮⃠，根据系统提示选择要标注的圆弧和圆，用鼠标拖动标注至合适位置，单击鼠标左键，完成圆弧标注。

最后完成轴承座的绘制，结果如图 3-41 所示。

3.4 思考与练习

1．尺寸标注通常包括哪几部分？

2．复制图形，可以采用哪些方法？

3．绘制边界盒的目的是什么？

3.5 上机操作与指导

绘制并标注如图 3-47 所示的图形。

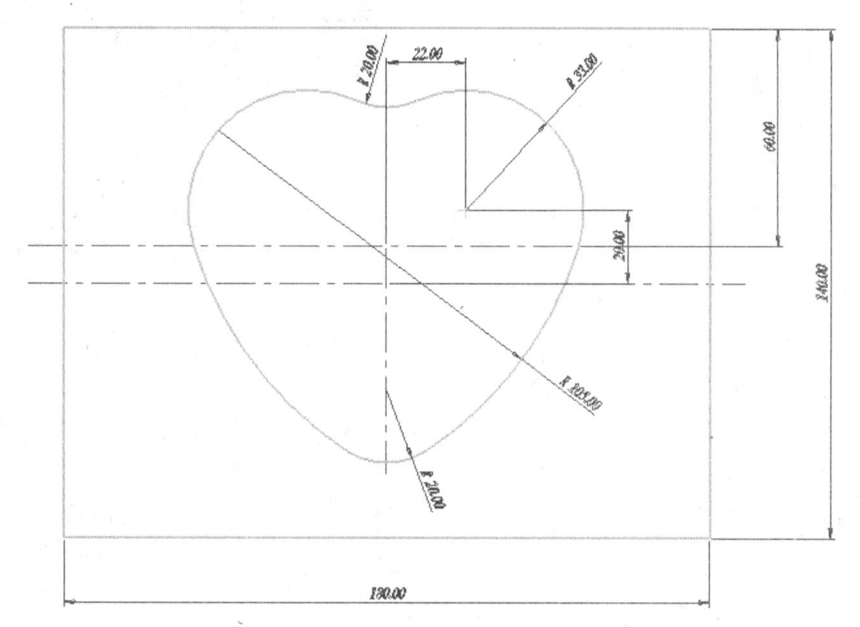

图 3-47　绘制心形图形练习

第 4 章

三维实体的创建与编辑

实体造型是目前比较成熟的造型技术，因其思想简单、过程直观、效果逼真，而被广泛应用。

Mastercam 提供了强大的三维实体造型功能，它不仅可以创建最基本的三维实体，而且还可以通过挤出、扫描、旋转等操作创建复杂的三维实体。同时它还提供了强大的实体编辑功能。本章着重讲述了实体的创建与编辑基本概念及方法。

学习要点

- 三维实体的创建
- 实体的编辑

4.1 实体绘图概述

4.1.1 三维形体的表示

在计算机中形体常用的表示方法有：线框模型、边框着色模型和图形着色模型。

1. 线框模型

线框模型是计算机图形学和CAD/CAM领域中最早用来表达形体的模型，并且至今仍在广泛应用。20世纪60年代初期的线框模型仅仅是二维的，用户需要逐点、逐线地构建模型。目的是用计算机代替手工绘图。由于图形几何变换理论的发展，认识到加上第三维信息再投影变换成平面视图是很容易的事，因此三维绘图系统迅速发展起来，但它同样仅限于点、线和曲线的组成。图4-1所示为线框模型在计算机中存储的数据结构原理。图中共有两个表，一个为顶点表，它记录各顶点的坐标值；另一为棱线表，记录每条棱线所连接的两顶点。由此可见三维物体是用它的全部顶点及边的集合来描述，线框一词由此而得名。

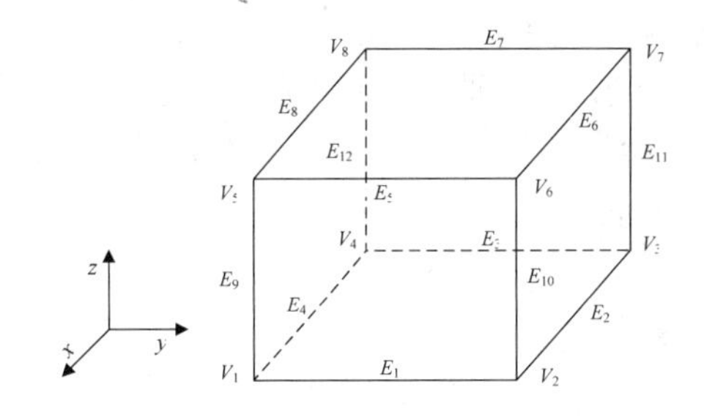

顶点号	坐标值		
	x	Y	z
1	1	0	0
2	1	1	0
3	0	1	0
4	0	0	0
5	1	0	1
6	1	1	1
7	0	1	1
8	0	0	1

棱线号	顶点号	
1	1	2
2	2	3
3	3	4
4	4	1
5	5	6
6	6	7
7	7	8
8	8	5
9	1	5
10	2	6
11	3	7
12	4	8

图4-1 线框模型在计算机中存储的数据结构原理

线框模型的优点如下：

（1）由于有了物体的三维数据，可以产生任意视图，视图间能保持正确的投影关系，这为生成多视图的工程图带来了很大方便。还能生成任意视点或视向的透视图以及轴测图，这在二维绘图系统中是做不到的。

（2）构造模型时操作简便，在 CPU 反应时间以及存储方面开销低。

（3）用户几乎无须培训，使用系统就好像是人工绘图的自然延伸。

缺点如下：

（1）线框模型的解释不唯一。因为所有棱线全都显示出来，物体的真实形状需由人脑的解释才能理解，因此会出现二义性理解。此外当形状复杂时，棱线过多，也会引起模糊理解。

（2）缺少曲面轮廓线。

（3）由于在数据结构中缺少边与面、面与体之间关系的信息，即所谓的拓扑信息，因此不能构成实体，无法识别面与体，更谈不上区别体内与体外。因此从原理上讲，此种模型不能消除隐藏线，不能做任意剖切，不能计算物性，不能进行两个面的求交，无法生成 NC 加工刀具轨迹，不能自动划分有限元网格，不能检查物体间的碰撞、干涉等。但目前有些系统从内部建立了边与面的拓扑关系，因此具有消隐功能。

尽管这种模型有许多缺点，但由于它仍能满足许多设计与制造的要求，加上上面所说的优点，因此在实际工作中使用很广泛，而且在许多 CAD/CAM 系统中仍将此种模型作为表面模型与实体模型的基础。线框模型系统一般具有丰富的交互功能，用于构图的图素是大家所熟知的点、线、圆、圆弧、二次曲线、Bezier 曲线等。

2．边框着色模型

与线框模型相比，边框着色模型多了一个面表，它记录了边与面的拓扑关系，图 4-2 所示为以立方体为例的边框着色模型的数据结构原理图，但它仍旧缺乏面与体之间的拓扑关系，无法区别面的哪一侧是体内还是体外。

由于增加了有关面的信息，在提供三维实体信息的完整性、严密性方面，边框着色模型比线框模型进了一步，它克服了线框模型的许多缺点，能够比较完整地定义三维实体的表面，所能描述的零件范围广，特别是像汽车车身、飞机机翼等难于用简单的数学模型表达的物体，均可以采用边框着色建模的方法构造其模型，而且利用边框着色建模能在图形终端上生成逼真的彩色图像，以便用户直观地从事产品的外形设计，从而避免表面形状设计的缺陷。另外，边框着色建模可以为 CAD/CAM 中的其他场合提供数据，例如有限元分析中的网格的划分，就可以直接利用边框着色建模构造的模型。

边框着色模型的缺点是只能表示物体的表面及其边界，它还不是实体模型。因此，不能实行剖切，不能计算物性，不能检查物体间的碰撞和干涉。

3．图形着色模型

边框着色模型存在的不足本质在于无法确定面的哪一侧是实体，哪一侧不存在实体（即空的），因此实体模型要解决的根本问题在于标识出一个面的哪一侧是实体，哪一侧是空的。为此，对实体建模中采用的法向矢量进行约定，即面的法向矢量指向物体之外。对于一个面， 法向矢量指向的一侧为空，矢量指向的反方向为实体，这样对构成的物体的每个表面进行这样的判断，最终即可标识出各个表面包围的空间为实体。为了使得计算机能识别出表面的矢量方向，将组成表面的封闭边定义为有向边，每条边的方向顶点编号的大小确定，即有编号小的顶点（边的起点）指向编号大的顶点（边的终点）为正，然后用有向边的右手法则确定所在面的外法线的方向，如图 4-3 所示。

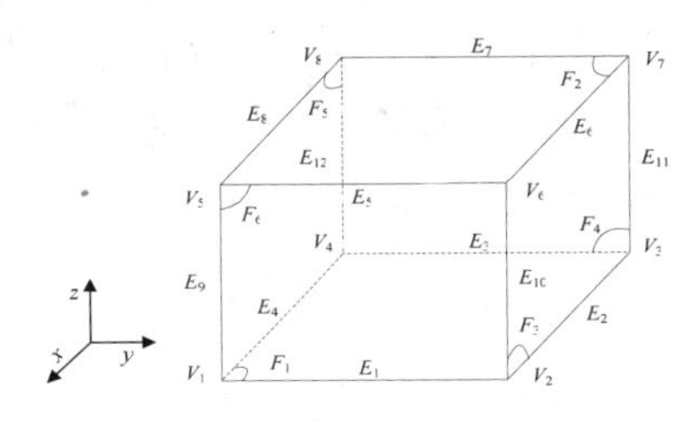

	坐标值		
	x	y	z
1	1	0	0
2	1	1	0
3	0	1	0
4	0	0	0
5	1	0	1
6	1	1	1
7	0	1	1
8	0	0	1

棱线号	顶点号	
1	1	2
2	2	3
3	3	4
4	4	1
5	5	6
6	6	7
7	7	8
8	8	5
9	1	5
10	2	6
11	3	7
12	4	8

表面	棱线号			
1	1	2	3	4
2	5	6	7	8
3	2	3	7	6
4	3	7	8	4
5	8	5	1	4
6	1	2	6	5

图 4-2　以立方体为例的表面模型的数据结构原理

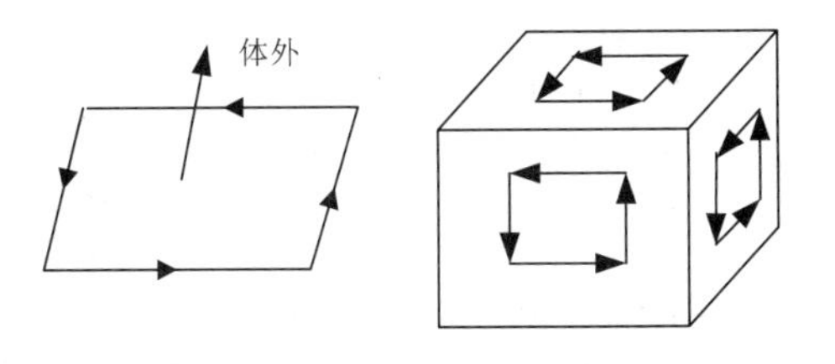

图 4-3　有向棱边决定外法线方向

图形着色模型的数据结构不仅记录了全部的几何信息，而且记录了全部点、线、面、体的拓扑信息，是图形着色实体模型与边框着色模型的根本区别。正因为此，图形着色模型成了设计与制造自动化及集成的基础。依靠计算机内完整的几何和拓扑信息，所有前面提到的工作，从消隐、剖切、有限元网格划分直到数控刀具轨迹生成都能顺利实现，而且由于着色、光照以及纹理处理等技术的运用使得物体有着出色的可视性，使得它在 CAD/CAM 领域外也有广泛应用，如计算机艺术、广告、动画等。

图形着色模型目前的缺点是尚不能与线框模型以及表面模型间进行双向转化，因此还没能与系统中线框模型的功能以及表面模型的功能融合在一起，图形着色造型模块还时常作为系统的一个单独的模块。但近年来情况有了很大改善，真正以图形着色模型为基础的、融 3 种模型于一体的 CAD 系统已经得到了应用。

4.1.2 Mastercam 的实体造型

三维实体造型是目前大多数 CAD/CAM 集成软件具有的一种基本功能，Mastercam 自 7.0 版本增加实体设计功能以来，目前已经发展成为一套完整成熟的造型技术。它采用 Parasolid 为几何造型核心，可以在熟悉的环境下非常方便直观地快速创建实体模型。它具有以下几个主要特色：

1）通过参数快捷地创建各种基本实体。

2）利用拉伸、旋转、扫描、举升等命令创建形状比较复杂的实体。

3）强大的倒圆、倒角、修剪、抽壳、布尔运算等实体编辑功能。

4）可以计算表面积、体积以及重量等几何属性。

5）实体管理器使得实体创建、编辑等更加高效。

6）提供了与当前其他流行的造型软件的无缝接口。

4.1.3 实体管理器

实体管理器供用户观察并编辑实体的操作记录。它以阶层结构方式依产生顺序列出每个实体的操作记录，在实体管理器中，一个实体由一个或一个以上的操作组成，且每个操作分别有自己的参数和图形记录。

1. 图素关联的概念

图素关联是指不同图素之间的关系。当第二个图素是利用第一图素来产生时，那么这两个图素之间就产生了关联的关系，也就所谓的父子关系。由于第一个元素是产生者，因此称为父，第二个元素是被产生者，因此称为子。子元素是依存在父元素而存在的，因此当父元素被删除或被编辑时，子元素也会跟着被删除或被编辑。实体的图素关联会发生在以下的情形：

（1）实体（子）和用于产生这个实体的串连外形（父）之间有图素关联关系。

（2）以旋转操作产生的实体（子）和其旋转轴（父）之间有图素关联关系。

（3）扫描实体（子）和其扫描路径（父）之间有图素关联关系。

如果对父图素做编辑，则实体成为待计算实体（系统会在实体和操作上用一红色“X”做标记)。如果试图删除一父图素，屏幕上会出现警告提示，选择“是”删除父图素时，系统会让实体成为无效实体，选择“否”则取消删除指令。

对于待计算实体，要看到编辑后的实体结果，必须要让系统重新计算。在实体管理器中选择“重建”按钮，让系统重新计算以生成编辑后的实体。

无效实体是指因对实体作了某些改变，经过重新计算后仍然无法产生的实体。当让系统重新计算实体遭遇问题时，系统会回到重新计算之前的状态，并于实体管理器在有问题的实体和操作上以一红色的？号做标记，以便让用户对它进行修正。

2．右键菜单

在操作管理器中单击鼠标右键，弹出右键菜单，但依鼠标所指位置不同右键菜单的内容也有所不同。图 4-4 所示分别为实体、实体的某一操作和空白区域的右键菜单。菜单的内容大同小异，下面对主要选项进行说明。

（1）删除实体或操作：在列表中选取实体或实体操作，选择快捷菜单中的删除选项或直接按 Delete 键可将选取的实体或操作删除。

值得注意的是，不能删除基本实体操作和工具实体。当删除了布尔操作时，其工具实体将不再与目标实体关联而成为一个单独的实体。

（2）禁用操作：在列表中选取一个或多个操作，选择快捷菜单中的“禁用”选项后，系统将该操作隐藏起来，并在绘图区显示出隐藏了操作的实体。再次选择“禁用”选项可以重新恢复该操作。

（3）改变结束标志的位置：在实体管理器的所有实体操作列表中，都有一个结束标志。用户可以将结束标志拖动到该实体操作列表中允许的位置来隐藏后面的操作。

值得注意的是，实体的结束标志只能拖动到该实体的某个操作后，即至少前面有该实体的基本操作。同时也不能拖动到其他的实体操作列表中。

（4）改变实体操作的次序：在实体管理器中可以用拖拉的方式移动一操作到某一新的位置以改变实体操作的顺序，从而产生不同的结果。当移动一被选择的操作（按住鼠标左键不放）越过其他操作时，如果这项移动系统允许的话，光标会变成向下箭头，移动到合适位置放掉鼠标左键就可以将这项操作插入到该位置。如果系统不允许，则光标会变成。

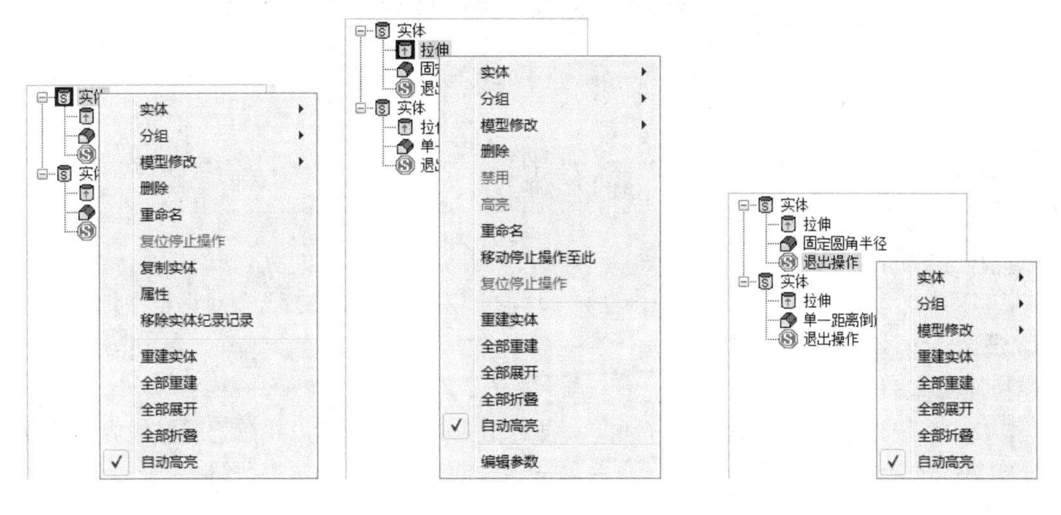

图 4-4 右键快捷菜单

（5）编辑实体操作的参数“”在实体的操作列表中，图标表示包含有可编辑的参数，双击该图标系统将自动返回到设置该操作参数的对话框或子菜单中。这时用户可以重新设置该操作的参数，设置完成后单击按钮即可返回实体管理器中。

（6）编辑实体操作的图素：在实体的操作列表中，图标表示包含有可编辑的图素，双击该图标后，对于不同的操作，系统返回的位置不同。这时用户可以重新设置该操作的参数，设置完成后单击 按钮即可返回实体管理器中。

4.2 三维实体的创建

Mastercam 自 7.0 版开始加入了实体绘图功能，它以 Parasolid 为几何造型核心。Mastercam 既可以利用参数创建一些具有规则的、固定形状的三维基本实体，包括圆柱体、圆锥体、长方体、球体和圆环体等，也可以利用拉伸、旋转、扫描、举升等创建功能再结合倒圆、倒角、抽壳、修剪、布尔运算等编辑功能创建复杂的实体。由于基本实体的创建与三维基本曲面的创建大同小异，所以本节不再介绍，读者可以参考三维基本曲面创建的相关内容。

4.2.1 拉伸实体

拉伸实体功能可以将空间中共平面的 2D 串连外形截面沿着一直线方向拉伸为一个或多个实体或对已经存在的实体做切割（除料）或增加（填料）操作。

例 4-1 创建如图 4-5 所示的拉伸实体。

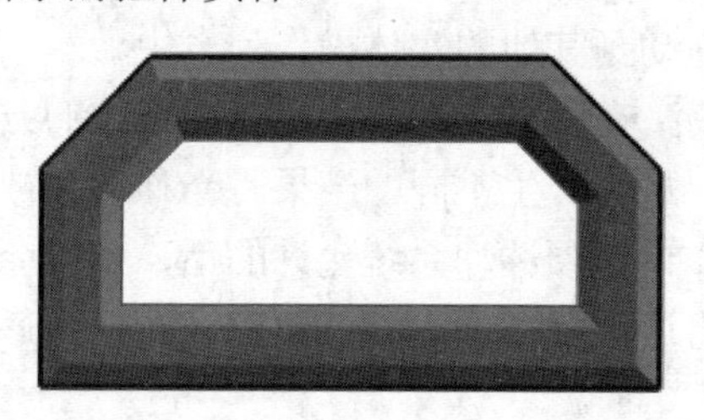

图 4-5 拉伸实体

网盘\视频教学\第4章\拉伸实体.MP4

操作步骤如下：

01 单击快速访问工具栏中的“打开”按钮，在弹出的“打开”对话框中选择“原文件\第 4 章\例 4-1”文件，单击“实体”选项卡“建立”面板中的“拉伸”按钮，开始创建拉伸实体。

02 系统弹出“串连选项”对话框，设置相应的串连方式，并在绘图区域内选择要拉伸实体的图素对象，如图 4-6 所示，并单击该对话框中的“确定”按钮。

03 系统弹出“实体拉伸”对话框，如图 4-7 所示，“基础操作”选项卡设置如图 4-7 所示，“进阶选项”选项卡设置如图 4-8 所示，最后单击该对话框中的“确定”按钮，结果如图 4-5 所示。

“实体拉伸”对话框包含“基础操作”和“进阶选项”两个选项卡，分别用于设置拉伸基础操作以及拔模壁厚的相关参数，具体含义如下：

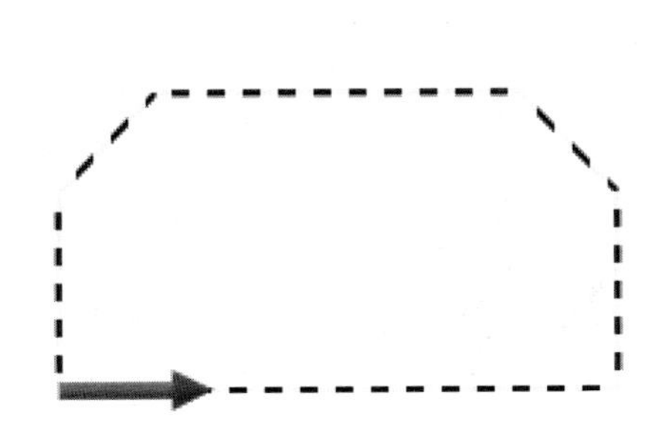

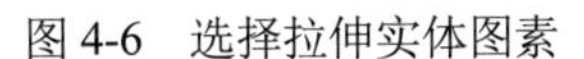

图 4-6 选择拉伸实体图素

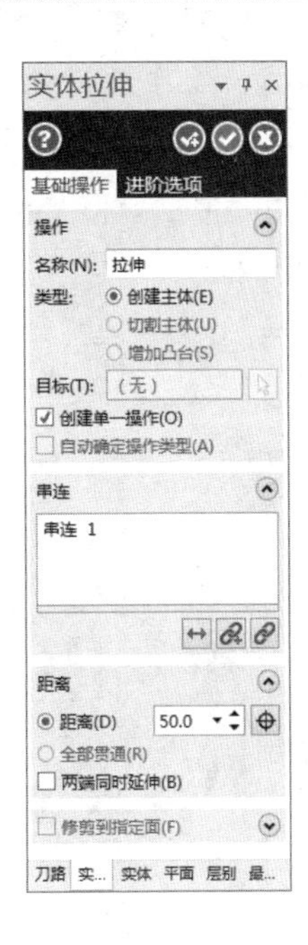

图 4-7 “实体拉伸”对话框

1．基础操作设置

“基础操作”选项卡主要用于对拉伸相关参数进行设置，如图 4-7 所示，其主要选项的含义如下：

（1）“名称”：设置拉伸实体的名称，该名称可以方便后续操作中识别。

（2）“类型”：设置拉伸操作的类型，包括，创建主体，即创建一个新的实体；切割主体，即将创建的实体去切割原有的实体；增加凸台，即将创建的实体与添加到原有的实体上。

（3）“串连”：用于选择创建拉伸实体的图形。

（4）“距离”：设置拉伸操作的距离拉伸方式：

1）“距离”文本框：按照给定的距离与方向生成拉伸实体，其中拉伸的距离值为“距离”文本框中值。

2）“全部贯通”：拉伸并修剪至目标体。

3）“两端同时延伸”：以设置的拉伸方向及反方向同时来拉伸实体。

4）“修剪到指定面”：将创建或切割所建立的实体修整到目标实体的面上；这样可以避免增加或切割实体时贯穿到目标实体的内部。只有选择建立实体或切割实体时才可以选择该参数。

2．进阶选项设置

“进阶选项”选项卡用于设置薄壁的相关参数，如图 4-8 所示，且所有的参数只有在勾选“拔模”复选框和“壁厚”复选框时，系统才会允许设置。薄壁常用于创建加强筋或美工线。下面对该选项卡中的各选项含义进行介绍。

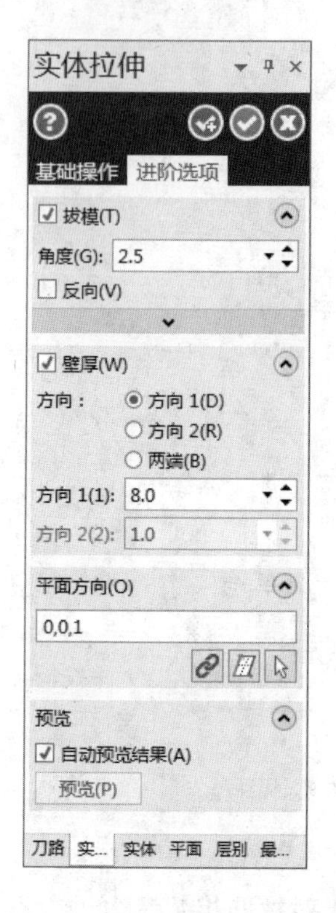

图 4-8 “进阶选项”选项卡

（1）“拔模”：勾选该复选框用于对拉伸的实体进行拔模设置。其中，朝外表示拔模的方向向外（如图 4-9 所示），角度设置拔模斜度的角度值。

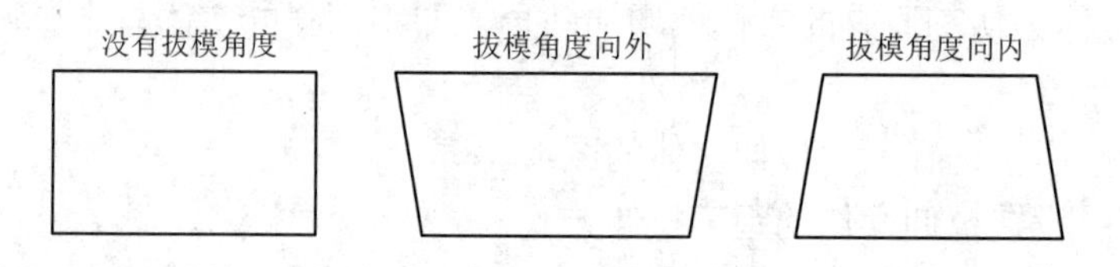

图 4-9 拔模角度的方向

1）“角度”：在该文本框中输入数值用以设置拔模角度。

2）“反向”：勾选该复选框用以调整拔模反向。

（2）“壁厚”：勾选该复选框用于设置拉伸实体的壁厚。

1）“方向 1”：以封闭式串连外形来创建薄壁实体时，厚度从串连选择的外形向内生成，且厚度值，由“方向 1（D）”文本框中输入。

2）“方向 2”：以封闭式串连外形来创建薄壁实体时，厚度从串连选择的外形向外生成，且厚度值，由“方向 2（R）”文本框中输入。

3）“两端”：以封闭式串连外形来创建薄壁实体时，厚度从串连选择的外形向内和向外两个方向生成，且厚度值，由“方向 1（D）”文本框和“方向 2（R）”文本框中分别输入。

值得注意的是：在进行拉伸实体操作时，可以选择多个串连图素，但这些图素必须在同一个平面内，而且还必须是首尾相连的封闭图素，否则无法完成拉伸操作。但在拉伸薄壁时，则允许选择开式串连。

4.2.2　旋转实体

实体旋转功能可以将串连外形截面绕某一旋转轴并依照输入的起始角度和终止角度旋转成一个或多个新实体或对已经存在的实体做切割（除料）或增加（填料）操作。

例 4-2 创建如图 4-10 所示的旋转实体。

网盘\视频教学\第4章\旋转实体. MP4

操作步骤如下：

01 单击快速访问工具栏中的“打开”按钮，在弹出的“打开”对话框中选择“源文件\第 4 章\例 4-2”文件，单击“实体”选项卡“建立”面板中的“旋转”按钮，开始创建旋转实体。

02 系统弹出“串连选项”对话框，设置相应的串连方式，并在绘图区域内选择要旋转实体的图素对象，如图 4-11 所示，并单击该对话框中的“确定”按钮。

03 在绘图区域选择旋转轴，并可利用系统弹出的“方向”对话框修改或确认刚选择的旋转轴。

04 系统弹出“旋转实体”对话框，如图 4-12 所示，在“角度”组中的“开始角度”文本框中输入“开始角度”为 0，“结束角度”为 360，最后单击该对话框中的“确定”按钮，结果如图 4-10 所示。

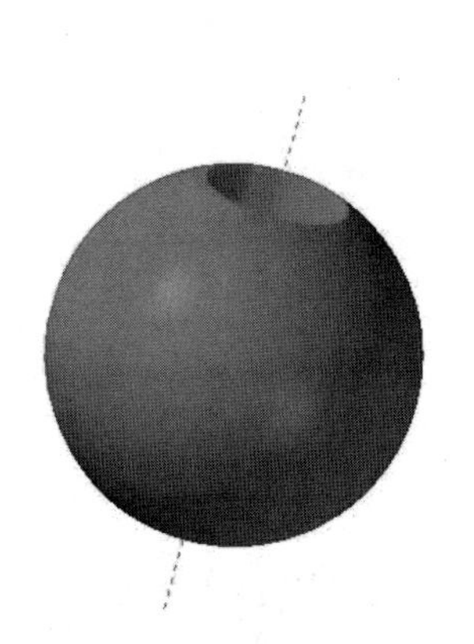

图 4-10　旋转实体

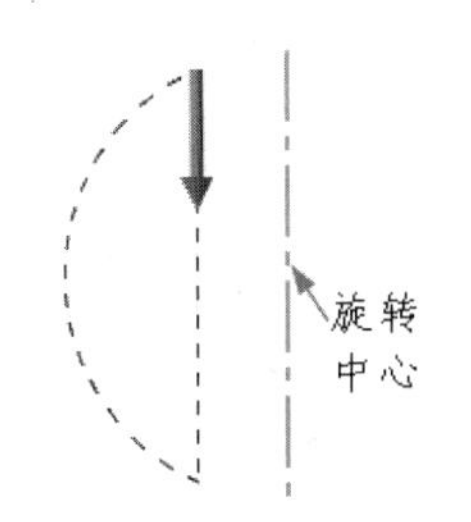

图 4-11　选择旋转实体的图素

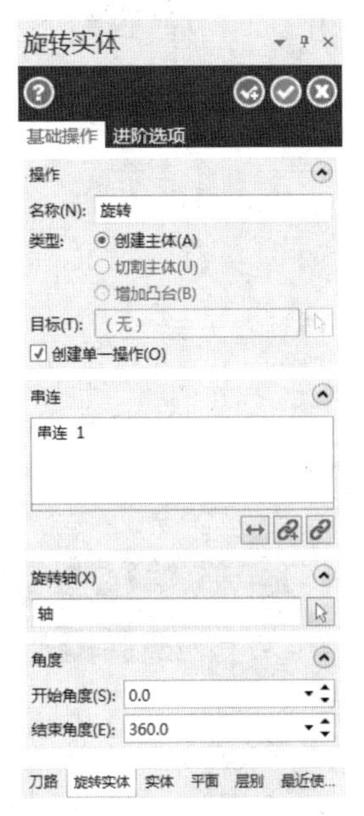

图 4-12　“旋转实体”对话框

“旋转实体”对话框“基础操作”选项卡中的“角度”组选项用于设置旋转操作的“开始角度”和“结束角度”；“进阶选项”选项卡中的“壁厚”复选框与“拉伸实体”的对话

框中的类似，这里不再一一赘述，读者可以自行领会。

4.2.3　扫描实体

扫描实体功能可以将封闭且共平面的串连外形沿着某一路径扫描以创建一个或一个以上的新实体或对已经存在的实体做切割（除料）或增加（填料）操作，断面和路径之间的角度从头到尾会被保持着。

例 4-3 创建如图 4-13 所示的扫描实体。

网盘\视频教学\第4章\扫瞄实体. MP4

操作步骤如下：

01 单击快速访问工具栏中的“打开”按钮，在弹出的“打开”对话框中选择“源文件\第 4 章\例 4-3”文件，单击“实体”选项卡“建立”面板中的“扫描”按钮，开始创建扫描实体。

02 系统弹出“串连选项”对话框，设置相应的串连方式，并在绘图区域内选择圆为图素对象，如图 4-14 所示，并单击该对话框中的“确定”按钮。

03 在绘图区域选择图 4-14 所示的扫描轨迹为扫描路径。

04 系统弹出“扫描”对话框，如图 4-15 所示，勾选“类型”组中的“创建主体”复选框，最后单击该对话框中的“确定”按钮，结果如图 4-13 所示。

由于“扫描”对话框选项的含义在上面都已经介绍过，这里不再叙述。

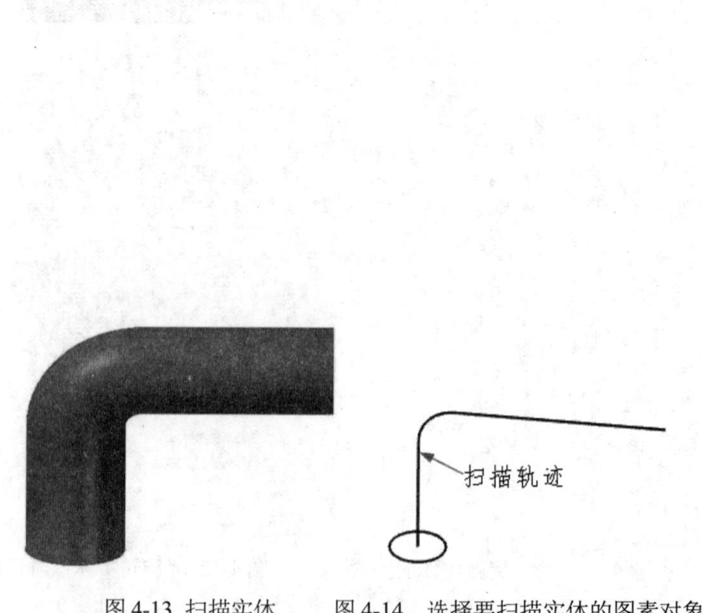

图 4-13　扫描实体　　图 4-14　选择要扫描实体的图素对象

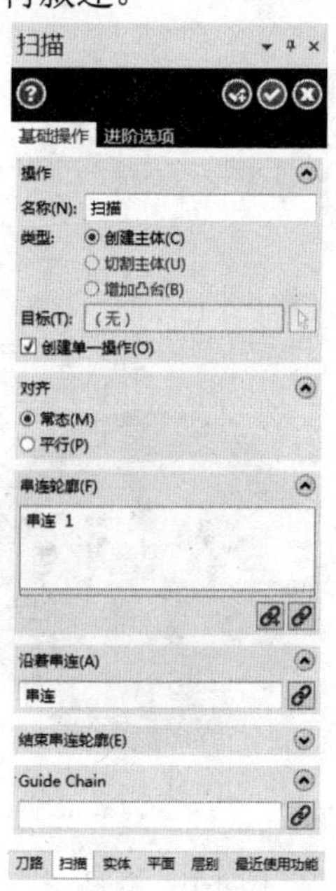

图 4-15　“扫描”对话框

4.2.4　举升实体

举升实体功能可以以几个作为断面的封闭外形来创建一个新的实体，或对已经存在实体做增加或切割操作。系统依选择串连外形的顺序以平滑或是线性（直纹）方式将外形之间熔接而创建实体，如图 4-16 所示。要成功创建一个举升实体，选择串连外形必须符合以下原则：

1）每一串连外形中的图素必须是共平面，串连外形之间不必共平面。

2）每一串连外形必须形成一封闭式边界。

3）所有串连外形的串连方向必须相同。

4）在举升实体操作中，一串连外形不能被选择二次或二次以上。

5）串连外形不能自我相交。

6）串连外形如有不平顺的转角，必须设定（图素对应），以使每一串连外形的转角能相对应，后续处理倒角等编辑操作才能顺利执行。

例 4-4 创建如图 4-16 所示的举升实体。

网盘\视频教学\第4章\举升实体. MP4

操作的步骤如下：

01 单击快速访问工具栏中的“打开”按钮，在弹出的“打开”对话框中选择“源文件\第 4 章\例 4-4”文件，单击“实体”选项卡“建立”面板中的“举升”按钮，开始创建举升实体。

02 系统弹出“串连选项”对话框，设置相应的串连方式，并在绘图区域内选择要举升实体的图素对象（此时应注意方向的一致性），如图 4-17 所示，并单击该对话框中的“确定”按钮。

03 系统弹出“举升”对话框，如图 4-18 所示，选择“类型”组中的“创建主体”复选框，然后勾选“创建直纹实体”复选框，最后单击该对话框中的“确定”按钮，结果如图 4-16 所示。

图 4-16　举升实体

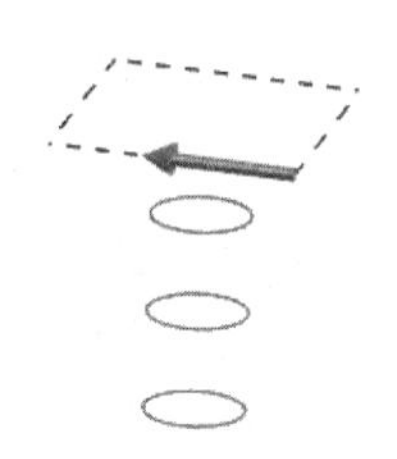

图 4-17　选择要举升实体的图素对象

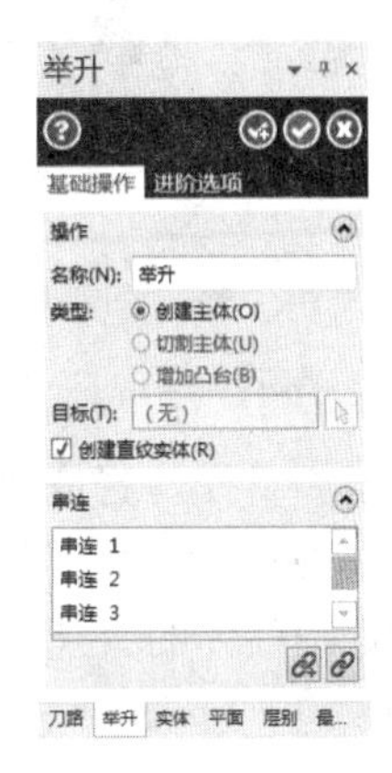

图 4-18　“举升”对话框

4.2.5 圆柱体

例 4-5 创建如图 4-19 所示的圆柱体。

网盘\视频教学\第4章\圆柱体. MP4

操作步骤如下：

01 单击“实体”选项卡“基本实体”面板中的“圆柱”按钮，系统弹出“Primitive Cylinder（圆柱）”对话框，如图 4-20 所示，该对话框是定义圆柱体形状和位置的全部参数，系统同时提示“选择圆柱体的基准点位置”，则在绘图区选中一点，作为圆柱体底面的中心点。

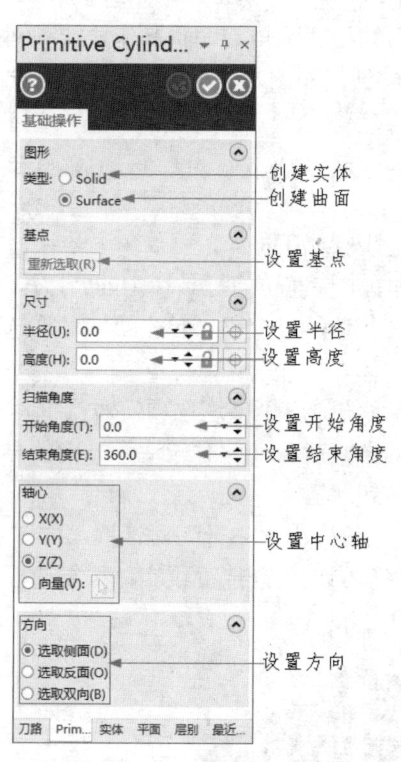

图 4-19 圆柱体示例　　图 4-20 “Primitive Cylinder（圆柱）”对话框

02 在“尺寸”组中的“半径”和“高度”文本框中输入数值，可以设置圆柱体的高度和半径，这是圆柱体的形状参数。

03 在“扫描角度”组中的“开始角度”和“结束角度”文本框中输入数值，可以设定圆柱体的“开始角度”和“结束角度”。

04 勾选“轴心”组中的“X”“Y”“Z”复选框或指定一条直线也可以指定两点作为圆柱体的轴线，来确定圆柱体位置的参数。

05 所有参数设置完成后，单击“确定”按钮，系统自动完成圆柱体的创建。

4.2.6　圆锥体

例 4-6　创建如图 4-21 所示的圆锥体。

网盘\视频教学\第4章\圆锥体. MP4

操作步骤如下：

01 单击“实体”选项卡“基本实体”面板中的“锥体”按钮，系统弹出“Primitive Cone（圆锥体）”对话框，如图 4-22 所示，该对话框是定义圆锥体形状和位置的全部参数，系统同时提示“选择圆锥体的基准点位置”，则在绘图区选中一点，作为圆锥体底面的中心点。

02 在“Base Radius”组和“高度”组中的文本框中输入数值，可以设置圆锥体的底圆半径和圆锥体高度，这是圆锥体的形状参数。

03 “Top”组：用于激活夹角或者顶圆半径中的一项来设定顶圆参数。夹角指的是圆锥母线与底面的角度，确定此值后，由于底圆半径和高度已设，因此顶圆半径自动可计算出。同理，设定顶圆半径后，由于底圆半径和高度已设，所以母线与底面的夹角可自动计算出。

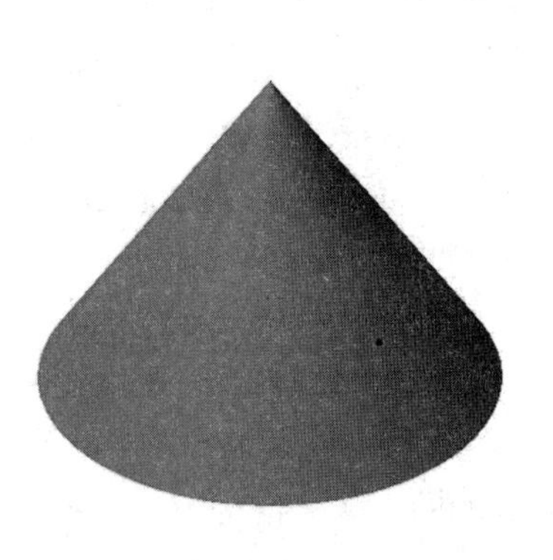

图 4-21　圆锥体示例

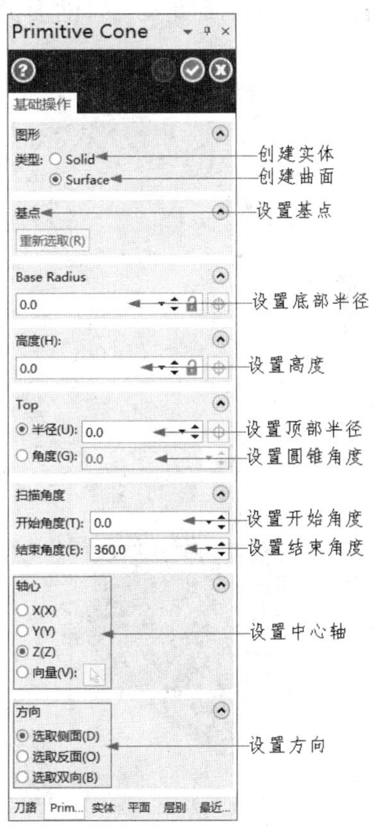

图 4-22　“Primitive Cone（圆锥体）”对话框

04 在“扫描角度”组中的“开始角度”和“结束角度”文本框中输入数值，可以设定圆锥体的“开始角度”和“结束角度”。

05 勾选“轴心”组中的“X”、“Y”、“Z”复选框或指定一条直线也可以指定两点作为圆锥体的轴线，来确定圆锥体位置的参数。

06 所有参数设置完成后，单击“确定”按钮，系统自动完成圆锥体的创建。

4.2.7 立方体

例 4-7 创建如图 4-23 所示立方体。

网盘\视频教学\第4章\立方体. MP4

操作步骤如下：

01 单击“实体”选项卡“基本实体”面板中的“立方体”按钮，系统弹出“Primitive Block（立方体）”对话框，如图 4-24 所示，该对话框是定义立方体形状和位置的全部参数，系统同时提示“选择立方体的基准点位置”，则在绘图区选中一点，作为立方体底面的基点（本例设底面中心点为基点）。

02 在“尺寸”组中的“长度”、“宽度”和“高度”文本框中输入数值，可以设置立方体的长、宽、高，这是立方体的形状参数。

图 4-23 立方体示例

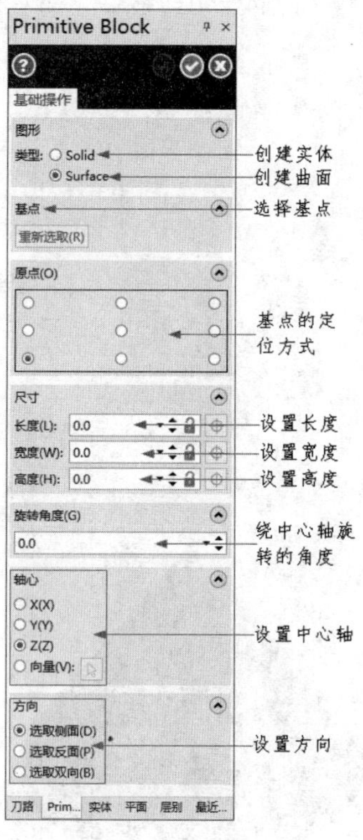

图 4-24 “Primitive Block（立方体）”对话框

03 “旋转角度”组：利用该文本框可以设置立方体绕中心轴旋转的角度。

04 “原点”组：用于选择定位方式。立方体底面为一矩形，此矩形有 9 个特征点，用户可以选择其中的一个作为立方体定位的基准点。

05 “方向”组：用于选择拉伸方向。

06 单击“确定”按钮，系统显示立方体。

4.2.8 球体

例 4-8 创建如图 4-25 所示的球体。

网盘\视频教学\第4章\球体.MP4

操作步骤如下：

01 单击“曲面”选项卡“基本实体”面板中的“圆球”按钮，系统弹出“Primitive Sphere（圆球）”对话框，如图 4-26 所示，该对话框是定义球体形状和位置的全部参数，系统同时提示“选择球体的基准点位置”，则在绘图区选中一点，作为球体的中心。

02 在“半径”组中的文本框中输入数值，可以设置球体的半径，这是球体的唯一形状参数。

03 在“扫描角度”中的“开始角度”和“结束角度”文本框中输入数值，可以设置“开始角度”与“结束角度”。

图 4-25 球体示例

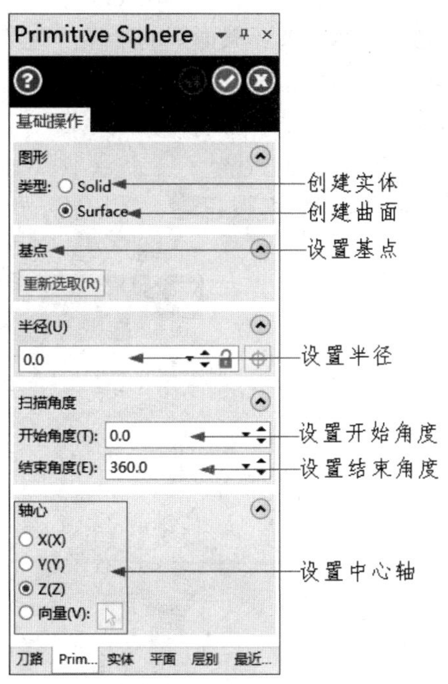

图 4-26 “Primitive Sphere（圆球）”对话框

04 确定旋转中心线。

05 单击“确定”按钮，系统显示球体。

4.2.9 圆环体

例 4-9 创建如图 4-27 所示的圆环体。

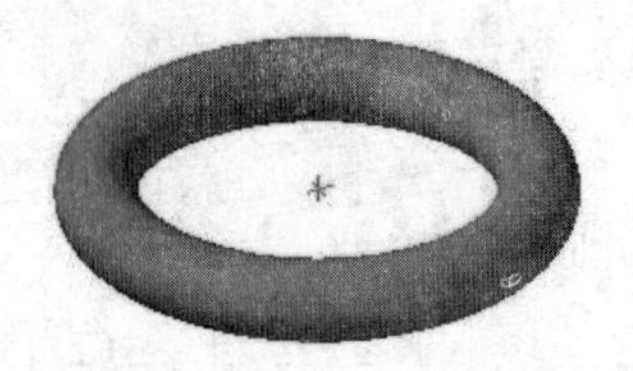

图 4-27 圆环体示例

网盘\视频教学\第4章\圆环体. MP4

操作步骤如下：

01 单击“实体”选项卡“基本实体”面板中的“圆环体”按钮，系统弹出“Primitive Torus（圆环体）”对话框，如图 4-28 所示，该对话框是定义圆环体形状和位置的全部参数，系统同时提示“选择圆环体的基准点位置”，则在绘图区选中一点，作为圆环体的中心。

02 在“半径”组中的“Major”和“Minor”文本框中输入数值，可以设置圆环体的圆环中心线半径和圆环截面圆的半径，这是圆环体的形状参数。

03 在“扫描角度”中的“开始角度”和“结束角度”文本框中输入数值，可以设置“开始角度”与“结束角度”。

04 确定旋转中心线。

05 单击“确定”按钮，系统显示圆环体。

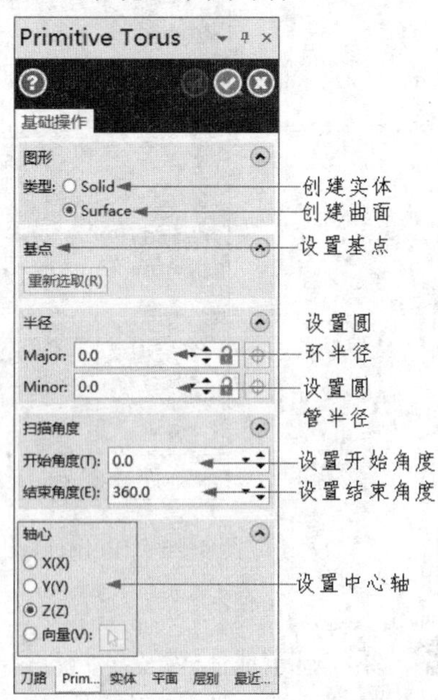

图 4-28 “Primitive Torus（圆环体）”对话框

4.3 实体的编辑

实体的编辑是指在创建实体的基础上，修改三维实体模型，它包括“实体倒圆角”、“实体倒角”、“实体修剪”以及实体间的“布尔运算”等操作，如图 4-29 所示。

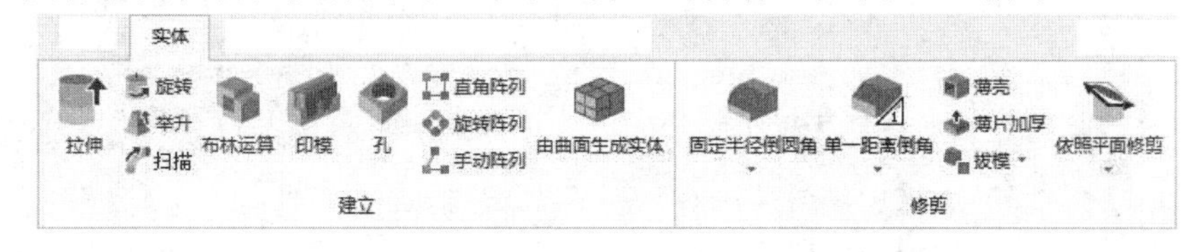

图 4-29 实体编辑菜单

4.3.1 实体倒圆角

实体倒圆角是在实体的两个相邻的边界之间生成圆滑的过渡。Mastercam 可以用“固定半径倒圆角”、“面与面倒圆角”和“变化倒圆角”三种形式对实体边界进行倒圆角。实体倒圆的操作步骤如下：

1．固定半径倒圆角

倒圆角方式如图 4-30 所示。固定半径倒圆角的操作步骤如下：

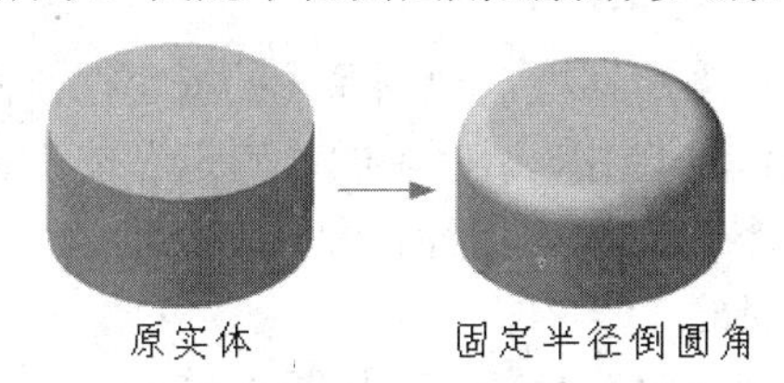

图 4-30 固定半径倒圆角示意图

01 单击“实体”选项卡“修剪”面板中的“固定半径倒圆角”按钮。

02 系统弹出“实体选择”对话框，如图 4-31 所示，该对话框中有四中选择方式，分别为“边界”选择、“面”选择、“主体”选择和“背面”选择，根据系统的提示在绘图区域选择创建倒圆角特征的对象（边界、面、主体、背面），并单击对话框中的“确定”按钮，结束倒圆对象的选择。

03 系统弹出“固定圆角半径”对话框，如图 4-32 所示，设置相应的倒圆角参数，并单击该对话框中的“确定”按钮。

该对话框中的各选项进行介绍：

“名称”：实体倒圆角操作的名称。

“沿切线边界延伸”：选择该选项，倒圆角自动延长至棱边的相切处。

“角落斜接”：用于处理 3 个或 3 个以上棱边相交的顶点。选择该选项，顶点平滑处理；不选择该选项，顶点不平滑处理。

“半径”组：在该组中的文本框中输入数值，确定倒圆角的半径。

2．面与面倒圆角

面与面倒圆角是在两组面集之间生成圆滑的过渡，面与面倒圆角的操作步骤如下：

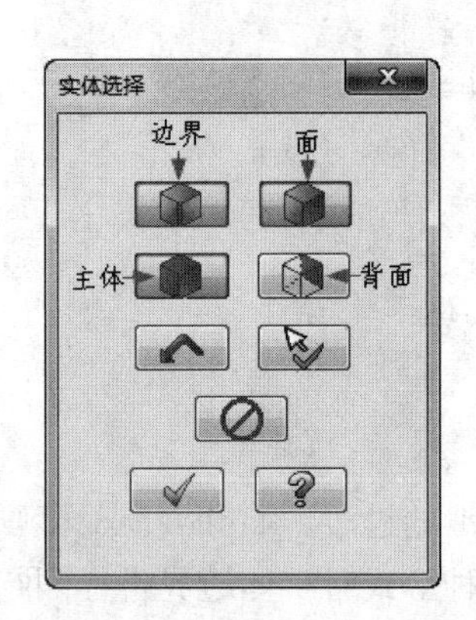

图 4-31 “实体选择”对话框

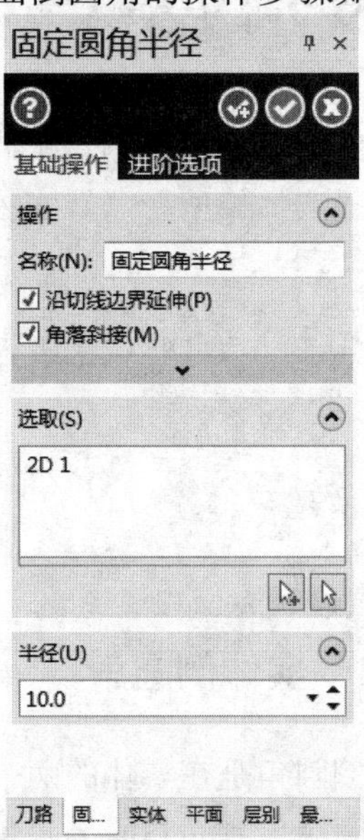

图 4-32 “固定圆角半径”对话框

01 单击“实体”选项卡“修剪”面板“固定半径倒圆角”中的“面与面倒圆角”按钮。

02 系统弹出“实体选择”对话框，根据系统的提示在绘图区域选择创建倒圆角特征的第一组面对象（面、背面），单击对话框中的“确定”按钮，然后根据系统的提示在绘图区域选择创建倒圆角特征的第二组面对象（面、背面），单击对话框中的“确定”按钮，结束倒圆对象的选择。

03 系统弹出“面与面倒圆角”对话框，如图 4-33 所示，设置相应的倒圆角参数，并单击该对话框中的“确定”按钮。

“面与面倒圆角”对话框的选项和“固定半径倒圆角”对话框大同小异，所不同的是面倒圆角方式选项不同。对于面倒圆角有三种方式：半径方式、宽度方式和控制线方式。

3．变化倒圆角

变化倒圆角方式如图 4-34 所示。变化倒圆角的操作步骤如下：

01 单击“实体”选项卡“修剪”面板“固定半径倒圆角”中的“变化倒圆角”按钮。

02 系统弹出“实体选择”对话框，根据系统的提示在绘图区域选择创建倒圆角特征的边界对象，然后单击对话框中的“确定”按钮，结束倒圆对象的选择。

03 系统弹出“变化圆角半径”对话框，如图 4-35 所示，设置相应的倒圆角参数，并单击该对话框中的“确定”按钮。

该对话框中的各选项的含义：

“名称”：实体倒圆角操作的名称。

“沿切线边界延伸”：选择该选项，倒圆角自动延长至棱边的相切处。

“线性”：圆角半径采用线性变化。

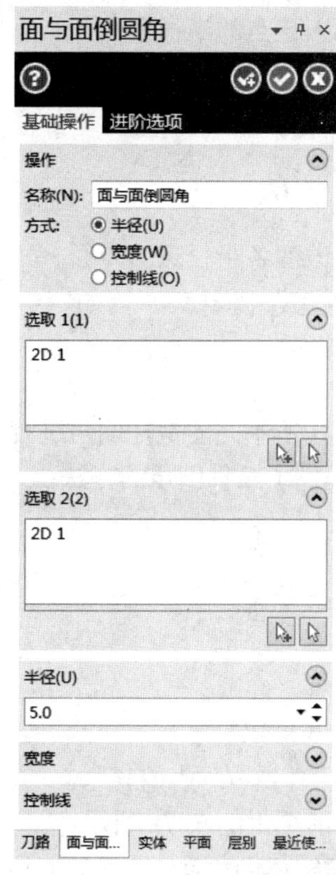

图 4-33 “面与面倒圆角”对话框

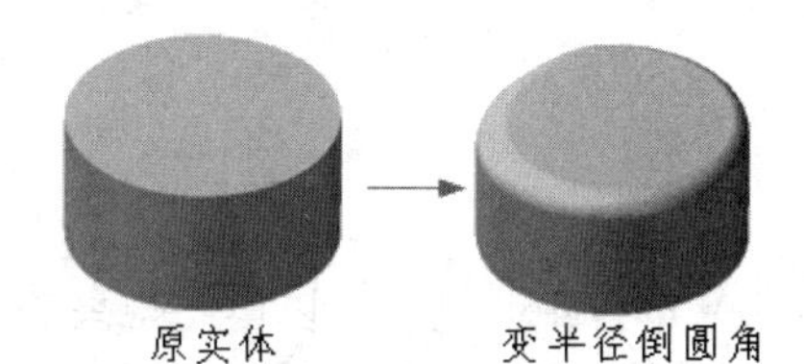

图 4-34 变化半径倒圆角示意图

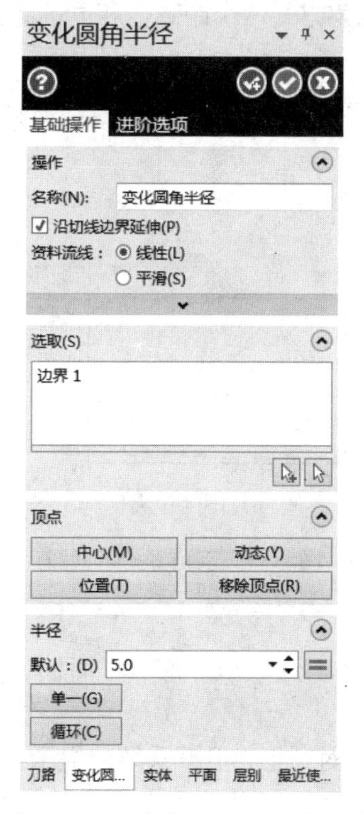

图 4-35 “变化圆角半径”对话框

“平滑”：圆角半径采用平滑变化。

"中心"：在选取边的中点，插入半径点，并提示输入该点的半径值。

"动态"：在选取要倒角的边上，移动光标来改变插入的位置。

"位置"：改变选取边上半径的位置，但不能改变端点和交点的位置。

"移除顶点"：移除端点间的半径点，但不能移除端点。

"单一"：在图形视窗中变更实体边界上单一半径值。

"循环"：循环显示各半径点，并可输入新的半径值改变各半径点的半径。

4.3.2 实体倒角

实体倒角也是在实体的两个相邻的边界之间生成过渡，所不同的是，倒角过渡形式是直线过渡而不是圆滑过渡，如图 4-36 所示。Mastercam 提供了三种倒角的方法：

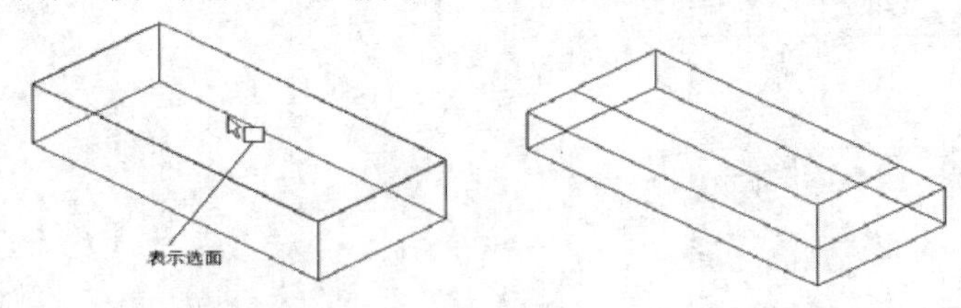

图 4-36 实体倒圆与实体倒角对比示意图

（1）单一距离倒角：以单一距离的方式创建实体倒角，如图 4-37a 所示。

（2）不同距离倒角：即以两种不同的距离的方式创建实体倒角，如图 4-37b 所示。单个距离倒角可以看作不同距离倒角方式两个距离值相同的特例。

（3）距离与角度倒角：即一个距离和一个角度的方式创建一个倒角，如图 4-37c 所示。单个距离倒角可以看作距离/角度倒角方式角度为 45° 时特例。

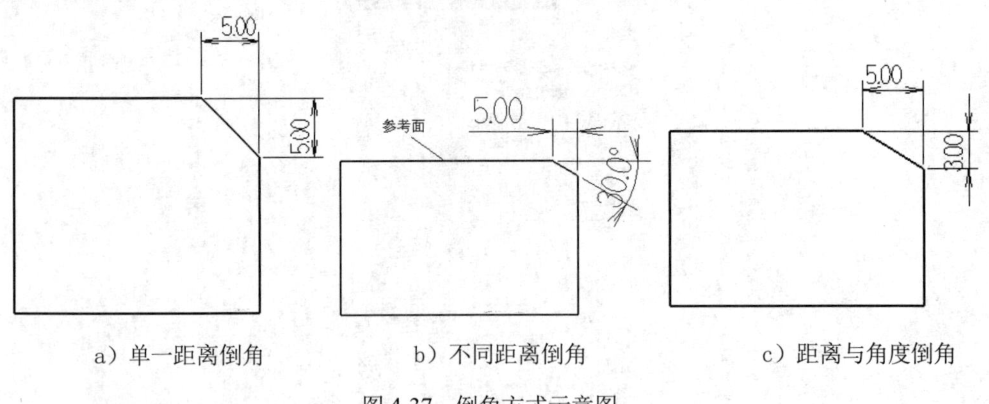

a）单一距离倒角　　b）不同距离倒角　　c）距离与角度倒角

图 4-37 倒角方式示意图

创建倒角的操作步骤如下：

01 根据需要，单击"实体"选项卡"修剪"面板"单一距离倒角"下拉菜单中的一种倒角类型。

02 系统弹出"实体选择"对话框，根据系统的提示在绘图区域选择倒角的边缘（可以为整个实体、实体面或实体某些边），并按"实体选择"对话框中的"确定"按钮。

03 系统弹出"单一距离倒角"对话框，如图 4-38 所示，设置相应的倒角参数，并单击该对话框中的“确定”按钮。

图 4-38 “单一距离倒角”对话框

4.3.3 实体抽壳

实体抽壳可以将实体内部挖空。如果选择实体上的一个或多个面则将选择的面作为实体造型的开口，而没有被选择为开口的其他面则以指定值产生厚度；如果选择整个实体，则系统则将实体内部挖空，不会产生开口。

例 4-10 创建如图 4-39 所示的实体抽壳。

图 4-39 实体抽壳

网盘\视频教学\第4章\实体抽壳. MP4

操作步骤如下：

01 单击“实体”选项卡“修剪”面板中的“薄壳”按钮。

02 弹出“实体选择”对话框，根据系统提示在绘图区选择实体的上表面为要开口的面，如图 4-40 所示。单击“实体选择”工具栏中的“确定”按钮。

03 系统弹出“抽壳”对话框，勾选“方向”组中的“两端”复选框，在“方向 1（1）”和“方向 2（2）”文本框中输入“2”，如图 4-41 所示，然后单击该对话框中的“确定”按钮✔，结果如图 4-39 所示。

抽壳命令的选取对象可以是面或体。当选取面时，系统将面所在的实体作抽壳处理，并在选取面的地方有开口；当选取实体时，系统将实体挖空，且没有开口。选取面进行实体抽壳操作时，可以选取多个开口面，但抽壳厚度是相同的，不能单独定义不同的面具有不同的抽壳厚度。

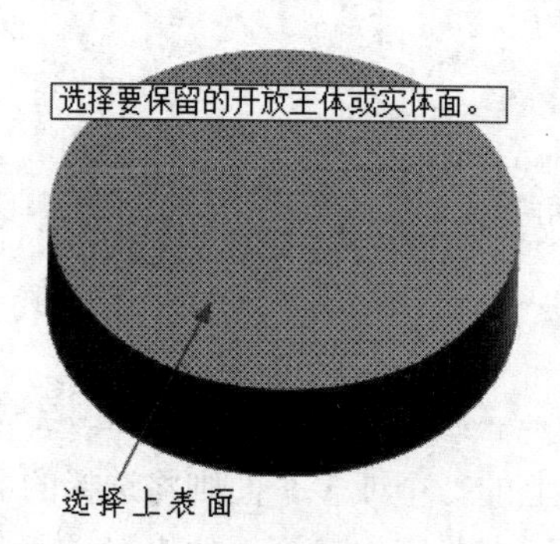

图 4-40　选择要开口的面

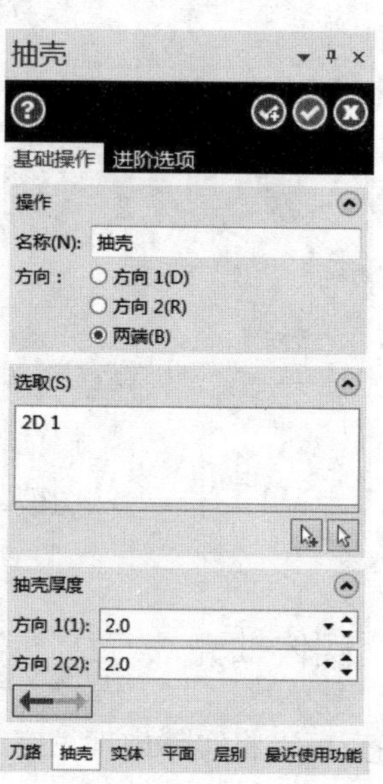

图 4-41　“抽壳”对话框

4.3.4　修剪到曲面/薄片

修剪到曲面/薄片就是使用平面、曲面或薄壁实体对实体进行切割，从而将实体一分为二。既可以保留切割实体的一部分，也可以两部分都保留。

例 4-11 创建如图 4-42 所示的修剪实体。

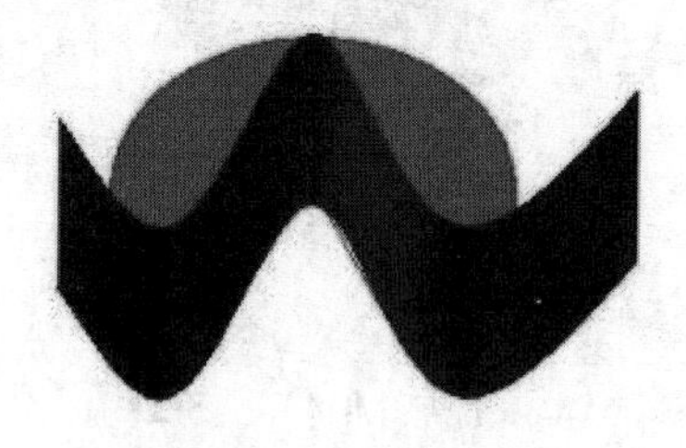

图 4-42　修剪实体

网盘\视频教学\第4章\实体修剪. MP4

操作步骤如下：

01 单击“实体”选项卡“修剪”面板“依照平面修剪”下拉菜单中的“修剪到曲面/

薄片”按钮。

02 根据系统的提示在绘图区域选择圆柱体为要修剪的主体（如果绘图区只有一个实体则不用选择）。

03 然后在绘图区选择曲面为修剪平面（曲面或薄壁实体），如图 4-43 所示。

04 系统弹出“修剪到曲面/薄片”对话框，如图 4-44 所示，并单击该对话框中的“确定”按钮。

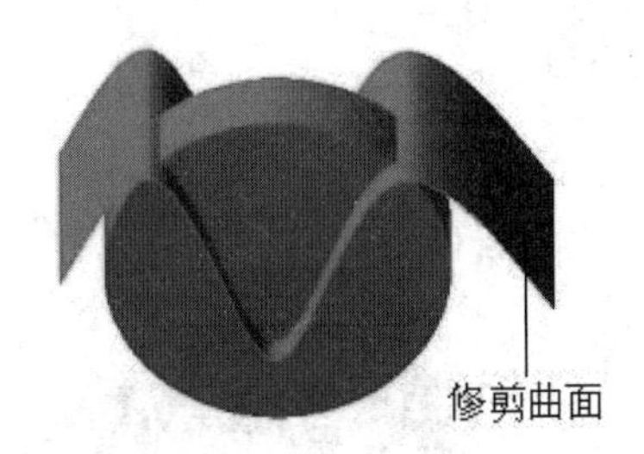

图 4-43 选择修剪曲面

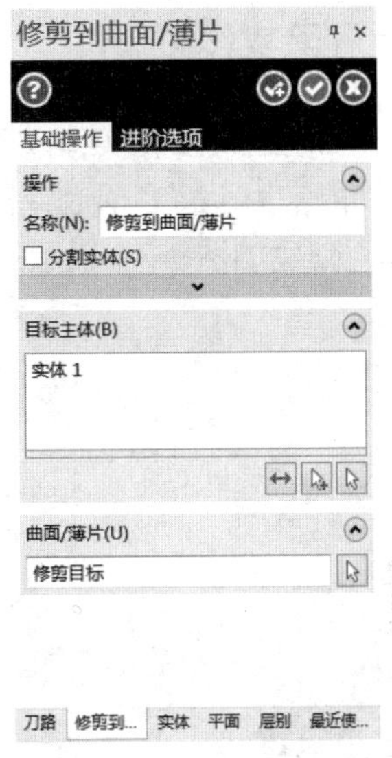

图 4-44 “修剪到曲面/薄片”对话框

4.3.5 薄片加厚

薄片是没有厚度的实体，该功能可以将薄片赋予一定的厚度。

例 4-12 创建如图 4-45 所示的薄片加厚。

图 4-45 加厚薄片

网盘\视频教学\第4章\薄片加厚. MP4

操作步骤如下：

01 单击快速访问工具栏中的“打开”按钮，在弹出的“打开”对话框中选择“源文件\第 4 章\例 4-12”文件，单击“实体”选项卡“修剪”面板中的“薄片加厚”按钮，选择要加厚的薄片，如图 4-46 所示。

02 系统弹出“加厚”对话框，如图 4-47 所示，在对话框中输入加厚尺寸为 4.0，选择加厚方向为“方向 1”，接着单击“确定”按钮。

03 单击“加厚”对话框中的“确定”按钮，结果如图 4-48 所示。

4.3.6 移除实体面

移除实体面功能可以将实体或薄片上的其中一个面删除。被删除实体面的实体会转换为薄片，该功能常用于将有问题或需要设计变更的面删除。

例 4-13 创建如图 4-49 所示的移除实体面。

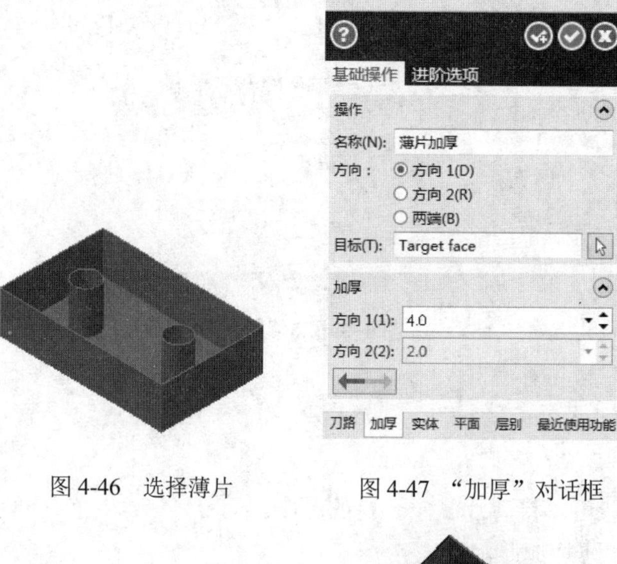

图 4-46 选择薄片

图 4-47 “加厚”对话框

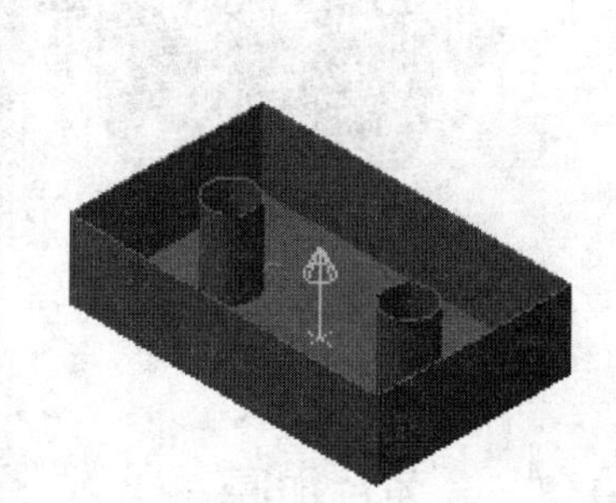

图 4-48 加厚方向

图 4-49 移除实体面

网盘\视频教学\第4章\移除实体面. MP4

操作步骤如下：

01 单击“建模”选项卡“修剪”面板中的“移除实体面”按钮。

02 系统弹出“实体选择”对话框，根据系统提示在绘图区选择实体上表面为需要移除的面，如图 4-50 所示，然后单击“实体选择”对话框中的“确定”按钮。

03 系统弹出“发现实体纪录记录”对话框，选择对话框中的“移除纪录记录”按钮 移除纪录记录 ，如图 4-51 所示，系统弹出“移除实体面”对话框，勾选“原始实体”组中的“删除”复选框，如图 4-52 所示，单击对话框中的“确定”按钮，完成操作，结果如图 4-49 所示。

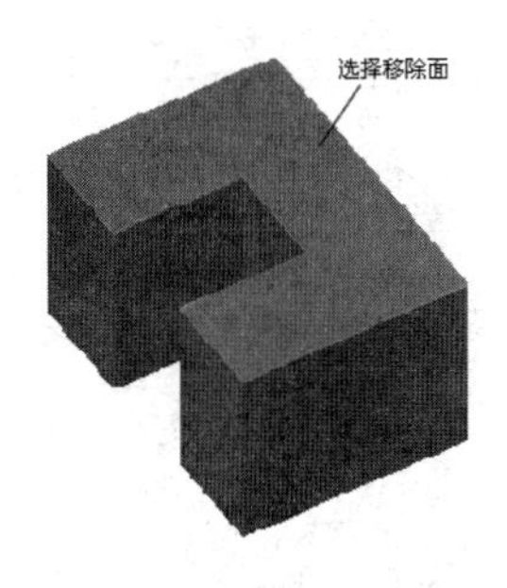

图 4-50 选择移除面

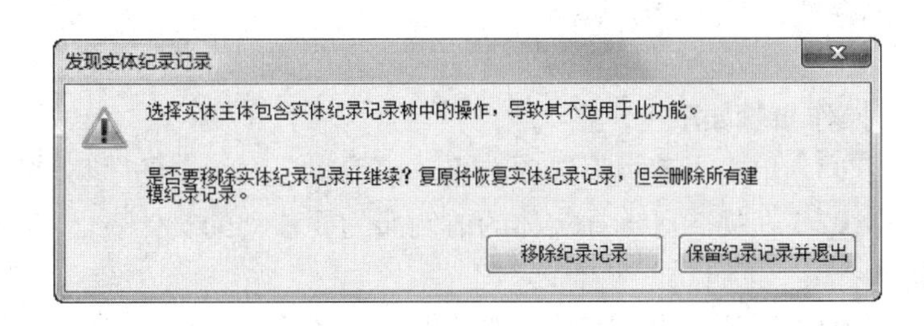

图 4-51 “发现实体纪录记录”对话框

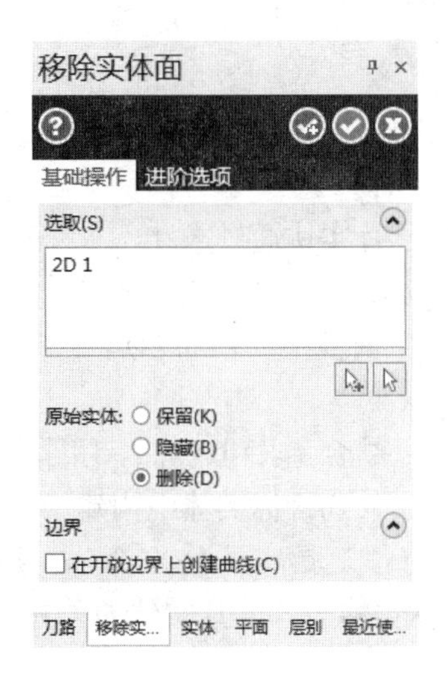

图 4-52 “移除实体面”对话框

4.3.7 移动实体面

此命令与拔模操作相类似，即将实体的某个面绕旋转轴旋转指定的角度，如图 4-53 所示。旋转轴可能是牵引面与表面(或平面)的交线，也可能是制定的边界。实体表面倾斜后，有利于实体脱模。

例 4-14 创建如图 4-53 所示的牵引实体面。

图 4-53 牵引实体面

网盘\视频教学\第4章\牵引实体面. MP4

操作步骤如下：

01 单击“建模”选项卡“建模编辑”面板中的“移动”按钮。

02 在视图区选择实体的前侧面为要移动的实体表面，如图 4-54 所示，并按 Enter 键。

03 系统弹出“移动”对话框，如图 4-55 所示，勾选对话框“类型”中的“移动”复选框，单击“移动”对话框中的“确定”按钮，则系统完成移动操作，结果如图 4-53 所示。

4.3.8 布尔运算

布尔运算是利用两个或多个已有实体通过求和、求差和求交运算组合成新的实体并删除原有实体。

单击“实体”选项卡“建立”面板中的“布尔运算”按钮，系统弹出“布尔运算”对话框，如图 4-56 所示。

相关布尔操作主要包括 3 项：结合（求和运算）、移除（求差运算）、交集（求交运算）。布尔和运算是将工具实体的材料加入到目标实体中构建一个新实体，如图 4-57a 所示；布尔差运算是在目标实体中减去与各工具实体公共部分的材料后构建一个新实体，如图 4-57b 所示；布尔交运算是将目标实体与各工具实体的公共部分组合成新实体，如图 4-57c 所示。

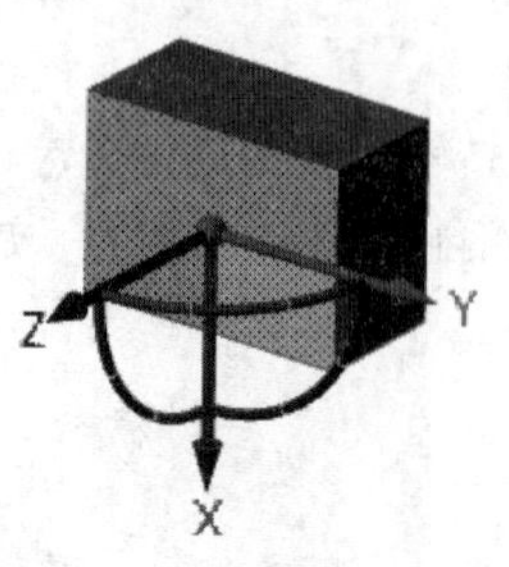

图 4-54 选择要拔模的实体表面

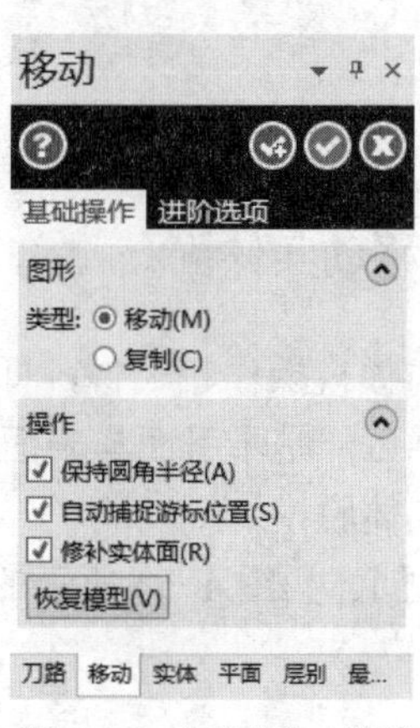

图 4-55 “移动”对话框

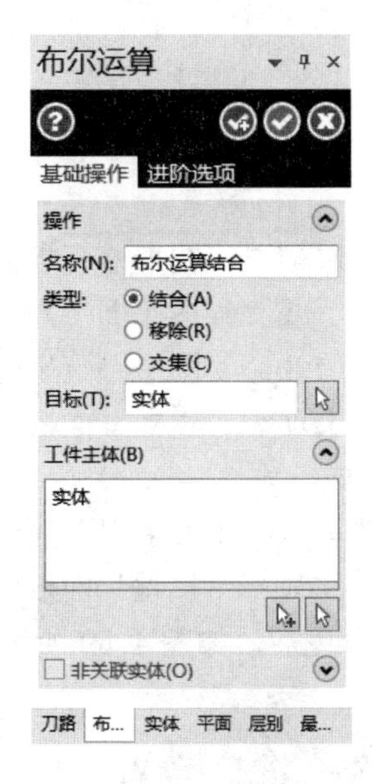

图 4-56 “布尔运算”对话框

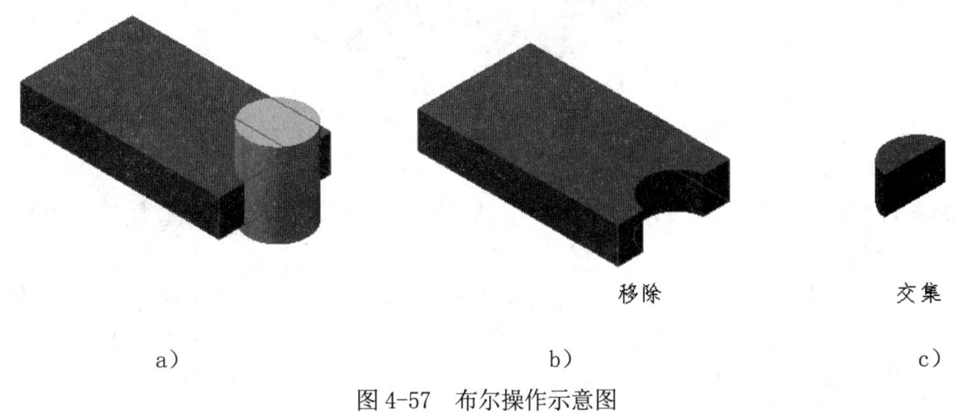

图 4-57 布尔操作示意图

4.4 综合实例——轴承盖

通过以上的学习，已经掌握了三维设计的基本方法，本节将通过轴承盖的三维建模操作来融会所学知识。

创建如图 4-58 所示的轴承盖。

图 4-58 轴承盖

网盘\视频教学\第4章\轴承盖. MP4

操作步骤如下：

01 创建矩形。单击“检视”选项卡“图形检视”面板中的“俯检视”按钮，设置视图面为俯视图；然后在状态栏中设置“绘图平面”为“俯检视”，并以此面为绘图平面绘制矩形，矩形的宽度为200高度为120，绘图中心点坐标为（0，0，0）。

02 拉伸实体。单击“实体”选项卡“建立”面板中的“拉伸”按钮，将绘制的矩形拉伸“20”，将绘制好的矩形生成长方体。

03 着色面。单击“检视”选项卡“图形检视”面板中的“等角检视”按钮，然后框选拉伸的长方体，单击“首页”选项卡“属性”面板中的“实体颜色”下拉按钮，在弹出的调色板中选择合适的颜色，着色后，如图4-59所示。

图4-59　挤出矩形实体

04 设置第2层为编辑图层。单击“层别”操作管理器，单击“新建层”按钮，创建层别2，并将其设为当前图层。

05 创建圆柱体。单击“实体”选项卡“基本实体”面板中的“圆柱”按钮，圆柱体的中心基点放在长方体底面后方的中点（即矩形后侧长边的中点），设置“轴心”方向为“Y”，绘制圆柱形的高度为120，半径为55。绘制后的图形如图4-60所示。

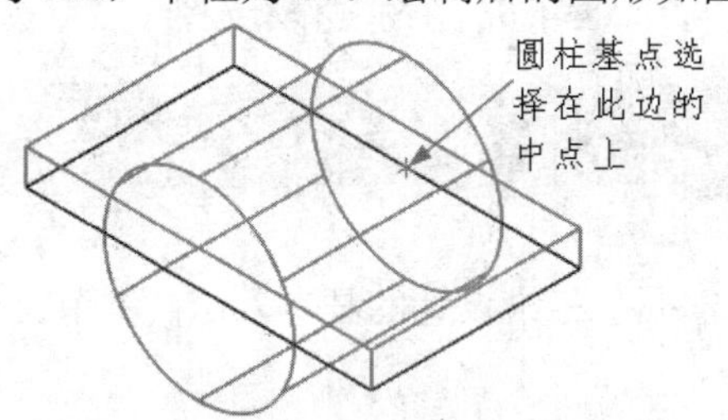

图4-60　创建大圆柱体

06 创建另一小圆柱体。单击“实体”选项卡“基本实体”面板中的“圆柱”按钮，小圆柱体的中心基点与上一圆柱体的中心基点相同，圆柱体的高度为150，半径为45，绘制出的图形如图4-61所示。创建小圆柱体的目的是通过实体布尔移除运算，来创建轴承孔。

07 合并实体。单击“实体”选项卡“建立”面板中的“布尔运算”按钮，弹出“布尔运算”对话框，在“类型”组中勾选“结合”复选框，单击“目标”组中的“选取目标主体”按钮，选择大圆为目标主体；然后单击“工件主体”组中的“选择”按钮，选择长方体为工件主体，将二者结合。必须先选择圆柱体，再选择长方体，因为实体要在图层2上。

08 切割实体。同理对大圆柱体和小圆柱体执行“布尔运算”→“移除”命令，创建出轴承孔，执行命令后的结果如图4-62所示。

09 修剪实体，利用平面修剪下半边圆柱。单击“实体”选项卡“修剪”面板中的“依照平面修剪”按钮，系统弹出“实体选择”对话框，根据系统提示选择模型为要修建的主体，系统弹出“依照平面修剪”对话框，单击“平面”组中的“指定平面”按钮，弹出“选择平面”对话框，在对话框中选择“俯检视”选项，如图4-63所示，并且在视图中出现坐标轴，如图4-64所示，注意箭头向上，单击“选择平面”对话框中的“确定”按钮，最后单击“依照平面修剪”对话框中的“确定”按钮，完成修剪，如图4-65所示。

图4-61 创建小圆柱体

图4-62 创建轴承孔

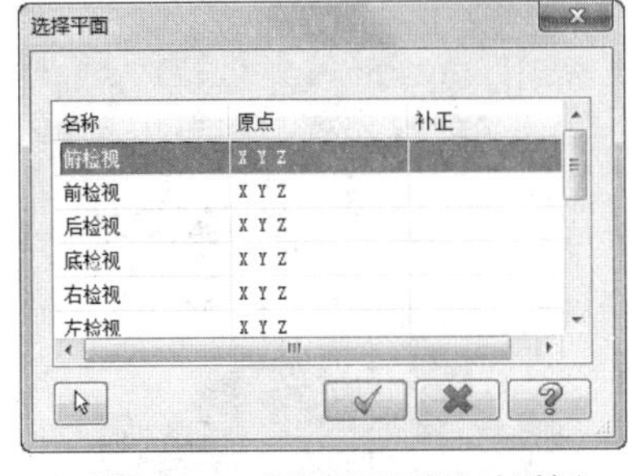

图4-63 “选择平面”对话框

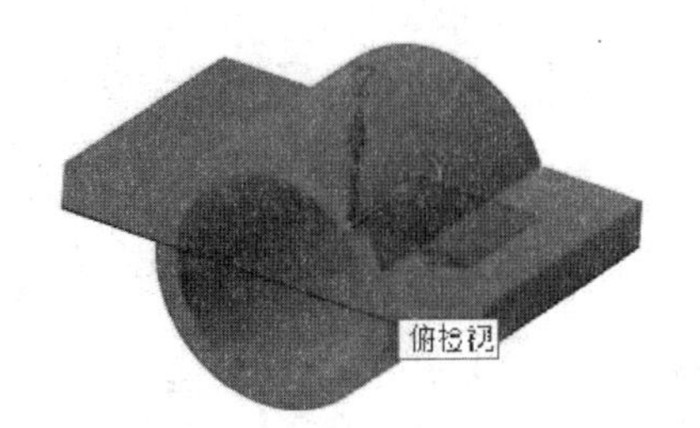

图4-64 修剪坐标轴

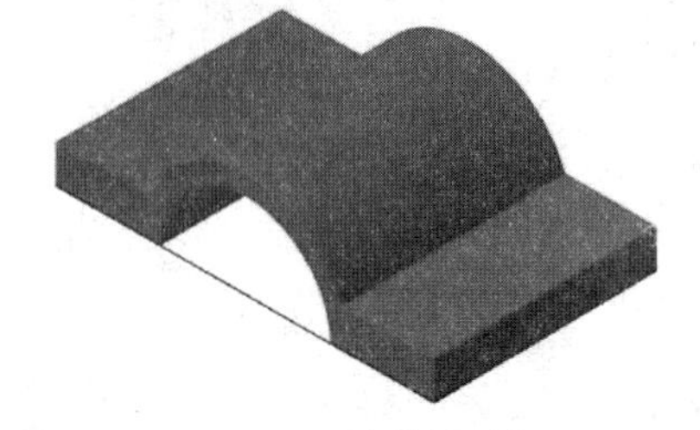

图4-65 修剪轴承盖

10 重新计算实体。由于轴承座壁厚显得略为单薄，所以打开实体管理器，对小圆柱体的半径进行修改，修改后的半径为40，接下来单击实体管理器中的“重建”按钮，重新生成实体，操作过程如图4-66所示。

11 绘制螺栓孔。螺栓孔是通过布尔移除得到的，因此先在轴承盖原矩形底面绘制圆形，圆形的中心点坐标为（-80，-40，0），半径为10，如图4-67所示。然后单击“转换”选项卡“位置”面板中的“平移”按钮，将绘制的圆平移，平移方向为Y向，距离80，创建完后如图4-68所示。接下来单击“转换”选项卡“位置”面板中的“镜射”按钮，复制出另外两个圆形（镜像轴为 Y 轴），创建完后如图 4-69 所示。接着单击“实体”选项卡“建立”面板中的“拉伸”按钮，选择刚建立的四个圆形，拉伸高度为“50”方向为“Z”向，如图 4-70 所示。

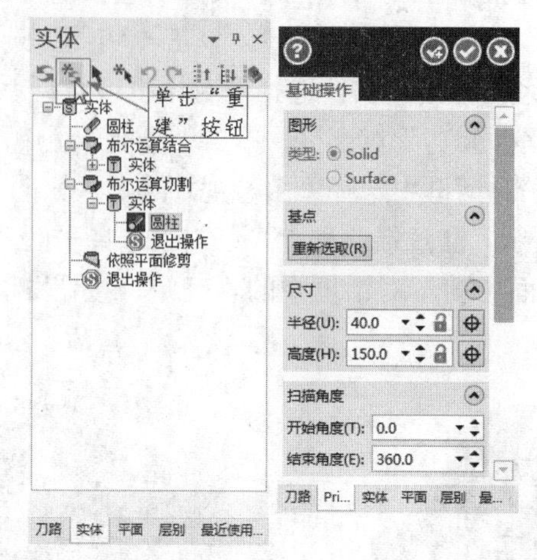

图 4-66 修改内壁厚度

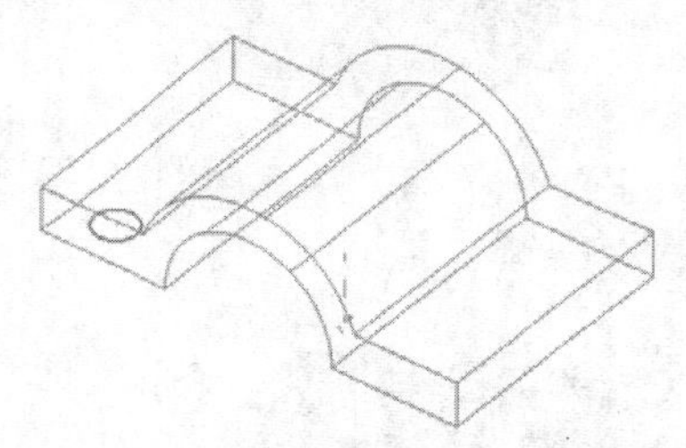

图 4-67 绘制圆形

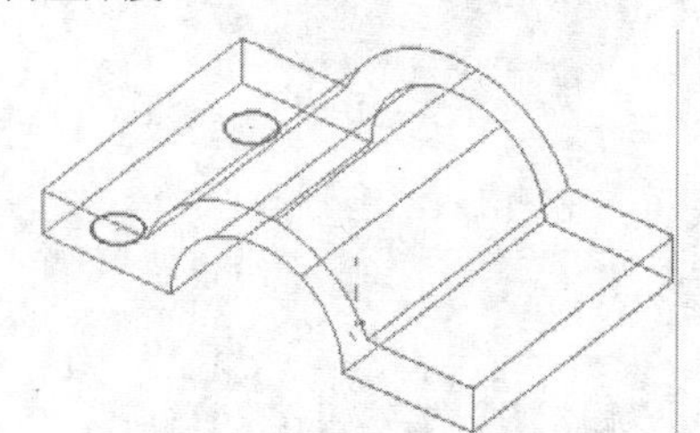

图 4-68 平移复制圆形

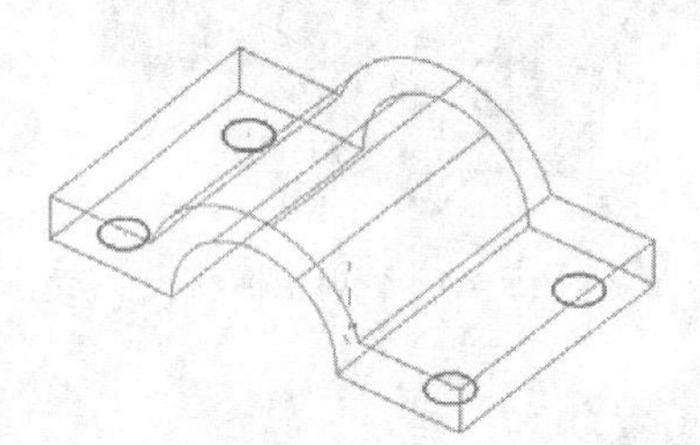

图 4-69 镜像圆形

图 4-70 拉伸四个小圆柱

12 移除实体。将轴承盖整体与四个小圆柱体进行布尔移除运算，得到的结果如图 4-71 所示。

图 4-71 得到四个螺栓孔

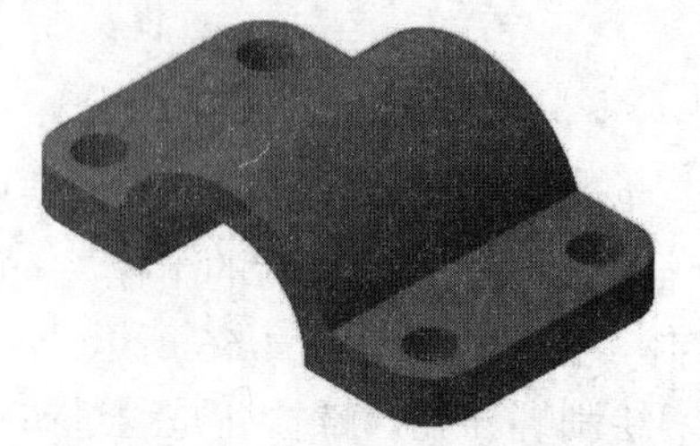

图 4-72 棱边倒圆角

13 倒圆角。单击“实体”选项卡“修剪”面板中的“固定半径倒圆角”按钮，对轴承盖的四个棱边倒圆角，圆角的半径为“20”，得到的图形如图 4-72 所示。

14 倒斜角。单击“实体”选项卡“修剪”面板中的“单一距离倒角”按钮，对轴承孔两边缘倒 2×2 的斜角，得到的图形如图 4-73 所示。

15 制作顶部的凸台。顶部凸台为一圆柱体，单击“实体”选项卡“基本实体”面板中的“圆柱”按钮，绘制凸台，圆柱体中心基点坐标为（0，0，0），半径为“20”，高度为“65”，轴向为“Z”向，绘制出的图形如图 4-74 所示。

16 修剪在轴承孔内部的凸台。单击“曲面”选项卡“建立”面板中的“由实体生成曲面”按钮，将轴承孔内表面生成曲面。接着单击“实体”选项卡“修剪”面板“依照平面修剪”下拉菜单中的“修剪到曲面/薄片”按钮，以轴承内表面曲面为边界剪掉凸台伸入轴承孔中的部分，如图 4-75 所示。

图 4-73 轴承孔内孔倒角

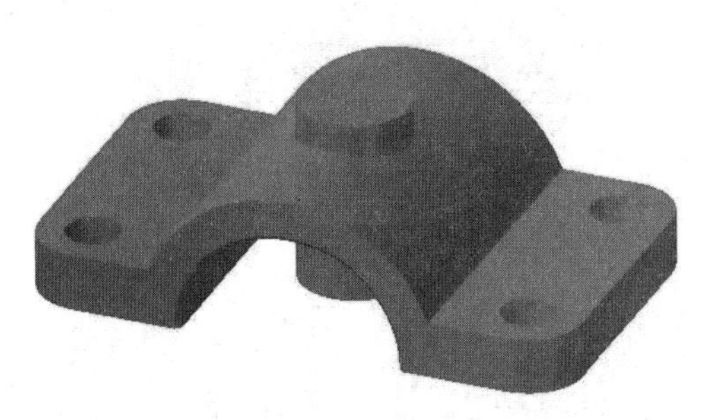

图 4-74 建立凸台

17 合并实体。将凸台与轴承盖主体进行布尔结合运算。

18 创建凸台圆孔。单击“实体”选项卡“基本实体”面板中的“圆柱”按钮，设置圆柱体中心基点坐标为（0，0，0），半径为 10，高度为 80，轴向为“Z”向，如图 4-76 所示，接着利用布尔切割运算创建出凸台上的圆孔，如图 4-77 所示。

19 创建凸台螺纹孔。轴承盖上的凸台是用来注油润滑的，因此凸台内孔要螺塞或油杯的螺纹配合，所以内孔要绘制螺纹。螺纹用扫描的方法绘制，螺纹参数为：普通粗牙螺纹、公称直径为 24、螺距为 3，牙形角为 60°。

图 4-75 修剪凸台

图 4-76 创建一圆柱体

❶单击“检视”选项卡“图形检视”面板中的“前检视”按钮，设置视图面为前视图；然后在状态栏中设置“绘图平面”为“前检视”，并以此面为绘图平面绘制图形，绘制边长为 3 的等边三角形，如图 4-78 所示。

图 4-77　创建凸台上的孔

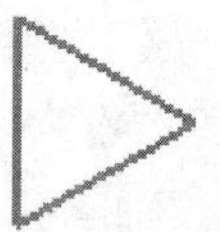

图 4-78　绘制等边三角形

❷将“绘图平面”改为“俯检视”，将视角平面改为等角视图，创建螺旋线，螺旋线的半径为 10，螺距为 3，圈数为 23，螺旋线的中心位置坐标为（0，0，0），如图 4-79 所示。

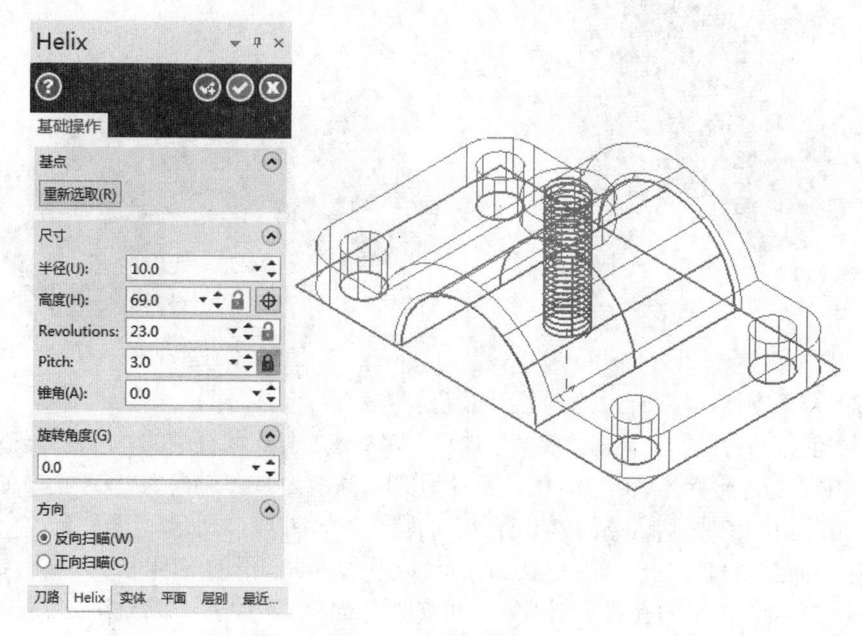

图 4-79　绘制螺旋线

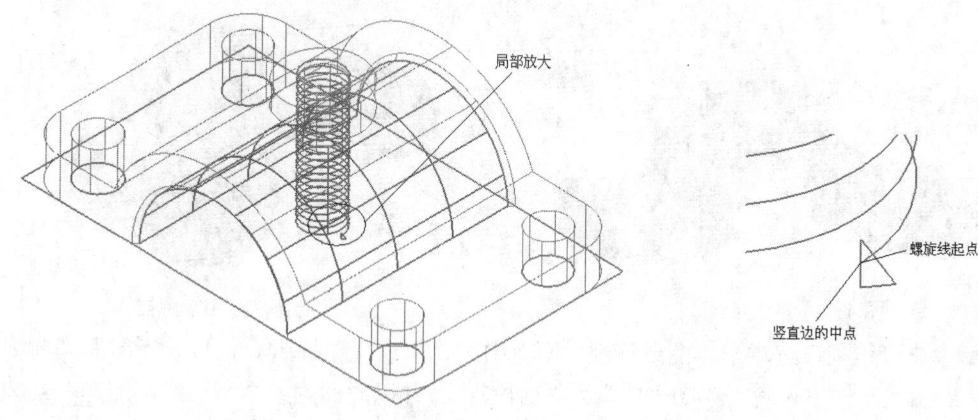

图 4-80　移动三角形

❸将等边三角形竖直边的中点移至上螺旋线起点，如图 4-80 所示。

❹单击“实体”选项卡“建立”面板中的“扫描”按钮，绘制出螺纹，如图 4-81 所示。

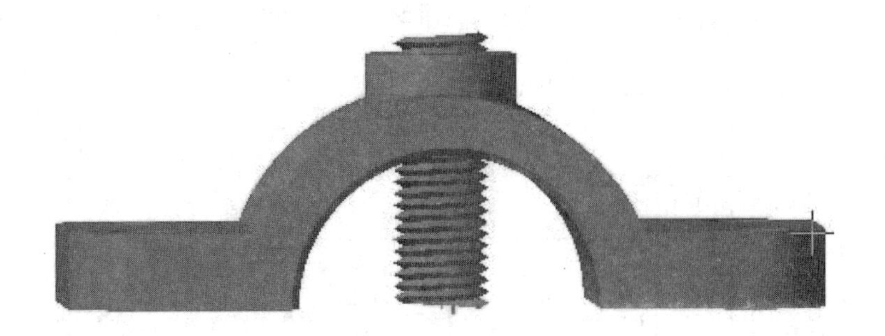

图 4-81　扫描绘制出螺纹实体

❺最后对轴承盖主体与螺纹进行布尔移除运算，勾选“布尔运算”对话框中的“非关联实体”复选框，然后取消“保留原始工件实体”复选框，表示不保留原实体，进行布尔运算，经剖切后，得到的图形如图 4-82 所示。

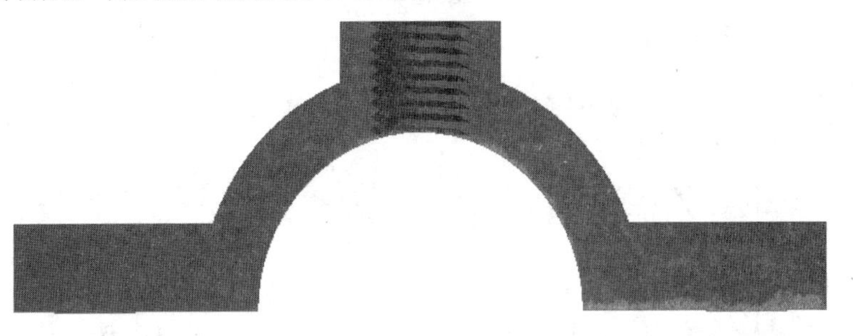

图 4-82　绘制出的内螺纹

提示

本例绘制的螺纹是简化螺纹，例如牙尖、牙根都未经过修整。但是，这主要是为了图形表达而已，在 Mastercam 加工中，仅选取刀具和刀具轨迹就可加工出实际的螺纹。

4.5 思考与练习

1. Mastercam 2019 操作系统中 7 种常用的构图面是什么？
2. 创建实体的方法有哪些？
3. 实体管理器中有哪些功能，修改实体参数后，如何生成新图形？
4. 实体抽壳和移动实体表面两个命令的操作结果是否相同，请通过操作，说出不同点。
5. 创建举升实体时，可能会发生扭曲现象，如何避免？

4.6 上机操作与指导

1. 根据图 4-83 所示，在 Mastercam 软件中绘制活塞实体。

提示：利用旋转实体命令。

2．根据图 4-84 所示，绘制止动垫圈的三维视图，要求 8 个孔通过一个命令创建出。

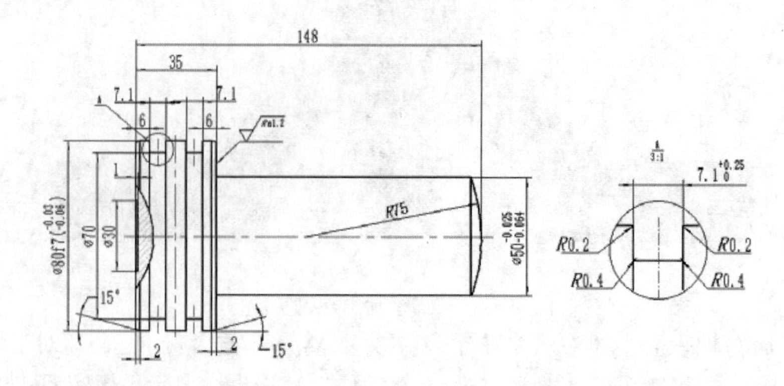

图 4-83　创建活塞三维实体练习

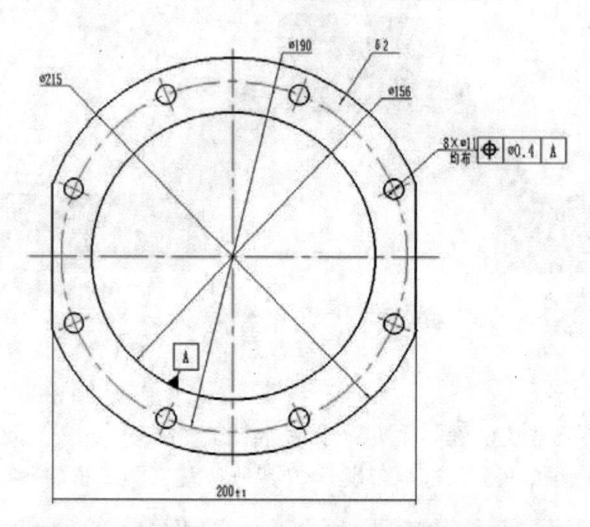

图 4-84　绘制止动垫圈三维实体练习

第5章

曲面、曲线的创建与编辑

曲面、曲线是构成模型的重要手段和工具。Mastercam软件的曲面、曲线功能灵活多样，不仅可以生成基本的曲面，而且能创建复杂的曲线、曲面。本章重点讲解了基本三维曲面的创建；通过对二维图素进行拉伸、旋转、扫描等操作来创建曲面；空间曲线的创建以及曲面的编辑。

- 基本曲面的创建
- 高级曲面的创建
- 曲面的编辑
- 曲面与实体的转换
- 空间曲线的创建

5.1 基本曲面的创建

所谓曲面是以数学方程式来表达物体的形状，通常一个曲面包含有许多的断面（sections）和缀面（patches），将它们熔接在一起即可形成完整曲面。因为现代计算机计算能力的迅速增加以及新曲面模型技术的应用开发，现在已经能够精确完整地描述复杂工件的外形；另外，也可以看到较复杂的工件外形是由多个曲面相互结合而构成，这样的曲面模型一般称为“复合曲面”。

目前，可以用数学方程式计算得到的常用曲面有：

1. 网格曲面

网格曲面也常被称为昆氏缀面，单一网格缀面是以 4 个高阶曲线为边界所熔接而成的曲面缀面。至于多个网格所构成的昆氏曲面则是由数个独立的缀面很平顺的熔接在一起而得到的。其优点是穿过线结构曲线或数字化的点数据而能够形成精确的平滑化曲面，也就是说，曲面必须穿过全部的控制点。缺点则是当要修改曲面的外形时，就需要修改控制的高阶边界曲线。

2. Bezier 曲面

Bezier 曲面是通过熔接全部相连的直线和网状的控制点所形成的缀面而创建出来的。多个缀面的 Bezier 曲面的成型方式与昆氏曲面类似，它可以把个别独立的 Bezier 曲面很平滑的熔接在一起。

使用 Bezier 曲面的优点是可以操控调整曲面上的控制点来改变曲面的形状，缺点是整个曲面会因为使用者拉动某一个控制点而进行改变，这种情况下将会使用户依照断面外形去产生近似的曲面变得相当困难。

3. B-spline 曲面

B-spline 曲面具有昆氏曲面和 Bezier 曲面的重要特性，它类似于昆氏曲面。B-spline 曲面可以由一组断面曲线来形成，它有点像 Bezier 曲面，也具有控制点，并可以操控控制点来改变曲面的形状。B-spline 曲面可以拥有多个缀面，并且可以保证相邻缀面的连续性（没有控制点被移动）。

使用 B-spline 曲面的缺点是：原始的基本曲面如圆柱、球面体、圆锥等，都不能很精确的呈现，这些曲面仅能以近似的方式来显示，因此当这些曲面被加工时将会产生尺寸上的误差。

4. NURBS 曲面

NURBS 曲面是 Non-Uniform Rational B-Spline 的缩写。所谓有理化（Rational）曲面是指曲面上的每一个点都有权重的考虑。NURBS 曲面属于 Rational 曲面，并且具有 B-Spline 曲面所具有的全部特性，同时具有控制点权重的特性。当权重为一个常数时，NURBS 曲面就是一个 B-Spline 曲面了。

NURBS 曲面克服了 B-Spline 曲面在基本曲面模型上所碰到的问题，如圆柱、球面体、圆锥等实体都能很精确的以 NURBS 曲面来显示，可以说 NURBS 曲面技术是现在最新的曲面数学化方程式。截止到目前，NURBS 曲面是 CAD/CAM 软件公认的最理想造型工具，许多软件都使用它来构造曲面模型。

5.1.1 圆柱曲面的创建

单击“曲面”选项卡“基本实体”面板中的“圆柱”按钮，系统弹出“Primitive Cylinder（圆柱状）”对话框，如图5-1所示，设置相应的参数后，单击该对话框中的“确定”按钮，即可在绘图区创建圆柱曲面。“Primitive Cylinder（圆柱状）”对话框各选项的含义如下：

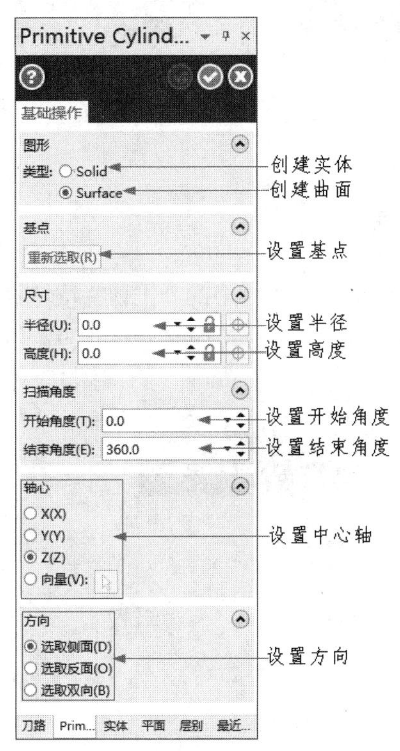

图5-1 “Primitive Cylinder（圆柱状）”对话框

1）“类型”组：选择该组中的“Solid”复选框则创建的是三维圆柱实体，而选择“Surface”复选框则创建的是三位圆柱曲面。

2）“基点”组：用于设置圆柱的基准点，基准点是指圆柱底部的圆心。

3）“尺寸”组：用于设置圆柱的半径和高度，在“半径（U）”文本框中输入数值，设置半径；在“高度（H）”文本框中输入数值，设置高度。

4）“扫描角度”组：设置圆柱的开始和结束角度，在“开始角度”文本框中输入数值，设置开始角度；在“结束角度”文本框中输入数值，设置“结束角度”，该选项可以创建不完整的圆柱，如图5-2所示。

5）“轴心”组：用于设置圆柱的中心轴。既可以设置X、Y或Z轴为中心轴，也可以使用指定两点来创建中心轴。系统默认的是以Z轴方向为中心轴。

6）“方向”组：用于设置曲面的方向。

默认情况下，屏幕视角为“俯视”，因此用户在屏幕上看到的只是一个圆，而不是圆柱，为了显示圆柱，可以将屏幕视角设置为“等角检视”。

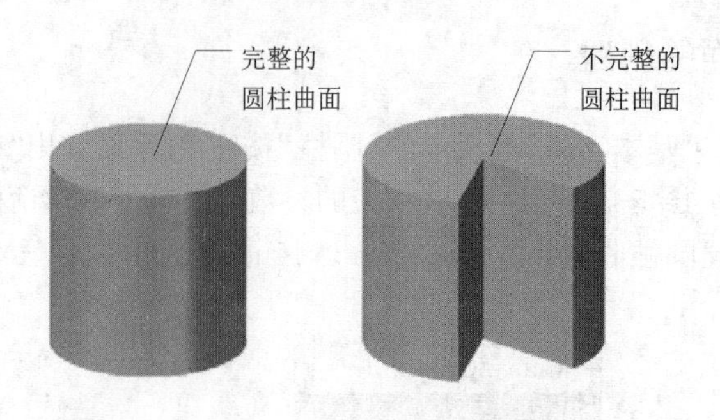

图 5-2　圆柱曲面示意图

5.1.2　锥体曲面的创建

单击“曲面”选项卡“基本实体”面板中的“锥体”按钮，系统弹出“Primitive Cone（圆锥体）”对话框，如图 5-3 所示，设置相应的参数后，单击该对话框中的“确定”按钮，即可在绘图区创建圆锥曲面。“Primitive Cone（圆锥体）”对话框各选项的含义如下：

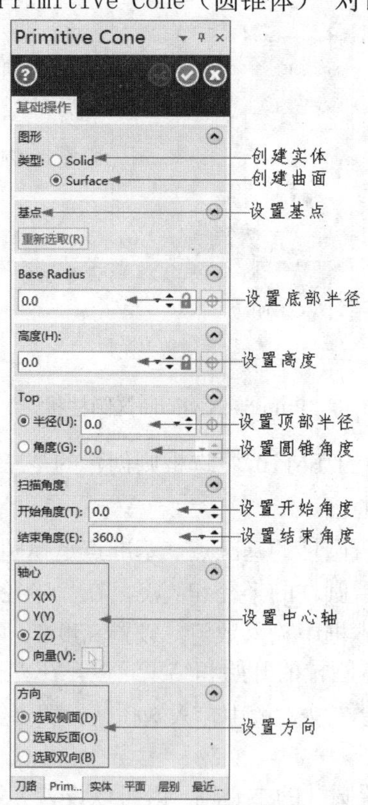

图 5-3　“Primitive Cone（圆锥体）”对话框

1）“基点”组：用于设置圆锥体的基准点，基准点是指圆锥体底部的圆心。

2）“Base Radius”组：用于设置圆锥体底部半径。

3）“高度”组：用于设置圆锥曲面的高度。

4)“Top”组：用于设置圆锥顶面的大小。既可以用指定锥角，也可以指定顶面半径。锥角可以取正值、负值或零，对应的效果如图 5-4 所示，图中的底面半径、高度均相同。要得到顶尖的圆锥，可以将顶面半径设置为 0 即可。

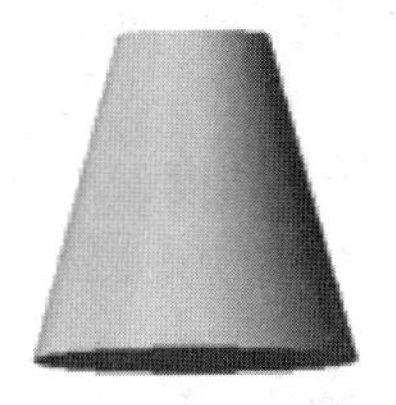
锥角为 15°

锥角为 15°

锥角为 0°

图 5-4　圆锥曲面示意图

5)“扫描角度”：可以设置圆锥的起始和终止角度，在“开始角度”文本框中输入数值，设置开始角度；在“结束角度”文本框中输入数值，设置“结束角度”，该选项可以创建不完整的圆锥。

6)“轴心”组：用于设置圆锥的中心轴。既可以设置 X、Y 或 Z 轴为中心轴，也可以指定两点来创建中心轴。系统默认的是以 Z 轴方向为中心轴。

5.1.3　立方体曲面的创建

“单击”曲面选项卡“基本实体”面板中的“立方体”按钮，系统会弹出“Primitive Block（立方体）”对话框，如图 5-5 所示。设置相应的参数后，单击该对话框中“确定”按钮，即可在绘图区创建立方体曲面。“Primitive Block（立方体）”对话框各选项的含义如下：

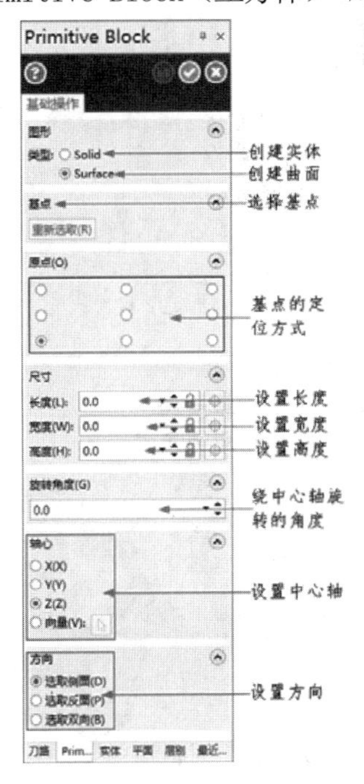

图 5-5　“Primitive Block（立方体）”对话框

1）“基点”组 ：用于设置立方体基准点，亦即立方体的特征点，具体位置由“原点”选项设置。用户可以单击后面的“重新选取”按钮重新选取(R)修改该基准点。

2）“尺寸”组：用于设置立方体的长度、宽度和高度，在“长度”文本框中输入数值，用于设置立方体的长度；在“宽度”文本框中输入数值，用于设置立方体的宽度；在“高度”文本框中输入数值，用于设置立方体的高。

3）“旋转角度”组：利用该文本框可以设置立方体绕中心轴旋转的角度。

4）“轴心”组：用于设置立方体的中心轴。既可以设置 X、Y 或 Z 轴为中心轴，也可以指定两点来创建中心轴。系统默认的是以 Z 轴方向为中心轴。

5.1.4 球面的创建

“单击”曲面选项卡“基本实体”面板中的“圆球”按钮，系统会弹出“Primitivc Sphere（圆球）”对话框，如图 5-6 所示，设置相应的参数后，单击该对话框中的“确定”按钮，即可在绘图区创建球面。“Primitive Sphere（圆球）”对话框各选项的含义如下：

“基点”组和“半径”组：用于设置球面的基准点、半径，其中球面的基准点是指球面的球心，如图 5-7a 所示。用户既可以点击各项后面的“重新选取”按钮重新选取(R)，或按钮在绘图区手工设置球面的基准点、半径，也可以通过文本框直接输入半径的数值。

同圆柱曲面、锥体曲面类似，可以通过“扫描角度”选项创建不完整的球面，如图 5-7b 所示。

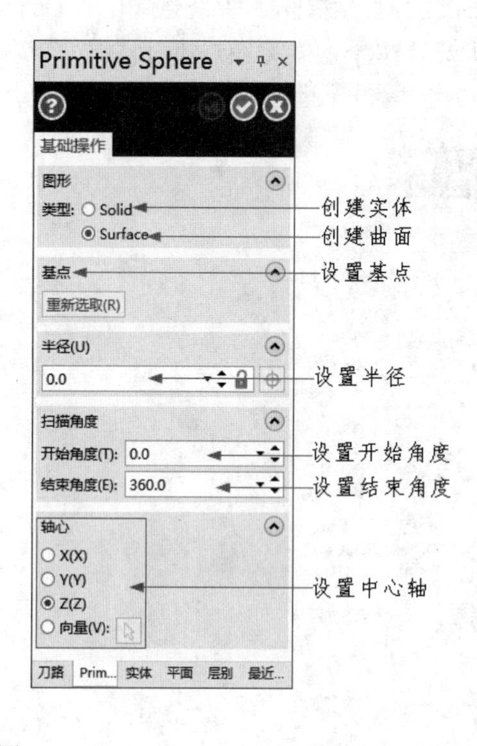

图 5-6 “Primitive Sphere（圆球）”对话框

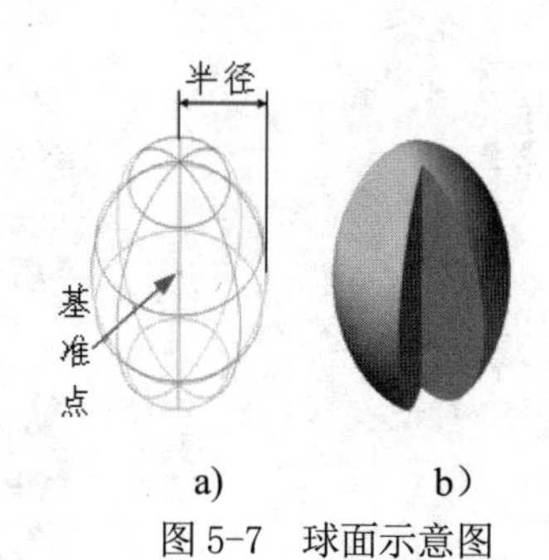

图 5-7 球面示意图

5.1.5 圆环面的创建

单击“曲面”选项卡“基本实体”面板中的“圆环体”按钮，系统弹出“Primitive Torus（圆环体）”对话框，如图 5-8 所示，设置相应的参数后，单击该对话框中的“确定”按钮，即可在绘图区创建圆环曲面。“Primitive Torus（圆环体）”对话框各选项的含义如下：

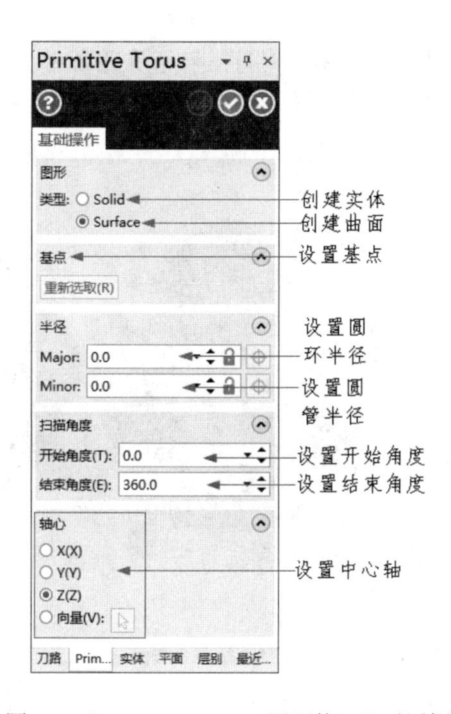

图 5-8 “Primitive Torus（圆环体）”对话框

“基点”组和“半径”组：分别用于设置圆环曲面的基准点、圆环半径、圆管半径，其中圆环的基准点是指圆环底部的圆心。

同样，通过“扫描角度”选项可以设置圆环的开始和结束角度，从而创建不完整的圆环曲面，如图 5-9 所示。

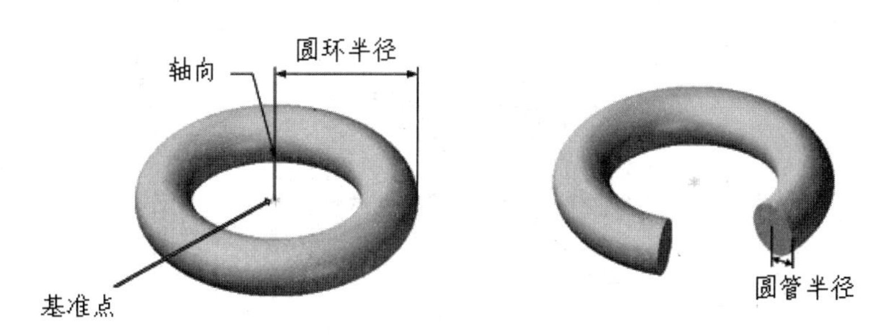

图 5-9 圆环曲面示意图

5.2 高级曲面的创建

Mastercam 不仅提供了创建基本曲面的功能，而且还允许由基本图素构成的一个封闭或开放的二维实体通过拉伸、旋转、举升等命令而创建复杂曲面。

5.2.1 创建直纹/举升曲面

用户可以将多个截面按照一定的算法顺序连接起来形成曲面，如图 5-10a 所示；若每个截形之间用曲线相连，则称为举升曲面，如图 5-10b 所示；若每个截形之间用直线相连，则称为直纹曲面，如图 5-10c 所示。

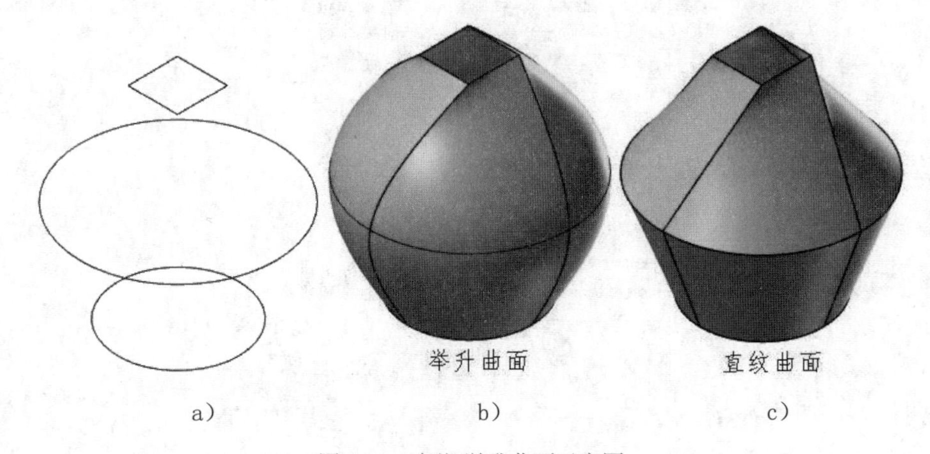

图 5-10 直纹/举升曲面示意图

在 Mastercam 2019 中，创建直纹曲面和举升曲面由同一命令来执行，其操作步骤如下。

01 单击“曲面”选项卡“建立”面板中的“举升”按钮。

02 弹出“串连选项”对话框，在绘图区选择作为截形的数个串连。

03 系统弹出“直纹/举升曲面”对话框，如图 5-11 所示，在对话框中设置相应的参数后，单击“确定”按钮。

值得注意的是，无论是直纹曲面还是举升曲面在创建时必须注意图素的外形起始点是否相对，否则会产生扭曲的曲面，同时全部外形的串连方向必须朝向一致，否则容易产生错误的曲面。

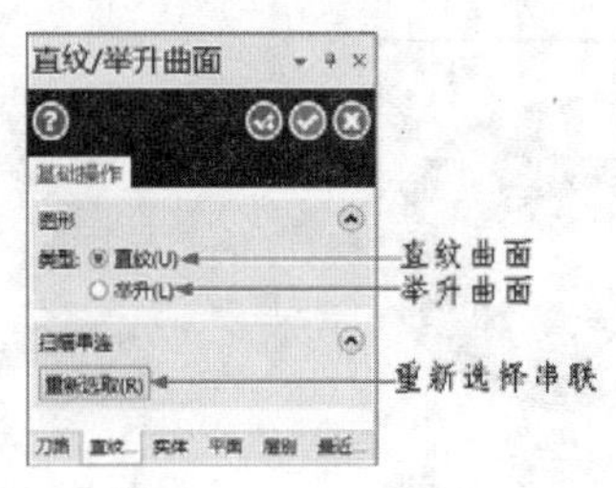

图 5-11 “直纹/举升曲面”对话框

5.2.2 创建旋转曲面

创建旋转曲面是将外形曲线沿着一条旋转轴旋转而产生的曲面，外形曲线的构成图素可以是直线、圆弧等图素串连而成的。在创建该类曲面时，必须保证在生成曲面之前首先分别绘制出母线和轴线。

例 5-1 创建如图 5-12 所示的旋转曲面。

网盘\视频教学\第5章\创建旋转曲面. MP4

操作步骤如下：

01 单击“曲面”选项卡“建立”面板中的“旋转”按钮。

02 系统弹出“串联选项”对话框，同时系统提示：“选择轮廓曲线 1”，然后在绘图区域选择轮廓曲线，单击对话框中的“确定”按钮，系统提示：“选择旋转轴”，在绘图区选择旋转轴，如图 5-13 所示。

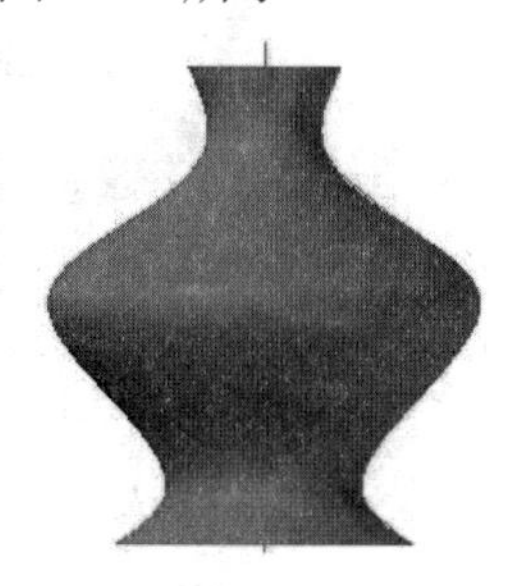

图 5-12　旋转曲面

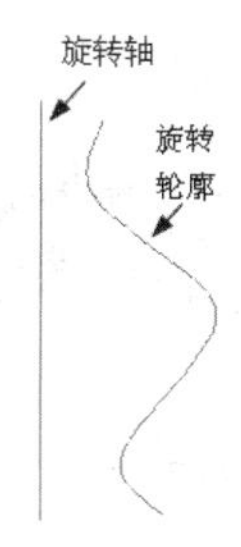

图 5-13　选择母线和旋转轴

03 系统弹出“旋转曲面”对话框，如图 5-14 所示，设置“开始角度”为 0，“结束角度”为 360，单击“确定”按钮，结果如图 5-12 所示。

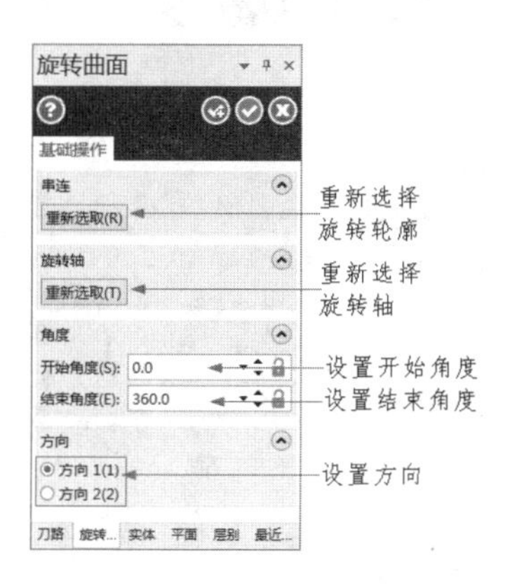

图 5-14　“旋转曲面”对话框

如果不需要旋转一周，可以在开始角度和结束角度输入指定的值，并在旋转时指定旋转方向即可。

5.2.3 创建补正曲面

补正曲面是指将选定的曲面沿着其法线方向移动一定距离。与平面图形的偏置一样，补正曲面命令在移动曲面的同时，也可以复制曲面。

例 5-2 创建如图 5-15 所示的补正曲面。

网盘\视频教学\第5章\创建补正曲面. MP4

操作步骤如下：

01 单击“曲面”选项卡“建立”面板中的“补正”按钮，系统提示：“选择要补正的曲面”。

02 在绘图区选择曲面为要补正的曲面，如图 5-16 所示。

图 5-15　补正曲面

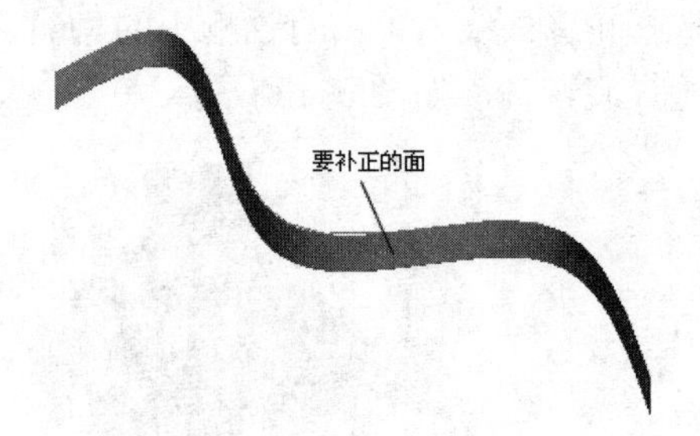

图 5-16　选择要补正的曲面

03 系统弹出“曲面补正”对话框，如图 5-17 所示，设置补正曲面的距离为 20，单击“确定”按钮，结果如图 5-15 所示。

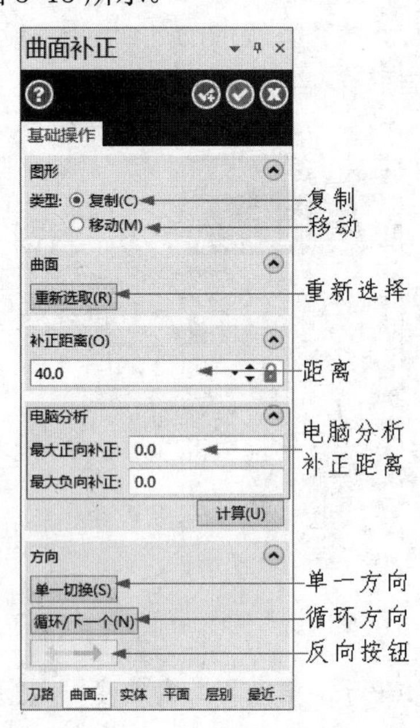

图 5-17　“曲面补正”对话框

5.2.4 创建扫描曲面

扫描曲面是指用一条截面线沿着轨迹移动所产生的曲面。截面和线框既可以是封闭的，也可以是开式的。

按照截形和轨迹的数量，扫描操作可以分为两种情形，第一种是轨迹线为一条，而截形为一条或多条，系统会自动进行平滑的过渡处理；另一种是截形为一条，而轨迹线为一条或两条。

例 5-3 创建如图 5-18 所示的扫描曲面。

图 5-18 扫描曲面

网盘\视频教学\第5章\创建扫描曲面. MP4

操作步骤如下：

01 单击“曲面”选项卡“建立”面板中的“扫描”按钮，系统弹出“串联选项”对话框，同时系统提示：“扫描曲面：定义 截断方向外形”。

02 在绘图区依次选择圆弧为扫描轮廓线，系统提示：“扫描曲面：定义 截面方向串连 2”，选择两直线为扫描轨迹线，如图 5-19 所示，然后单击对话框中的“确定”按钮。

03 系统弹出“扫描曲面”对话框，如图 5-20 所示，在对话框中勾选“两条引导线”复选框，单击“确定”按钮，结果如图 5-18 所示。

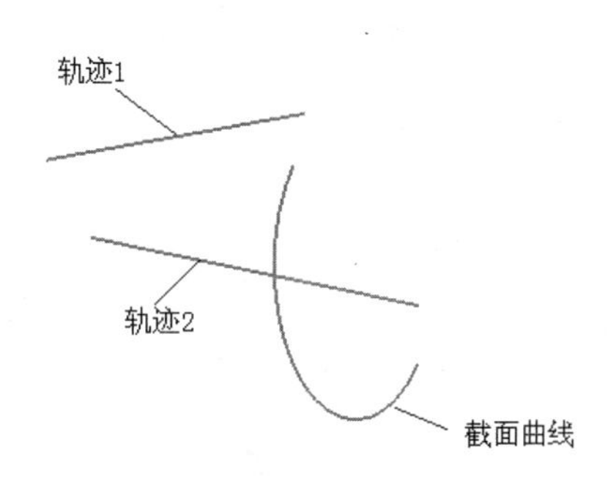

图 5-19 选择待扫描的截形和扫描轨迹线

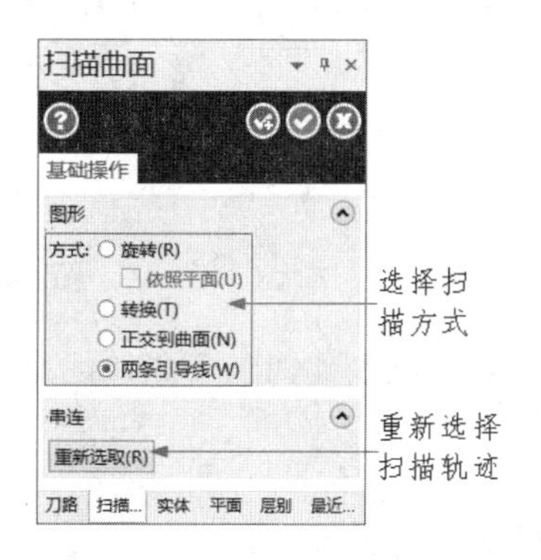

图 5-20 “扫描曲面”对话框

5.2.5 创建网格曲面

网格曲面是指直接利用封闭的图素生成的曲面。如图 5-21 左图所示，可以将 AD 曲线看作是起始图素，BC 曲线看作是终止图素，AB、DC 曲线看作是轨迹图素，即可得到如图 5-21 右图所示的网格曲面。

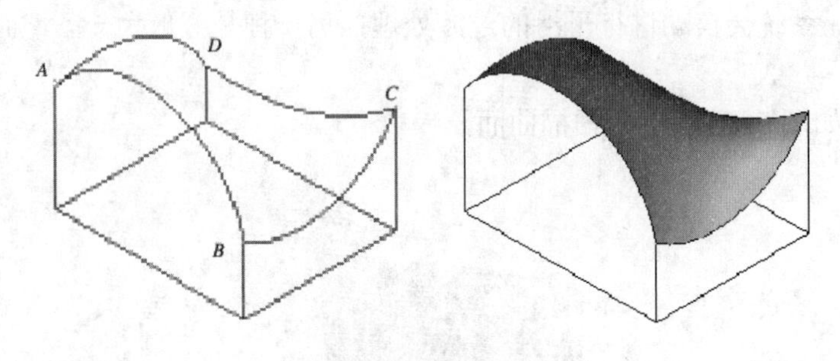

图 5-21　网格曲面

构成网格曲面的图素可以是点、线、曲线或者是截面外形。由多个单位网格曲面按行列式排列可以组成多单位的高级网格曲面。构建网格曲面有两种方式，它们是根据选取串连的方式划分的：自动串连方式和手动串连方式。对于大多数情况下，需要使用手动方式来构建网格曲面。

在自动创建网格曲面的状态下，系统允许选择 3 个串连图素来定义网格曲面。首先在网格曲面的起点附近选择两条曲线，然后在该两条曲线的对角位置选择第 3 条曲线，即可自动得到网格曲面，结果如图 5-22 所示。

值得注意的是，自动选取串连可能因为分支点太多以致不能顺利地创建网格曲面，技巧是单击串连设置对话框中的“单体”按钮，接着依次选择 4 个边界串连图素。

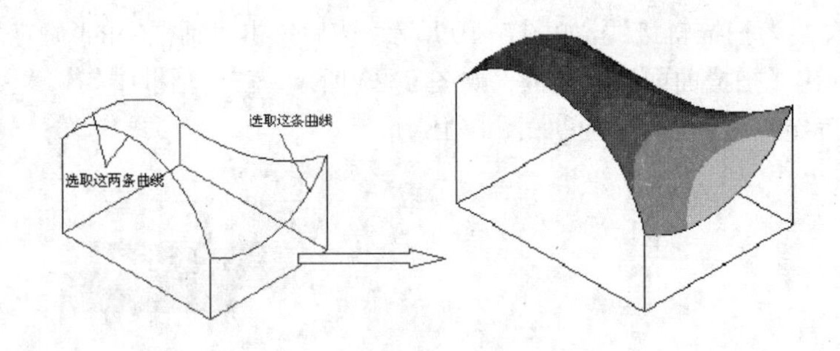

图 5-22　自动创建网格曲面

例 5-4 手动创建如图 5-23 所示网格曲面。

网盘\视频教学\第5章\创建网格曲面. MP4

操作步骤如下：

01 单击“曲面”选项卡“建立”面板中的“网格”按钮，系统弹出“串连选项”

对话框，此时“平面整修”中的选择项为“引导方向”也称为走刀方向，这表示曲面的深度由引导线来确定，也就是说曲面通过所有的引导线，也可以由截断方向或平均值来定曲线的深度。

02 单击“串连选项”对话框中的“单点”按钮，接着选择网格曲面的基准点，如图 5-24 所标注的点，此点在曲面加工时会用到。

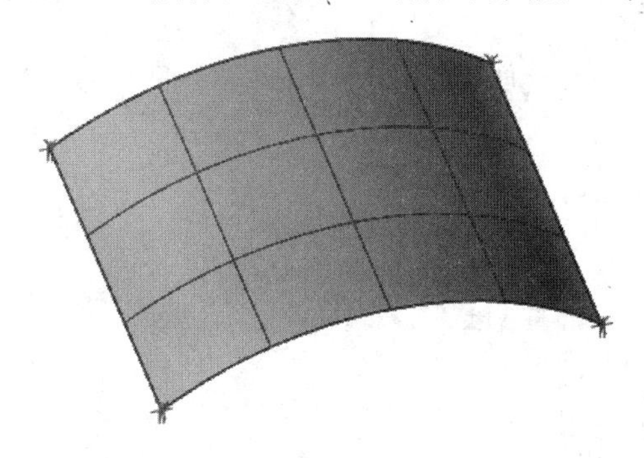

图 5-23　手动创建的网格曲面

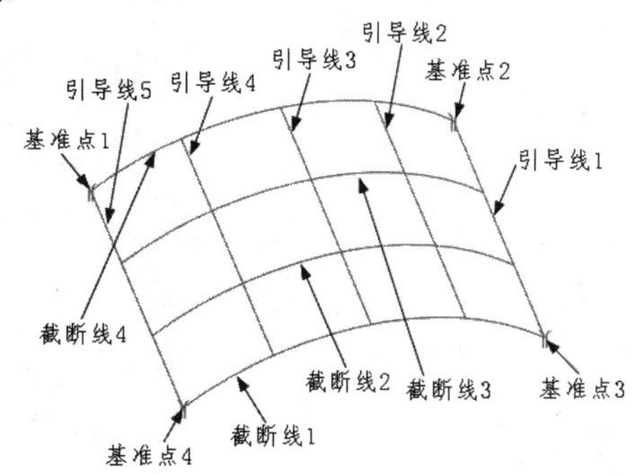

图 5-24　手动创建网格曲面要素

03 单击“串连选项”对话框中的“单体”按钮，再依次选取引导方向的曲线，如图 5-24 所示引导线。

04 依次选取如图 5-24 所示截断曲线。

05 单击“串连线框”对话框中的“确定”按钮，系统显示网格曲面。

06 单击“平面整修”面板中的“确定”按钮，完成操作，图 5-23 所示为手动创建的网格曲面。

5.2.6　创建围篱曲面

围篱曲面是通过曲面上的某一条曲线，生成与原曲面垂直或呈给定角度的直纹面。

操作步骤如下：

01 单击“曲面”选项卡“建立”面板中的“围篱”按钮，系统提示：“选择曲面”，在绘图区域选择曲面。

02 系统弹出“串联选项”对话框，在绘图区域依次选择基面中的曲线，然后单击“串连选项”对话框中的“确定”按钮。

03 系统弹出“围篱曲面”对话框，如图 5-25 所示，设置相应的旋转参数后，单击“确定”按钮，完成操作。

“围篱曲面”对话框中各选项的含义如下：

（1）“熔接方式”组：设置围篱曲面的熔接方式，包括以下三种方式：

1）固定：所有扫描线的高度和角度均一致，以起点数据为准。

2）立体混合：根据一种立方体的混合方式生成。

3）线性锥度：扫描线的高度和角度方向呈线性变化。

（2）“串连”组：选择交线。

（3）“曲面”组：选择曲面。

（4）“高度”组：分别设置曲面的开始和结束的高度。

（5）“角度”组：分别设置曲面的开始和结束的角度。

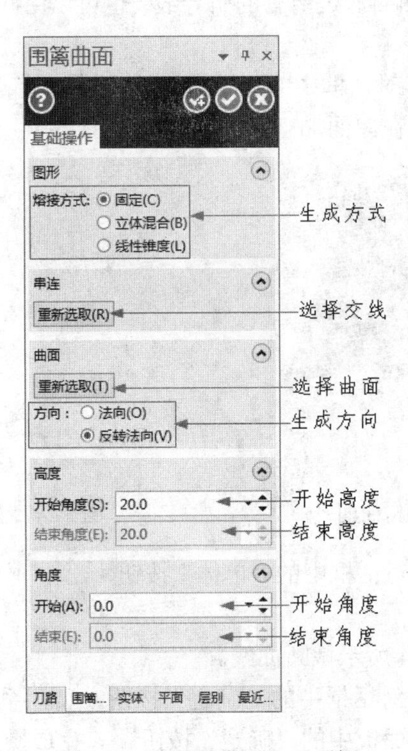

图 5-25 “围篱曲面”对话框

5.2.7 创建牵引曲面

牵引曲面是指将一串连的图素沿着指定方向拉出牵引曲面。该命令常用于构建截面形状一致或带拔模斜角的模型。

例 5-5 创建如图 5-26 所示的牵引曲面。

图 5-26 牵引曲面示意

网盘\视频教学\第5章\创建牵引曲面. MP4

操作步骤如下：

01 单击“曲面”选项卡“建立”面板中的“牵引”按钮。

02 弹出“串连选项”对话框，在绘图区域选取如图 5-27 所示的曲线为牵引的曲线，单击对话框中的“确定”按钮。

03 系统弹出“牵引曲面”对话框，如图 5-28 所示，在“尺寸”组中的“长度”文本框中设置长度为“20”，在“Running length（倾斜角度）”文本框中设置倾斜角度为 20，然后单击“确定”按钮，结束牵引曲面的创建操作，结果如图 5-26 所示。

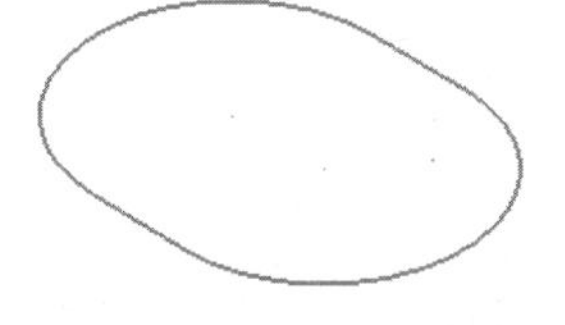

图 5-27　选取要牵引的曲线

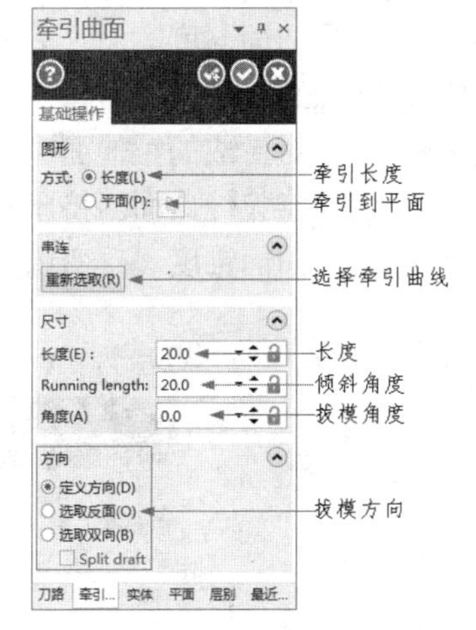

图 5-28　“牵引曲面”对话框

图 5-28 所示“牵引曲面”对话框中各选项的含义如下：

（1）“图形”选项组：选择“长度”选项则牵引的距离由牵引长度给出，此时长度、倾斜角度和锥角选项被激活；选择“平面”则表示生成延伸至指定平面的牵引平面，此时锥角和选择平面选项被激活。

（2）“尺寸”组：设置牵引曲面的参数，包括以下三种方式：

1）“长度”：设置牵引曲面的牵引长度。

2）“Running length（倾斜角度）”：设置倾斜长度

3）“角度”：设置牵引角度。

5.2.8　创建拉伸曲面

拉伸曲面与牵引曲面类似，它也是将一个截形沿着指定方向移动而形成曲面，不同的是拉伸曲面增加了上下两个封闭平面，图 5-29 所示为拉伸曲面。

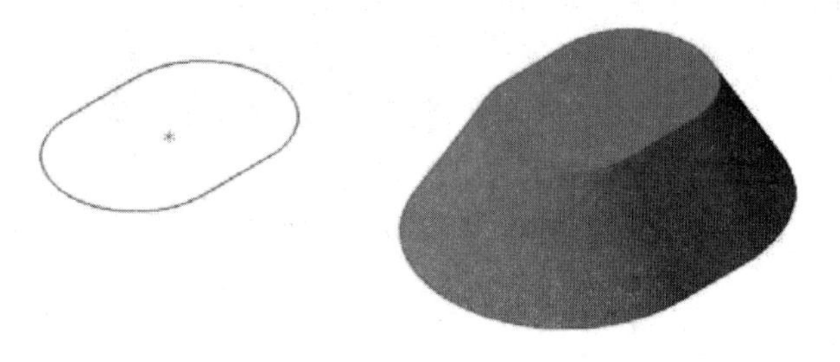

图 5-29　拉伸曲面比较示意图

拉伸曲面的创建流程和牵引曲面大同小异，下面对“拉伸曲面”对话框中各选项的含义进行介绍，如图 5-30 所示。

（1）“串连”组：设置串连图素，重新定义拉伸曲面的曲线。

（2）“基点”组：确定基准点。

（3）“尺寸”组：设置拉伸曲面的参数，包括以下五个参数：

1）“高度”：设置曲面高度。

2）“比例”：按照给定的条件对拉伸曲面整体进行缩放。

3）“旋转角度”：对生成的拉伸面进行旋转。

4）“偏移距离”：将拉伸曲面沿挤压垂直的方向进行偏置。

5）“拔模角度”：曲面锥度，改变锥度方向。

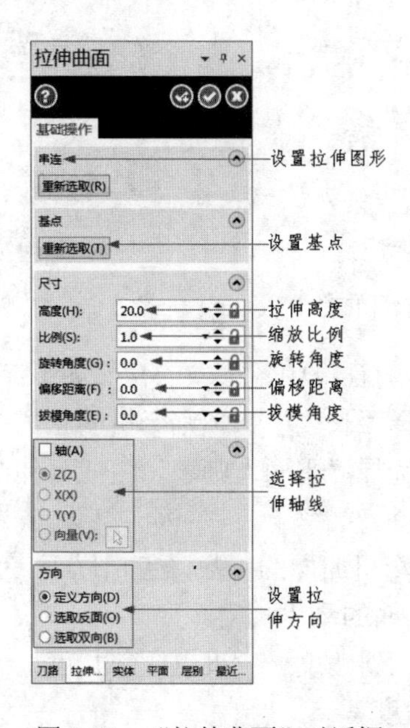

图 5-30 “拉伸曲面”对话框

5.3 曲面的编辑

Mastercam 提供强大的曲面创建功能同时，同时提供了灵活多样的曲面编辑功能，用户可以利用这些功能非常方便地完成曲面的编辑工作。图 5-31 所示为“曲面编辑”面板。

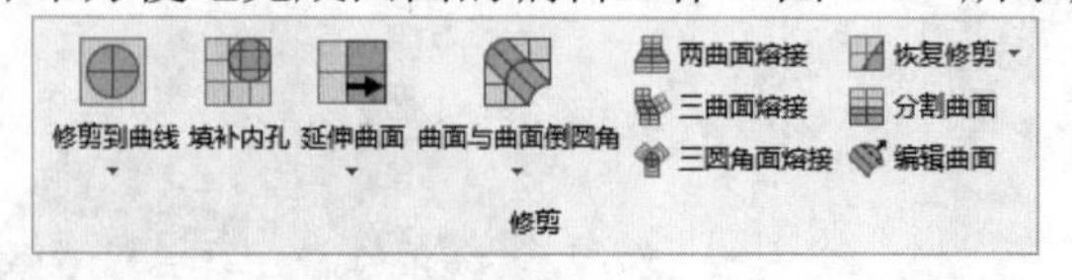

图 5-31 “曲面编辑”面板

5.3.1 曲面倒圆

曲面倒圆就是在两组曲面之间产生平滑的圆弧过渡结构，从而将比较尖锐的交线变得圆滑平顺。曲面倒圆角包括3种操作，分别为在曲面与曲面、曲面与平面以及曲线与曲面之间倒圆角。

1．曲面与曲面倒圆角

曲面与曲面倒圆角是指两个曲面之间创建一个光滑过渡的曲面。

例5-6 创建如图5-32所示的曲面与曲面倒圆角。

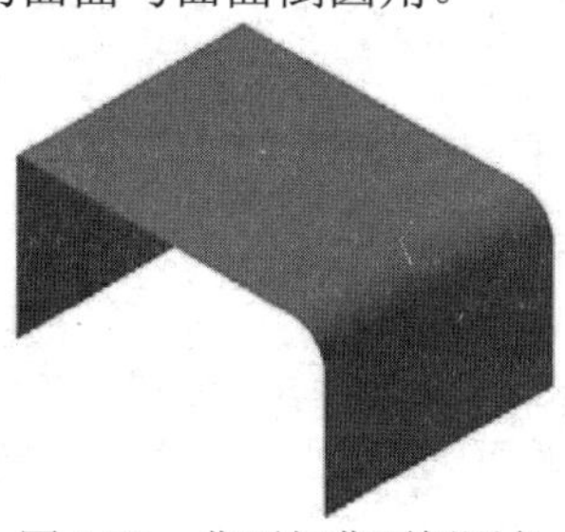

图5-32　曲面与曲面倒圆角

网盘\视频教学\第5章\曲面与曲面倒圆角MP4

操作步骤如下：

01 单击“曲面”选项卡“修剪”面板中的“曲面与曲面倒圆角”按钮。

02 根据系统的提示，依次选取第一个曲面、第二个曲面，如图5-33所示。

03 系统弹出“Surface Fillet to Surfaces（两曲面倒圆角）”对话框，如图5-34所示，在对话框中设置倒圆半径为10，系统显示曲面之间的倒圆曲面，最后单击“确定”按钮，结束倒圆角操作，结果如图5-32所示。

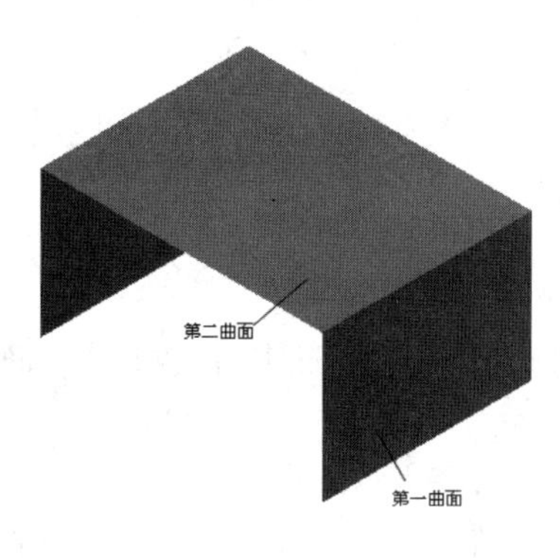

图5-33　选取第一个曲面、第二个曲面

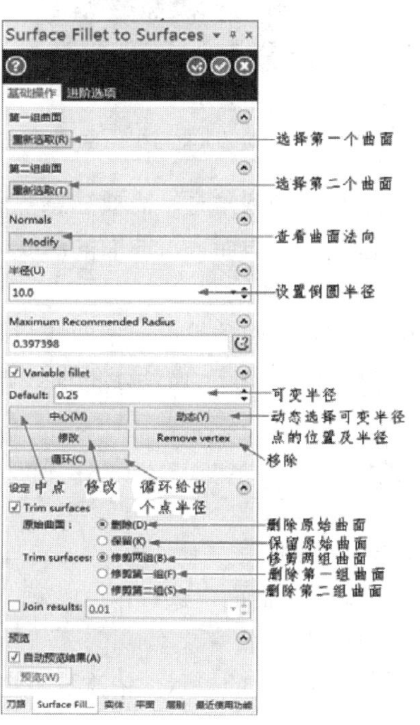

图5-34　“Surface Fillet to Surfaces（两曲面倒圆角）”对话框

2．曲面与平面倒圆角

曲面与平面倒圆角是指一个曲面与平面之间创建一个光滑过渡的曲面。

例 5-7　创建如图 5-35 所示的曲面与平面倒圆角。

网盘\视频教学\第5章\曲面与平面倒圆角. MP4

操作步骤如下：

01 单击“曲面”选项卡“修剪”面板“曲面与曲面倒圆角”下拉菜单中的“曲面与平面倒圆角”按钮。

02 根据系统的提示，选取曲面，按 Enter 键,然后弹出“选择平面”对话框，利用“选择平面”对话框选择相应的平面，(此处选择生成该圆柱曲面的圆所在的平面)，如图 5-36 所示。

03 系统弹出“Surface Fillet to Plane(曲面与平面倒圆角)”对话框，设置相应的倒圆角参数，系统显示过渡曲面，最后单击“确定”按钮，结束倒圆角操作，结果如图 5-35 所示。

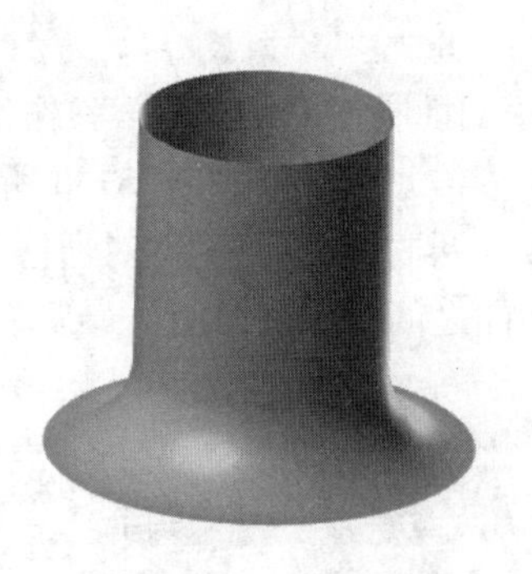

图 5-35　曲面与平面倒圆角

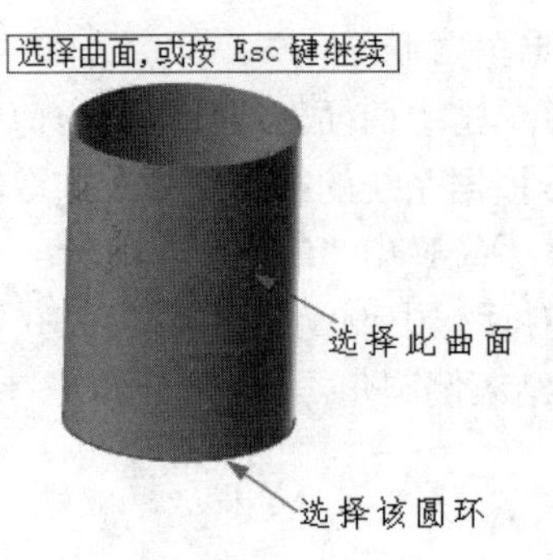

图 5-36　选取曲面图

对曲面进行倒圆角时，需要注意各曲面法线方向的指向，只有法线方向正确才可能得到正确的圆角。一般而言，曲面的法线方向是指向各曲面完成倒圆角后的圆心方向。

3．曲线与曲面倒圆角

曲线与曲面倒圆角是指一条曲线与曲面之间创建一个光滑过渡的曲面。

例 5-8 创建如图 5-37 所示的曲线与曲面倒圆角。

网盘\视频教学\第5章\曲线与曲面倒圆角. MP4

操作步骤如下：

01 单击“曲面”选项卡“修剪”面板“曲面与曲面倒圆角”下拉菜单中的“曲线与曲面倒圆角”按钮。

02 根据系统的提示，依次选取曲面、曲线，如图 5-38 所示。

系统弹出“Surface Fillet to Curves(曲线与曲面倒圆角)”对话框，设置相应的倒圆角参数，系统显示过渡曲面，最后单击“确定”按钮，结束倒圆角操作，结果如图 5-37 所示。

图 5-37 曲线与曲面倒圆角

图 5-38 选取曲面、曲线

5.3.2 修剪曲面

修剪曲面可以将所指定的曲面沿着选定边界进行修剪操作，从而生成新的曲面，这个边界可以是曲面、曲线或平面。

通常原始曲面被修整成两个部分，用户可以选择其中一个，作为修剪后的新曲面。用户还可以保留、隐藏或删除原始曲面。

修剪曲面包括 3 种操作，分别为修剪到曲面、修剪到曲线以及修剪到平面。

1. 修剪到曲面

例 5-9 创建如图 5-39 所示的修整到曲面。

网盘\视频教学\第5章\修整到曲面. MP4

操作步骤如下：

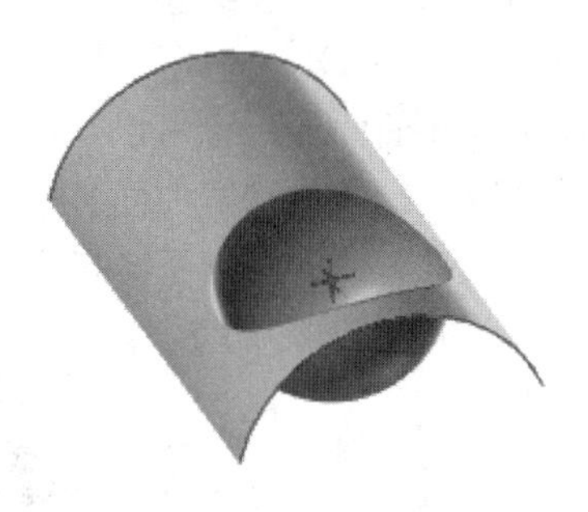

图 5-39 修整至曲面

01 单击“曲面”选项卡“修剪”面板“修剪到曲线”下拉菜单中的“修剪到曲面”按钮。

02 根据系统提示依次选取第一个曲面为球面，第二个曲面为半球面，如图 5-40 所示。

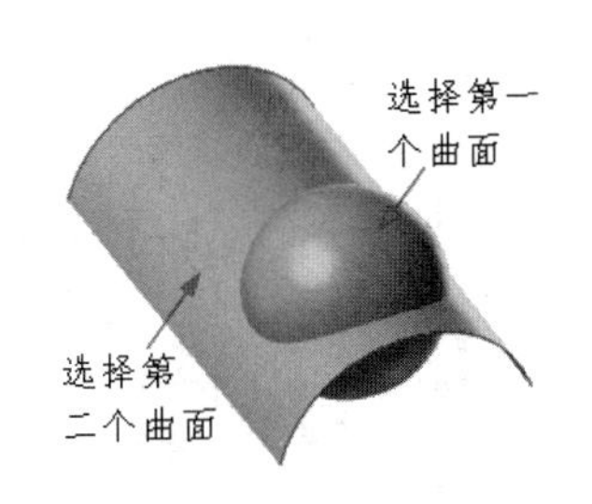

图 5-40 选取曲面

03 根据系统提示指定保留的曲面，单击球的下表面，此时系统显示一带箭头的光标，滑动箭头到剪后需要保留的位置上，再单击鼠标左键确定，然后选择圆柱面的外侧为第二个曲面要保留的曲面。

04 系统显示球面被修整后的图形，用户还可以利用“修剪到曲面”对话框来设置参数，如图 5-41 所示，从而改变修剪效果，最后“确定”按钮，结束曲面修剪操作，结果如图 5-39 所示。

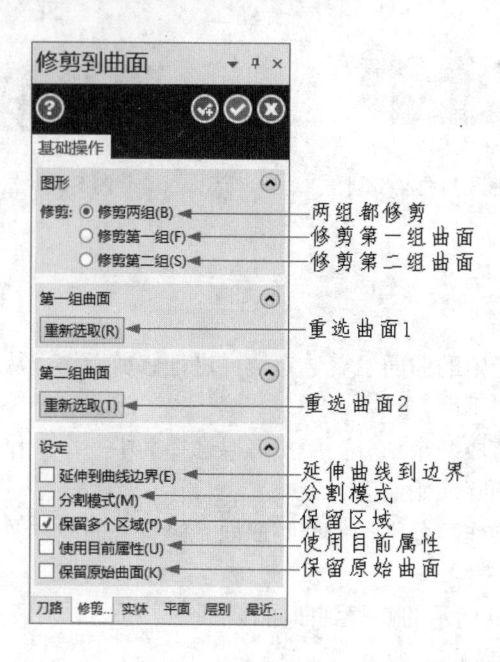

图 5-41 “修剪到曲面”对话框

2. 修剪到曲线

修剪到曲线实际上就是从曲面上剪去封闭曲线在曲面上的投影部分，如图 5-42 所示，因此需要通过对话框选择投影方向。

利用曲线修剪曲面时，曲线可以在曲面上，也可以在曲面外。当曲线在曲面外时，系统自动将曲线投影到曲面上，并利用投影曲线修剪曲面。曲线投影在曲面上有两种方式：一种是对绘图平面正交投影，另一种是对曲面法向正交投影。

修剪至曲线对话框中的各项说明如图 5-43 所示。

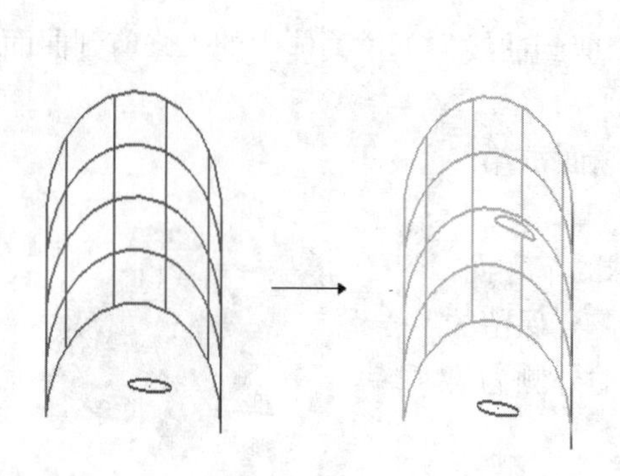

图 5-42 修剪到曲线示意图

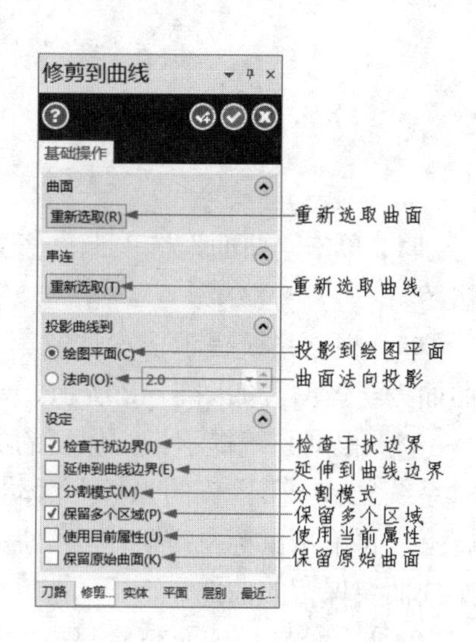

图 5-43 “修剪到曲线”对话框

3. 修剪到平面

修剪到平面实际上就是曲面以平面为界，去除或分割部分曲面的操作。其操作过程和曲面与平面倒圆角类似，本文就不再赘述了，由读者独立完成。

5.3.3 曲面延伸

曲面延伸就是将选定的曲面延伸指定的长度，或延伸到指定的曲面。

例 5-10 创建如图 5-44 所示的曲面。

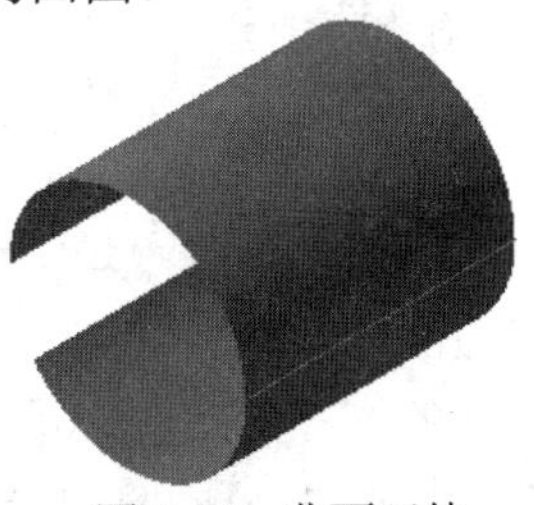

图 5-44　曲面延伸

网盘\视频教学\第5章\曲面延伸. MP4

操作步骤如下：

01 单击“曲面”选项卡“修剪”面板中的“延伸曲面”按钮。

02 根据系统的提示选取要延伸的曲面。

03 系统显示带箭头的移动光标，根据系统的提示选择要延伸的边界，如图 5-45 所示。

图 5-45　选择要延伸的边界

04 系统显示默认延伸曲面，利用“曲面延伸”对话框设定延伸长度为 2，如图 5-46 所示，最后单击“确定”按钮，结束曲面延伸操作，结果如图 5-44 所示。

“曲面延伸”对话框中选项的说明如下：

（1）“类型”组：设置曲面延伸的类型。

1）“线性”：沿当前构图面的法线按指定距离进行线性延伸，或以线性方式延伸到指定平面。

2）“到非线”：按原曲面的曲率变化进行指定距离非线性延伸，或以非线性方式延伸到指定平面。

（2）“到平面”：单击此项，弹出“选择平面”对话框，在对话框中设定或选取所需的平面。

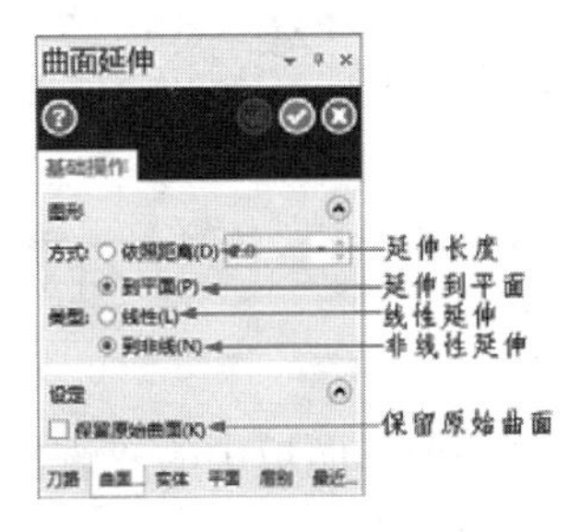

图 5-46　“曲面延伸”对话框

5.3.4 填补内孔

此命令可以在曲面的孔洞处创建一个新的曲面。

例 5-11 填补如图 5-47 所示的内孔。

网盘\视频教学\第5章\填补内孔. MP4

操作步骤如下：

01 单击“曲面”选项卡“修剪”面板中的“填补内孔”按钮。

02 选择需要填补洞孔的修剪曲面，曲面表面有一临时的箭头，如图 5-48 所示。

03 移动箭头的尾部到需要填补的洞孔的边缘，单击鼠标左键，此时洞孔被填补。

04 在系统弹出的“填补内孔”对话框中设置相应的转换参数后，单击“确定”按钮完成填补内孔操作，如图 5-47 所示。

值得注意的是如果选择的曲面上有多个孔，则选中孔洞的同时，系统还会弹出“警告”对话框，利用该对话框可以选择是填补曲面内所有内孔，还是只填补选择的内孔。

图 5-47 填补内孔示意图

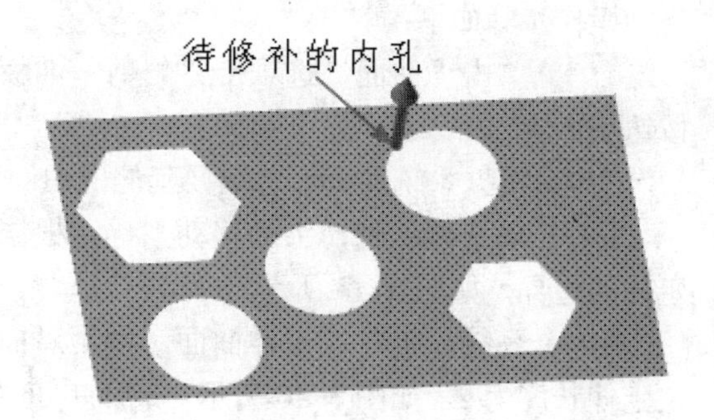

图 5-48 选择需要填补洞孔

5.3.5 恢复到修剪边界

恢复到修剪边界是指将曲面的边界曲线移除，它和填补内孔有点类似，只是填补的洞孔是以选取的边缘为边界的新建曲面，修剪曲面仍存在洞孔的边界；而恢复到修剪边界则没有产生新的曲面。

例 5-12 移除如图 5-49 所示的孔边界。

网盘\视频教学\第5章\移除边界. MP4

操作步骤如下：

01 单击“曲面”选项卡“修剪”面板中的“恢复到修剪边界”按钮。

02 选择需要移除边界的修剪曲面，曲面表面有一临时的箭头，如图 5-50 所示。

03 系统弹出“警告”对话框，如图 5-51 所示，单击“是”按钮，选择移除所有的边界，如图 5-49a 所示，单击“否”按钮，选择移除所选的边界，如图 5-49b 所示。

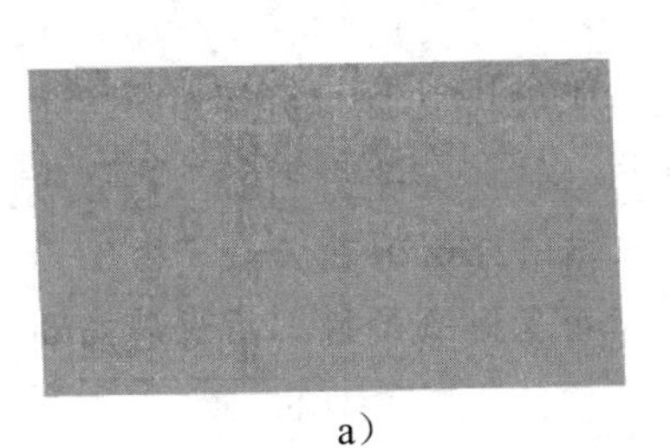
a）

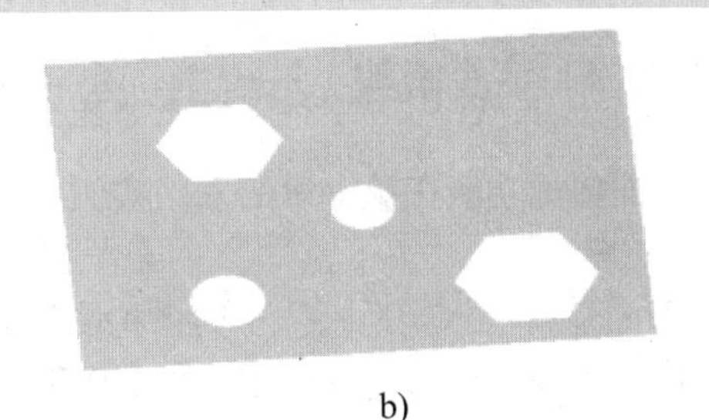
b)

图 5-49　移除边界示意图

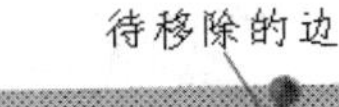

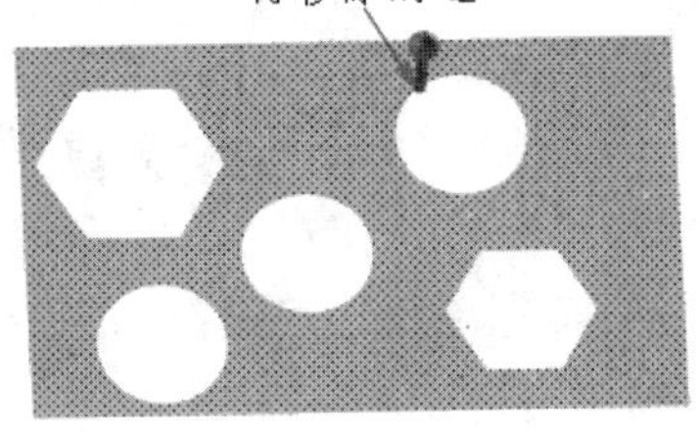

图 5-50　选择移除边界

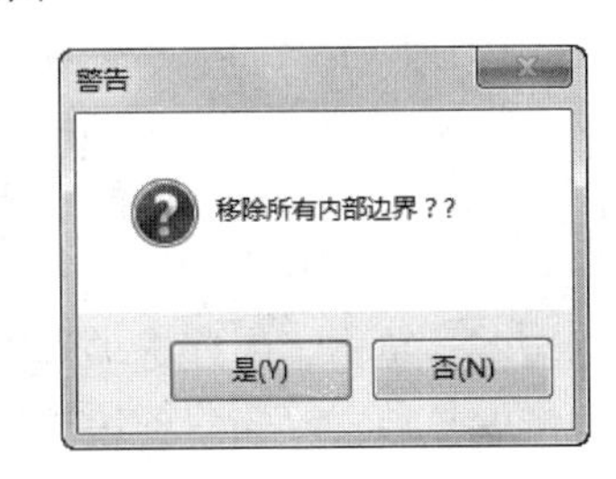

图 5-51　“警告”对话框

5.3.6　分割曲面

分割曲面是指将曲面在指定的位置分割开，从而将曲面一分为二。

例 5-13 创建如图 5-52 所示的分割曲面。

网盘\视频教学\第5章\分割曲面. MP4

操作步骤如下：

01 单击“曲面”选项卡“修剪”面板中的“分割曲面”按钮。

02 系统提示：“选择曲面”，根据系统提示在绘图区选择待分割处理的曲面，曲面表面有一临时的箭头，如图 5-53 所示。

03 系统提示：“请将箭头移至要拆分的位置”，根据系统的提示在待分割的曲面上选择分割点，利用“拆分曲面”对话框中的“方向”组中的“U”、“V”复选框，设置拆分方向，最后单击“确定”按钮，完成曲面分割操作，结果如图 5-52 所示。

图 5-52　分割曲面示意图

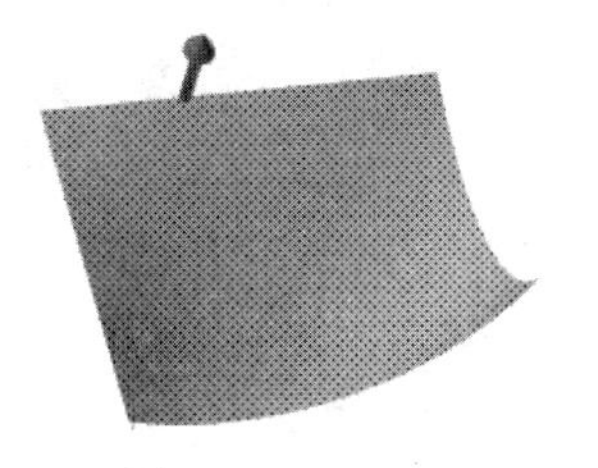

图 5-53　选择分割点

5.3.7　平面修剪

平面修剪功能在第 1 章的入门实例中就用过此功能，下面具体介绍一下这个命令的含义及操作步骤。

平面修剪实际就是以位于同一构图平面的封闭曲线为边界，生成带边界的平面。这项命令可以用矩形或任何具有封闭边界的平面形状，快速生成平坦的曲面。

操作步骤如下：

01 单击“曲面”选项卡“建立”面板中的“平面修剪”按钮，系统弹出“串联选项”对话框并提示“选择要定义平面边界的串连 1”。

02 依次选取平面的边界，每次选取后，系统都会提示“选择要定义平面边界的串连 2”。

03 单击“串连选项”对话框中的“确定”按钮，系统显示生成的平面。

04 单击“恢复到边界”对话框中的“确定”按钮。

图 5-54 是平面修剪的示例。

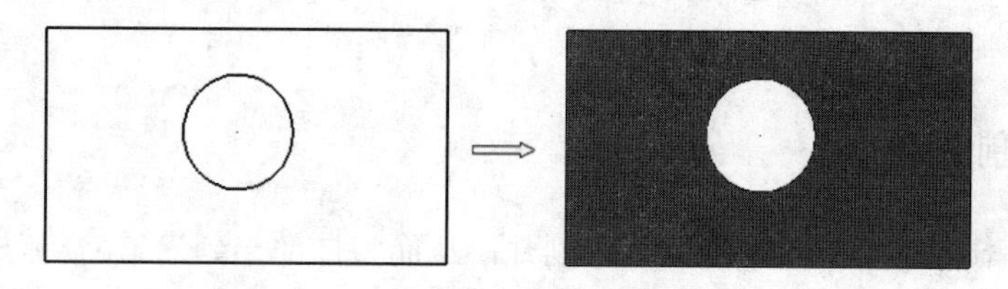

图 5-54　平面修剪示例

5.3.8　曲面熔接

曲面熔接是指将两个或三个曲面通过一定的方式连接起来。Mastercam 提供了 3 种熔接方式：两曲面熔接、三曲面熔接、三圆角曲面熔接。

1．两曲面熔接

两曲面熔接是指在两个曲面之间产生与两曲面相切的平滑曲面。

例 5-14 创建如图 5-55 所示两曲面熔接。

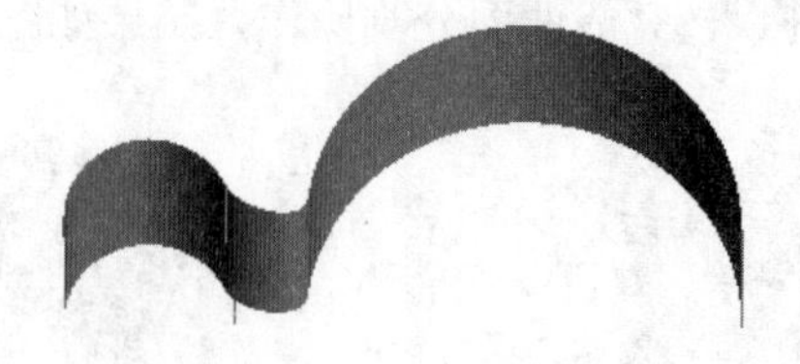

图 5-55　两曲面熔接

网盘\视频教学\第5章\两曲面熔接. MP4

操作步骤如下：

01 单击“曲面”选项卡“修剪”面板中的“两曲面熔接”按钮。

02 根据系统的提示在绘图区依次选择第一个曲面及其熔接位置，第二个曲面及其熔接位置，如图 5-56 所示。

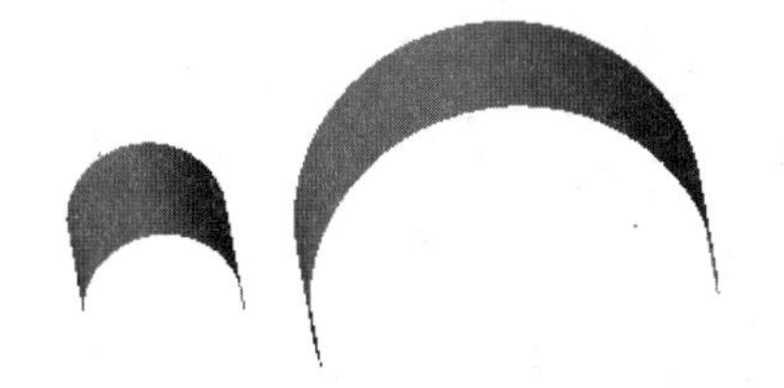

图 5-56 选择两曲面

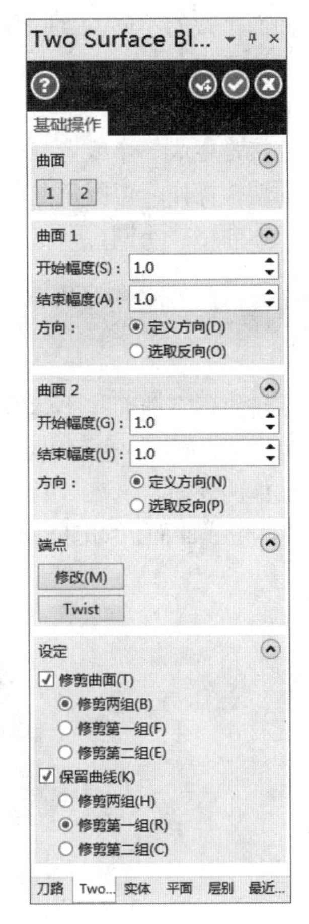

图 5-57 “Two Surface Blend（两曲面熔接）”对话框

03 弹出“Two Surface Blend（两曲面熔接）”对话框，如图 5-57 所示，设置“曲面 1”组和“曲面 2”组中的“开始幅度”和“结束幅度”值为“1”，单击“确定”按钮，结束两曲面的熔接操作，结果如图 5-55 所示。

对话框中各选项的含义如下：

（1）1：用于重新选取第 1 个曲面。

（2）2：用于重新选取第 2 个曲面。

（3）“开始幅度”和“结束幅度”：用于设置第一个曲面和第二个曲面的起始和终止熔接值。默认为 1。

（4）“选取反向”：调整曲面熔接的方向。

（5）“修改”：修改曲线熔接位置

（6）“Twist”：扭转熔接曲面。

（7）“设定”组：用于设置第一个曲面和第二个曲面是否要修剪，它提供了 4 个选项：修剪两组，即修剪或保留两组； 修剪第一组，即只修剪或保留第一个曲面；修剪第二组，即只修剪或保留第二个曲面。

2. 三曲面熔接

三曲面熔接是指在三个曲面之间产生与三曲面相切的平滑曲面。三曲面熔接与两曲面熔接的区别在于曲面个数的不同。三曲面熔接的结果是得到一个与三曲面都相切的新曲面。其操作与两曲面熔接类似。

3. 圆角三曲面熔接

圆角三曲面熔接是生成一个或者多个与被选的三个相交倒角曲面相切的新曲面。该项命令类似于三曲面熔接操作，但圆角曲面熔接能够自动计算出熔接曲面与倒角曲面的相切位置，这一点与三曲面熔接不同。

5.4 曲面与实体的转换

Mastercam 系统提供了曲面与实体造型相互转换的功能，使用实体造型方法创建的实体模型可以转换为曲面，同时，也可以将编辑好的曲面转换为实体模型。由实体生成曲面，实际上就是提取实体的表面。

例 5-15 由实体生成曲面，如图 5-58 所示。

图 5-58　曲面由实体生成

网盘\视频教学\第5章\由实体生成曲面. MP4

操作步骤如下：

01 单击“曲面”选项卡“建立”面板中的“由实体生成曲面”按钮。根据系统提示选择曲面。

02 选择实体则实体所有的表面都生成曲面，选择实体的指定面则仅被选择的面生成曲面，图 5-59 是选择了锥体的表面。

03 按 Enter 键，弹出“由实体生成曲面”对话框，在对话框中取消“保留原始实体”复选框，单击“确定”按钮，生成曲面。

为了验证选定实体的表面已生成曲面，则在实体管理器中删除实体，系统在绘图区显示出曲面。

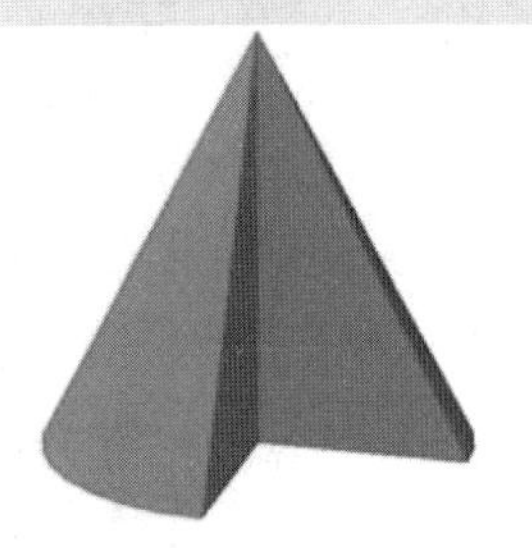

图 5-59 选择实体

5.5 空间曲线的创建

创建曲线功能是在曲面或实体上创建曲线，绝大部分曲线是曲面上的曲线。比如：创建曲面上的单一边界或全部边界，创建剖切等。

5.5.1 单一边界

单一边界命令是指沿被选曲面的边缘生成边界曲线。

例 5-16 创建如图 5-60 所示的边界曲线。

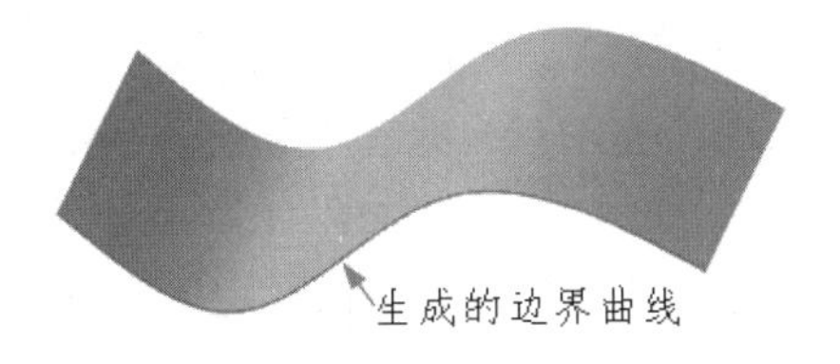

图 5-60 创建曲面单一边界

网盘\视频教学\第5章\单一边界. MP4

操作步骤如下：

01 单击“线框”选项卡“曲线”面板中的“单一边界线”按钮，系统提示“选择曲面”。

02 在视图区选择要创建单一边界线的曲面，接着系统显示带箭头的光标，并且提示“移动箭头到所需的曲面边界处”。

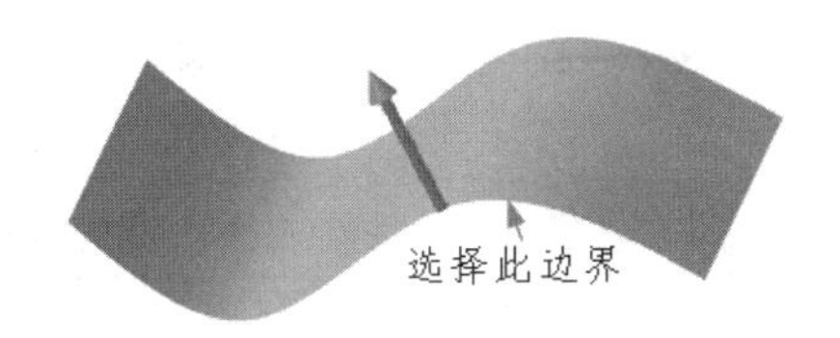

图 5-61 选择曲面边界

03 移动光标到所需的曲面边界处，如图 5-61 所示，单击鼠标左键确定，系统弹出提示：“设置选项，选择一个新的曲面，按 Enter 键或“确定”键，如果需要指定其他曲面的边界则再选择其他曲面。

04 系统弹出“单一边界线”对话框，采用默认设置，单击对话框中的“确定”按钮，完成操作，如图 5-60 所示。

5.5.2 所有曲线边界

所有曲面边界命令是指沿被选实体表面、曲面的所有边缘生成边界曲线。

例 5-17 创建如图 5-62 所示曲面的所有边界。

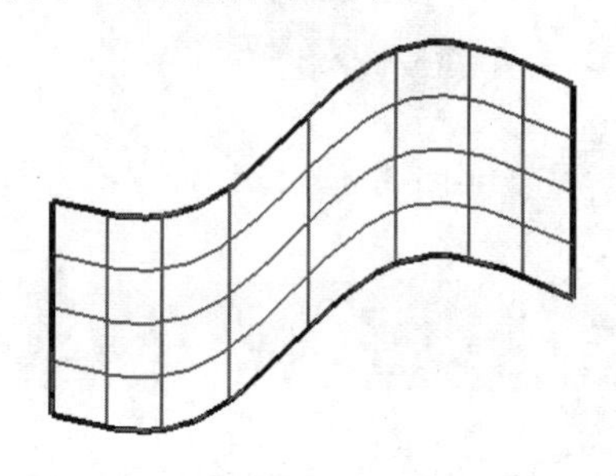

图 5-62 创建所有曲线边界

网盘\视频教学\第5章\所有曲线边界. MP4

01 单击“线框”选项卡“曲线”面板中的“所有曲线边界”按钮，系统提示“选取曲面、实体和实体表面”。

02 选取曲面，按 Enter 键，如图 5-63 所示。

03 系统提示：“设置选项，按 Enter 键或“确定”键。

04 系统弹出“创建所有曲面边界”对话框，在“公差”文本框中输入公差为 0.075，将生成的曲面边界按设定的公差打断。

05 单击对话框中的“确定”按钮，边界生成，如图 5-62 所示。

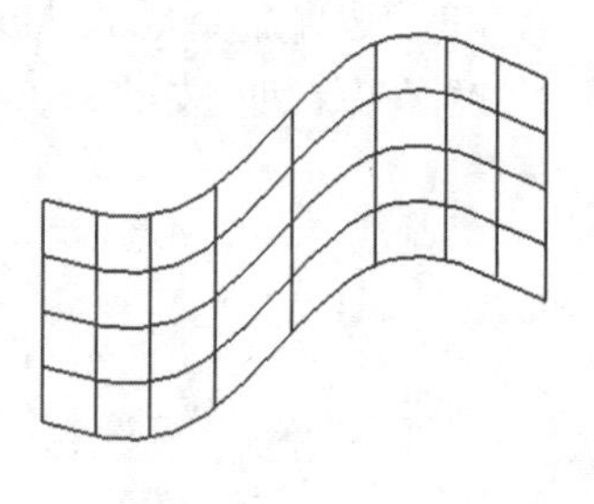

图 5-63 选取曲面

5.5.3 剖切线

剖切线是指曲面和平面的交线使用一个平面剖切一个曲面后，二者的交线即为剖切线。

例 5-18 创建如图 5-64 所示的剖切线。

网盘\视频教学\第5章\曲面剖切线. MP4

操作步骤如下：

01 单击“线框”选项卡“曲线”面板中的“剖切线”按钮，弹出“剖切线”对话框，如图 5-65 所示，同时系统提示选择曲面或曲线，按“应用”键完成。

02 由于直接选择被剖切的曲面，系统会默认当前构图面为剖切平面，而常常遇到的问题是指定平面剖切曲面，因此必须在“剖切线”对话框中设置剖切平面，单击“剖切线”对话框“平面”组中的“重新选取”按钮重新选取(R)，弹出“选择平面”对话框，在该对话框中选择“选择法向”按钮，在绘图区选择平面，完成剖切平面的设置。

03 在绘图区域选择平面和曲面，如图 5-66 所示，按 Enter 键。

图 5-64　剖切线　　　　图 5-65　“剖切线”对话框

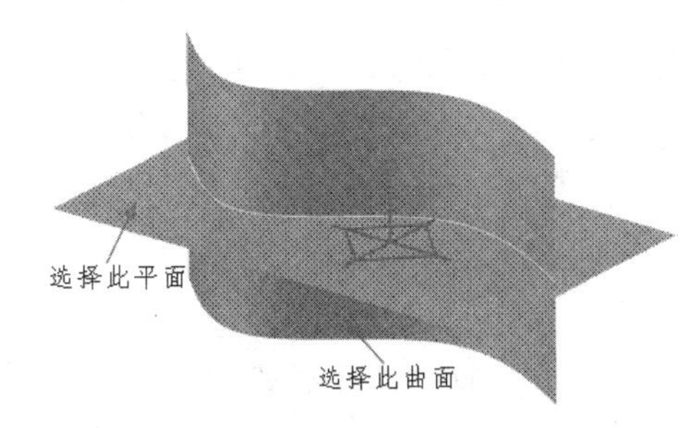

图 5-66　选择曲面和平面

04 设置平面偏移距离为 0，曲面补正距离为 0。

05 单击“确定”按钮，退出操作。

5.5.4　曲面交线

曲面交线命令是创建曲面之间相交处的曲线。

例 5-19 创建如图 5-67 所示的相交线。

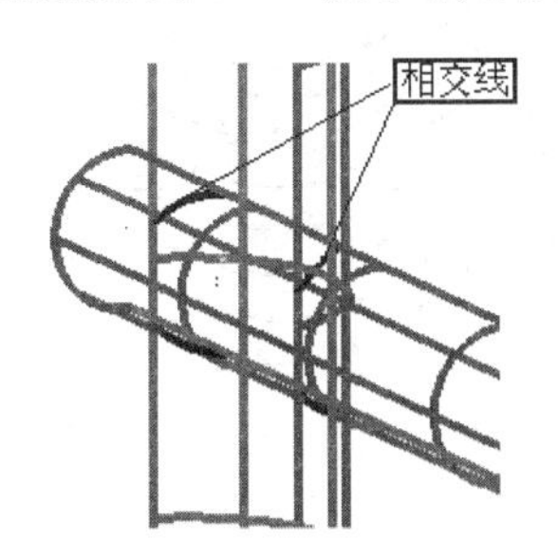

图 5-67　相交线

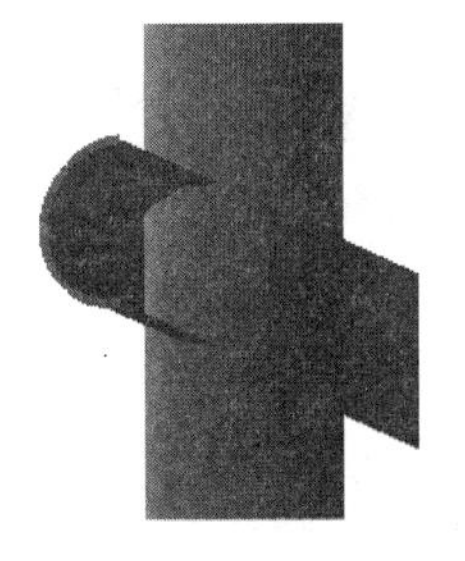

图 5-68　选择曲面

网盘\视频教学\第5章\曲面交线. MP4

操作步骤如下：

01 单击“线框”选项卡“曲线”面板“剖切线”下拉菜单中的“曲面交线”按钮。

02 根据提示选取第一个曲面，接着按 Enter 键，如图 5-68 所示。

03 接着选取第二个曲面，再按 Enter 键。

04 “曲面交线”对话框中设置“弦高公差”为 0.02，第一曲面和第二曲面的补正距离都为 0。工具条中各参数的意义如图 5-69 所示。

05 单击对话框中的“确定”按钮，退出操作，结果如图 5-67 所示。

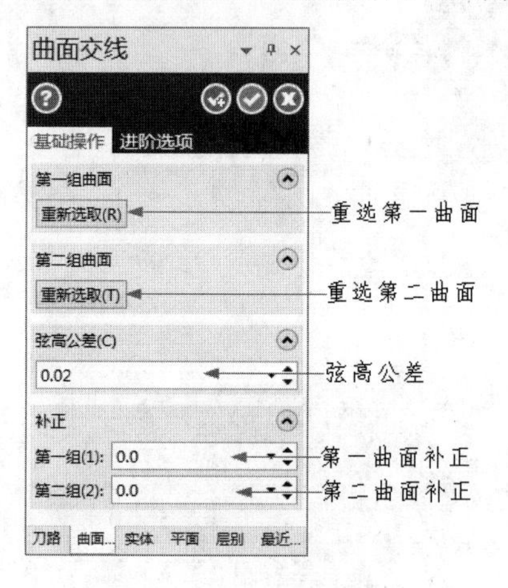

图 5-69 “曲面交线”对话框

5.5.5 流线曲线

流线曲面命令用于沿一个完整曲面在常数参数方向上构建多条曲线。如果把曲面看作一块布料，则曲面流线就是纵横交织构成布料的纤维。

例 5-20 创建如图 5-70 所示的流线曲线。

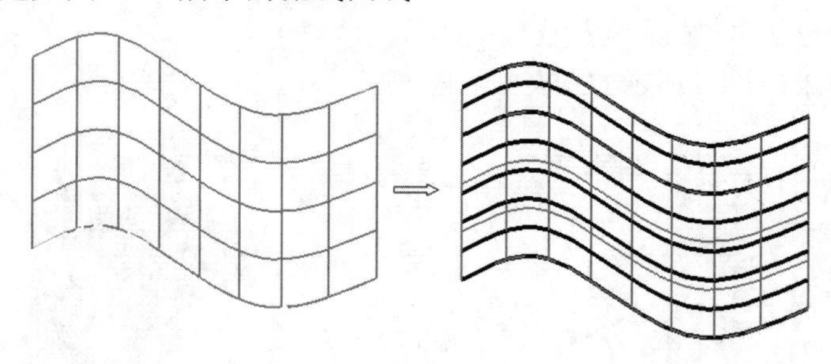

图 5-70 流线曲线

网盘\视频教学\第5章\流线曲线. MP4

操作步骤如下：

01 单击“线框”选项卡“曲线”面板“剖切线”下拉菜单中的“流线曲线”按钮，系统提示“选取曲面”。

02 在弹出的“流线曲线”对话框中设置参数，设置弦高公差为 0.02，曲线的间距为 3，如图 5-71 所示。

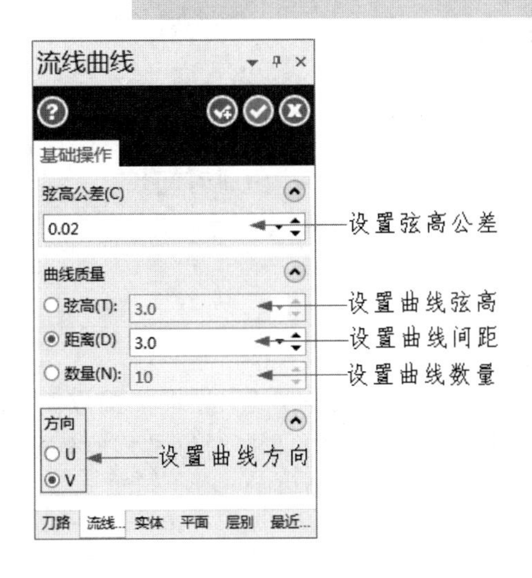

图 5-71 “流线曲线”对话框

03 选取曲面，系统显示流线曲线，如图 5-70 所示，如果不是所绘制方向，则通过勾选“方向”组中的“U”或“V”复选框改变方向。

04 单击“确定”按钮，退出操作。

5.5.6 绘制指定位置曲面曲线

绘制指定位置曲面曲线，是指在曲面上沿着曲面的一个或两个常数参数方向的指定位置构建一曲线。

例 5-21 创建如图 5-72 所示的缀面边线。

网盘\视频教学\第5章\缀面边线. MP4

操作步骤如下：

01 单击“线框”选项卡“曲线”面板“剖切线”下拉菜单中的“绘制指定位置曲面曲线”按钮，系统提示“选取曲面”。

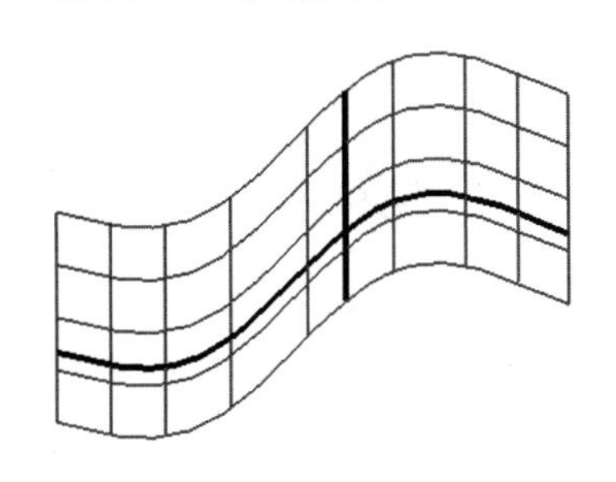

图 5-72 创建两个方向的缀面边线

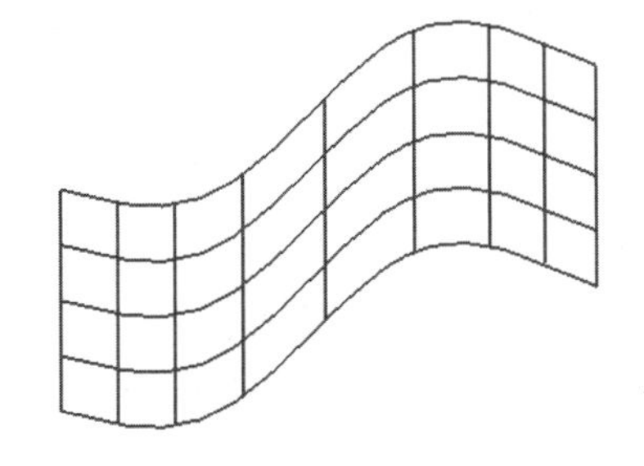

图 5-73 选取曲面

02 选取绘制指定位置曲面曲线的曲面，系统显示带箭头的光标。

03 移动光标到创建曲线所需的位置，单击鼠标左键，确定生成空间曲线，如图 5-73

所示。

04 通过勾选“方向”组中的“U”或“V”复选框改变方向，并设置弦高公差。弦高误差决定曲线从曲面的任意点可分离的最大距离。一个较小的弦高公差可生成与曲面实体曲面配合精密的曲线，缺点是生成数据多，生成时间长。

05 单击对话框中的“确定”按钮，退出操作。

5.5.7 创建分模线

创建分模线命令用于制作分型模具的分模线，在曲面的分模线上构建一条曲线。分模线将曲面（零件）分成两部分，上模和下模的型腔分别按零件分模线两侧的形状进行设计。简单地说，分模线就是指定构图面上最大的投影线。

例 5-22 创建如图 5-74 所示的分模线。

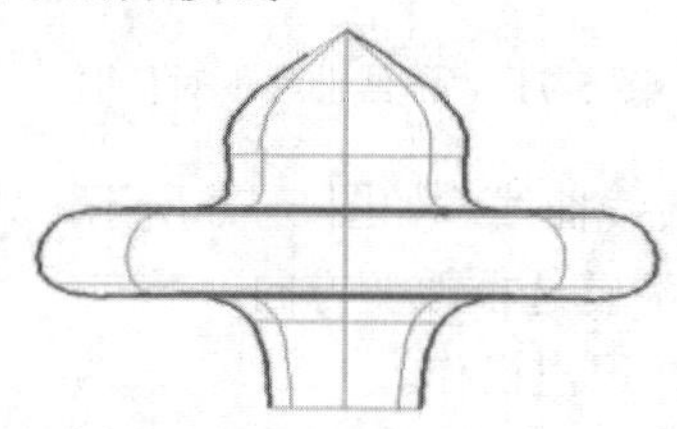

图 5-74 分模线绘制示意

网盘\视频教学\第5章\创建分模线. MP4

操作步骤如下：

01 单击“线框”选项卡“曲线”面板“剖切线”下拉菜单中的“分模线”按钮。

02 根据系统的提示，选择创建分模线的曲面并按 Enter 键，如图 5-75 所示。

03 在“分模线”对话框中设置弦高为 0.02，分模线的倾斜角为 0，图 5-76 是“分模线”对话框各项参数的说明图，其中分模线倾斜角是指创建分模线的倾斜角度，它是曲面的法向矢量与构图平面间的夹角。

04 单击“确定”按钮结束分模线的创建工作，结果如图 5-74 所示。

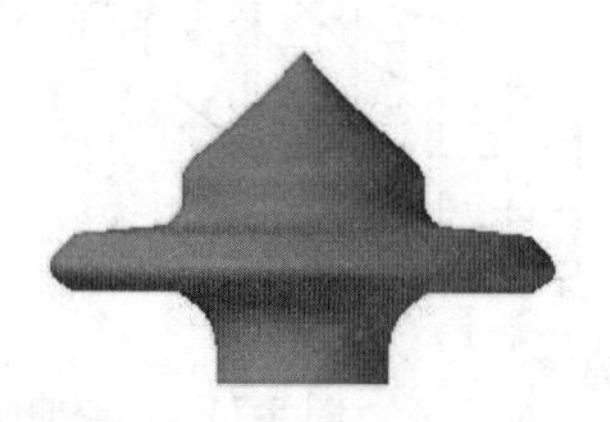

图 5-75 选择分模线的曲面

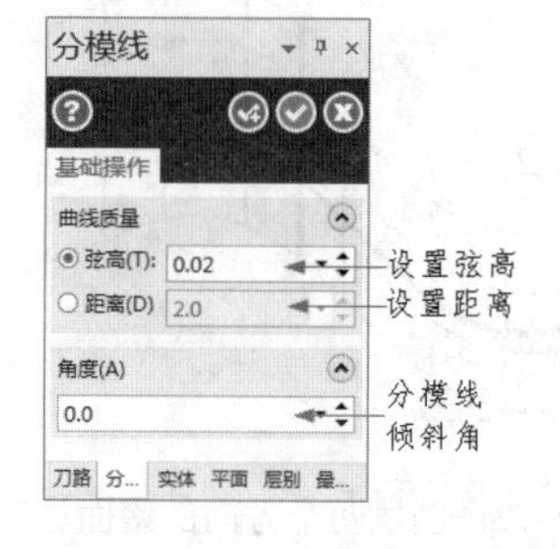

图 5-76 “分模线”对话框

5.5.8 曲面曲线

使用曲线构建曲面时，可以使用命令将曲线转换成为曲面上的曲线。使用分析功能可以查看这条曲线是 Spline 曲线，还是曲面曲线。

曲线转换成曲面上的曲线的操作流程如下：

01 单击“线框”选项卡“曲线”面板“剖切线”下拉菜单中的“曲面曲线”按钮。

02 选择一条曲线，则该曲线转换成曲面曲线。

5.5.9 动态曲线

动态曲线命令用于在曲面上绘制曲线，用户可以在曲面的任意位置绘制单击，系统根据这些单击的位置依次顺序连接构成一条曲线。

例 5-23 创建如图 5-77 所示的动态曲线。

网盘\视频教学\第5章\动态曲线. MP4

操作步骤如下：

01 单击“线框”选项卡“曲线”面板“剖切线”下拉菜单中的“动态曲线”按钮，系统提示“选取曲面”。

02 选取要绘制动态曲线的曲面，接着系统显示带箭头的光标。

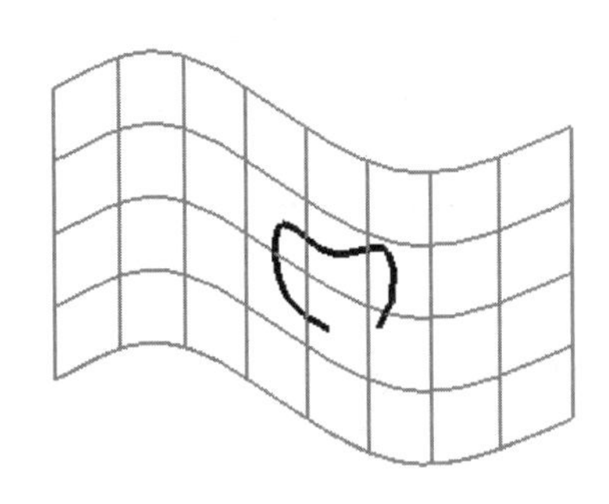

图 5-77 动态绘曲线

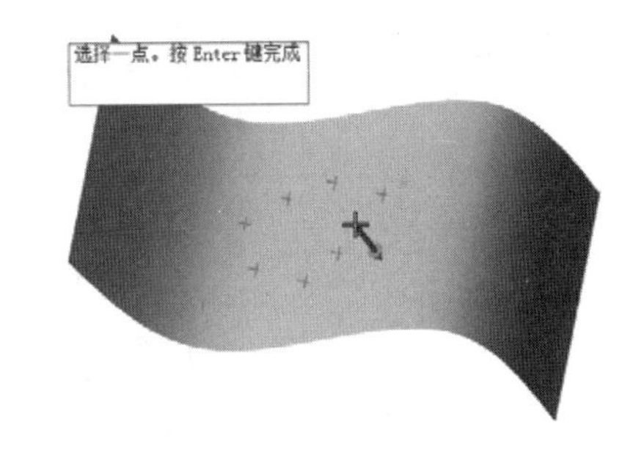

图 5-78 单击曲线要经过的位置

03 在曲面上依次单击曲线要经过的位置，每单击一次，系统显示一个十字星，如图 5-78 所示。

04 单击完最后曲线需经过的最后一个位置，接着按 Enter 键，系统绘制出动态曲线，如图 5-77 所示。

05 单击“确定”按钮，退出操作。

5.6 综合实例——鼠标

本例以如图 5-79 所示的鼠标外形为例介绍曲面的创建过程，在模型制作过程中，扫描曲面、曲面修剪等功能被使用。通过本例的介绍，希望用户能更好的掌握曲面的创建功能。

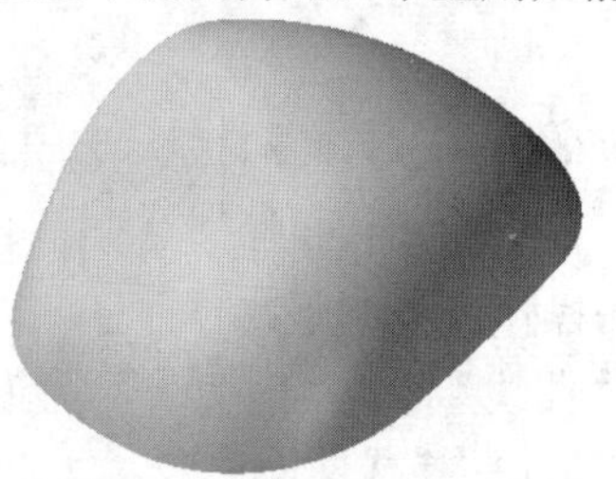

图 5-79　鼠标外形示意图

网盘\视频教学\第5章\鼠标. MP4

操作步骤如下：

01 创建图层。单击“层别”管理器。在该管理器的“号码”文本框中输入 1，在“名称”文本框中输入“线”；用同样的方法创建“实体”和“曲面”层，如图 5-80 所示。

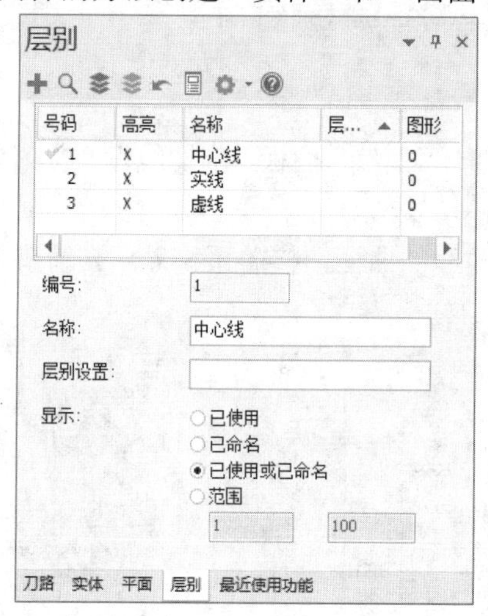

图 5-80　绘图图层的创建

02 设置绘图面及属性。具体操作如下：单击“检视”选项卡“图形检视”面板中的“俯检视”按钮，设置“屏幕视角”为“俯检视”；在状态栏中设置“绘图平面”为“俯检视”；单击“首页”选项卡，在“规划”组中的“Z”文本框中输入 0，设置构图深度为 0，选择“层别”为 1；单击“首页”选项卡“属性”面板“线框颜色”下拉按钮，设置颜色为“13”。

03 绘制辅助线。单击“线框”选项卡“线”面板中的“任意线”按钮，然后单击“选择工具栏”中的“输入坐标点”按钮，在弹出的文本框依次输入直线的起点、终点坐标为（-200,0,0）、（200,0,0）；最后单击“确定并创建新操作”按钮，创建水平辅助线 1。用同样的方法分别创建以（-155,0,0）、（-155,120,0）；（160,0,0）、（160,80,0）和（-155,0,0）、（160,0,0）为端点的三条辅助线 2、3、4。

继续利用输入坐标点文本框依次输入直线的起点、终点坐标为（0,0,0）、（0,300,0）；最后单击“任意线”对话框中的“确定”按钮，创建垂直辅助线5。

04 绘制平行线。单击“线框”选项卡“线”面板中的“平行线”按钮，选中辅助线1，并在“平行线”对话框“补正距离”组的文本框中输入偏移的距离为80，单击水平直线上方的任意位置指定偏置的方向，最后单击“确定”按钮，确定辅助线6的创建操作。

05 绘制圆弧。单击“线框”选项卡“圆弧”面板“已知边界点画圆”下拉菜单中的“两点画弧”按钮，然后单击“选择工具栏”中的“输入坐标点”按钮，在弹出的文本框中依次输入两点的坐标值，分别为（-155,120,0）、（160,80,0），在弹出的“两点画弧”对话框中的“直径”文本框中输入圆弧的直径为480，接着选中如图5-81所示的圆弧。最后单击“确定”按钮，结束圆弧的创建操作。

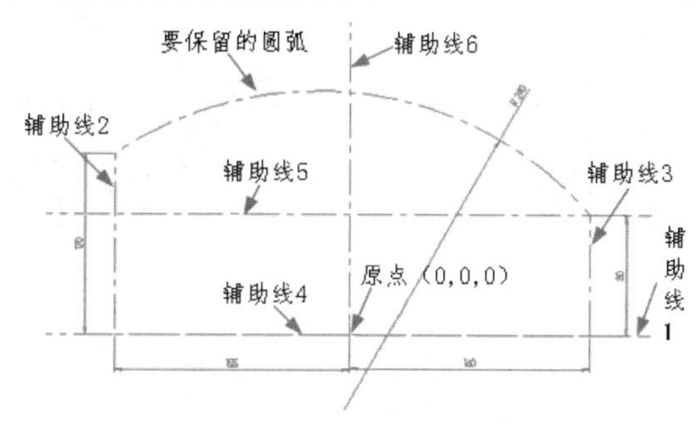

图5-81 创建的辅助线、点以及圆弧

06 设置绘图面及属性。具体操作如下：单击“检视”选项卡“图形检视”面板中的“等角检视”按钮；单击“首页”选项卡，在“规划”面板中的“层别”选项框中选择“层别”为“2”；设置“属性”面板中的“实体颜色”为10。

07 旋转实体。单击“实体”选项卡“建立”面板中的“旋转”按钮，系统弹出“串连选项”对话框，单击该对话框中的“串连”按钮，并选择如图5-82所示的串连图素以及旋转轴。

在系统弹出的“旋转曲面”对话框中，设置“开始角度”和“结束角度”分别为0、180，如图5-83所示，最后单击“确定”按钮，结束旋转实体的创建操作，图5-84所示为旋转曲面效果图。

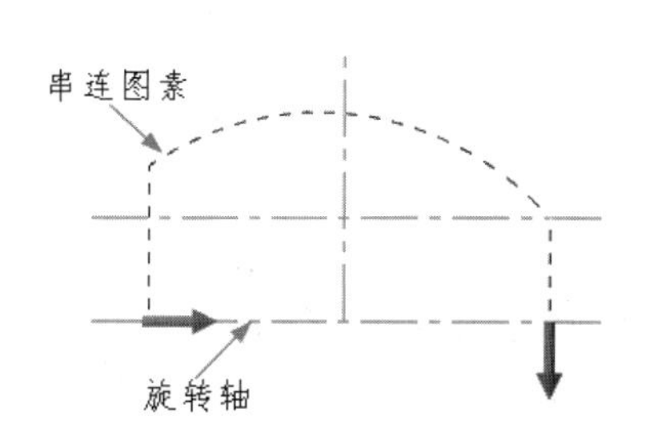

图5-82 串连图素选择

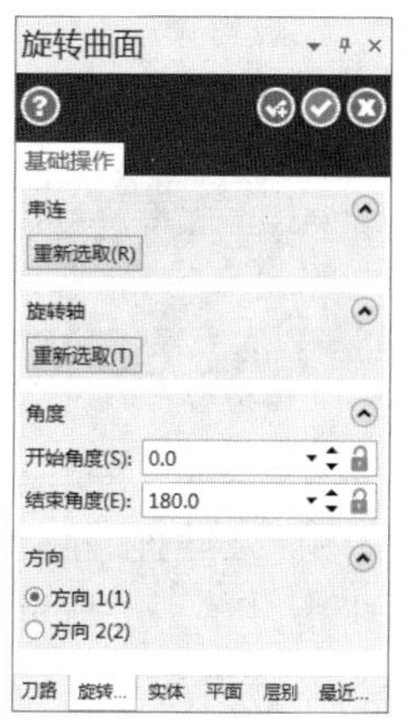

图5-83 “旋转曲面”对话框

08 设置绘图面及属性。具体操作如下：单击“检视”选项卡“图形检视”面板中的“俯检视”按钮；单击“首页”选项卡，在“规划”组中的“Z”文本框中输入 60，设置构图深度为 60，选择“层别”为 3；单击“首页”选项卡“属性”面板“线框颜色”下拉按钮，设置颜色为 13。

09 绘制矩形。单击“线框”选项卡“形状”面板中的“矩形”按钮，然后单击“选择工具栏”中的“输入坐标点”按钮，在弹出的文本框中依次输入矩形的两个角点的坐标值为（-230,190,60）（230,-190,60），选中“创建曲面”复选框，最后单击“确定”按钮，结束矩形曲面的创建操作，如图 5-85 所示。

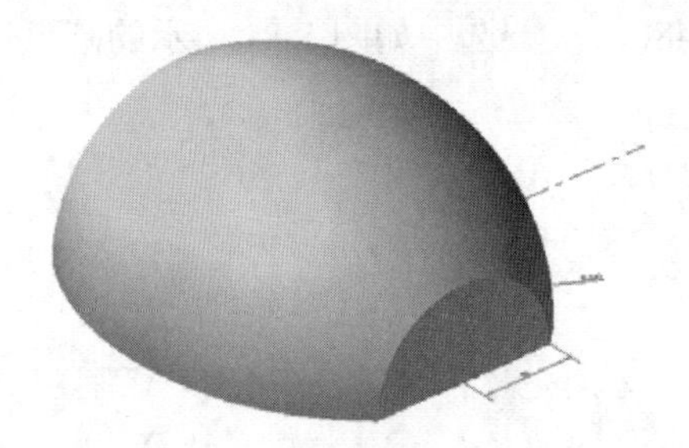

图 5-84　旋转曲面效果图

图 5-85　修剪矩形效果图

10 修剪实体。单击“实体”选项卡“修剪”面板“依照平面修剪”下拉菜单中的“修剪到曲面/薄片”按钮，系统弹出“实体选择”对话框，选择半圆实体为要修建的主体，系统提示：“选择要修剪的曲面或薄片”，在绘图区中选择刚创建的矩形，如图 5-86 所示，系统弹出“修剪到曲面/薄片”对话框，如图 5-87 所示，采用默认设置，单击对话框中的“确定”按钮，结束实体修剪操作。

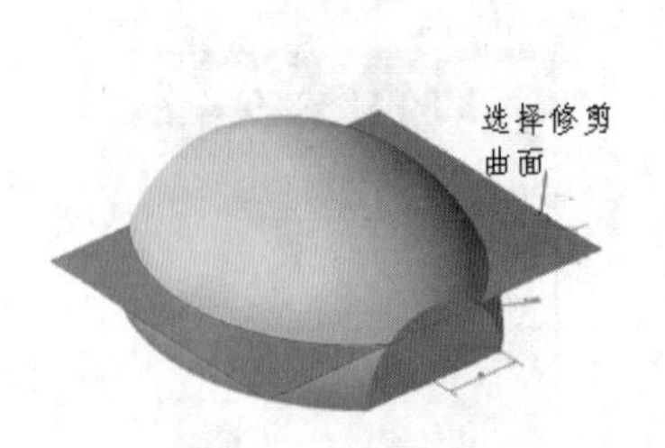

图 5-86　选择修剪面

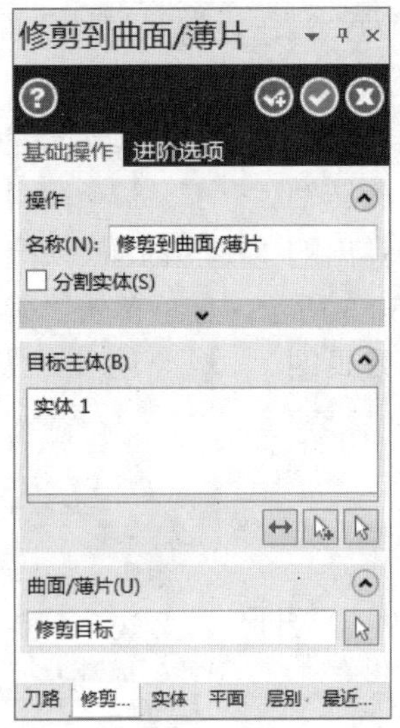

图 5-87　“修剪到曲面/薄片”对话框

11 设置绘图面及属性。具体操作如下：单击“检视”选项卡“图形检视”面板中的“俯检视”按钮；单击“首页”选项卡，在“规划”组中的“Z”文本框中输入 60，设置构图深度为 60，选择层别为 1；单击“首页”选项卡“属性”面板“线框颜色”下拉按钮，设置颜色为 13。

12 绘制圆弧。单击“线框”选项卡“圆弧”面板“已知边界点画圆”下拉菜单中的“两点画弧”按钮，然后单击“选择工具栏”中的“输入坐标点”按钮，在弹出的文本框中依次输入两点的坐标值，分别为（-110, 140,60）、（-82,-330,60），然后在弹出的“两点圆弧”对话框“大小”组的“直径”文本框中输入直径值 2600，接着选中如图 5-88 所示的第 1 个扫描路径，然后单击“对话框”中的“确定并创建新操作”按钮。

单击“选择工具栏”中的“输入坐标点”按钮，在弹出的文本框中依次输入两点的坐标值，分别为（75, 210,60）、（75,-320,60），然后在弹出的“两点圆弧”对话框“大小”组的“直径”文本框中输入直径值 2400，接着选中如图 5-88 所示的第 2 个扫描路径，最后单击对话框中的“确定”按钮，结束圆弧扫描路径创建。

13 设置绘图面及属性。单击“检视”选项卡“图形检视”面板中的“等角检视”按钮,设置视角为等视角；然后在状态栏中设置“绘图平面”为“前检视”。

14 绘制直线。单击“线框”选项卡“线”面板中的“任意线”按钮，选中如图 5-88 所示的点为第 1 个端点，然后在“任意线”对话框“尺寸”组中的“长度”文本框中输入 200，并勾选“垂直”复选框，然后单击“确定并创建新操作”按钮，绘制第 1 个扫描截线；然后选中如图 5-88 所示的点为第 2 个端点，在“尺寸”组中的“长度”文本框中输入 200，并勾选“垂直”复选框；最后单击“确定”按钮，结束两个截面截线创建操作。

15 设置绘图面及属性。具体操作如下：单击“首页”选项卡，在“规划”组中选择层别为“3”；单击“首页”选项卡“属性”面板“线框颜色”下拉按钮，设置颜色为 13。

16 扫描曲面。单击“曲面”选项卡“建立”面板中的“扫描”按钮，在“串连选项”对话框中选择“单体”按钮，然后选择刚创建的直线为截面外形；再在“串连选项”对话框中选择按钮，选择刚创建的圆弧为扫描路径，最后单击“确定并创建新操作”按钮。以同样的方法以第 2 个扫描截线和扫描路径创建曲面，最后单击“确定”按钮，结束两个扫描曲面的创建操作，图 5-89 所示为扫描曲面效果图。

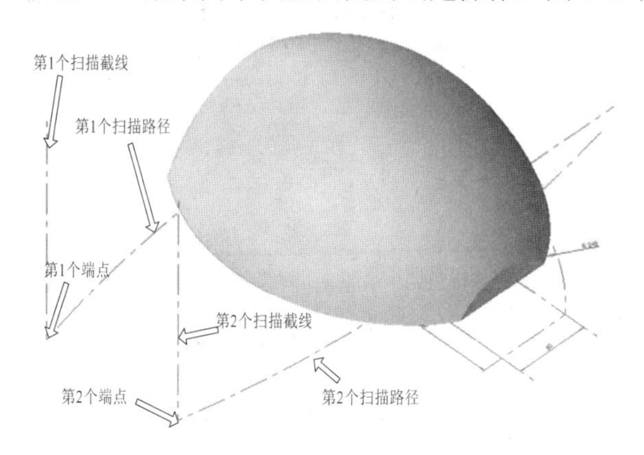

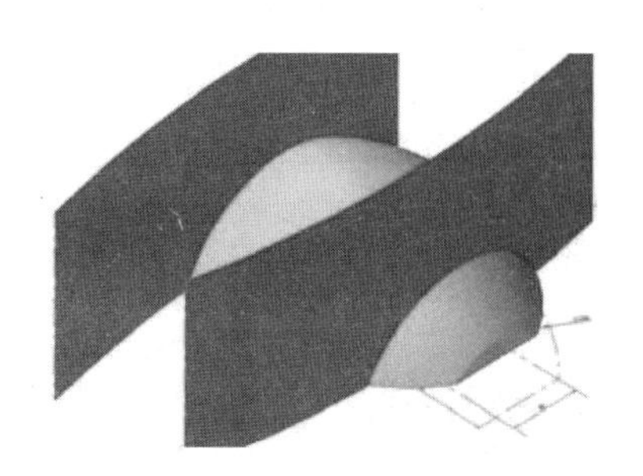

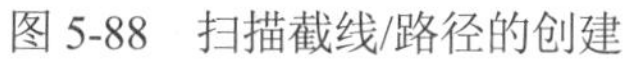

图 5-88 扫描截线/路径的创建　　图 5-89 扫描曲面效果图

17 修剪实体。单击“实体”选项卡“修剪”面板“依照平面修剪”下拉菜单中的“修剪到曲面/薄片”按钮，系统弹出“实体选择”对话框，同时系统提示：“选择要修剪的主体”，在绘图区选择旋转生成的实体，然后系统提示：“选择要修剪的曲面或薄片”，在绘图区选择刚刚创建的扫描曲面，如图 5-90 所示；采用同样的方法修剪另一侧的实体。

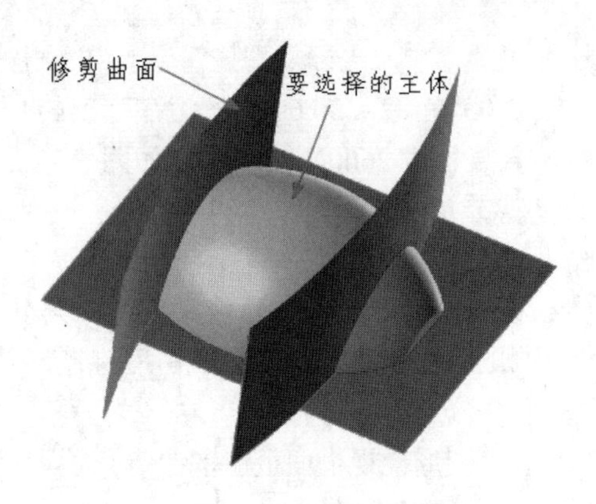

图 5-90　修剪参数设置

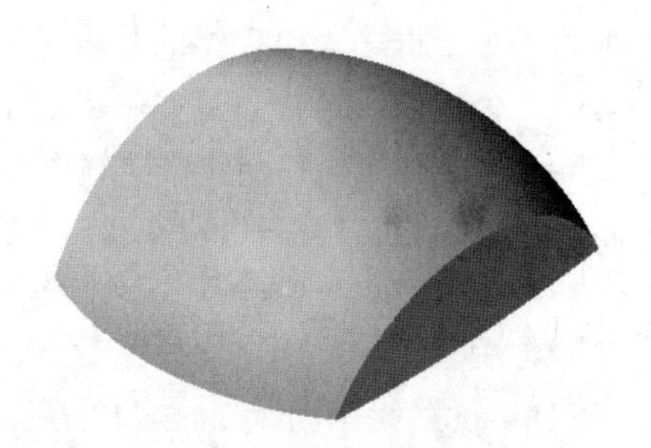

图 5-91　修剪后实体效果图

18 层别设置。单击“层别”管理器，利用该管理器的设置图层 2 为当前图层，并隐藏图层 1、3，此时绘图区实体如图 5-91 所示。

19 单击“检视”选项卡“外观”面板中的“线框”按钮，用线框表示模型。

20 创建倒圆角。单击“实体”选项卡“修剪”面板中的“变化倒圆角”按钮，系统弹出“实体选择”对话框，在对话框中选择“边界”按钮，在绘图区中选择如图 5-92 所示的第 1 条边，单击“实体选项”对话框中的“确定”按钮，系统弹出“变化圆角半径”对话框，选中“平滑”复选框，单击“对话框”中的“单一”按钮 单一(G)，然后选择图 5-92 所示的 *R*25 处的点，在弹出的“输入半径”文本框中输入 25，如图 5-93 所示，然后按 Enter 键，采用同样的方法，设置图 5-92 所示的 *R*80 的半径；同样的方法可以创建第 2 条边的圆角。

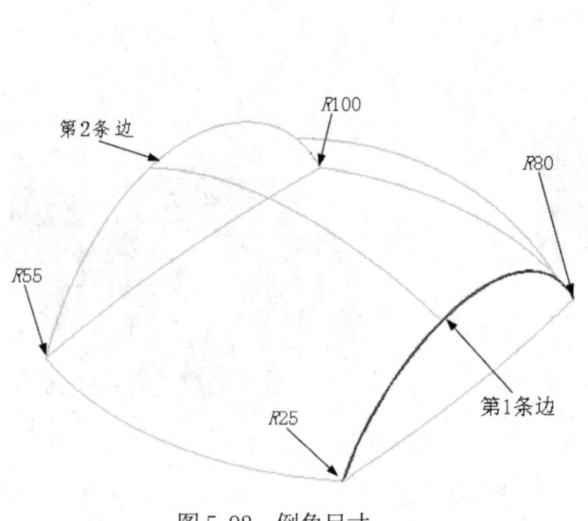

图 5-92　倒角尺寸

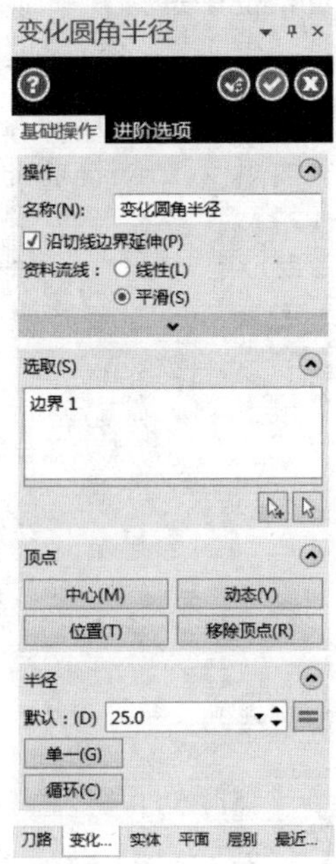

图 5-93　“变化圆角半径”对话框

5.7 思考与练习

1．扫描实体和扫描曲面有哪些相同之处，又有哪些不同之处？

2．创建举升曲面时，可能会发生扭曲现象，如何避免？

3．什么是网格曲面，请用 Mastercam 2019 软件提供的网格曲面功能构建如图 5-21 所是的曲面。

4．创建空间曲线，共有哪几种方法？

5.8 上机操作与指导

1．根据 5.2.1 的提示结合图 5-10 练习举升命令。

2．根据 5.3.8 的提示结合图 5-55 练习曲面熔接功能。

3．根据 5.4 的提示结合图 5-58 练习由实体生成曲线。

第6章

二维加工

二维加工是指所产生的刀具路径在切削深度方向是不变的，它是生产实践中使用得最多的一种加工方法。

在 Mastercam 中，二维刀具路径加工方法主要有 5 种，分别为外形铣削、挖槽、钻孔、平面铣削和圆弧铣削。本章将对这些方法及参数设置进行介绍。

- 平面铣削
- 外形铣削
- 挖槽加工
- 钻孔加工
- 圆弧铣削
- 文字雕刻加工

6.1 二维加工公用参数设置

进入二维加工，要进行一些参数设定，虽然不同的加工方法，涉及的参数也不同，但是有一些共同参数的设定方法是相同的，例如素材设置、材料设置、安全区域设置等。

1．毛坯设置

选择机床类型及加工群组后，系统在刀路管理器中生成机群组属性文件，如图 6-1 所示，单击树状目录中的 “文件”选项，打开如图 6-2 所示的“素材设置”对话框，单击对话框上部的“素材设置”选项卡，进入毛坯设置。

图 6-1　刀路管理器

用户可根据加工的零件选取零件的形状，预览框中坯料的参数设置选项会随着坯料形状的变化而不同，但都很直观，容易理解。预览框中的十字星是坯料的中心基点。

2. 刀具设置

刀具设置主要是工件材料的设置及刀具进给计算原则的设置。单击图 6-2 中所示的“刀具设置”选项卡，系统弹出“刀具设置”对话框，部分功能说明在图 6-3 中。单击对话框的“选择”按钮，可以选取更多的材料，如图 6-4 所示。

3. 文件对话框

单击图 6-2 所示的“文件”选项卡，弹出如图 6-5 所示的“文件”对话框，此对话框中，用户可以修改机床配置或重新选择机床，调用其他刀具库等。

4．刀具选择

在“机床”选项卡“机床类型”面板中选择一种加工方法后（此处选择铣床），在“刀路”管理器中生成机群组属性文件，同时弹出“刀路”选项卡，在“2D”面板中单击“平面铣”按钮，选择加工边界后，系统弹出“2D 刀路 - 平面铣削”对话框，如图 6-6 所示，然后在对话框中的空白处单击鼠标右键，在弹出的快捷菜单中选择“创建新刀具”命令，弹出“定义刀具”对话框，如图 6-7 所示。

5．刀具参数设置

在“定义刀具”对话框中点选所需刀具，然后单击“下一步”按钮 下一步 ，弹出的选项卡如图 6-8 所示。用户可以根据自己所用的刀具设置尺寸及刀具的编号。

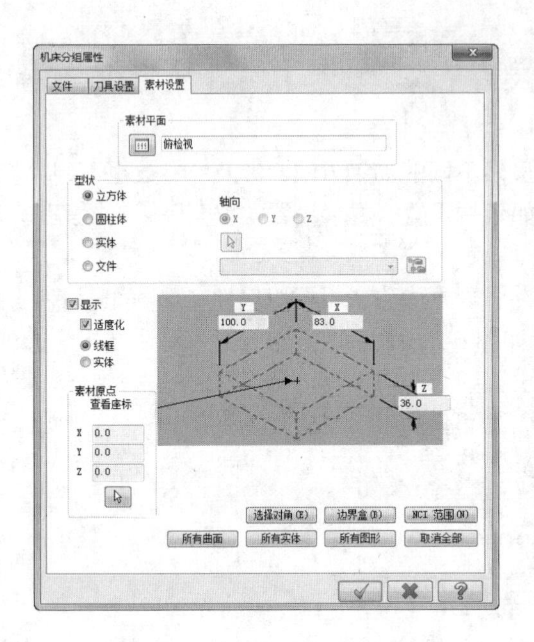

图 6-2 “素材设置”对话框

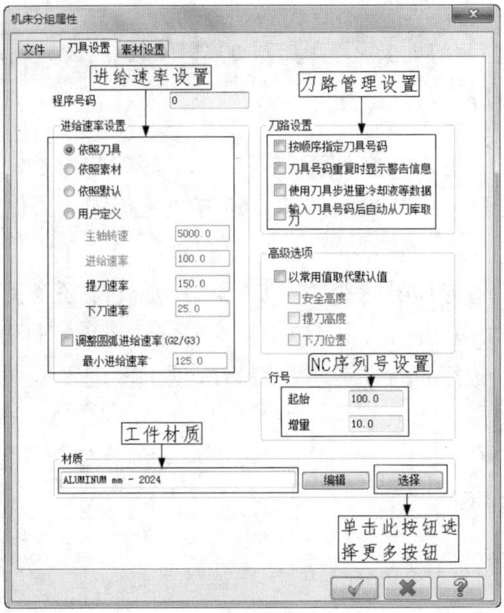

图 6-3 “刀具设置”对话框

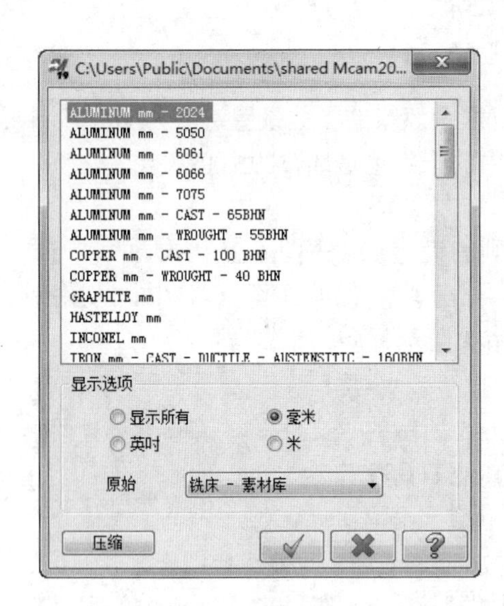

图 6-4 “工件材料选择”对话框

图 6-5 “文件”对话框

6．刀具加工参数设置

单击图 6-8 所示中的的“下一步”按钮 下一步 ，则弹出“刀具加工参数设置”对话框，如图 6-9 所示。

对话框中的参数设置说明如下：

“XY 粗切步进量（%）”：设定 XY 轴粗切步进量占刀具直径的百分比。

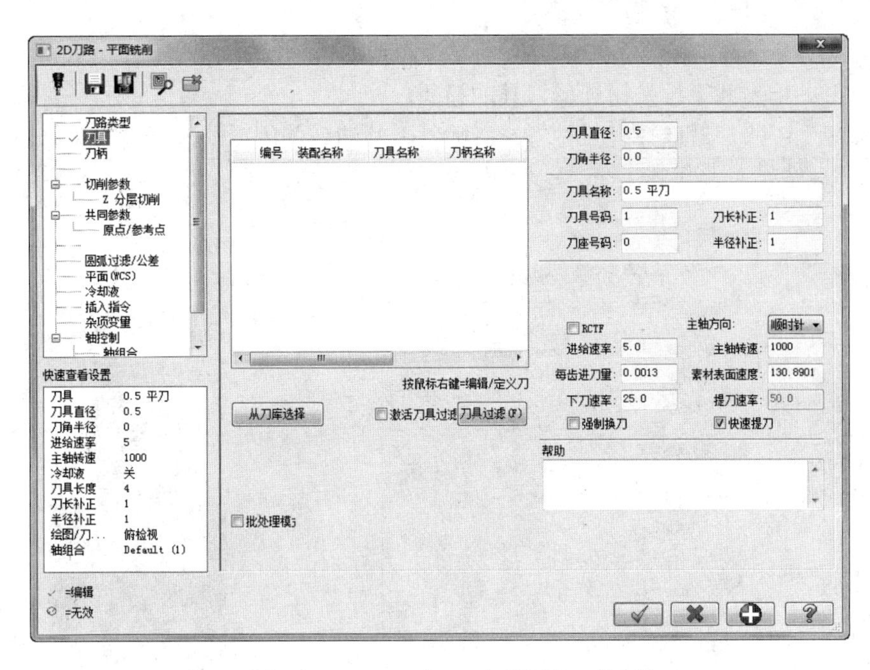

图 6-6　“2D 刀路 - 平面铣削”对话框

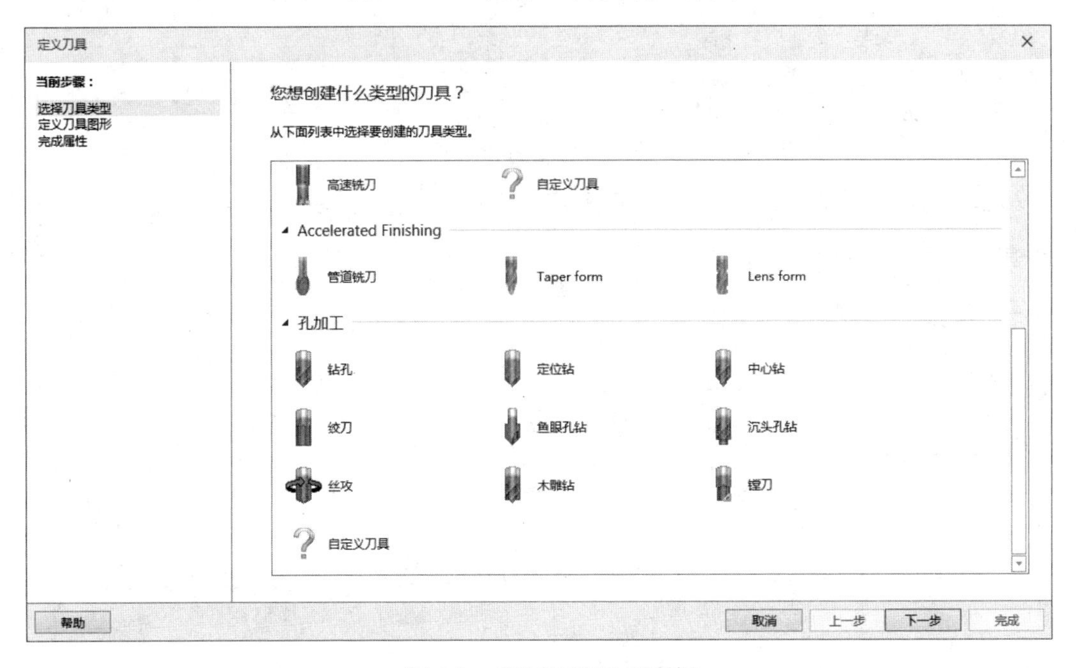

图 6-7　“定义刀具”对话框

“XY 精修步进量”：设定 XY 轴精切步进量占刀具直径的百分比。

“Z 粗切步进量（%）”：设定 Z 轴粗切深度占刀具直径的百分比。

“Z 精修步进量（%）”：设定 Z 轴精切削深度占刀具直径的百分比。

“刀长补正” “：刀具长度补偿寄存器号。

“半径补正”：刀具直径补偿寄存器号。

“素材表面速度%”：依据系统参数预设的建议平面切削速度百分比。

“每刃进刀量%”：依据系统参数所预设进刀量的百分比。

“素材”：单击此下拉按钮选择刀具的材质。

“冷却液”：冷却液选择有三种方式：喷气、喷油或关闭冷却液。

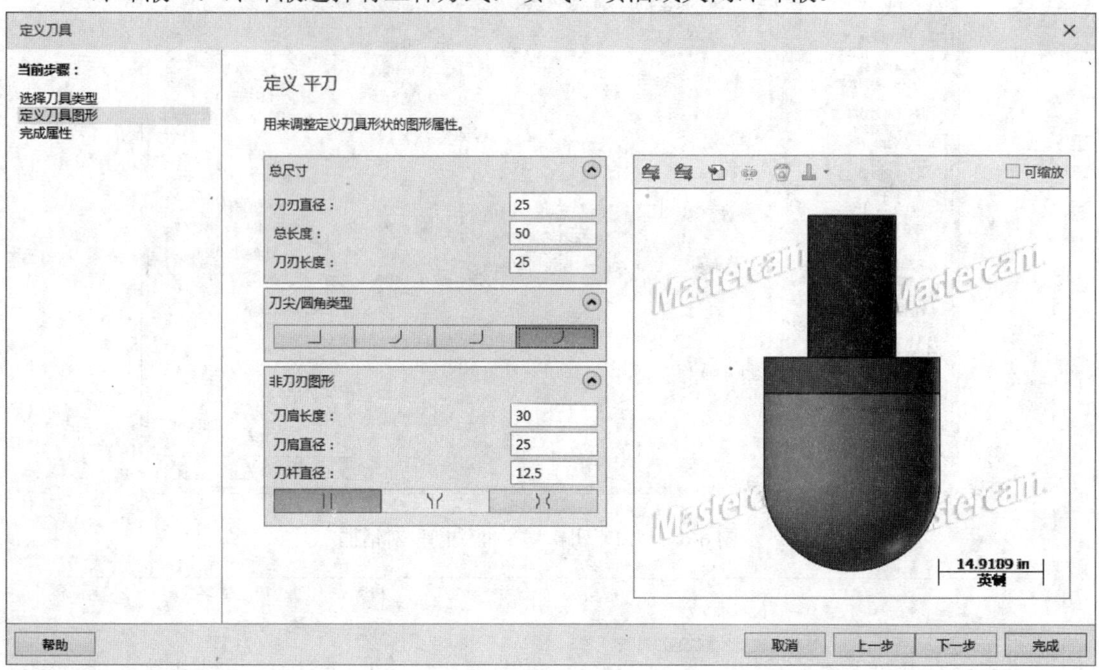

图 6-8　设置刀具尺寸

完成设置后，单击“完成”按钮 完成 ，所用刀具的信息会反映在图 6-6 所示的对话框中，用户可以直接修改上面的参数。

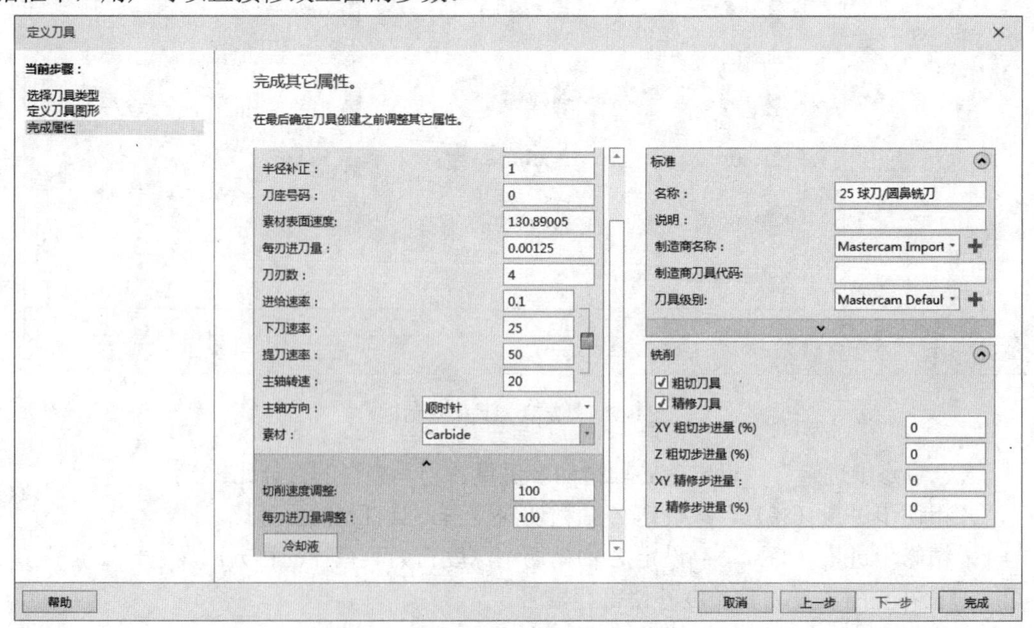

图 6-9　刀具加工参数设置

7. 机械原点设置

机床的原点在出厂时已经设定好了，一般 CNC 开机后，都需要使其先回归机械原点，使控制器知道目前所在的坐标点与加工程序坐标点间的运动方向及移动数值。除了机械原点以外，还有所谓的参考坐标，随着控制器的不同，参考坐标可分为第一参考坐标、第二参考坐标等。进行换刀或程序结束时都应该将刀具回归原点，或者为避免换刀撞刀，还必须对 Y 轴做第二原点复归，另外适当地设置加工参考点可节省加工时间，因为刀具移动时，应该使其空切行程减短，故一般都是将刀具快速移动到参考点位置处，才开始加工程序。单击图 6-7 中的“共同参数”下级菜单栏中的“原点/参考点”选项卡，设置机械原点，如图 6-10 所示，设置机械原点。

8. 参考点设置

参考点用来设置刀具的进刀位置与退刀位置，如图 6-10 所示。

9. 刀具面/构图面设置

单击图 6-6 中的“平面（WCS）”选项卡，如图 6-11 所示，用户可以单击“选择 WCS 平面”按钮，来统一这些面的原点、视角、工作面。

其中刀具面指的是刀具工作平面，即刀具与加工的工件接触的平面，通常垂直于刀具轴线。刀具平面包括 X-Y 平面（NC 代码 G17）、X-Z 平面（NC 代码为 G18）、Y-Z 平面（NC 代码为 G19）。坐标系指的是生成刀具路径时的坐标系。

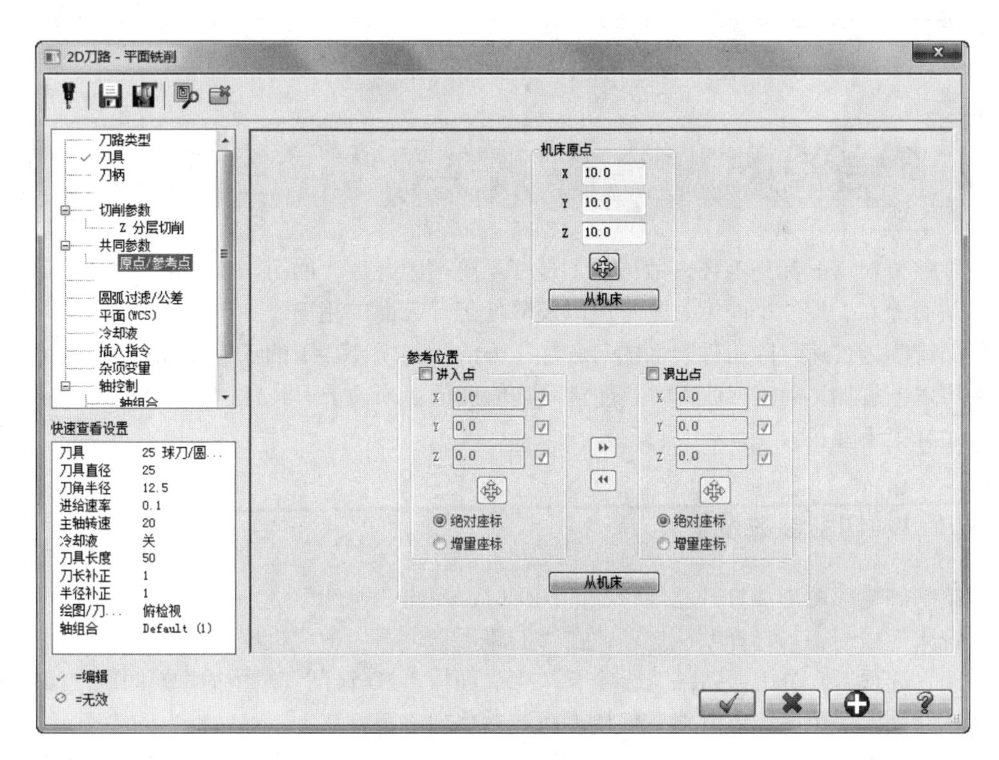

图 6-10 “原点/参考点”选项卡

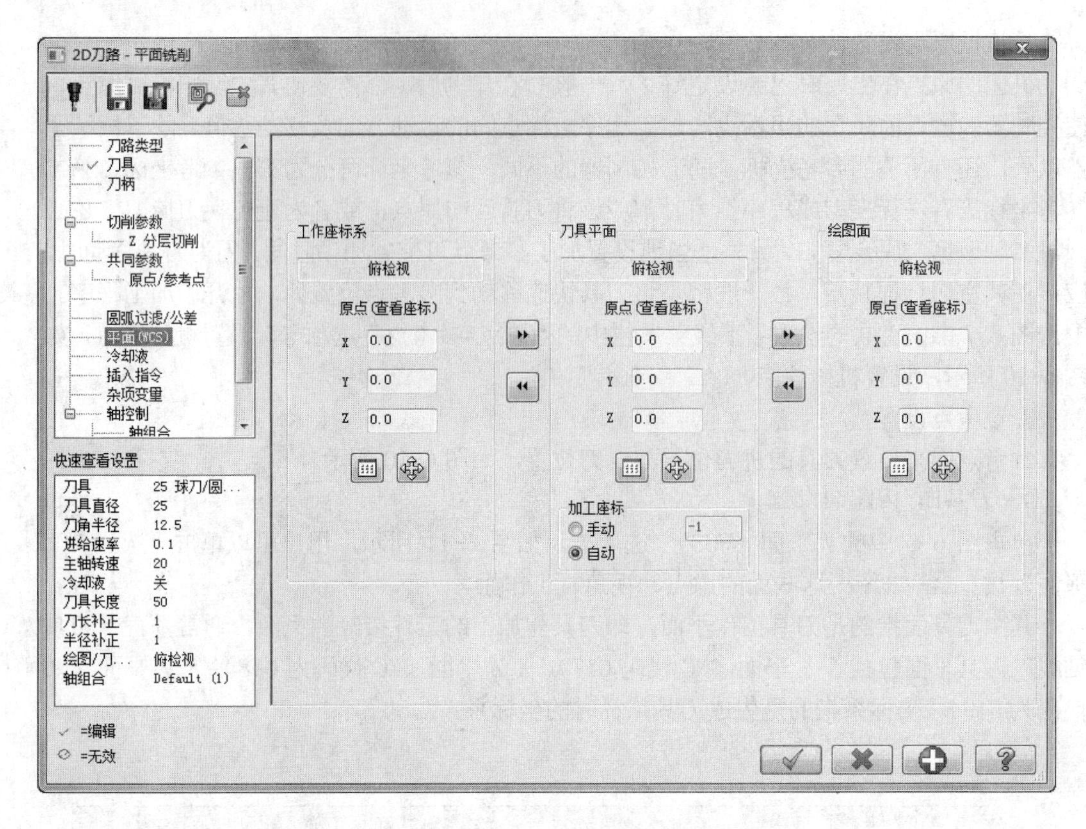

图6-11　刀具面/绘图面设定

6.2 平面铣削

零件材料一般都是毛坯，故顶面不是很平整，因此加工的第一步常常首先要将顶面铣平，从而提高工件的平面度、平行度以及降低工件表面的粗糙度。

面铣削为快速移除工件表面的一种加工方法，当所要加工的工件具有大面积时使用该指令可以节省加工时间，使用时要注意刀具偏移量必须大于刀具直径50%以上，才不会在工件边缘留下残料。

6.2.1　切削参数设置

绘制好轮廓图形或打开已经存在的图形时，单击“机床”选项卡“机床类型”面板中的“铣床”按钮，选择默认选项，在“刀路”管理器中生成机群组属性文件，同时弹出“刀路”选项卡。单击“刀路”选项卡“2D”面板“2D铣削”组中的“平面铣”按钮，然后在绘图区采用串连方式对几何模型串连后单击“串连选项”对话框中的“确定”按钮，系统弹出“2D刀路 - 平面铣削”对话框，如图6-12所示。下面对特定参数的选项卡进行讨论。

1．类型

在进行面铣削加工时，可以根据需要选取不同的铣削方式，在Mastercam中，用户可以通过“类型”下拉列表选择不同的铣削方法，包括：

（1）“双向”：刀具在加工中可以往复走刀，来回均进行铣削。

（2）“单向”：刀具沿着一个方向走刀，进时切削，回时走空程，当选择“顺铣”时，切削加工中刀具旋转方向与刀具移动的方向相反；当选择“逆铣”时，切削加工中刀具旋转方向与刀具移动的方向相同。

（3）“一刀式”：仅进行一次铣削，刀具路径的位置为几何模型的中心位置，用这种方式，刀具的直径必须大于铣削工件表面的宽度才可以。

（4）“动态”：刀具在加工中可以沿自定义路径自由走刀。

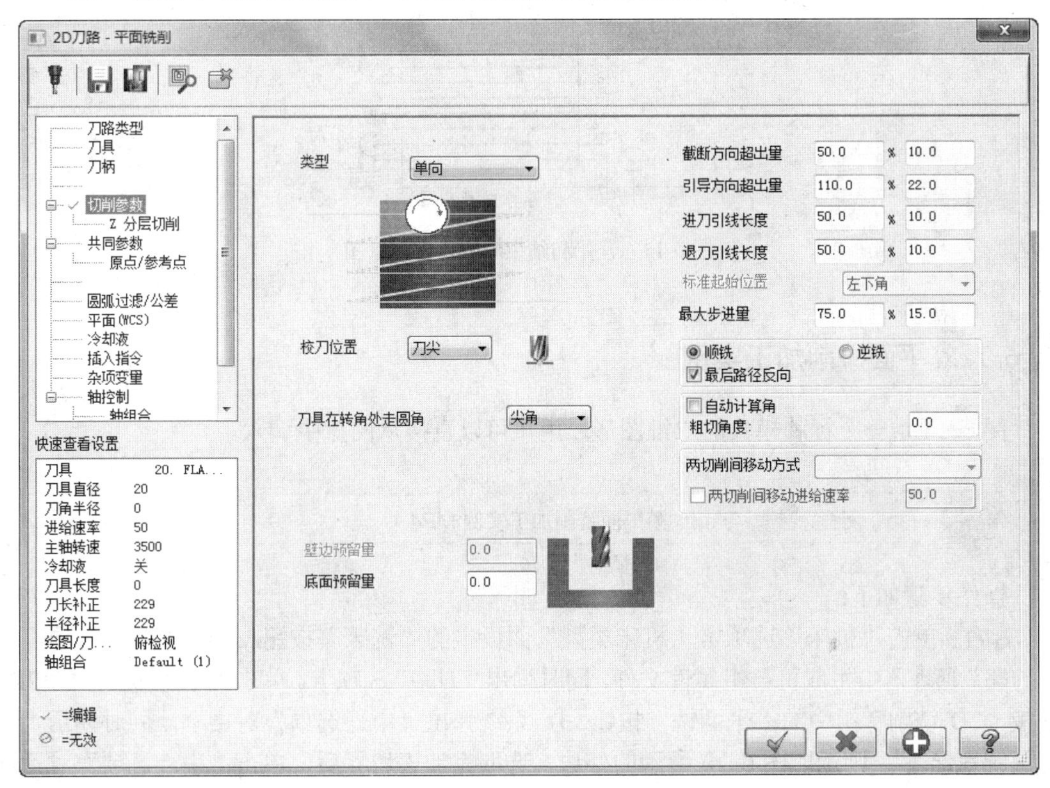

图 6-12 “2D 刀路 - 平面铣削”对话框

2. 刀具移动方式

当选择切削方式设置为“双向”方式时，可以设置刀具在两次铣削间的过渡方式，在“两切削间移动方式”下拉列表中，系统提供了 3 种刀具的移动方式，分别为：

（1）“高速回圈”：选择该选项时，刀具按照圆弧的方式移动到下一个铣削的起点。

（2）“线性”：选择该选项时，刀具按照直线的方式移动到下一个铣削的起点。

（3）“快速进给”：选择该选项时，刀具以直线的方式快速移动到下一次铣削的起点。

同时，如果勾选“两切削间移动进给速率”复选框，则可以在后面的文本框中设定两切削间的位移进给率。

3. 粗切角度

所谓粗切角度是指刀具前进方向与 X 轴方向的夹角，它决定了刀具是平行于工件的某边切削还是倾斜一定角度切削，为了改善面加工的表面质量，通常编制两个加工角度互为

90° 的刀具路径。

在 Mastercam 中，粗切角度有自动计算角度和手工输入两种设置方法，默认为手工输入方式，而使用自动方式时，则手工输入角度将不起作用。

4. 开始和结束间隙

面铣削开始和结束间隙设置包括 4 项内容，分别为“截断方向超出量”“引导方向超出量”“进刀引线长度”“退刀引线长度”，各选项的含义如图 6-13 所示。为了兼顾保证工件表面质量和加工效率，进刀延伸长度和退刀延伸长度一般不宜太大。

其他参数的含义可以参考外形铣削、挖槽加工的内容。这里不再一一叙述。

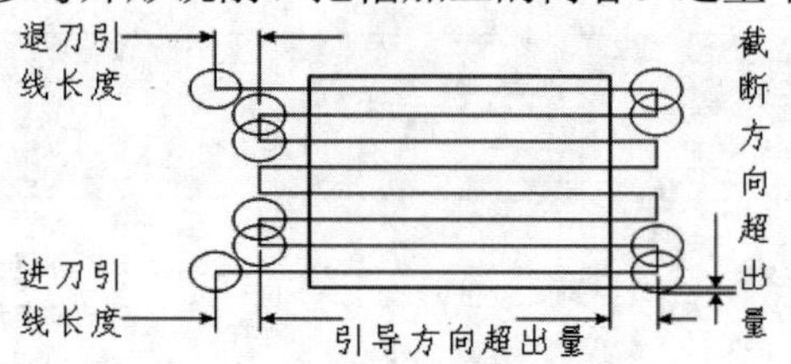

图 6-13　开始和结束间隙含义示意图

6.2.2 平面铣削加工实例

图 6-14 是一个标牌模具的二维图形，用户可以直接从网盘中调入。

网盘\视频教学\第6章\平面铣削加工实例.MP4

操作步骤如下：

01 单击“机床”选项卡“机床类型”面板中的“铣床”按钮，选择默认选项，在“刀路”管理器中生成机群组属性文件，同时弹出“刀路”选项卡。单击“刀路”选项卡“2D”面板“2D 铣削”组中的“平面铣”按钮，系统弹出“串连选项”对话框，同时提示“选择面铣串连 1”，则选取图 6-15 所示的外边，选取完加工边界后，单击“串连选项”对话框中的“确定”按钮。

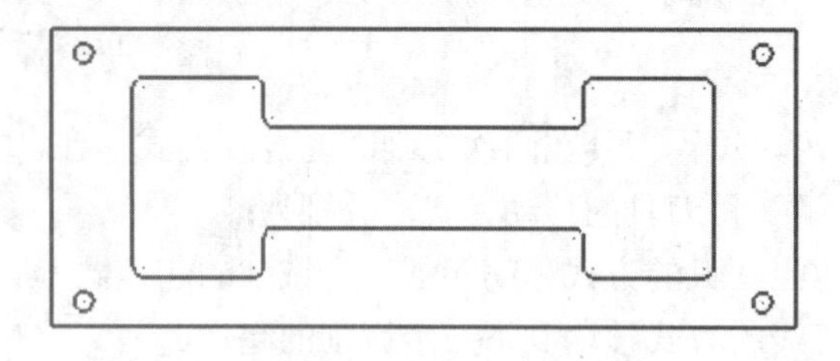

图 6-14　加工图

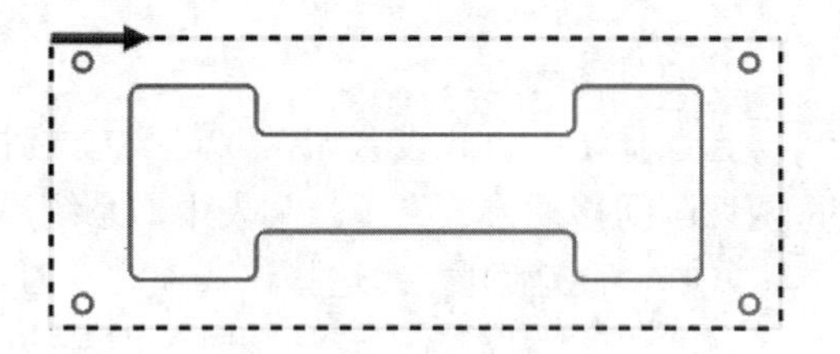

图 6-15　串连图素

02 系统弹出“2D 刀路 - 平面铣削”对话框，用户单击该对话框中的“刀具”选项卡，在该选项卡中单击“从刀库中选择”按钮 从刀库选择 ，系统弹出如图 6-16 所示的“刀具管理”对话框，本例选取“mill_mm.tooldb”刀具库，在此刀具库中选取直径为 50 的面铣刀。接着单击对话框中的“确定”按钮，返回到“2D 刀具路径 - 平面铣削”对话框，可见到选择的面铣刀已进入对话框中。

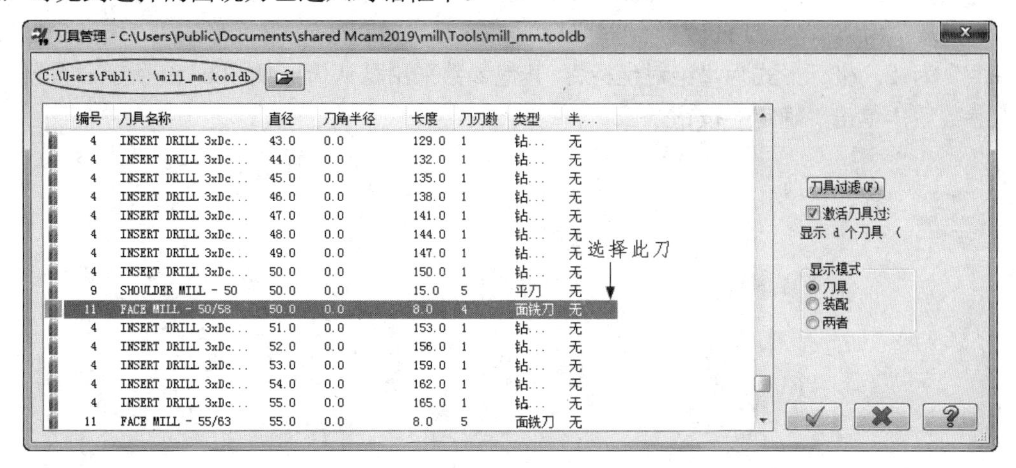

图 6-16 “刀具管理”对话框

03 双击面铣刀图标，弹出“编辑刀具”对话框，如图 6-17 所示。对话框中显示的刀具就是面铣刀，可以看出它比一般刀具铣削的面积大且效率高。设置面铣刀参数，如图 6-17 所示。

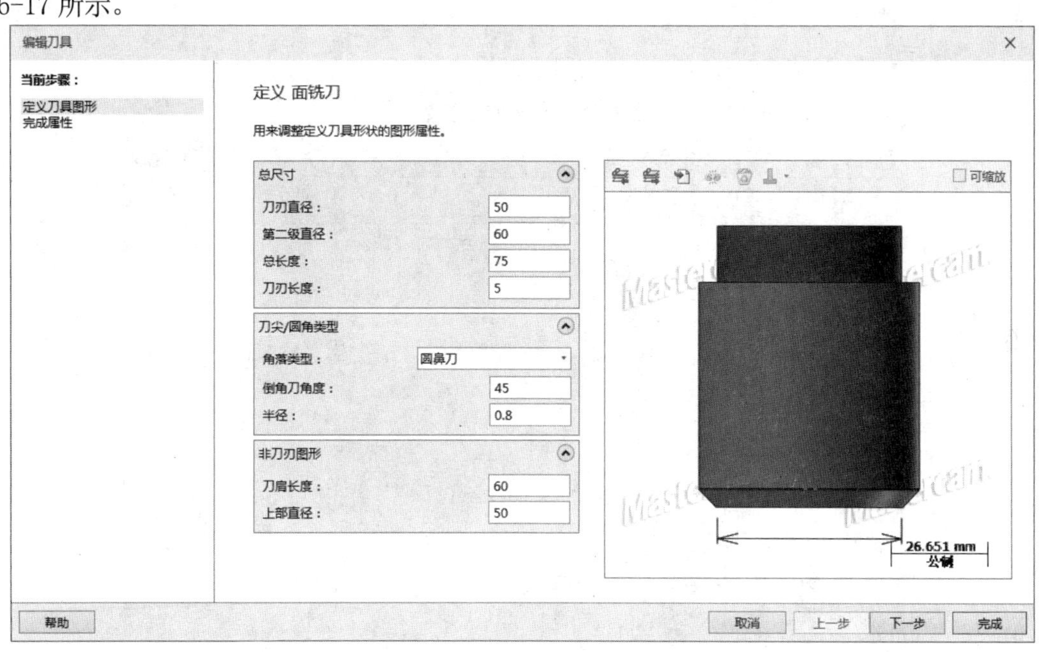

图 6-17 “编辑刀具”对话框

04 设置完成后在“面铣刀”选项卡中单击“下一步”按钮 下一步 ，其他参数采用默认值，如图 6-18 所示。设置参数如下：“XY 粗切步进量（%）”为 75，“XY 精修步进量”为 50，“Z 粗切步进量（%）”为 60，“Z 精修步进量（%）”为 30，参数设置完后，单击“点击重新计算进给率和主轴转速”按钮，再单击“完成”按钮 完成 ，回到面铣刀对话框。

05 单击“2D 刀路 - 平面铣削”对话框中的“共同参数”选项卡，设置参数如下：“参考高度”为 20，坐标形式为“绝对坐标”；“下刀位置”为 5，坐标形式为“增量坐标”；“深度”为-2，坐标形式为“绝对坐标”；其他参数采用默认值，如图 6-19 所示。设置完以上参数后，单击“确定”按钮 ✓ 。

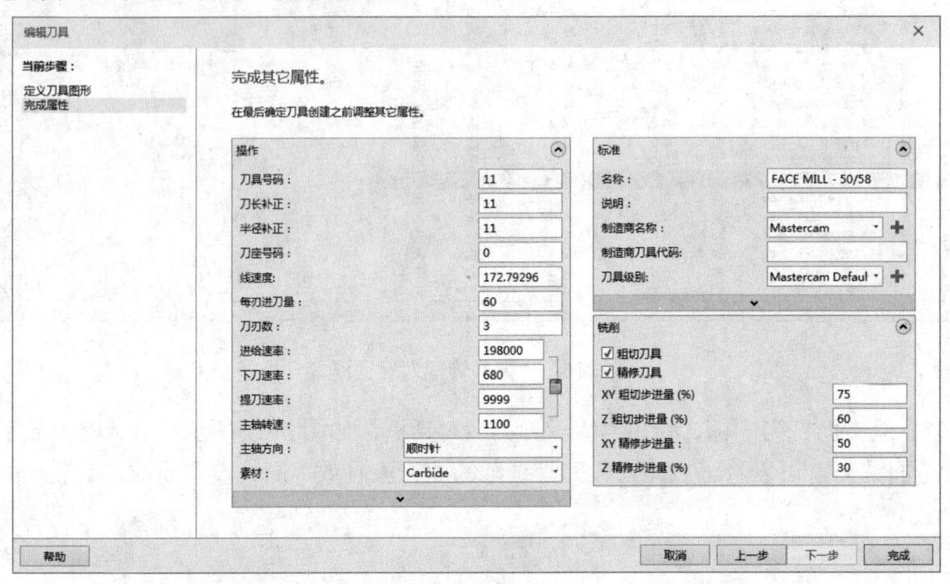

图 6-18　定义加工参数

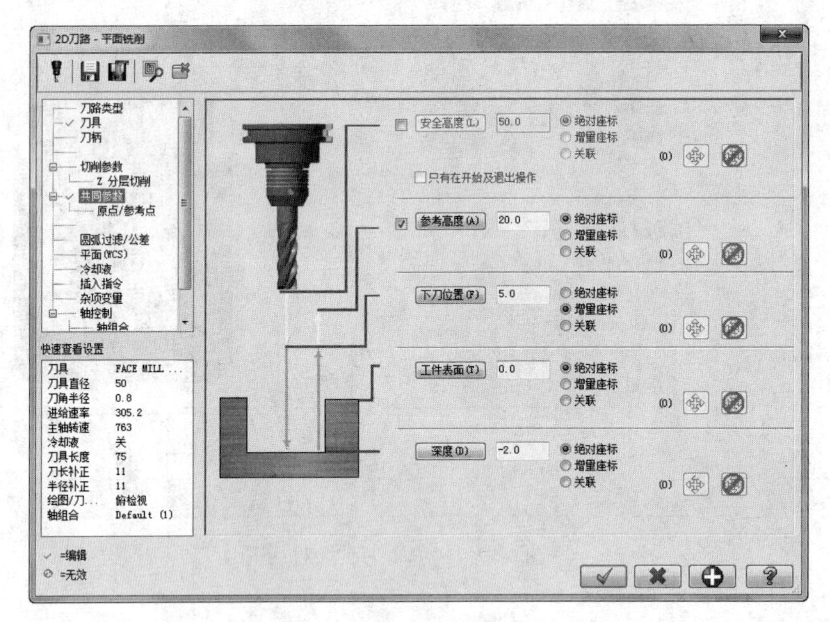

图 6-19　“共同参数”选项卡

06 在刀路管理器中选择“属性”→“素材设置”命令，系统弹出“机床分组属性”对话框，单击对话框中的“边界盒”按钮 边界盒(B) ，系统弹出“边界盒”对话框，然后依次选取图 6-15 所示的外边界，选择完成后单击“结束选取”按钮 结束选取 ，接着在“边界盒”对话框“尺寸”组中的“X”“Y”“Z”文本框中输入数值（464，184，0），如图 6-20

所示，最后单击“确定”按钮，返回到“机床分组属性”对话框，添加毛坯Z向尺寸，如图6-21所示，最后单击“确定”按钮，退出“机床分组属性”对话框。

07 为了验证参数设置的正确性，可以通过模拟平面铣削过程，来观察工件表面是否有切削不到的地方。单击“刀路管理器”中的“验证已选择的操作”按钮，如图6-22所示。接着系统弹出“Mastercam模拟”对话框，如图6-23所示，单击对话框中的“播放”按钮，则系统进行切削模拟仿真。本例的切削模拟结果如图6-24所示。

图6-20 “边界盒”对话框

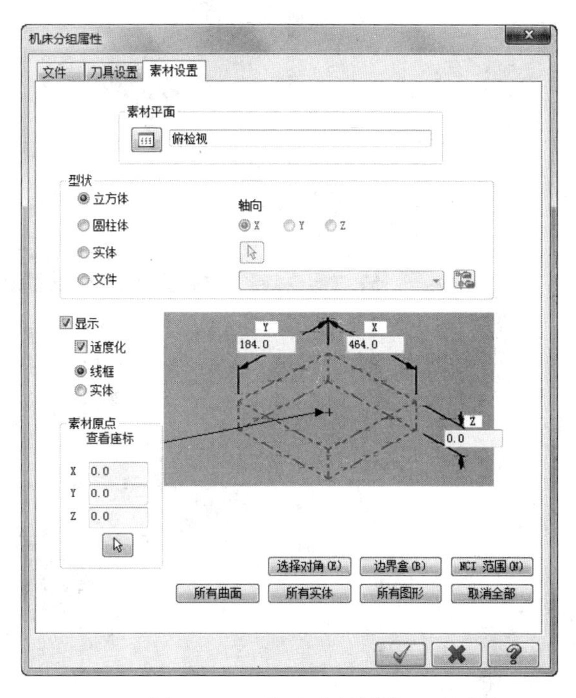

图6-21 “机床分组属性”对话框

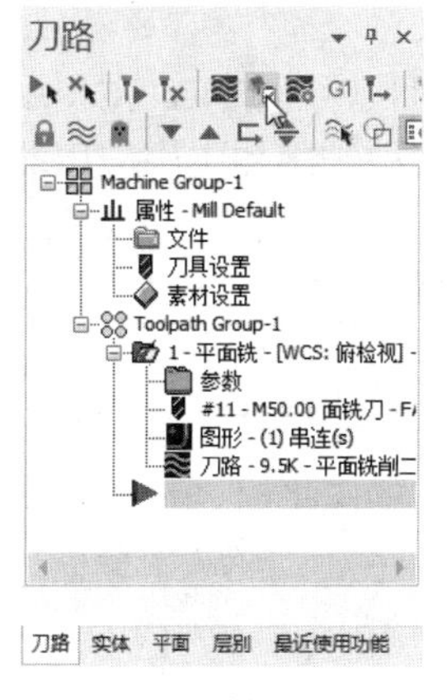

图6-22 模拟开关

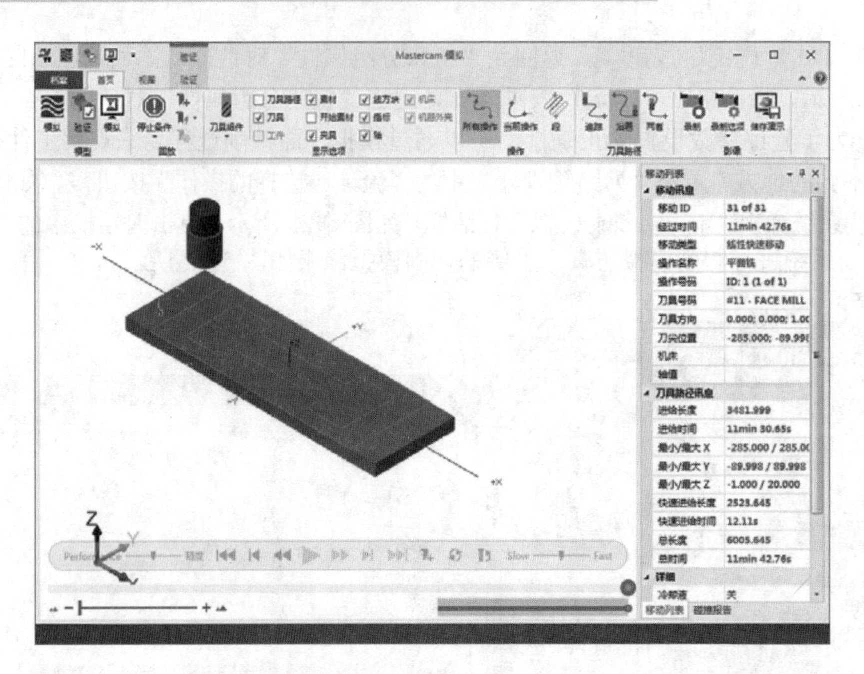

图 6-23 “Mastercam 模拟”对话框

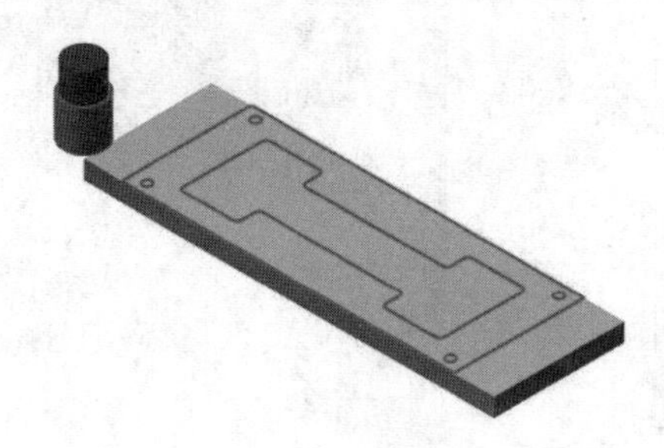

图 6-24 模拟结果

6.3 外形铣削

外形铣削主要是沿着所定义的形状轮廓加工，主要用于铣削轮廓边界、倒直角、清除边界残料等。其操作简单实用，在数控铣削加工中应用非常广泛，所使用的刀具通常有平刀、圆角刀、斜度刀等。

6.3.1 切削参数设置

绘制好轮廓图形或打开已经存在的图形时，在“机床”选项卡“机床类型”面板中选择一种加工方法后（此处选择铣床），在“刀路”管理器中生成机群组属性文件，同时弹出“刀路”选项卡，在“2D”面“2D 铣削”组板中单击“外形”按钮，然后在绘图区采用串连方式对几何模型串连后单击“串连选项”对话框中的“确定”按钮，系统弹出“2D 刀路 –外形铣削”对话框，单击对话框中的“切削参数”选项卡，选项卡中部分参数的说明如下。

1．外形铣削方式

外形铣削方式包括“2D”“2D 倒角”“斜插”“残料”“摆线式”五种类型。

（1）“2D 倒角”。工件上的锐利边界经常需要倒角，利用倒角加工可以完成工件边界倒角工作。倒角加工必须使用倒角刀，倒角的角度由倒角刀的角度决定，倒角的宽度则通过倒角对话框确定。

设置“外形铣削方式”为“2D 倒角”，对话框如图 6-25 所示，在对话框中“宽度”和“刀尖补正”文本框可以设置倒角的宽度和刀尖伸出的长度。

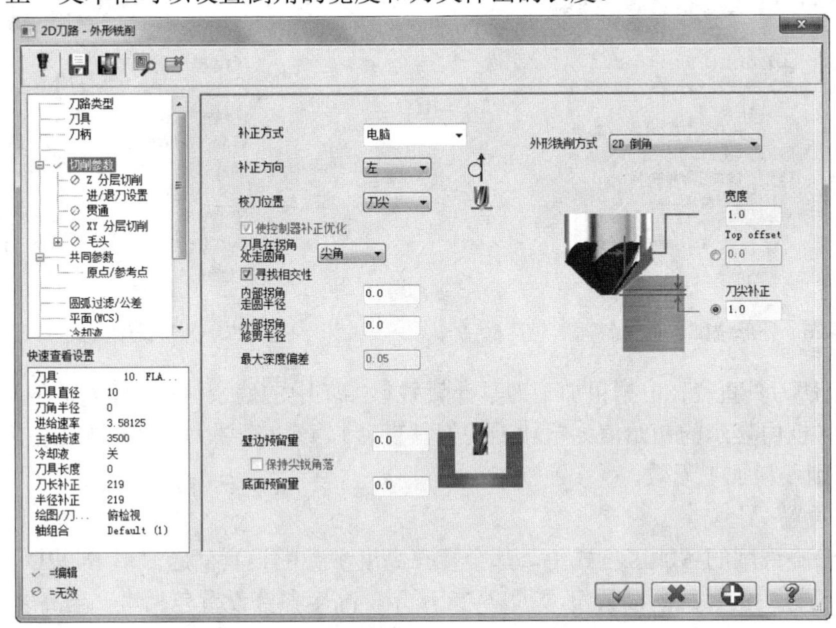

图 6-25 “2D 刀路-外形铣削”对话框

（2）“斜插”。所谓斜插加工是指刀具在 XY 方向走刀时，Z 轴方向也按照一定的方式进行进给，从而加工出一段斜坡面。

设置“外形铣削方式”为“斜插”，对话框如图 6-26 所示。

“斜插方式”有角度方式、深度方式和垂直进方式。角度方式是指刀具沿设定的倾斜角度加工到最终深度，选择该选项则“斜插角度”文本框被激活，用户可以在该文本框中输入倾斜的角度值；深度方式是指刀具在 XY 平面移动的同时，进刀深度逐渐增加，但刀具铣削深度始终保持设定的深度值，达到最终深度后刀具不再下刀而沿着轮廓铣削一周加工出轮廓外形；垂直进方式是指刀具先下到设定的铣削深度，再在 XY 平面内移动进行切削。选择后两者斜插方式，则“斜插深度”文本框被激活，用户可以在该文本框中指定每一层铣削的总进刀深度。

（3）“残料”。为了提高加工速度，当铣削加工的铣削量较大时，开始时可以采用大尺寸刀具和大进给刀量，再采用残料加工来得到最终的加工形状。残料可以是以前加工中预留的部分，也可以是以前加工中由于采用大直径的刀具在转角处不能被铣削的部分。

设置“外形铣削方式”为“残料”，对话框如图 6-27 所示。

剩余材料的计算的来源可以分为 3 种：

1）所有先前操作：通过计算在操作管理器中先前所有加工操作所去除的材料来确定残料加工中的残余材料。

2）前一个操作：通过计算在操作管理器中前面一种加工操作所去除的材料来确定残料加工中的残余材料。

图 6-26　外形铣削方式“斜插”对话框

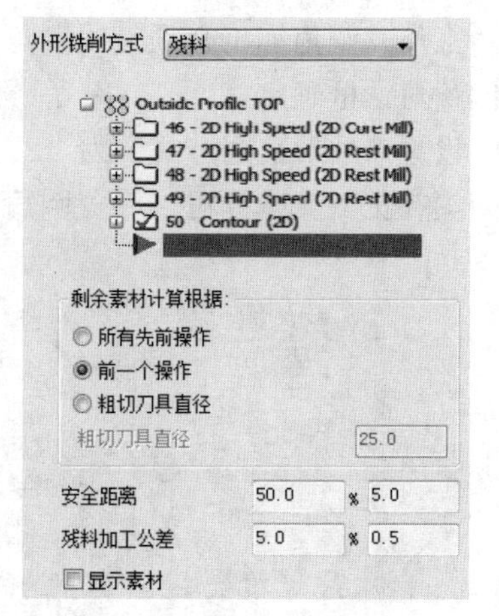

图 6-27　外形铣削方式“残料”对话框

3）粗切刀具直径：根据粗加工刀具计算残料加工中的残余材料。输入的值为粗加工的刀具直径（框内显示的初始值为粗加工的刀具直径），该直径要大于残料加工中使用的刀具直径，否则残料加工无效。

2. 高度设置

Mastercam 铣削的各加工方式中，都会存在高度参数的设置问题。单击“2D 刀路 -外形铣削”对话框中的“共同参数”，如图 6-28 所示，高度参数设置包括“安全高度”“参考高度”“下刀位置”“工件表面”“深度”。

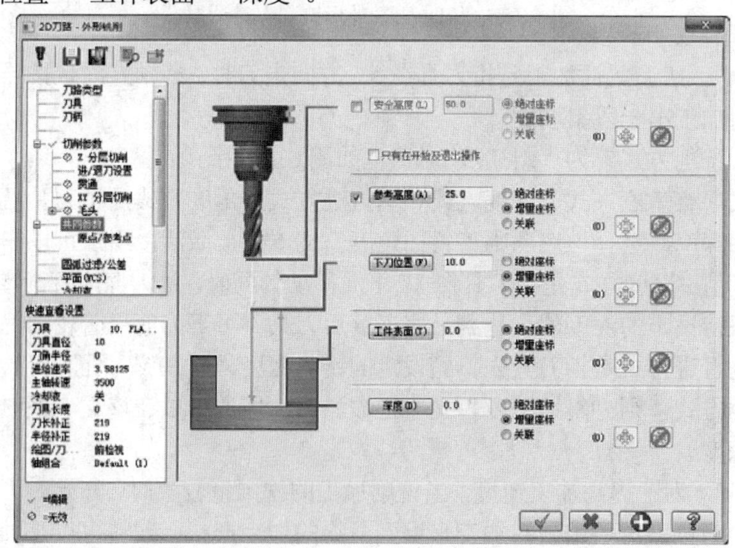

图 6-28　“共同参数”选项卡

（1）“安全高度”：安全高度是指刀具在此高度以上可以随意运动而不会发生碰撞，这个高度一般设置得较高，加工时如果每次提刀至安全高度，将会浪费加工时间，为此可以仅在开始和结束时使用安全高度选项。

（2）“参考高度”：参考高度即退刀高度，它是指开始下一个刀具路径之前刀具回退的位置。退刀高度设置一般照顾两点，一保证提刀安全，不会发生碰撞；二为了缩短加工时间，在保证安全的前提下退刀高度不要设置得太高，因此退刀高度的设置应低于安全高度并高于进给下刀位置。

（3）“下刀位置”：进给下刀位置是指刀具从安全高度或退刀高度下刀铣削工件时，下刀速度由 G00 速度变为进给速度的平面高度。加工时为了使得刀具安全切入工件，需设置一个进给高度来保证刀具安全切入工件，但为了提高加工效率，进给高度也不要设置太高。

（4）“工件表面”：工件表面是指毛坯顶面在坐标系 Z 轴的坐标值。

（5）“深度”：加工深度是指最终的加工深度值。

值得注意的是，每个高度值均可以用绝对坐标或相对坐标进行输入，绝对坐标是相对于工件坐标系而定的，而相对坐标则是相对于工件表面的高度来设置的。

3. 补正方式

刀具补正（或刀具补偿）是数控加工中的一个重要的概念，它的功能可以让用户在加工时补偿刀具的半径值以免发生过切。

单击“2D 刀路 -外形铣削”对话框中的“切削参数”如图 6-29 所示。

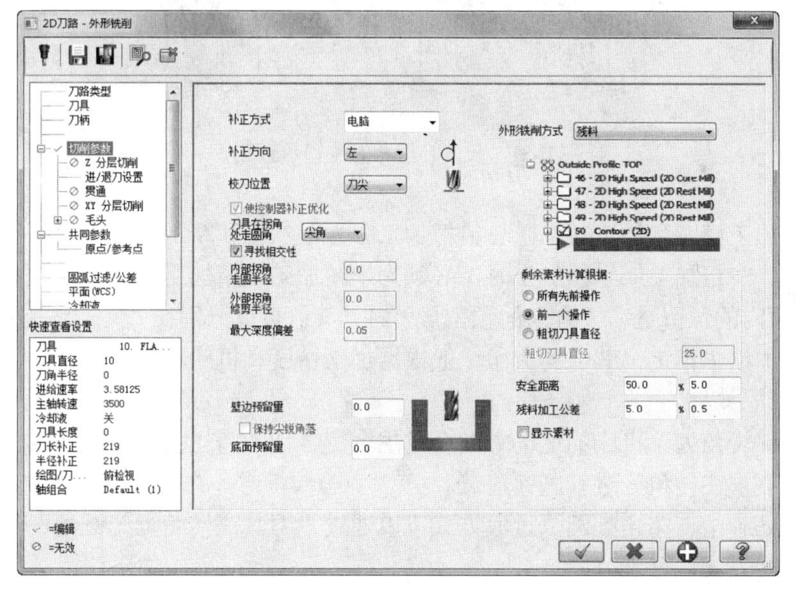

图 6-29 “切削参数”选项卡、

“补正方式”下拉列表中有“电脑”“控制器”“磨损”“反向磨损”和“关”5 种选项。其中电脑补偿是指直接按照刀具中心轨迹进行编程，此时无需进行左、右补偿，程序中无刀具补偿指令 G41、G42。控制器补偿是指按照零件轨迹进行编程，在需要的位置加入刀具补偿指定以及补偿号码，机床执行该程序时，根据补偿指令自行计算刀具中心轨迹线。

“补正方向”下拉列表中有左、右两种选项，它用于设置刀具半径补偿的方向，如图 6-30 所示。

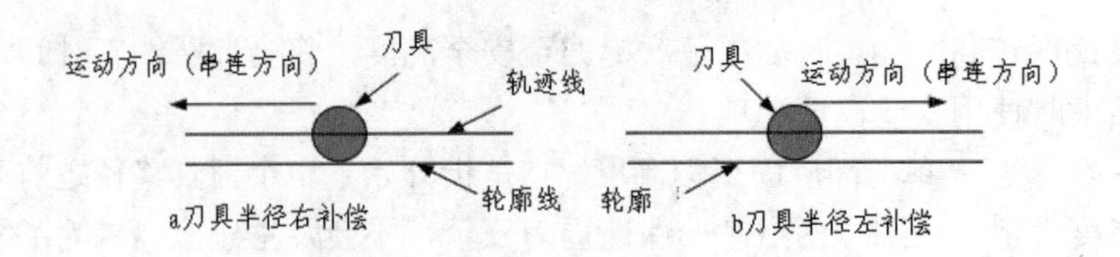

图 6-30　刀具半径补偿方向示意图

“校刀位置”下拉列表中有“中心”和“刀尖”选项，它用于设定刀具长度补偿时的相对位置。对于端铣刀或圆鼻刀，两种补偿位置没有什么区别，但对于球头刀则需要注意两种补偿位置的不同，如图 6-31 所示。

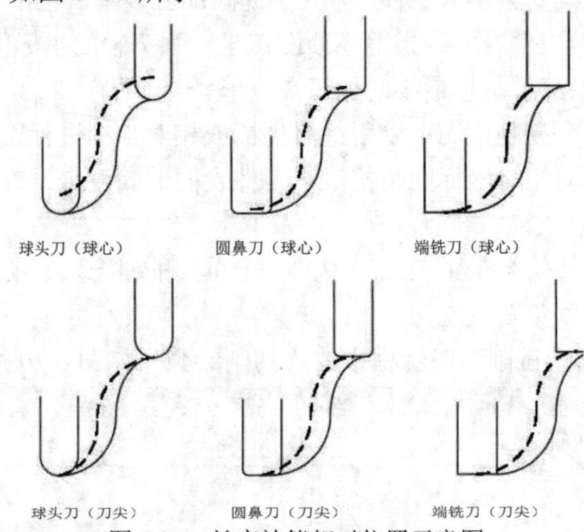

图 6-31　长度补偿相对位置示意图

4．预留量

为了兼顾加工精度和加工效率，一般把加工分为粗加工和精加工，如果工件精度过高还有半精加工。在粗加工或半精加工时，必须为半精加工或精加工留出加工预留量。预留量包括 XY 平面内的预留量和 Z 方向的预留量两种，其值可以分别在“壁边预留量”和“底面预留量”文本框中指定，其值的大小一般根据加工精度和机床精度而定。

5．转角过渡处理

刀具路径在转角处，机床的运动方向会发生突变，切削力也会发生很大的变化。对刀具不利，因此要求在转角处进行圆弧过渡。

在 Mastercam 中，转角处圆弧过渡方式可以通过“刀具在转角处走圆角”下拉列表设置，它共有 3 种方式，分别为：

（1）“无”：则系统在转角过渡处不进行处理，即不采用弧形刀具路径。

（2）“尖角”：系统只在尖角处（两条线的夹角小于 135°）时采用弧形刀具路径。

（3）“全部”：则系统在所有转角处都进行处理。

6．XY 分层切削

如果要切除的材料较厚，刀具在直径方向切入量将较多，可能超过刀具的许可切削深度，这时宜将材料分几层依次切除。

单击“2D 刀路-外形铣削”对话框中的“XY 分层切削”，如图 6-32 所示。对话框中各选项的含义如下：

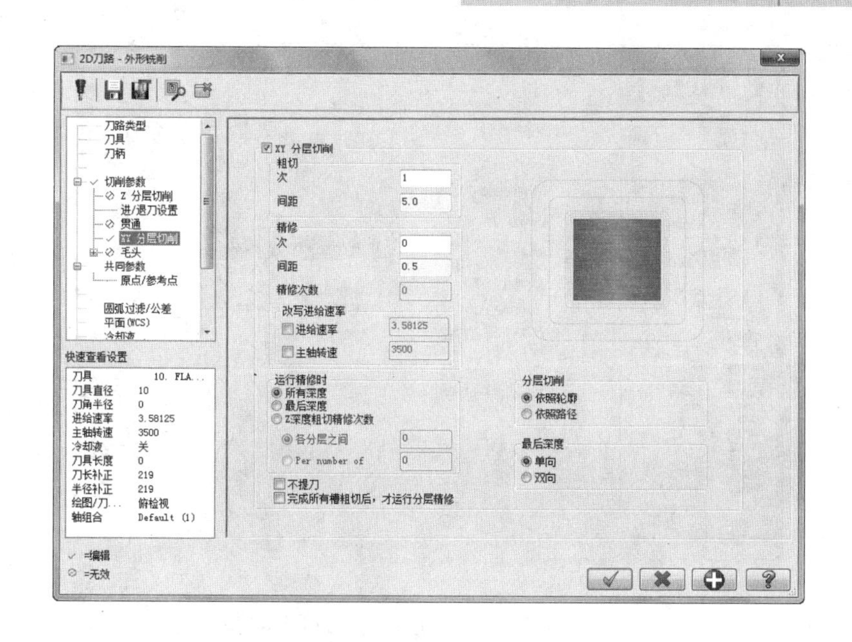

图 6-32 “XY 分层切削”选项卡

（1）“粗切”：用于设置粗加工的参数，其中“次”文本框用于设定粗加工的次数，“间距”文本框用于设置粗加工的间距。

（2）“精修”：用于设置精加工的参数，其中“次”文本框用于设定精加工的次数，“间距”文本框用于设置精加工的间距。

（3）“运行精修时”：用于设置在最后深度进行精加工还是每层进行精加工，选择“最后深度”则最后深度进行精加工，选择“所有深度”则深度都进行精加工。

（4）“不提刀”：设置刀具在一次切削后，是否回到下刀位置。选中，则在每层切削完毕后不退刀，直接进入下一层切削，否则，则刀具在切削每层后退回到下刀位置，然后才移动到下一个切削深度进行加工。

7. Z 分层切削

如果要切除的材料较深，刀具在轴向参加切削的长度会过大，为了避免刀具吃不消，应将材料分几次切除。

单击“2D 刀路 -外形铣削”对话框中的“Z 分层切削”，如图 6-33 所示。利用该对话框可以完成轮廓加工中分层轴向铣削深度的设定。

选项卡各选项的含义如下：

（1）“最大粗切步进量”：该值用于设定去除材料在 Z 轴方向的最大铣削深度。

（2）“精修次数”：该值用于设定精加工的次数。

（3）“精修量”：设定每次精加工时，去除材料在 Z 轴方向的深度。

（4）“不提刀”：设置刀具在一次切削后，是否回到下刀位置。选中，则在每层切削完毕后不退刀，直接进入下一层切削，否则，刀具在切削每层后退回到下刀位置，然后才移动到下一个切削深度进行加工。

（5）“使用子程序”：选择该选项，则在 NCI 文件中生成子程序。

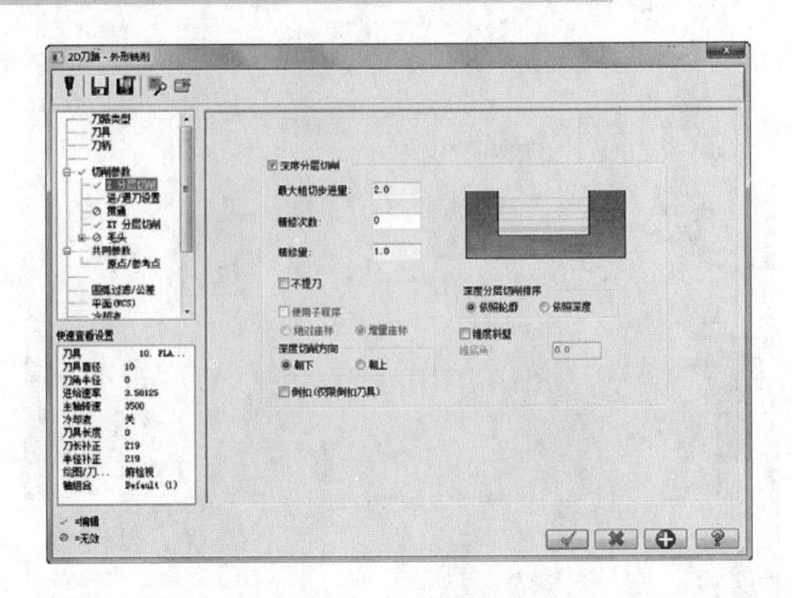

图 6-33　“Z 分层切削”选项卡

（6）“深度分层切削排序”：用于设置深度铣削的次序。选择“依照轮廓”则先在一个外形边界铣削设定的深度，再进行下一个外形边界铣削；选择“依照深度”则先在一个深度上铣削所有的一个外形边界，再进行下一个深度的铣削。

（7）“锥度斜壁”：选择该选项则“锥底角”文本框被激活，铣削加工从工件表面按照“锥底角”文本框中的设定值切削到最后的深度。

8. 贯通设置

贯通设置用来指定刀具完全穿透工件后的伸出长度，这有利于清除加工的余量。系统会自动在进给深度上加入这个贯穿距离。

单击“2D 刀路 -外形铣削”对话框中的“贯通”，如图 6-34 所示。利用该对话框可以设置贯通距离。

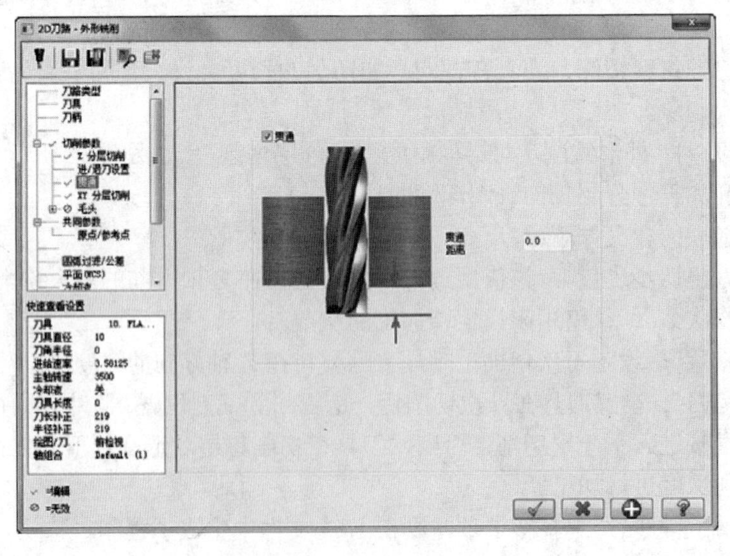

图 6-34　“贯通”选项卡

9．进/退刀设置

刀具进刀或退刀时，由于切削力的突然变化，工件将会产生因振动而留下的刀迹。因此，在进刀和退刀时，Mastercam 可以自动添加一段直线或圆弧，如图 6-35 所示，使之与轮廓光滑过渡，从而消除振动带来的影响，提高加工质量。

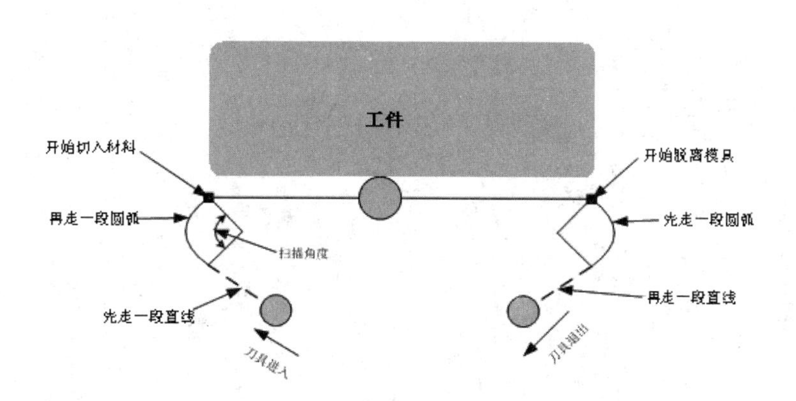

图 6-35　进/退刀方式参数含义示意图

单击“2D 刀路 -外形铣削”对话框中的“进/退刀设置”，如图 6-36 所示。

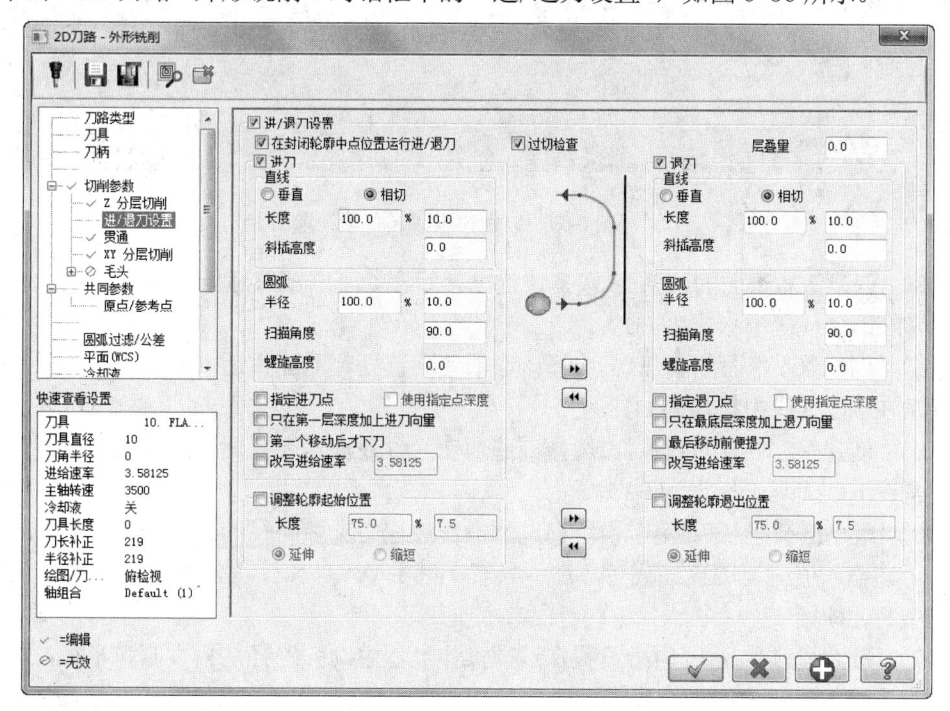

图 6-36　“进/退刀设置”选项卡

10．程序过滤

过滤设置是通过删除共线的点和不必要的刀具移动来优化刀具路径，简化 NCI 文件。

单击“2D 刀路-外形铣削”对话框中的“圆弧过滤/公差”，如图 6-37 所示，主要选项的含义如下：

（1）“切削公差”：设定在进行过滤时的公差值，当刀具路径中的某点与直线或圆弧的距离不大于该值时，则系统将自动删除到该点的移动。

（2）“过滤的误差”：设定每次过滤时可删除点的最大数量，数值越大，过滤速度越快，但优化效果越差，建议该值应小于100。

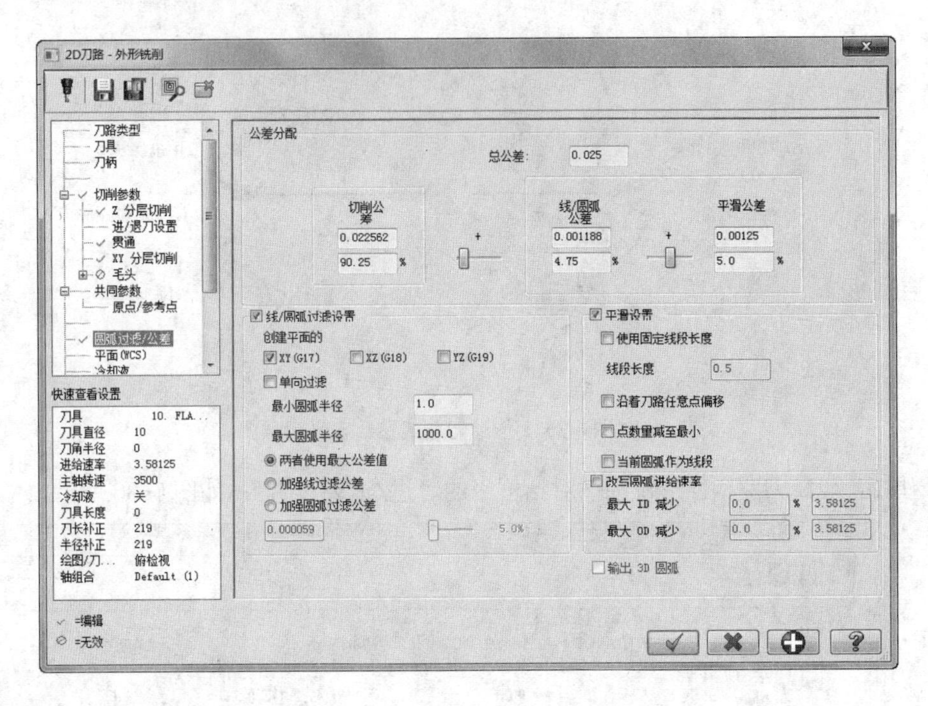

图 6-37 “圆弧过滤／公差”选项卡

（3）“创建XY平面的圆弧”：选择该选项使后置处理器配置适于处理XY平面上的圆弧，通常在NC代码中指定为G17。

（4）“创建XZ平面的圆弧”：选择该选项使后置处理器配置适于处理XZ平面上的圆弧，通常在NC代码中指定为G18。

（5）“创建YZ平面的圆弧”：选择该选项使后置处理器配置适于处理YZ平面上的圆弧，通常在NC代码中指定为G19。

（6）“最小圆弧半径”：用于设置在过滤操作过程中圆弧路径的最小圆弧半径，但圆弧半径小于该输入值时，用直线代替。注：只有在产生XY、XZ、YZ平面的圆弧中至少一项被选中时才激活。

（7）“最大圆弧半径”：用于设置在过滤操作过程中圆弧路径的最大圆弧半径，但圆弧半径大于该输入值时，用直线代替。注：只有在产生XY、XZ、YZ平面的圆弧中至少一项被选中时才激活。

11．跳跃切削

在加工时，可以指定刀具在一定阶段脱离加工面一段距离，以形成一个台阶，有时这是一项非常重要的功能，如在加工路径中有一段突台需要跨过。

单击“2D刀路 -外形铣削”对话框中的“毛头”，如图6-38所示。

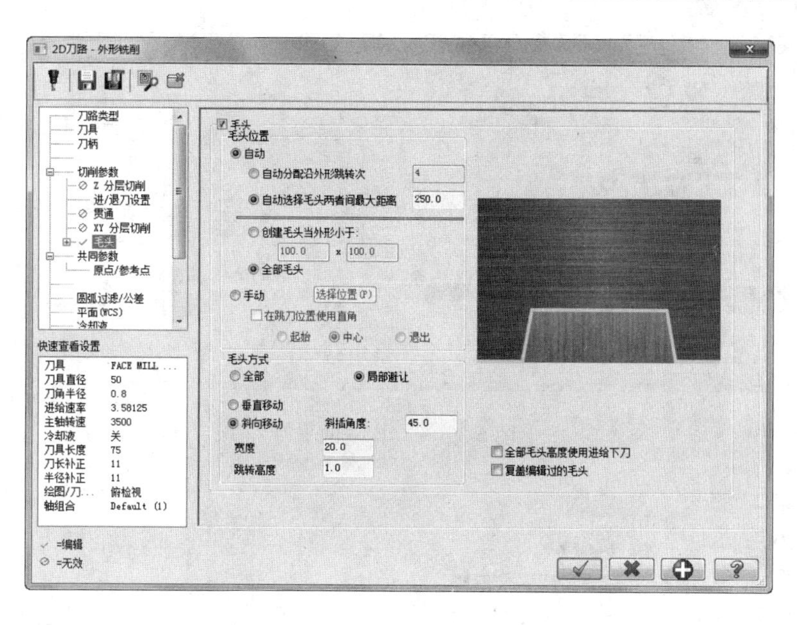

图 6-38 “毛头”选项卡

6. 3. 2 外形加工实例

在面铣削示例的基础上进行外形铣削。

网盘\视频教学\第6章\外形加工实例. MP4

操作步骤如下：

01 单击“切换显示已选择的刀路操作”按钮，关闭平面铣削的刀路，接着单击“刀路”选项卡“2D”面板“2D 铣削”组中的“外形”按钮，系统弹出“串连选项”对话框，同时提示“选择外形串连 1”，选取加工边界。选取完加工边界后，单击“串连选项”对话框中的“确定”按钮。

02 系统弹出“2D 刀路 -外形铣削”对话框，用户单击该对话框中的“刀具”选项卡，在该选项卡中单击“从刀库中选择”按钮从刀库选择，则系统弹出“选择刀具”对话框，本例选取“mill_mm. tooldb”刀具库，在此刀具库中选取直径为 20 的平刀，如图 6-39 所示的。接着单击对话框中的“确定”按钮，返回“2D 刀路 -外形铣削”对话框，可见到选择的平刀已进入对话框中。

03 双击平刀图标，弹出“编辑刀具”对话框。对话框中显示的刀具就是平刀。设置“刀刃直径”为 20，“总长度”为 75，“刀刃长度”为 50，“刀肩长度”为 60，“刀肩直径”为 20，“刀杆直径”为 20；单击“下一步”按钮下一步，设置“XY 粗切步进量（%）”为 60，“XY 精修步进量”为 25，“Z 粗切步进量（%）”为 200，“Z 精修步进量”为 25，如图 6-40 所示，参数设置完后，单击“单击重新计算进给率和主轴转速”按钮，再单击“完成”按钮完成，返回“2D 刀路 -外形铣削”对话框。

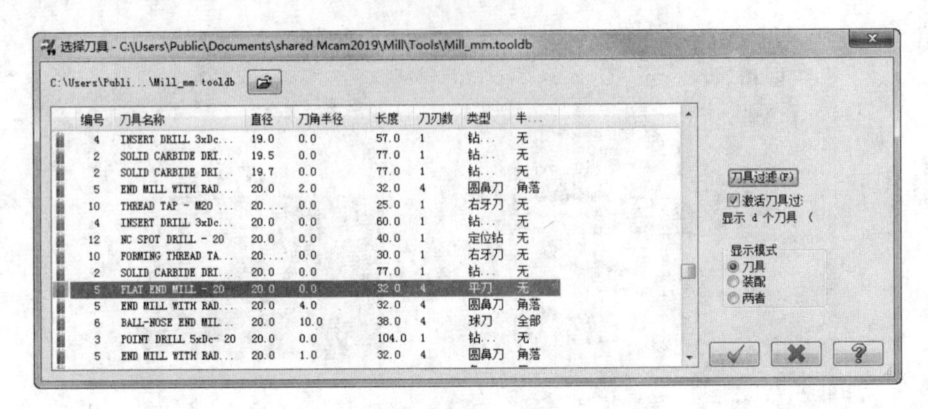

图 6-39　选择 20 的平刀

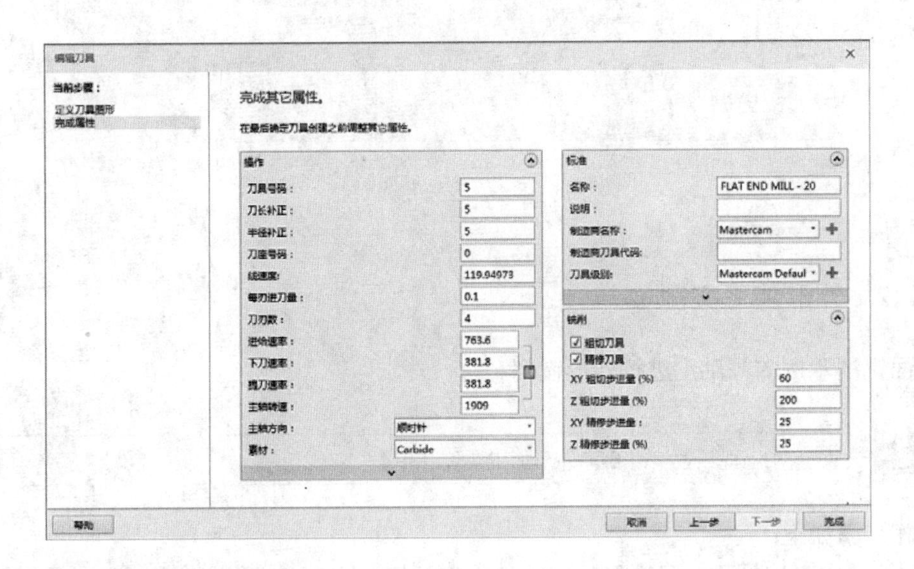

图 6-40　设置参数

04 在“2D 刀路 -外形铣削”对话框中单击“共同参数”选项卡，设置如下：“参考高度”为 20，坐标形式为“绝对坐标”，“下刀位置”为 3，坐标形式为“增量坐标”，“深度”为-20，坐标形式为“增量坐标”，其他参数采用默认值，如图 6-41 所示。

05 “2D 刀具路径 -外形铣削”对话框中的“XY 分层切削”“Z 分层切削”“贯通”“进/退刀设置”等也要进行设置。

06 为了验证外形铣削参数设置的正确性，可以通过模拟外形铣削过程，来观察工件外形是否有切削不到的地方或过切现象。单击“刀路管理器”中的“验证已选择的操作”按钮，在弹出的“Mastercam 模拟”对话框中单击“播放”按钮，得到如图 6-42 所示的模拟结果。

当用户需要此操作的 NC 代码时可以单击“刀路管理器”中的“运行选择的操作进行后处理”按钮G1，如图 6-43 所示，得到 NC 代码如图 6-44 所示，用户可以在 NC 代码编辑栏内，添加修改程序。

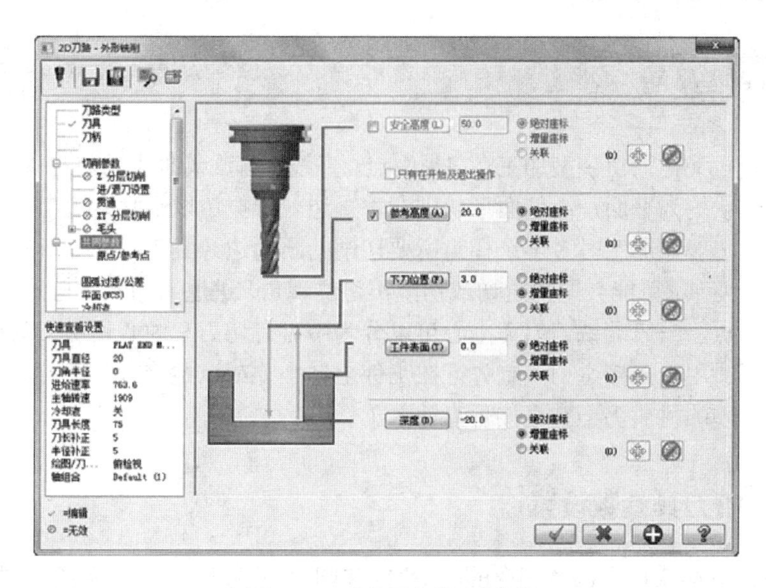

图 6-41 “共同参数”设置

图 6-42 模拟结果

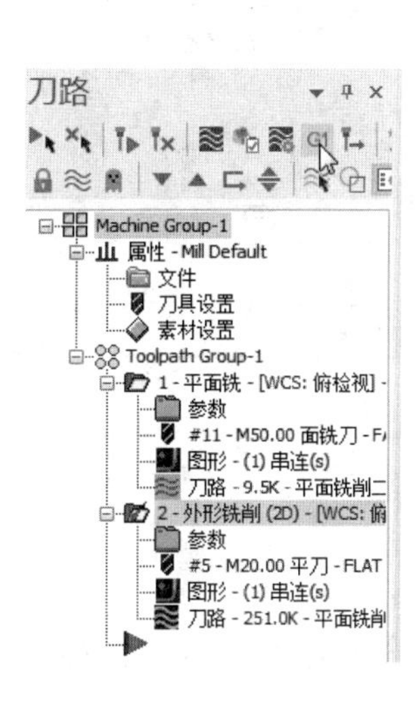

图 6-43 外形加工模拟

图 6-44 外形加工模拟

6.4 挖槽加工

挖槽加工一般又称为口袋型加工，它是由点、直线、圆弧或曲线组合而成的封闭区域，其特征为上下形状均为平面，而剖面形状则有垂直边、推拔边以及垂直边含 *R* 角与推拔边含 *R* 角等 4 种。一般在加工时多半选择与所要切削的断面边缘具有相同外形的铣刀，如果选择不同形状的刀具，可能会产生过切或切削不足的现象。进退刀的方法与外形铣削相同，不过附带提起一点，一般端铣刀刀刃中心可以分为中心有切刃与中心无切刃两种，中心有孔的端铣刀是不适用于直接进刀，宜先行在工件上钻小孔或以螺旋方式进刀，至于中心有切刃者，对于较硬的材料仍不宜直接垂直铣入工件。

6.4.1 挖槽刀具参数设置

绘制好轮廓图形或打开已经存在的图形时，单击“机床”选项卡“机床类型”面板中的“铣床”按钮，选择默认选项，在“刀路”管理器中生成机群组属性文件，同时弹出“刀路”选项卡。单击“刀路”选项卡“2D”面板“2D 铣削”组中的“挖槽”按钮，系统弹出“串连选项”对话框，同时提示“选择内槽串连 1”，然后在绘图区采用串连方式对几何模型串连后单击“串连选项”对话框中的“确定”按钮，系统弹出“2D 刀路 – 2D 挖槽”对话框后，首先选择挖槽刀具，本例选择直径为 16 的平刀，如图 6-45 所示，刀具的尺寸参数满足机床要求，不再修改，刀具加工参数设置如图 6-46 所示，这些参数的选取都是为了提供给后面的示例（后面的参数设置对话框不再作此解释）。

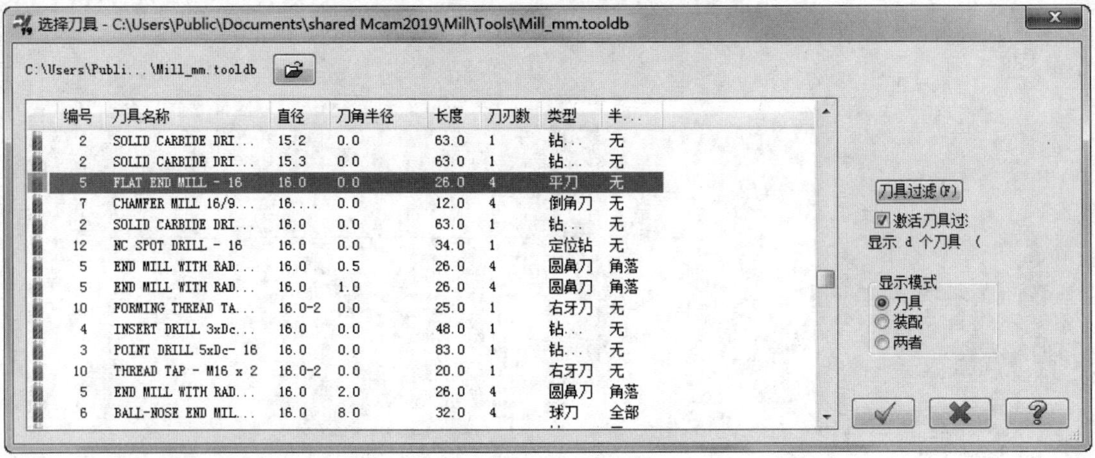

选择刀具 - C:\Users\Public\Documents\shared Mcam2019\Mill\Tools\Mill_mm.tooldb

C:\Users\Publi...\Mill_mm.tooldb

编号	刀具名称	直径	刀角半径	长度	刀刃数	类型	半...
2	SOLID CARBIDE DRI...	15.2	0.0	63.0	1	钻...	无
2	SOLID CARBIDE DRI...	15.3	0.0	63.0	1	钻...	无
5	FLAT END MILL - 16	16.0	0.0	26.0	4	平刀	无
7	CHAMFER MILL 16/9...	16....	0.0	12.0	4	倒角刀	无
2	SOLID CARBIDE DRI...	16.0	0.0	63.0	1	钻...	无
12	NC SPOT DRILL - 16	16.0	0.0	34.0	1	定位钻	无
5	END MILL WITH RAD...	16.0	0.5	26.0	4	圆鼻刀	角落
5	END MILL WITH RAD...	16.0	1.0	26.0	4	圆鼻刀	角落
10	FORMING THREAD TA...	16.0-2	0.0	25.0	1	右牙刀	无
4	INSERT DRILL 3xDc...	16.0	0.0	48.0	1	钻...	无
3	POINT DRILL 5xDc- 16	16.0	0.0	83.0	1	钻...	无
10	THREAD TAP - M16 x 2	16.0-2	0.0	20.0	1	右牙刀	无
5	END MILL WITH RAD...	16.0	2.0	26.0	4	圆鼻刀	角落
6	BALL-NOSE END MIL...	16.0	8.0	32.0	4	球刀	全部

刀具过滤(F)
激活刀具过
显示 d 个刀具 (
显示模式
刀具
装配
两者

图 6-45 选择挖槽刀具

6.4.2 切削参数设置

单击“2D 刀路 – 2D 挖槽”对话框中的“切削参数”选项卡，如图 6-47 所示。同外形铣削相同，这里只对特定参数的选项卡进行讨论。

“挖槽加工方式”共有 5 种，分别为标准、平面铣、使用岛屿深度、残料、开放式挖槽。当选取的所有串连均为封闭串连时，可以选择前 4 种加工方式。选择“标准”选项时，系统采用标准的挖槽方式，即仅铣削定义凹槽内的材料，而不会对边界外或岛屿的材料进行铣削；选择“平面铣”选项时，相当于面铣削模块（Face）的功能，在加工过程种只保证加工出选择的表面，而不考虑是否会对边界外或岛屿的材料进行铣削；选择“使用岛屿深度”选项时，不会对边界外进行铣削，但可以将岛屿铣削至设置的深度；选择“残料”选项时，进行残料挖槽加工，其设置方法与残料外形铣削加工中参数设置相同。当选取的串连中包含有未封闭串连时，只能选择“开放式挖槽”加工方式，在采用“开放式挖槽”加工方式时，实际上系统是将未封闭的串连先进行封闭处理，再对封闭后的区域进行挖槽加工。

图 6-46　挖槽刀具工艺参数设置

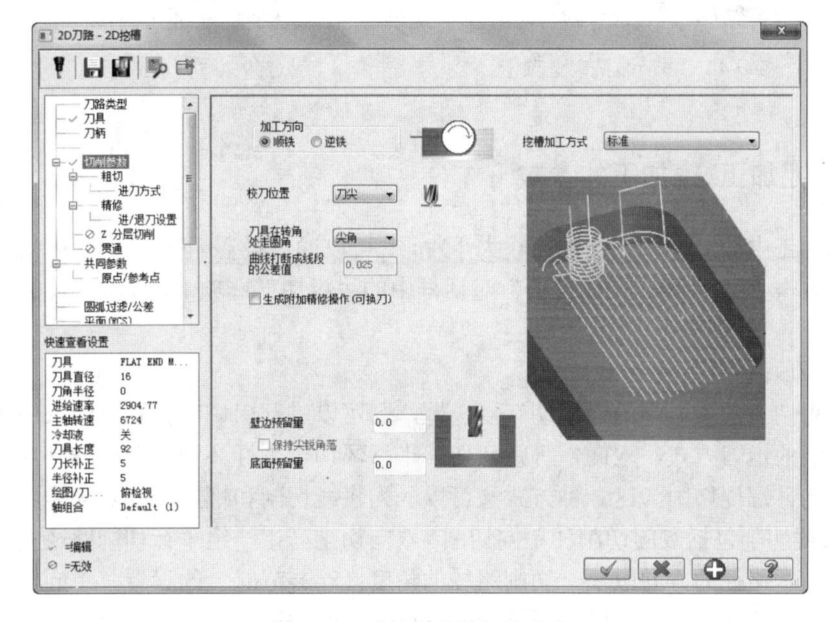

图 6-47　“切削参数”选项卡

当选择“平面铣”或“使用岛屿深度”加工方式时，“平面铣”选项卡如图 6-48 所示，该选项卡中各选项的含义如下：

1)“层叠量”: 用于设置以刀具直径为基数计算刀具超出的比例。例如，刀具直径 4mm，设定的超出比例 50%，则超出量为 2mm。它与超出比例的大小有关，等于超出比例乘以刀具直径。

2)“进刀引线长度”: 用于设置下刀点到有效切削点的距离。

3)“退刀引线长度”: 用于设置退刀点到有效切削点的距离。

4)“岛屿上方预留量”: 用于设置岛屿的最终加工深度，该值一般要高于凹槽的铣削深度。只有挖槽加工形式为“使用岛屿深度”时，该选项才被激活。

当选择“开放式挖槽”加工方式时，如图 6-49 所示。选中“使用开放轮廓切削方式”复选项时，则采用开放轮廓加工的走刀方式，否则采用“粗加工/精加工”选项卡中的走刀方式。

对于其他选项，其含义和外形铣削参数相关内容相同，读者可以自行结合外形铣削加工参数自行领会。

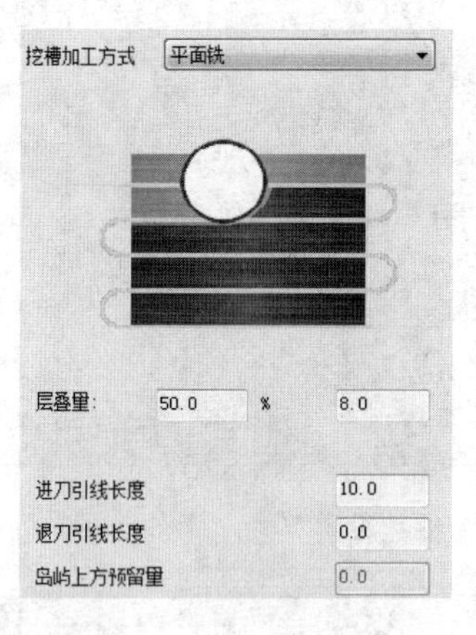

图 6-48 “平面铣”选项卡

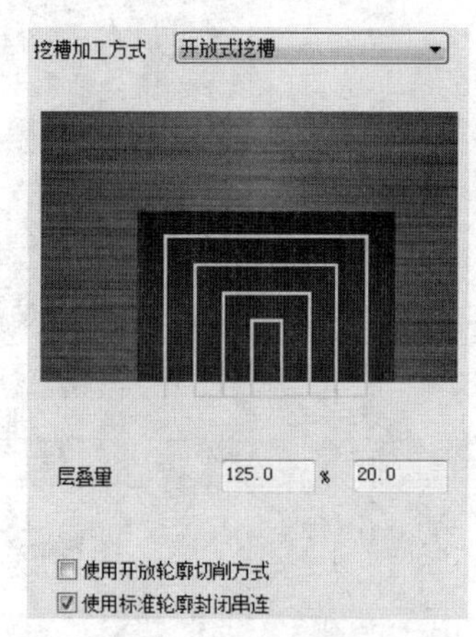

图 6-49 “开放式挖槽”选项卡

6.4.3 粗加工/精加工的参数

在挖槽加工中加工余量一般都比较大，为此，可以通过设置粗切/精修的参数，来提高加工精度。单击“2D 刀路 – 2D 挖槽”对话框中的“粗切”选项卡，如图 6-50 所示。

1. 粗切方式设置

选中“粗切”选项卡中的“粗切”复选框，则可以进行粗切削设置。Mastercam 提供了 8 种粗切削的走刀方式，双向、等距环切，平行环切、平行环切清角、依外形环切、高速切削、单向、螺旋切削。这 8 种方式又可以分为直线切削和螺旋切削两大类。

(1) 直线切削包括双向切削和单向切削。双向切削产生一组平行切削路径并来回都进行切削。其切削路径的方向取决于切削路径的角度 (Roughing) 的设置。单向切削所产生的刀具路径与双向切削基本相同，所不同的是单向切削按同一个方向进行切削。

(2) 螺旋切削是以挖槽中心或特定挖槽起点开始进刀，并沿着挖槽壁螺旋切削。螺旋切削有 5 种方式：①等距环切：产生一组螺旋式间距相等的切削路径。②平行环切：产生一组平行螺旋式切削路径，与等距环切路径基本相同。③平行环切清角：产生一组平行螺旋且清角的切削路径。④依外形环切：根据轮廓外形产生螺旋式切削路径，此方式至少有一个岛屿，且生成的刀具路径比其他模式生成的刀具路径要长。⑤螺旋切削：以圆形、螺旋方式产生切削路径。

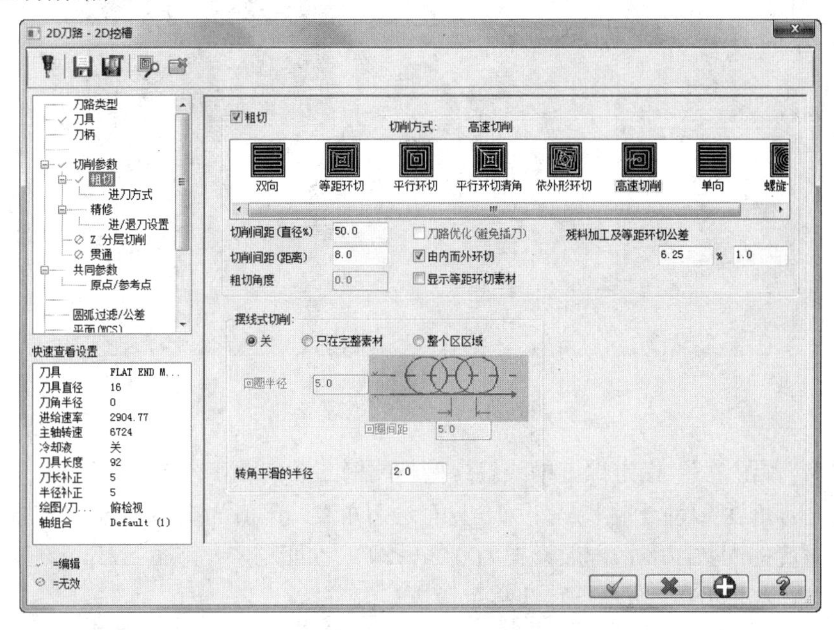

图 6-50 “粗切”选项卡

2. 切削间距

在 Mastercam 中，提供了两种输入切削间距的方法。既可以在“切削间距（直径%）”文本框中指定占刀具直径的百分比间接指定切削间距，此时切削间距=百分比×刀具直径，也可以在“切削间距（距离）”文本框直接输入的切削间距数值。值得注意的是，该参数和切削间距（直径%）是相关联的，更改任何一个，另一个也随之改变。

3. 粗加工下刀方式

在挖槽粗加工路径中，下刀方式分为 3 种：关，即刀具从工件上方垂直下刀；螺旋，即以螺旋下降的方式向工件进刀；斜插，即以斜线方式向工件进刀。

默认的情况是关，单击选中“进刀方式”选项卡，单击“螺旋”选项卡或“斜插”选项卡，如图 6-51、图 6-52 所示，分别用于设置螺旋下刀和斜插下刀。这两个选项卡中的内容基本相同，下面对主要的选项进行介绍。

（1）“最小半径”：进刀螺旋的最小半径或斜线刀具路径的最小长度。可以输入与刀具直径的百分比或者直接输入半径值。

（2）“最大半径”：进刀螺旋的最大半径或斜线刀具路径的最大长度。可以输入与刀具直径的百分比或者直接输入半径值。

（3）“Z 间距”：指定开始螺旋或斜插进刀时距工件表面的高度。

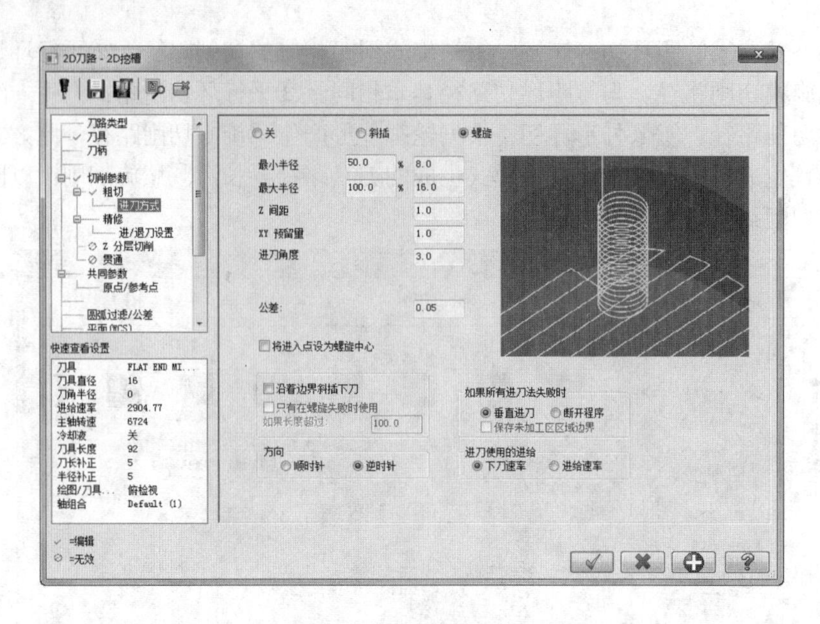

图 6-51 “螺旋”选项卡

（4）“XY 预留量”：指定螺旋槽或斜线槽与凹槽在 X 向和 Y 向的安全距离。

（5）“进刀角度”：对于螺旋式下刀，只有进刀角度，该值为螺旋线与 XY 平面的夹角，角度越小，螺旋的圈数越多，一般设置为 3° ～20° 之间。对于斜插下刀，该值为刀具插入或切出角度，如图 6-52 所示，它通常选择 3° 。

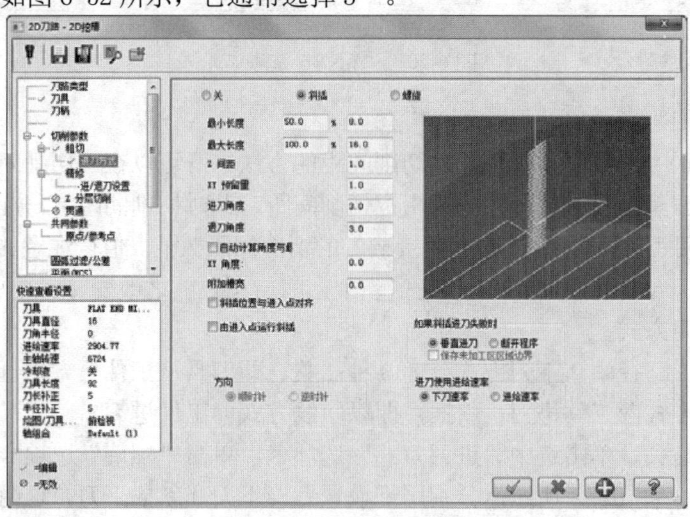

图 6-52 “斜插”选项卡

（6）“如果所有进刀方法失败时”：设置螺旋或斜插下刀失败时的处理方式，既可以为“垂直进刀”也可以“断开程序”。

（7）“进刀使用的进给”：既可以是采用刀具的 Z 向进刀速率作为进刀或斜插下刀的速率；也可以采用刀具水平切削的进刀速率作为进刀或斜插下刀的速率。

（8）“方向”：指定螺旋下刀的方向，有顺时针和逆时针两种选项，该选项仅对螺旋下刀方式有效。

(9)“由进入点运行斜插”：设定刀具沿着边界移动，即刀具在给定高度，沿着边界逐渐下降刀具路径的起点，该选项仅对螺旋下刀方式有效。

(10)“将进入点设为螺旋中心”：表示下刀螺旋中心位于刀具路径起始点（下刀点）处；下刀点位于挖槽中心。

(11)“附加槽宽”：指定刀具在每一个斜线的末端附加一个额外的导圆弧，使刀具路径平滑，圆弧的半径等于输入框中数值的一半。

4．覆盖进给率

覆盖进给率选项用于重新设置精加工进给速度，它有两种方式：

(1)“进给率”：在精切削阶段，由于去除的材料通常较少，所以希望增加进给速率以提高加工效率。该输入框可输入一个与粗切削阶段不同的精切削进给速率。

(2)“主轴转速”：该输入框可输入一个与粗切削阶段不同的精切削主轴转速。

此外，粗加工/精加工的参数还可以完成其他参数的设定，如精加工次数、进/退刀方式、切削补偿等。对于这些参数有些参数在前面已经叙述，有些比较容易理解，这里不再一一赘述。

6.4.4 挖槽加工实例

在外形铣削的基础上创建挖槽加工。

网盘\视频教学\第6章\挖槽加工实例. MP4

操作步骤如下：

01 承接外形铣削示例结果，单击“刀路”选项卡“2D”面板“2D 铣削”组中的“挖槽”按钮，系统弹出提示“选择内槽串连 1”，则选取图 6-53 所示的内边。

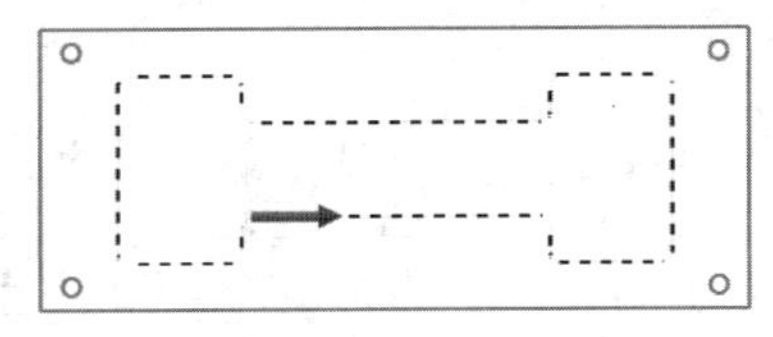

图 6-53 选择挖槽边界

02 选取完加工边界后，单击“串连选项”对话框中的“确定”按钮，系统弹出“2D 刀路 – 2D 挖槽”对话框，用户单击该对话框中的“刀具”选项卡，在该选项卡中单击“从刀库选择”按钮 从刀库选择 ，则系统弹出“选择刀具”对话框，本例选取“mill_mm.tooldb”刀具库，由于轮廓的圆角为 6，因此在此刀具库中选取直径为 12 的平刀。接着单击对话框中的“确定”按钮，回到“2D 刀路 – 2D 挖槽”对话框，可见到选择的平刀已进入对话框中。

03 双击平刀图标，弹出“编辑刀具”对话框。对话框中显示的刀具就是平刀。设置“刀刃直径”为 12，“总长度”为 75，“刀刃长度”为 50，“刀肩长度”为 60，“刀尖直径”为 12，“刀杆直径”为 12；单击“下一步”按钮 下一步 ，设置其他参数，设置“XY 粗切步进量（%）”为 50，“Z 粗切步进量（%）”为 50，“XY 精修步进量”为 25，“Z 精修步进量（%）”为25，然后单击“单击重新计算进给率和主轴转速”按钮，再单击“完成”按钮 完成 ，退回“2D 刀路 – 2D 挖槽”对话框。

04 单击“2D 刀路 – 2D 挖槽”对话框中的“共同参数”选项卡，设置参数如下：“参考高度”为20，坐标形式为“绝对坐标”，“下刀位置”为3，坐标形式为“增量坐标”，“工作表面”为-1.0，坐标形式为“绝对坐标”，“深度”为-10，坐标形式为“增量坐标”，如图6-54所示。

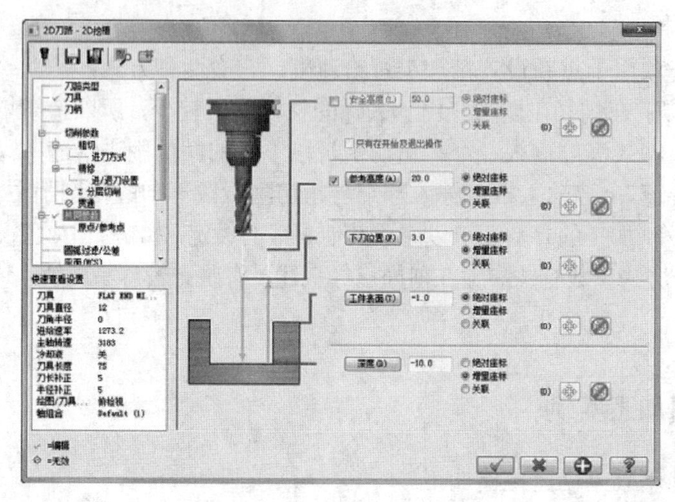

图6-54 “共同参数”选项卡

05 在“Z分层切削”选项卡中设置“最大粗切步进量”为5.0，“精修次数”为1，“精修量”为1，如图6-55所示。在“贯通”选项卡中设置贯穿距离为0，如图6-56所示。

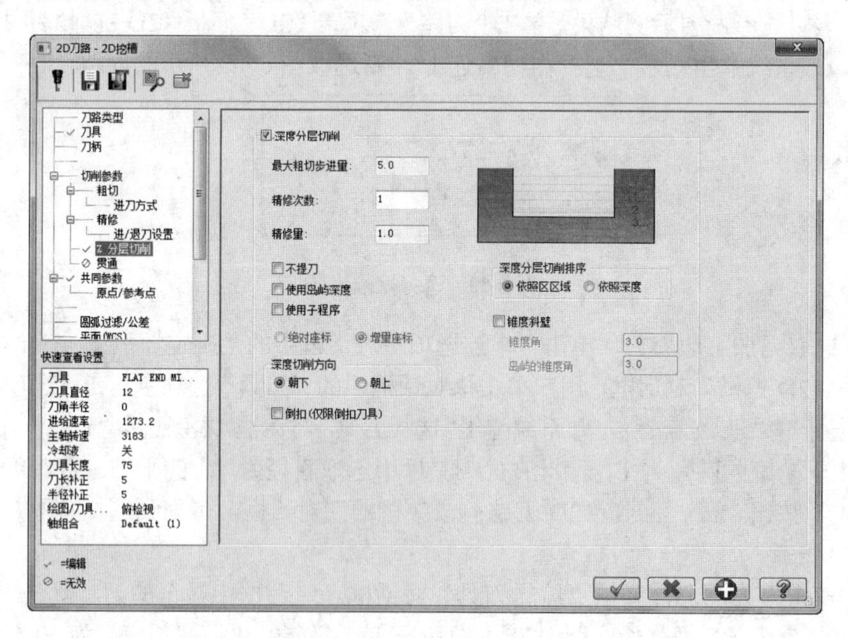

图6-55 “Z分层切削”选项卡

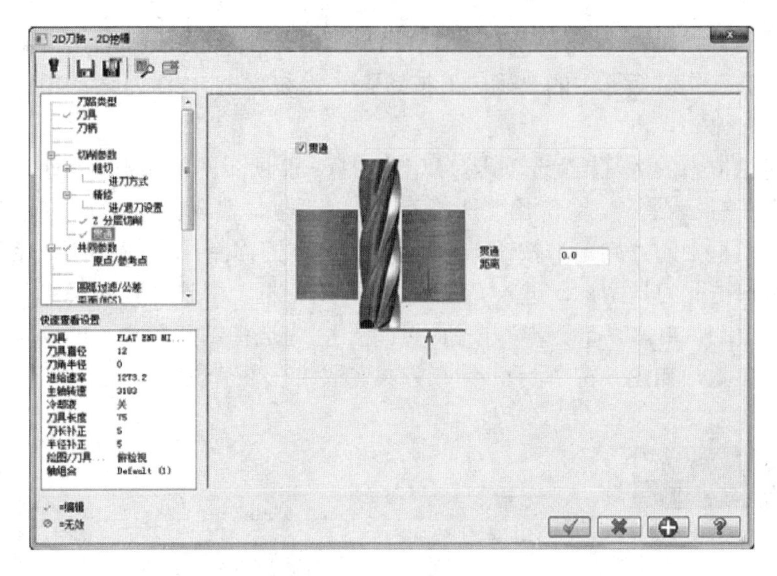

图 6-56 “贯通”选项卡

06 单击“2D 刀路 – 2D 挖槽”对话框中的“进刀方式”选项卡，对话框中的参数如图 6-51 设置，斜插下刀的参数如图 6-52 所示。

为了验证挖槽铣削参数设置的正确性，可以通过模拟挖槽铣削过程，来观察工件在切削过程中的下刀方式和路径的正确性。单击“刀路管理器”中的“验证已选择的操作”按钮，在弹出的“Mastercam 模拟”对话框中单击“播放”按钮，得到如图 6-57 所示的模拟过程。

图 6-57 挖槽模拟结果

6.5 钻孔加工

孔加工是机械加工中使用较多的一个工序，孔加工的方法也很多，包括钻孔、镗孔、攻螺纹、铰孔等。Mastercam 也提供了丰富的钻孔方法，而且可以自动输出对应的钻孔固定循环。

6.5.1 钻孔刀具设置

绘制好轮廓图形或打开已经存在的图形时，单击“机床”选项卡“机床类型”面板中的“铣床”按钮，选择默认选项，在“刀路”管理器中生成机群组属性文件，同时弹出“刀路”选项卡。单击“刀路”选项卡“2D”面板“2D 铣削”组中的“钻孔”按钮，弹出“定义刀路孔”对话框，如图 6-58 所示，然后在绘图区采用手动方式选取定义钻孔位置，然后单击“定义刀路孔”对话框中的“确定”按钮，系统弹出“2D 刀路-钻孔/全圆铣削 深孔钻-无啄孔”对话框，

单击该对话框中的“刀具”选项卡，弹出如图 6–59 所示的对话框，单击对话框中的“从刀库中选择”按钮 从刀库选择 ，弹出“选择刀具”对话框，选取直径为 12 的钻头，如图 6-60 所示，单击对话框中的“确定”按钮，返回“2D 刀路-钻孔/全圆铣削 深孔钻-无啄孔”对话框。接着双击此刀具图标，进入“编辑刀具”对话框，由于刀具的尺寸参数符合工艺要求，因此不再改动，单击“下一步”按钮 下一步 ，先选择钻孔方式，再根据钻孔方式设置刀具加工工艺参数，如图 6-61 所示，钻孔方式选取将在下节说明。

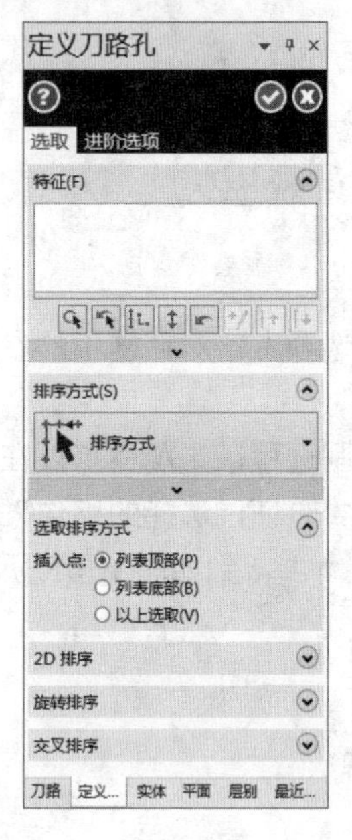

图 6-58 “定义刀路孔”对话框

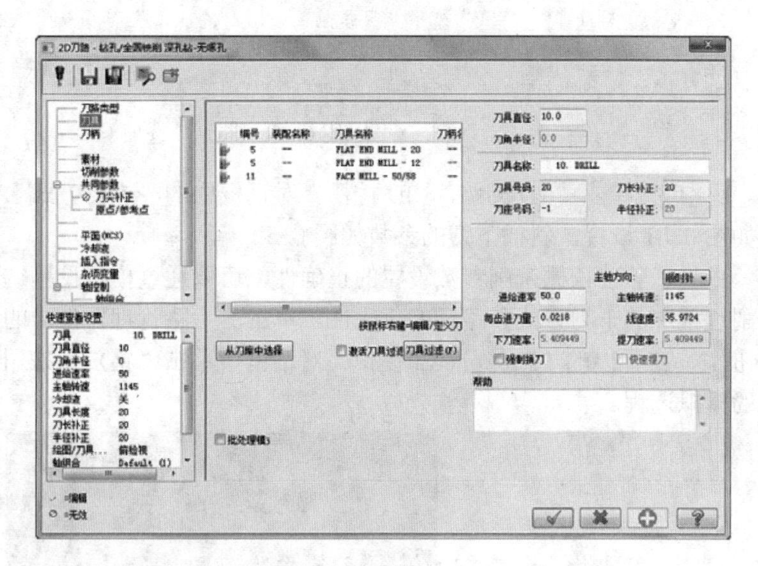

图 6-59 “刀具”选项卡

选择刀具 - C:\Users\Public\Documents\shared Mcam2019\Mill\Tools\Mill_mm.tooldb

C:\Users\Publi...\Mill_mm.tooldb

编号	刀具名称	直径	刀角半径	长度	刀刃数	类型	半...
2	SOLID CARBIDE DRI...	11.0	0.0	56.0	1	钻...	无
1	HSS/TIN DRILL 8xD...	11.0	0.0	76.0	1	钻...	无
2	SOLID CARBIDE DRI...	11.2	0.0	56.0	1	钻...	无
1	HSS/TIN DRILL 8xD...	11.5	0.0	76.0	1	钻...	无
2	SOLID CARBIDE DRI...	11.5	0.0	56.0	1	钻...	无
2	SOLID CARBIDE DRI...	11.8	0.0	56.0	1	钻...	无
10	THREAD TAP - M12 ...	12....	0.0	16.0	1	右牙刀	无
7	CHAMFER MILL 12/9...	12....	0.0	10.0	4	倒角刀	无
3	POINT DRILL 5xDc- 12	12.0	0.0	62.0	1	钻...	无
12	THREAD MILL - 2MM	12.0	0.0	32.0	5	螺...	无
5	END MILL WITH RAD...	12.0	2.0	19.0	4	圆鼻刀	角落
12	NC SPOT DRILL - 12	12.0	0.0	30.0	1	定位钻	无
10	FORMING THREAD TA...	12....	0.0	23.0	1	右牙刀	无
1	HSS/TIN DRILL 8xD...	12.0	0.0	87.0	1	钻...	无

刀具过滤(F)
激活刀具过
显示 d 个刀具 (
显示模式
刀具
装配
两者

图 6-60 “选择刀具”对话框

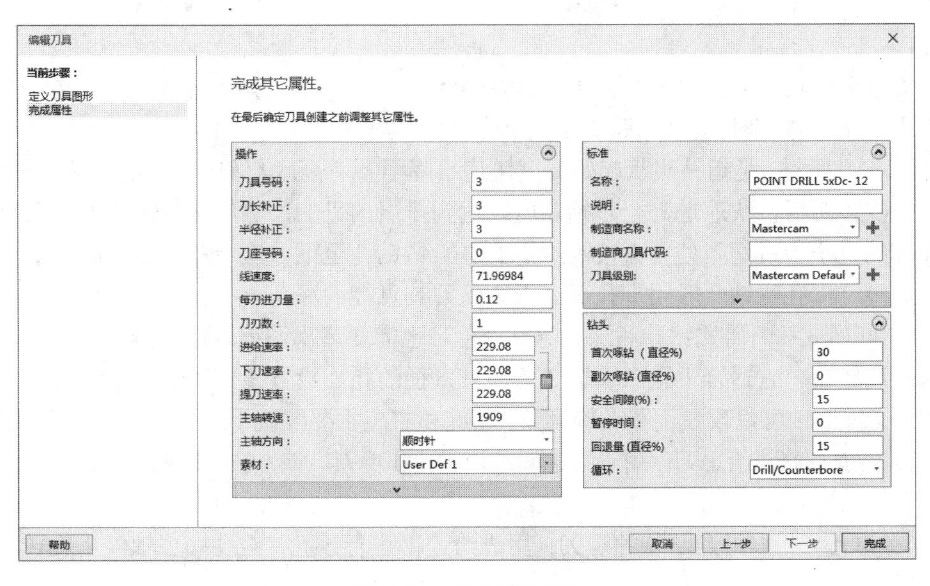

图 6-61　刀具参数设置

6.5.2　钻孔切削参数

1. 钻孔方式

Mastercam 提供了 20 种钻孔方式，其中 7 种为标准形式，另外 13 种为自定义形式，如图 6-62 所示。

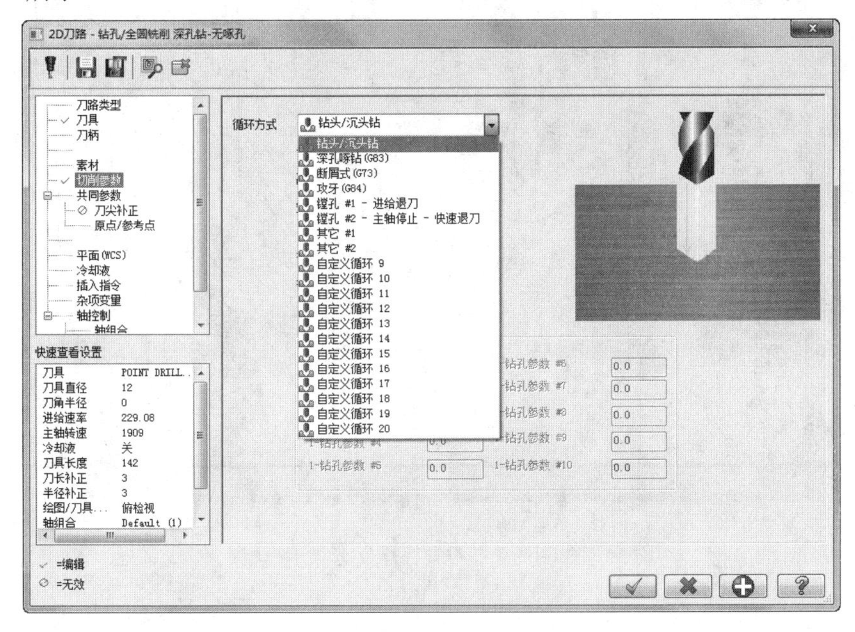

图 6-62　钻孔形式

（1）钻头/沉头钻：就是钻头从起始高度快速下降至参考高度，然后以设定的进给量钻孔，到达孔底后，暂停一定时间后返回。钻头/沉头钻常用于孔深度小于 3 倍的刀具直径的浅孔。

从“循环方式”下拉列表中选择“钻头/沉头钻”选项后，则“暂留时间”文本框被激活，它用于指定暂停时间，默认为0，即没有暂停时间。

（2）深孔啄钻：是指钻头从起始高度快速下降至参考高度，然后以设定的进给量钻孔，钻到第一次步距后，快速退刀至起始高度以达到排屑的目的，然后再次快速下刀至前一次步距上部的一个步进间隙处，再按照给定的进给量钻孔至下一次步距，如此反复，直至钻至要求深度。深孔啄钻一般用于孔深大于3倍刀具直径的深孔。

（3）断屑式：断屑式钻孔和深孔啄钻类似，也需要多次回缩以达到排屑的目的，只是回缩的距离较短。它适合于孔深大于3倍刀具直径的孔。设置参数和深孔啄钻类似。

（4）攻螺纹：可以攻左旋和右旋螺纹，左旋和右旋主要取决于选择的刀具和主轴旋向。

（5）镗孔 #1-进给退刀：用进给速率进行镗孔和退刀，该方法可以获得表面较光滑的直孔。

（6）镗孔#2-主轴停止-快速退刀：用进给速率进行镗孔，至孔底主轴停止旋转，刀具快速退回。

（7）其他 #1：镗孔至孔底时，主轴停止旋转，将刀具旋转一个角度（即让刀，它可以避免刀尖与孔壁接触）后再退刀。

2. 刀尖补偿

单击“尖刀补正”选项卡，如图6-63所示。可以利用该选项卡设置补偿量。该选项卡的含义比较简单，在此不在叙述。

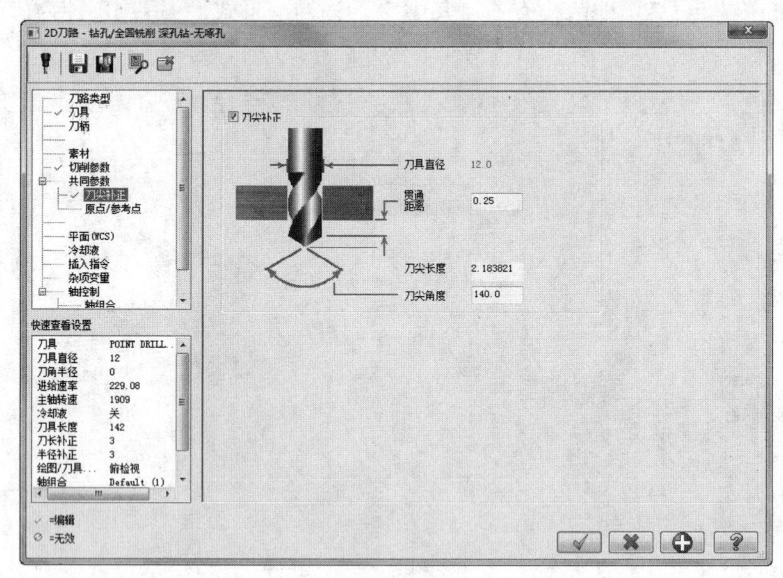

图6-63 “刀尖补正”选项卡

6.5.3 钻孔实例

在挖槽加工的基础上进行钻孔加工。

网盘\视频教学\第6章\钻孔实例. MP4

操作步骤如下：

01 承接挖槽加工步骤，单击“刀路”选项卡“2D”面板“2D 铣削”组中的“钻孔”按钮，弹出“定义刀路孔”对话框，选择如图 6-64 所示的四个圆的圆心做为钻孔的中心点，然后单击对话框中的“确定”按钮。

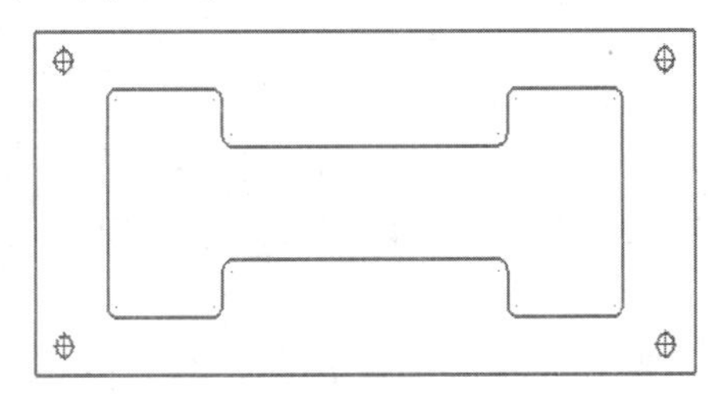

图 6-64 选取的钻孔点

02 选取钻孔刀具，刀具的直径为 12mm，设置“钻头直径”为 12，“总长度”为 75，“刀刃长度”为 50，“刀尖角度”为 118，“刀肩长度”为 60，“刀杆直径”为 12；单击“下一步”按钮 下一步 ，设置其他参数，设置“首次啄钻（直径%）”为 30，“副次啄钻（直径%）”为 0，“安全间隙”为 15，“暂停时间”为 0，“回退量（直径%）为 15，然后单击“单击重新计算进给率和主轴转速”按钮，再单击“完成”按钮 完成 ，退回“2D 刀具路径-钻孔/全圆铣削 深孔钻-无琢孔”对话框。

单击“2D 刀具路径-钻孔/全圆铣削 深孔钻-无啄孔”对话框中的“共同参数”选项卡，进行如图 6-65 所示的设置。以上参数设置完后，系统显示钻孔加工路径，如图 6-66 所示。

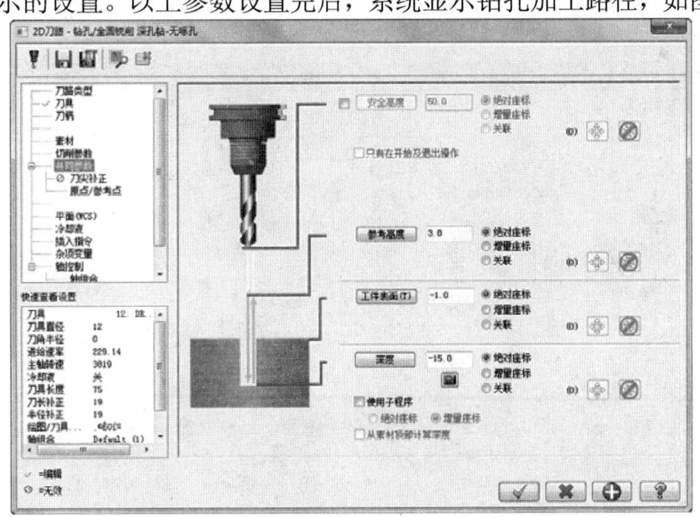

图 6-65 “共同参数”选项卡

03 为了验证钻孔参数设置的正确性，可以通过模拟钻孔加工过程，来观察工件在钻孔过程中走刀路径的正确性。单击“刀具管理器”中的“验证已选择的操作”按钮，在弹出的“Mastercam 模拟”对话框中单击“播放”按钮，得到如图 6-67 所示的模拟结果。

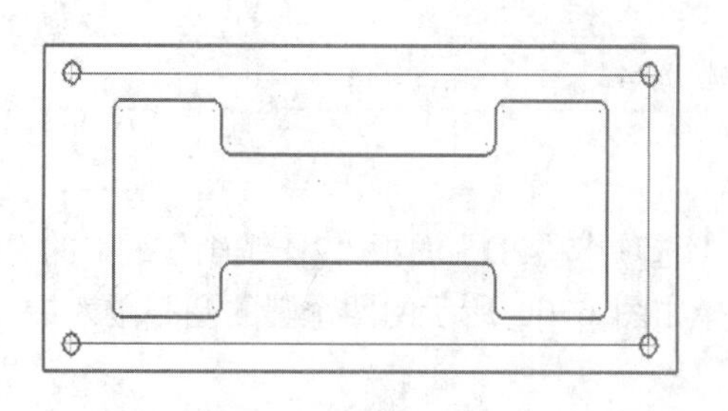

图 6-66　钻孔加工路径显示

图 6-67　钻孔加工模拟结果

6.6 圆弧铣削

圆弧铣削是指主要以圆或圆弧为图形元素生成加工路径，它可以分为 6 种形式，分别为全圆铣削、螺纹铣削、自动钻孔、钻起始孔、铣键槽、螺旋铣孔。

6.6.1　全圆铣削

全圆铣削是指刀具路径从圆心移动到轮廓，然后绕圆轮廓移动而形成的。该方法一般用于扩孔（用铣刀扩孔，而不是用扩孔钻头扩孔）。

在“机床”选项卡“机床类型”面板中选择一种加工方法后（此处选择铣床），在“刀路”管理器中生成机群组属性文件，同时弹出“刀路”选项卡，在“2D”面板“孔加工”组中单击“全圆铣削”按钮，系统弹出“定义刀路孔”对话框，然后在绘图区选择好需要加工的圆、圆弧或点，并单击“确定”按钮后，系统弹出“2D 刀路 - 全圆铣削”对话框，如图 6-68 所示。

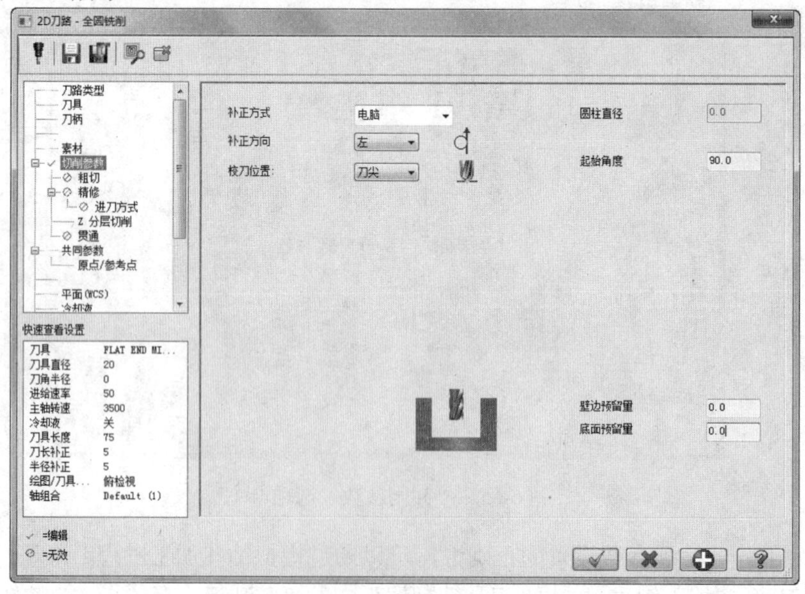

图 6-68　“2D 刀路-全圆铣削”对话框

对话框中参数说明如下：

1）圆柱直径：如果在绘图区选择的图素是点时，则该项用于设置全圆铣削刀具路径的直径；如果在绘图区中选择的图素是圆或圆弧，则采用选择的圆或圆弧直径作为全圆铣削刀具路径的直径。

2）起始角度：用于设置全圆刀具路径的起始角度。

单击“粗切”选项卡后，如图6-69所示，对话框中各参数可以参考挖槽加工的相关内容。

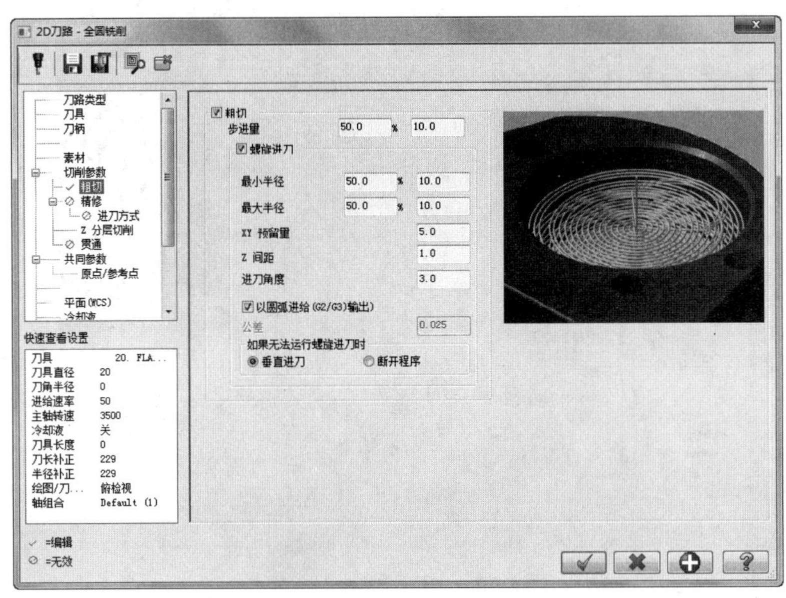

图6-69 “粗切”选项卡

6.6.2 螺纹铣削

螺纹铣孔加工的刀具路径是一系列的螺旋形刀具路径，因此如果选择的刀具是镗刀杆，其上装有螺纹加工的刀头，则这种刀具路径可用于加工内螺纹或外螺纹。

单击“机床”选项卡“机床类型”面板中的“铣床”按钮，选择默认选项，在“刀路”管理器中生成机群组属性文件，同时弹出“刀路”选项卡。单击“刀路”选项卡“2D”面板“孔加工”组中的“螺纹铣削”按钮，系统弹出“定义刀路孔”对话框，然后在绘图区选择好需要加工的圆、圆弧或点，并单击“确定”按钮后，系统弹出“2D 刀路 - 螺纹铣削”对话框。在该对话框的各个选项卡中设置刀具、螺旋铣削的各项参数，如图6-70、图6-71所示，选项卡各选项的含义前面几乎都介绍过，具体用法读者可以自行结合相关内容领会之。

6.6.3 自动钻孔

自动钻孔加工是指用户在指定好相应的孔加工后，由系统自动选择相应的刀具和加工参数，自动生成刀具路径，当然用户也可以根据自己的需要自行设置。

单击“机床”选项卡“机床类型”面板中的“铣床”按钮，选择默认选项，在“刀路”管理器中生成机群组属性文件，同时弹出“刀路”选项卡。单击“刀路”选项卡“2D”面板“孔加工”组中的“自动钻孔”按钮，系统弹出“定义刀路孔”对话框，然后在绘图区选择好需要加工的圆、圆弧或点（选择方法可以参考第 4 节内容）并单击“确定”按钮后，系统弹出“自动圆弧钻孔”对话框。该对话框中有 4 个选项卡，具体如下：

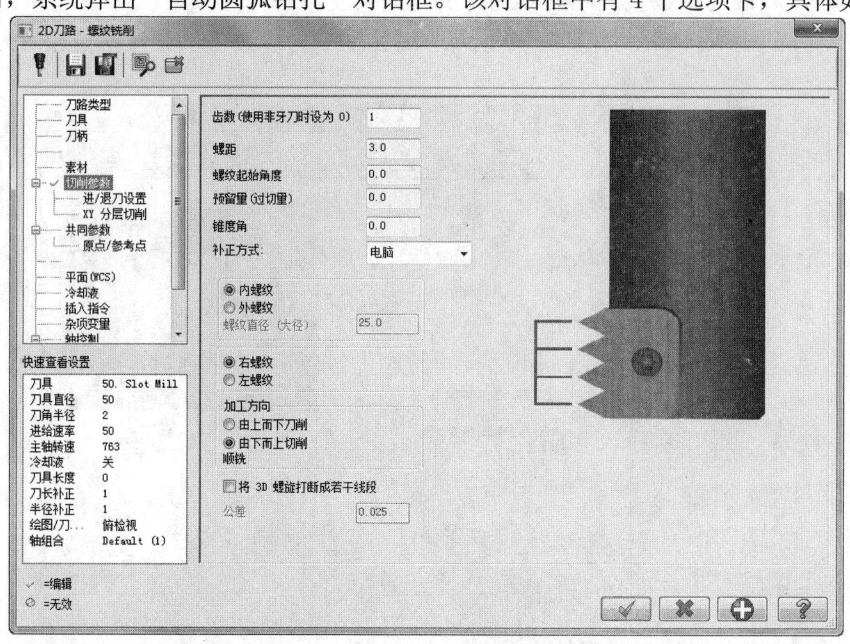

图 6-70　“切削参数”选项卡

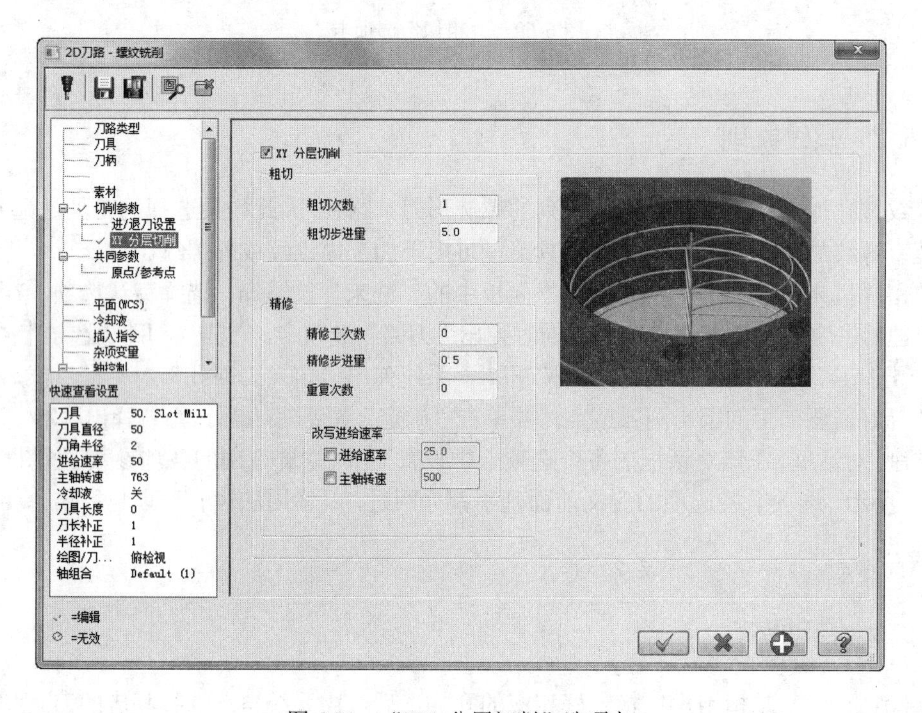

图 6-71　“XY 分层切削”选项卡

（1）“刀具参数”选项卡：用于刀具参数设置，如图 6-72 所示。其中“精修刀具类型”下拉列表设置本次加工使用的刀具类型，而其刀具具体的参数，如直径，则由系统自动生成。

（2）“深度、分组及数据库”选项卡：用于设置钻孔深度、机床组以及刀库，如图 6-73 所示。

（3）“自定义钻孔参数”选项卡：用于设置用户自定义的钻孔参数，如图 6-74 所示，初学者一般都不用定义该参数。

（4）“预钻”选项卡：如图 6-75 所示。预钻操作是指当孔较大而且精度要求较高时，在钻孔之前要先钻出一个小些的孔，再用钻的方法将这个孔扩大到需要的直径，这些前面钻出来的孔就是预钻孔。

“预钻”选项卡各选项的含义如下：

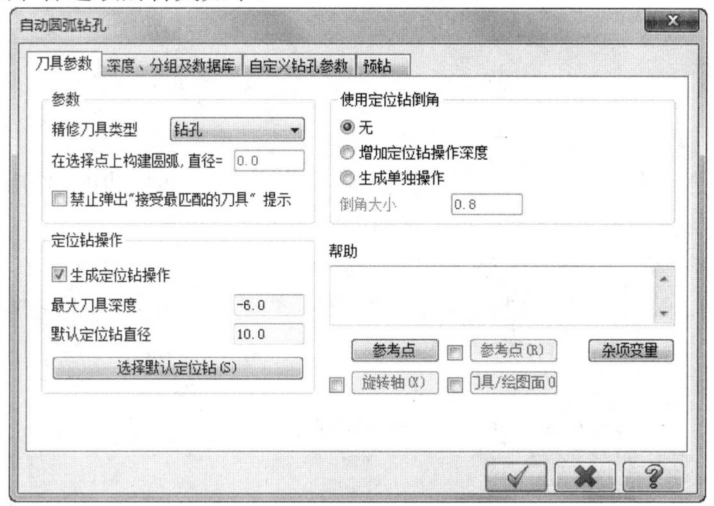

图 6-72　“刀具参数”选项卡

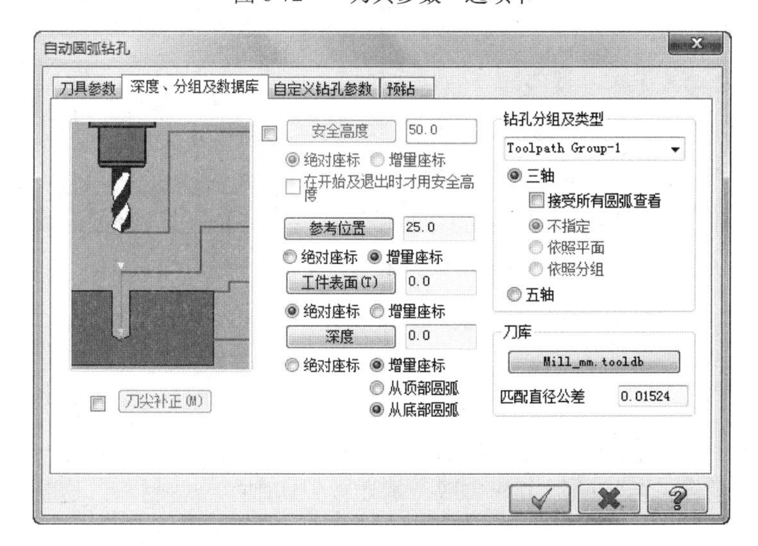

图 6-73　“深度、分组及数据库”选项卡

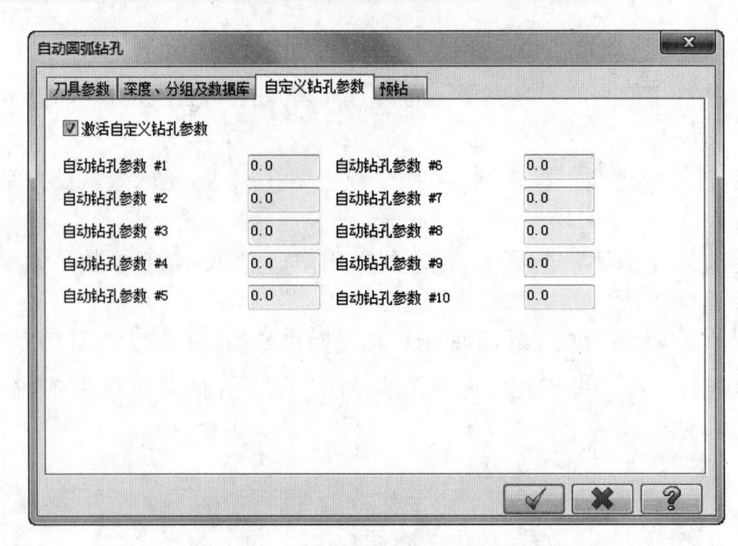

图 6-74 “自定义钻孔参数”选项卡

1）“预钻刀具最小直径”：用于设置预钻刀具的最小直径。

2）“预钻刀具直径增量”：用于设置预钻的次数大于两次时，两次预钻直径孔的直径差。

3）“精修的预留量”：用于设置为精加工留下的单边余量。

4）“刀尖补正”：用于设置刀尖补偿，具体含义可以参考前面内容。

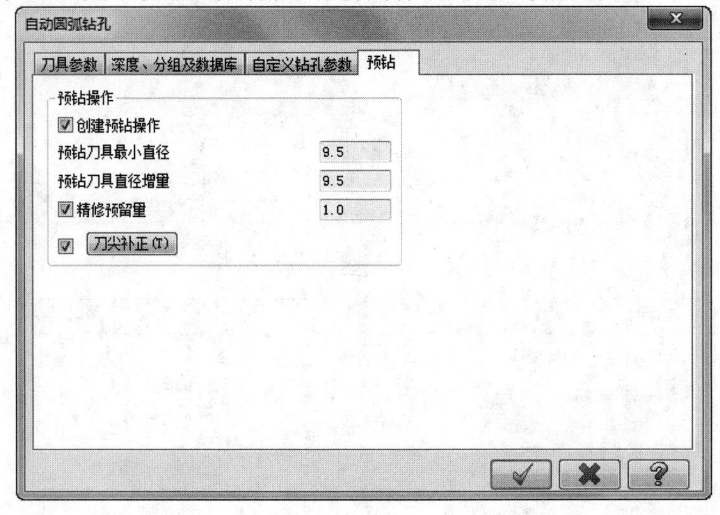

图 6-75 “预钻”选项卡

6.6.4 钻起始孔

在实际加工中，可能遇到这样的情形，由于孔的直径较大或深度较深，无法用刀具一次加工成形。为了保证后续的加工能实现，需要预先切削掉一些材料，这就是起始点钻孔加工。

创建钻起始孔的刀具路径，必须先有创建好的铣削加工刀具路径，钻起始孔加工的刀具路径将插到被选择的刀具路径之前。

单击“机床”选项卡“机床类型”面板中的“铣床”按钮，选择默认选项，在“刀路”管理器中生成机群组属性文件，同时弹出“刀路”选项卡。单击“刀路”选项卡“2D”面板“孔加工”组中的“起始孔”按钮，系统弹出“钻起始孔”对话框，如图 6-76 所示。对话框中各选项的含义如下：

1）“起始钻孔操作”：用于设置起始点钻孔加工放置的位置。

2）“附加直径数量”：用于设置钻出的孔比后面铣削孔的直径超出量。

3）“附加深度数量”：用于设置钻出的孔比后面铣削孔的深度超出量。

图 6-76 “钻起始孔”对话框

6.6.5 铣键槽

铣键槽加工就是用来专门加工键槽的，其加工边界必须是由圆弧和连接两条直线所构成的。实际上，铣键槽加工也可以用普通的挖槽加工来实现。

单击“机床”选项卡“机床类型”面板中的“铣床”按钮，选择默认选项，在“刀路”管理器中生成机群组属性文件，同时弹出“刀路”选项卡。单击“刀路”选项卡“2D”面板“2D 铣削”组中的“槽铣”按钮，然后在绘图区采用串连方式对几何模型串连后单击“串连选项”对话框中的“确定”按钮，系统弹出“2D 刀路 - 铣槽”对话框。

“粗/精修”选项卡用于设置铣键槽加工的粗、精加工相关参数以及进刀方式和角度，如图 6-77 所示。

6.6.6 螺旋铣孔

用钻头钻孔，钻头多大，则孔就多大。如果要加工出比刀具路径大的孔，除了上面用铣刀挖槽加工或全圆铣削外，还可以用螺旋钻孔加工的方式实现。螺旋钻孔加工方法是：整个刀杆除了自身旋转外，还可以整体绕某旋转轴旋转。这又和螺旋铣削动作有点类似，但实际上螺旋钻孔时，下刀量要比螺旋铣削小的多。

图 6-77 “粗/精修”选项卡

单击“机床”选项卡“机床类型”面板中的“铣床”按钮，选择默认选项，在“刀路”管理器中生成机群组属性文件，同时弹出“刀路”选项卡。单击“刀路”选项卡“2D”面板“孔加工”组中的“螺旋铣孔”按钮，系统弹出“定义刀路孔”对话框，然后在绘图区选择好需要加工的圆、圆弧或点，并单击“确定”按钮后，系统弹出“2D 刀路 - 螺旋铣孔”对话框。

“粗/精修”选项卡用于设置螺旋钻孔加工的粗、精加工相关参数，如图 6-78 所示。

读者也可以自行将第 5 节的图形中孔再用螺旋钻孔方式加工至要求的尺寸。

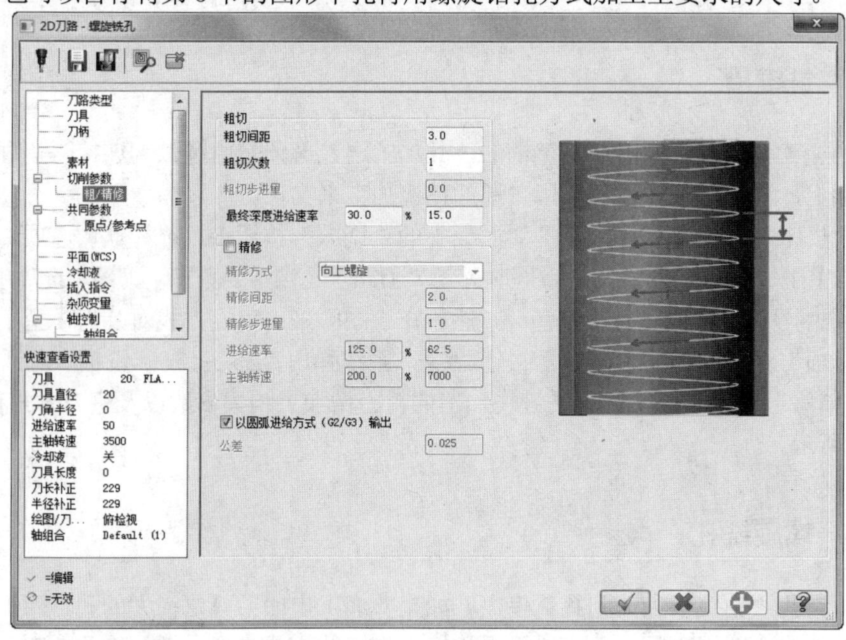

图 6-78 “粗/精修”选项卡

6.7 文字雕刻加工

雕刻加工应该属于铣削加工的一个特例，属于铣削加工范围。雕刻平面上的各种图案和文字，属于二维铣削加工，本节将以示例的形式介绍 Mastercam 软件提供的这种功能。

雕刻加工对文字类型、刀具、刀具参数设置的要求比较高，因为如果设计的文字类型使得文字间的图素间距太小，造成铣刀不能加工如此纤细的笔画，还有刀具参数设计的不合理，则可能雕刻的太浅，显示不出雕刻的美观。

在钻孔的基础上进行文字雕刻加工。

网盘\视频教学\第6章\文字雕刻加工. MP4

操作步骤如下：

01 承接钻孔加工后的结果，再绘制“文字雕刻”字样。单击“线框”选项卡“形状”面板中的“文字”按钮A 文字，弹出“Create Letters（文字）”对话框，在“文字”组中输入“文字雕刻”，在“尺寸”组中设置“高度”为 35，“间距”为 10，如图 6-79 所示。然后单击“类型”组中的“True Type Font”按钮，弹出“字体”对话框，设置字体为“楷体”，绘制结果如图 6-80 所示。

图 6-79 “Create Letters（文字）”对话框

图 6-80 绘制文字

02 单击“刀路”选项卡“2D”面板“2D 铣削”组中的“雕刻”按钮，系统弹出

“串连选项”对话框，在对话框内选择“窗口”按钮，接下来按图 6-81 所示，选择“文字雕刻”字样，选择完毕后，系统提示“输入草图起始点”，则按图 6-82 所示，选择“文”字第三笔画的端点作为搜寻点，选择后所有文字反色显示，再单击“串连选项”对话框中的“确定”按钮。

03 系统在刀路管理器中加入木雕操作管理项，此时系统弹出“木雕”对话框，在对话框内选择刀具，如图 6-83 所示，雕刻加工的刀具一般选择 V 形刀（倒角铣刀），如图 6-84 所示，雕刻文字时，倒角铣刀的底部宽度是要设置的关键尺寸，这个尺寸往往关系到雕刻的成败，一般小点好，但要注意与雕刻深度匹配。

图 6-81 选取雕刻字样

图 6-82 选取搜寻点

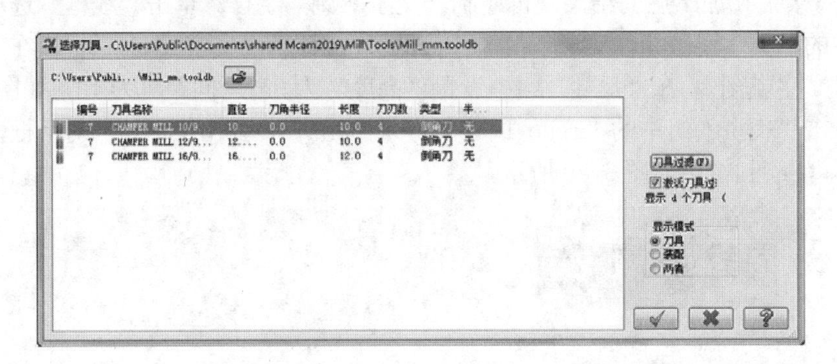

图 6-83 选取刀具

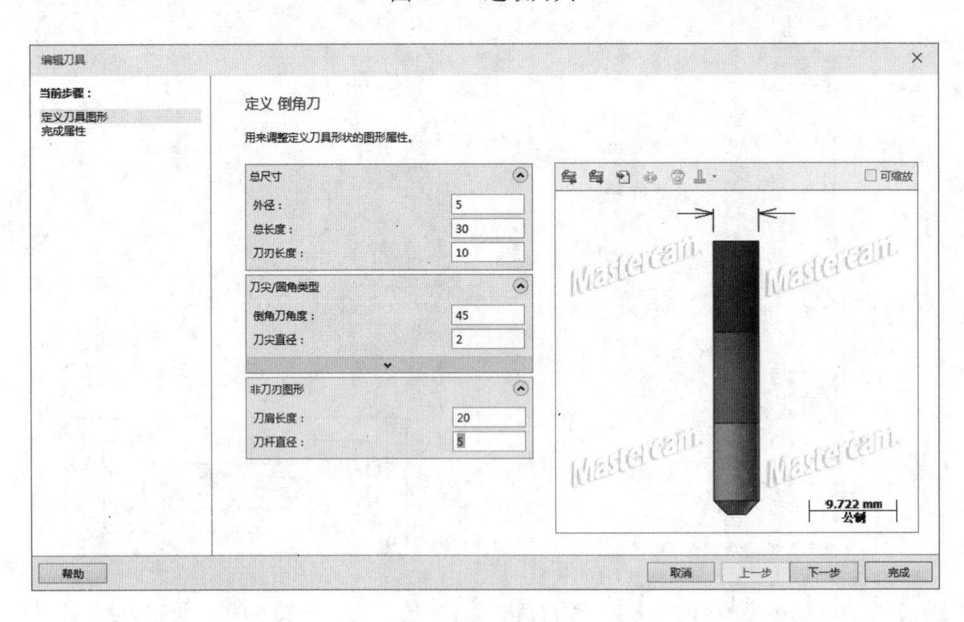

图 6-84 倒角铣刀

由于本例的文字最小间距及拐角半径都很小，因此选择了图6-85所示的直径1mm的平刀，刀具的尺寸参数设置如下："刀刃直径"为3，"总长度"为15，"刀刃长度"为4，"刀肩长度"为13，"刀肩直径"为3，"刀杆直径"为3，其他参数采用默认值；刀具的加工工艺参数设置如下："进给率"为200，"主轴转速"为1000，"下刀速率"为150，其他参数采用默认值。如图6-86所示。

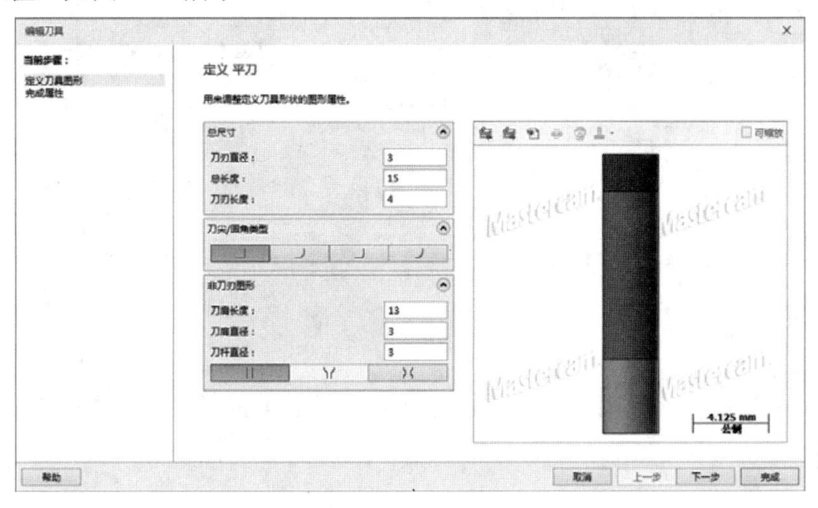

图6-85 设置平刀参数

由于本例的文字最小间距及拐角半径都很小，因此选择了图6-85所示的直径1mm的平刀，刀具的尺寸参数设置如下："刀刃直径"为3，"总长度"为15，"刀肩长度"为13，"刀刃长度"为4，"直径"为1，其他参数采用默认值；刀具的加工工艺参数设置如下："进给率"为200，"主轴转速"为1000，"下刀速率"为150，其他参数采用默认值，如图6-86所示。

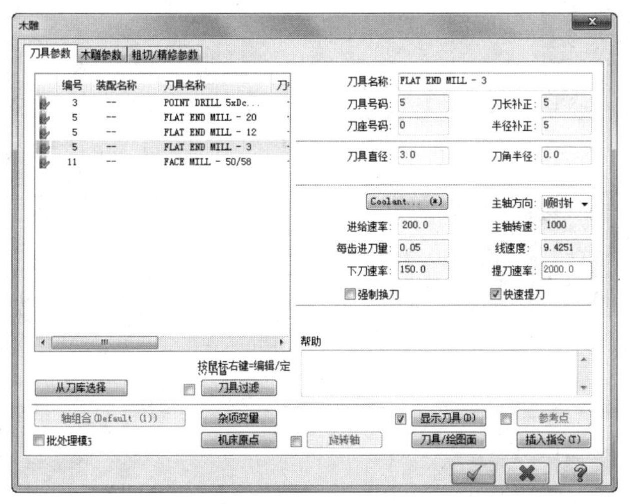

图6-86 设置平刀工艺参数

04 单击"木雕"对话框中的"木雕参数"选项卡，进入相应的对话框，对话框中的参数设置如下："工件表面"为10，坐标形式为"绝对坐标"，"深度"为-13，坐标形式为“绝对坐标”，其他参数采用默认值，如图 6-87 所示；雕刻加工的深度一般很小大约 1mm 左右，本例为了加强雕刻的图形显示，设置雕刻深度为-13。

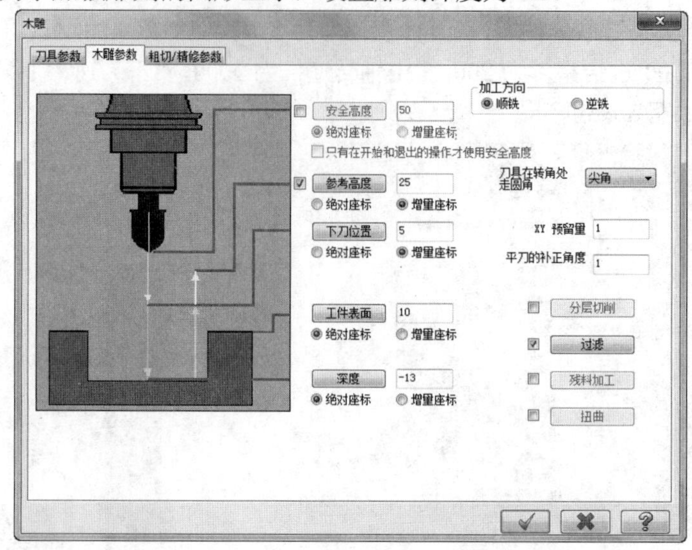

图 6-87 “木雕参数”选项卡

05 单击“木雕”对话框中的“粗切/精修参数”选项卡，由于本例的切削深度较深，因此采取先粗切再精修的工艺，如图 6-88 所示。其中，粗切中的“切削顺序”项的意义类似挖槽加工中的走刀方式，下刀方式可激活“斜插进刀”选项，按加工要求设置参数，最后单击对话框中的“确定”按钮，退出参数设置，待计算机花一定的时间来计算雕刻路径，计算路径的结果如图 6-89 所示。

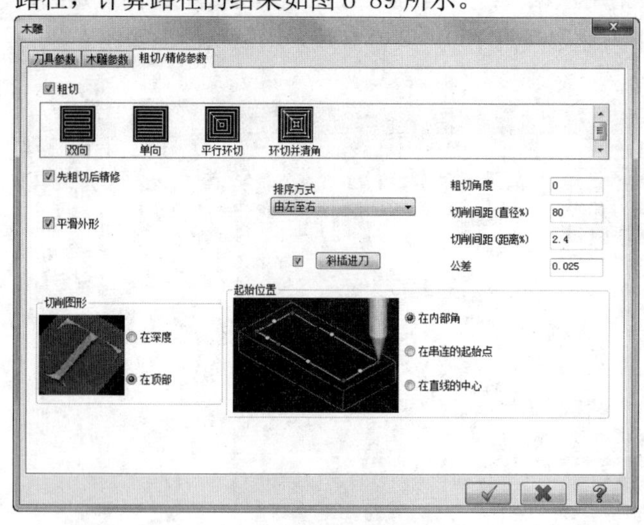

图 6-88 “粗切/精修参数”选项卡

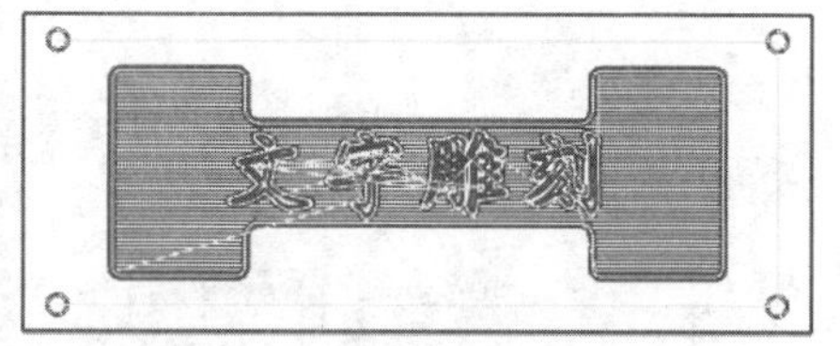

图 6-89 雕刻加工路径

06 在刀路管理器中单击 Toolpath Group-1，如图 6-90 所示，接着单击“验证已选择的操作”按钮，打开“Mastercam 模拟”对话框，再单击“播放”按钮，模拟标牌的整个加工过程，视角转换为等角试图后，得到加工的最终结果如图 6-91 所示。

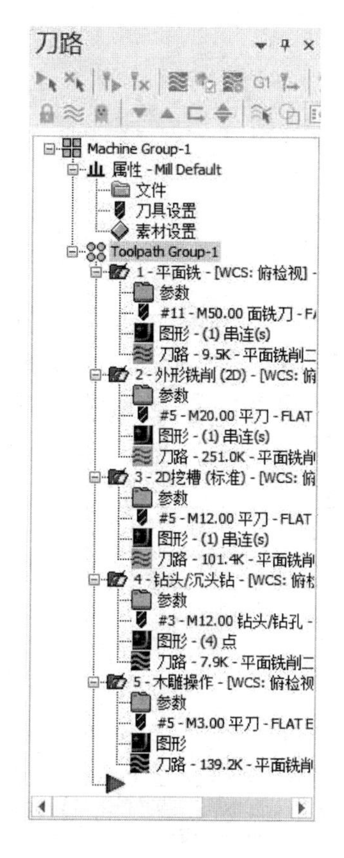

图 6-90　回到路径的开始

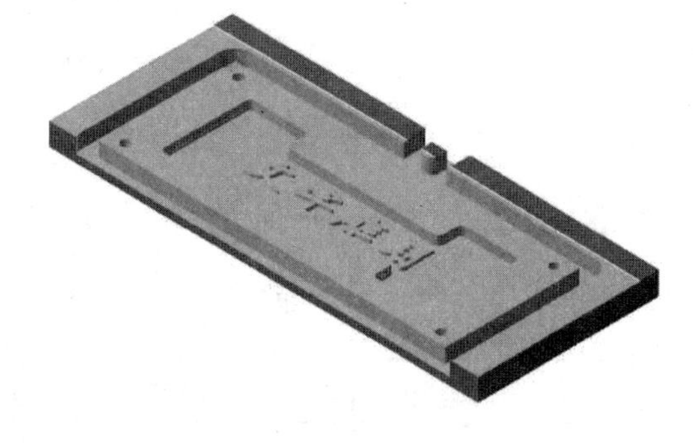

图 6-91　模拟的最终结果

6.8 综合实例——底座

图 6-92 所示为底座尺寸图。本例使用二维加工的平面铣削、外形铣削、挖槽加工、钻孔加工以及全圆加工方法。通过本实例，希望读者对 Mastercam 二维加工有进一步的认识。

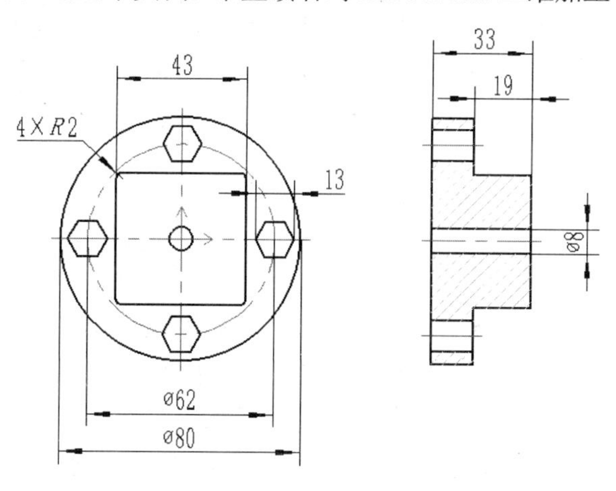

图 6-92　底座模型

网盘\视频教学\第6章\底座. MP4

操作步骤如下：

6.8.1 加工零件与工艺分析

为了保证加工精度，选择零件毛坯为Φ80mm的棒料，长度为35mm。根据模型情况，需要加工的是：平面，43mm×43mm的四方台面，Φ8mm的孔，4个六边形槽，工艺台阶。其加工路线如下：铣平面→钻中心孔→扩孔→粗铣4个六边形孔→精铣四方台面→精铣4个六边形孔→精铣工艺台阶。表6-1为本次加工中使用的刀具参数。

表6-1 加工中使用的刀具参数

刀具号码	刀具名称	刀具材料	刀具直径/mm	零件材料（铝材）			备注
				转速/（r/min）	径向进给量/（mm/min）	轴向进给量/（mm/min）	
T1	平刀	高速钢	12	600	120	50	粗铣
T2	平刀	高速钢	4	2500	250	150	精铣
T3	中心钻	高速钢	5	1500		80	钻中心孔
T5	平刀	高速钢	1	10000	1000	500	精铰孔

6.8.2 加工前的准备

加工所用二维图形，用户可以直接从网盘的源文件中调入。

01 选择机床。单击“机床”选项卡“机床类型”面板中的“铣床”按钮，选择默认选项即可。

02 工件设置。在操作管理区中，单击“素材设置”选项卡，系统弹出“机床分组属性”对话框。在该对话框中，设置“形状”为“圆柱体”，轴向为“Z”，直径为80，高为35，如图6-93所示。如果勾选“显示”复选框，就可以在绘图区中显示刚设置的毛坯，如图6-94所示。

6.8.3 刀具路径的创建

01 铣毛坯上表面。

❶单击“刀路”选项卡“2D”面板“2D铣削”组中的“平面铣”按钮。

❷系统弹出“串连选项”对话框，在绘图区选择外圆图素，如图6-94所示。然后单击“确定”按钮，弹出“2D刀路 - 平面铣削”对话框

❸单击“2D刀路 - 平面铣削”对话框中的“刀具”选项卡，进入刀具参数设置区。单击“从刀库选择”按钮从刀库选择，选择直径为12mm的平刀，设置“进给速率”为50；“下刀速率”为120和“提刀速率”为2000；“主轴转速”为600；其他参数采用默认值，

如图 6-95 所示。

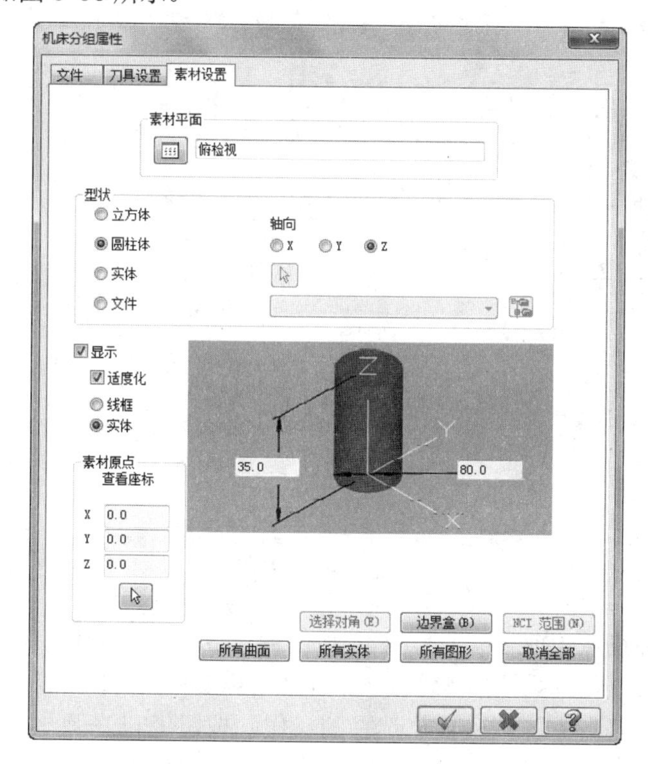

图 6-93　“机床分组属性”对话框

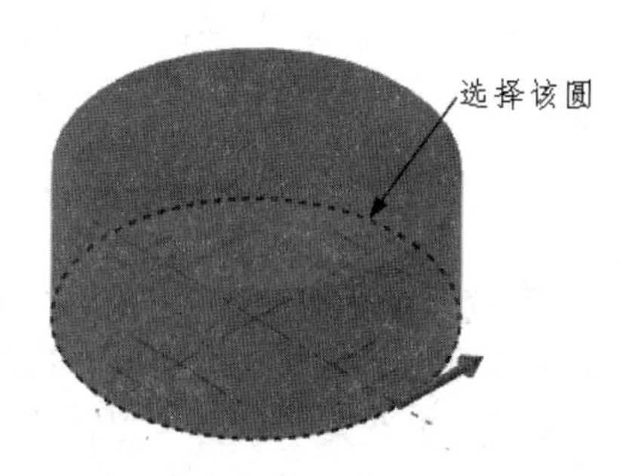

图 6-94　面铣图素的选择

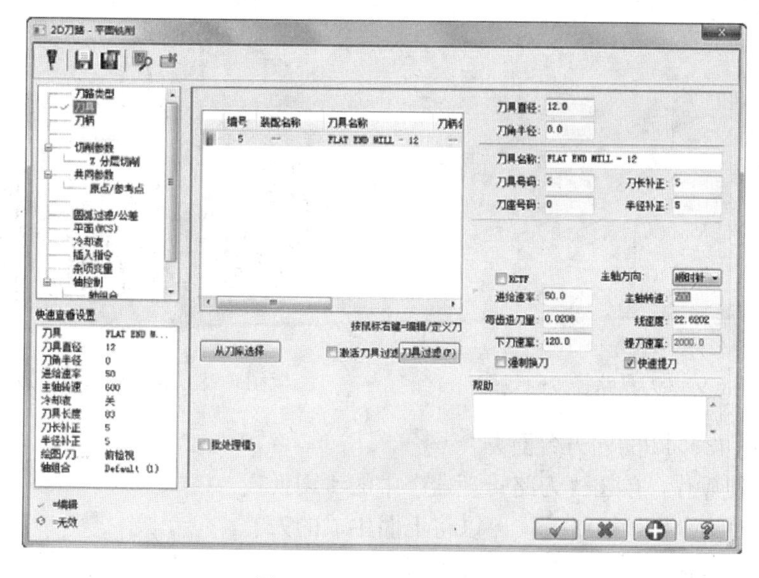

图 6-95　“刀具”选项卡

❹单击“2D 刀路 - 平面铣削”对话框中的“共同参数”选项卡，进入平面铣削设置区。设置参数如下：“安全高度”为 80，坐标形式为“绝对坐标”；“参考高度”为 50，坐标形式为“绝对坐标”；“下刀位置”为 10，坐标形式为“增量坐标”；“深度”为 33，坐标形式为“绝对坐标”；其他均采用默认值，如图 6-96 所示。设置完后，单击“确定”按钮 ✓，

系统立即在绘图区生成刀具路径。

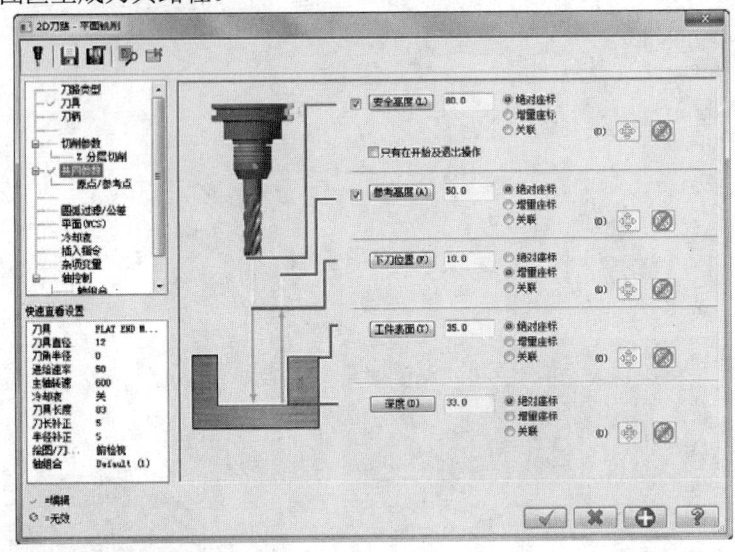

图 6-96　“共同参数”选项卡

❺刀具路径验证、加工仿真。在操作管理区单击“刀路”按钮，即可进入刀具路径，图 6-97 所示为刀具路径的校验效果。在确定了刀具路径正确后，还可以通过真实加工模拟来观察加工结果。单击“刀路管理器”中的“验证已选择的操作”按钮，在弹出的“Mastercam 模拟”对话框中单击“播放”按钮，进行真实加工模拟，图 6-98 所示为加工模拟的效果图。

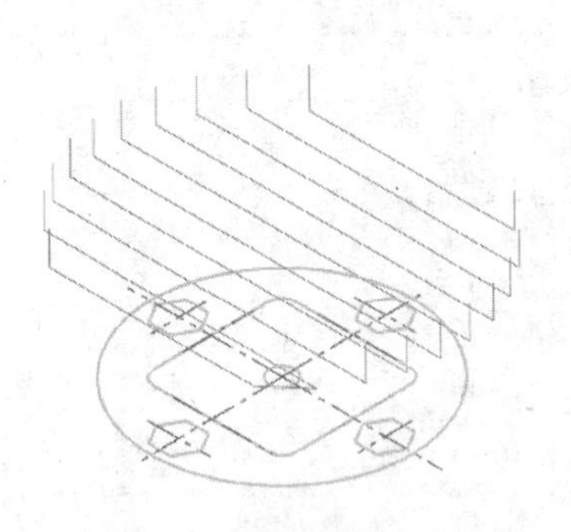

图 6-97　刀具路径校验效果

图 6-98　真实加工模拟效果

(02) 粗铣 43×43 的四方台面。

❶为了方便操作，单击“刀路管理器”中的“切换显示已选择的刀路操作”按钮，可以将上面生成的刀具路径隐藏（后续各步均有类似操作，不再叙述）。

❷单击“刀路”选项卡“2D”面板“2D 铣削”组中的“外形”按钮，系统弹出“串连选项”对话框，同时提示“选择外形串连 1”，在绘图区选择 43×43 四方形，如图 6-99 所示，最后单击对话框中的“确定”按钮，系统弹出“2D 刀路 - 外形铣削”对话框。

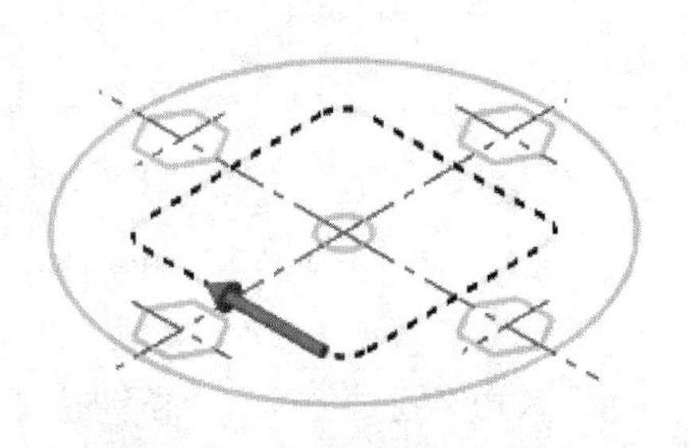

图 6-99　外形铣削图素选择

❸单击“2D 刀路 －外形铣削”对话框中的“共同参数”选项卡，进入外形铣削设置区。设置参数如下：“安全高度”为 80，坐标形式为“绝对坐标”；“参考高度”为 50，坐标形式为“绝对坐标”；“下刀位置”为 10，坐标形式为“增量坐标”；“工件表面”为 33，坐标形式为“绝对坐标”；“深度”为 14，坐标形式为“绝对坐标”；其他均采用默认值，如图 6-100 所示。值得注意的是：由于铣四方台面的刀具和平面铣削相同，因此无需再重新设置。

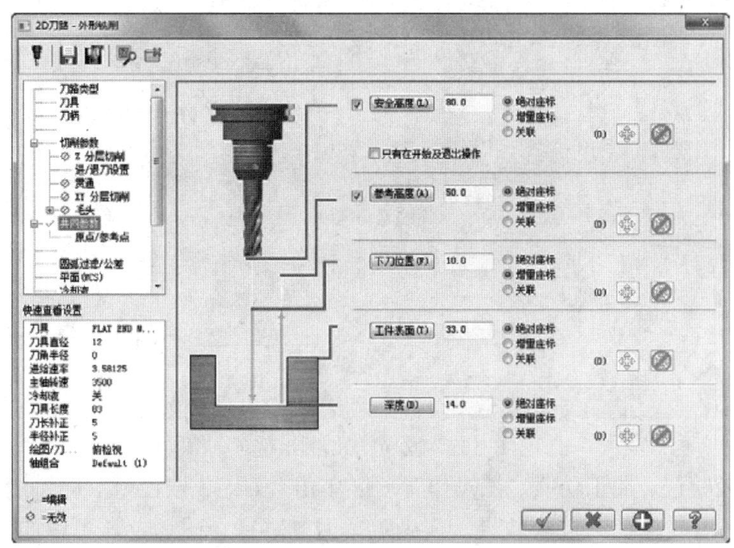

图 6-100　“共同参数”选项卡

❹单击“2D 刀路 －外形铣削”对话框中的“XY 分层切削”选项卡，进入 XY 分层切削设置区，设置粗切“次数”为 3，粗切“间距”为 5；精修“次数”为 1，“间距”为 0.5，如图 6-101 所示。

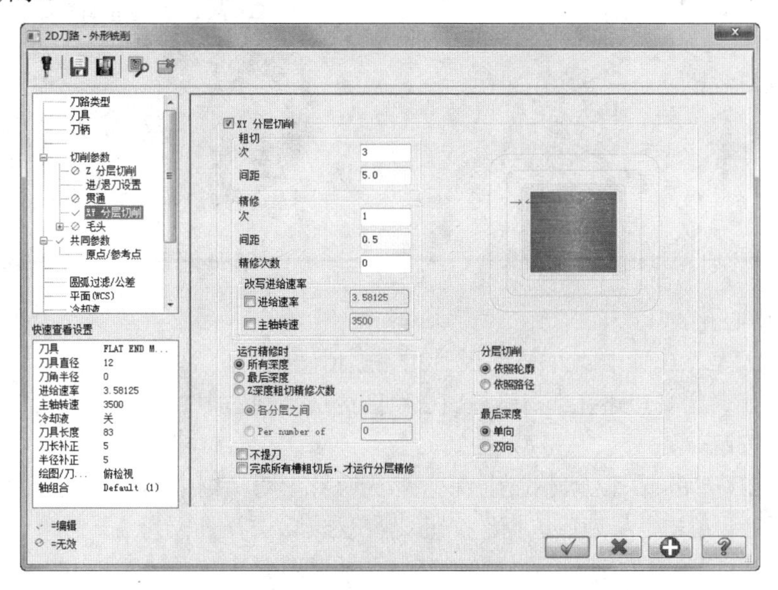

图 6-101　“XY 分层切削”选项卡

❺单击“2D 刀路 －外形铣削”对话框中的“Z 分层切削”选项卡，进入 Z 分层切削

设置区，设置“最大粗切步进量”为 10，其他采用默认值，如图 6-102 所示。单击该对话框中的“确定”按钮，即可生成相应的刀具路径。

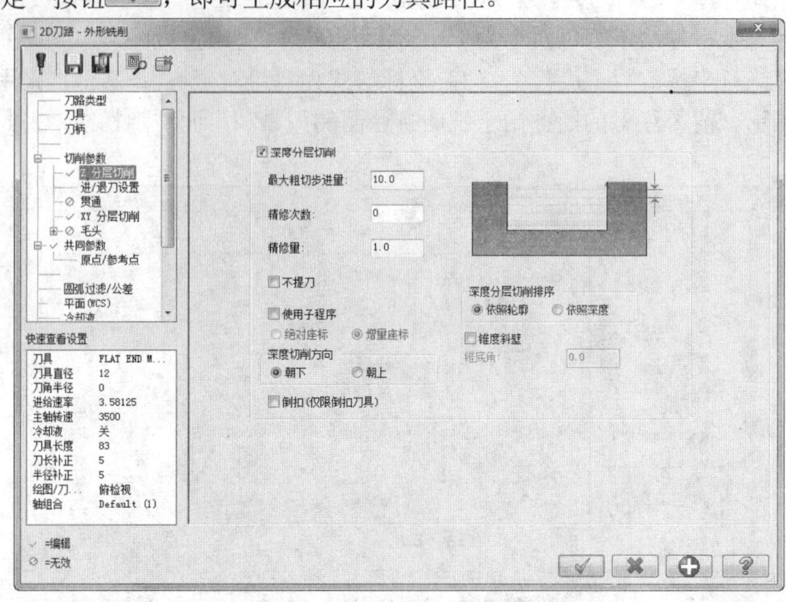

图 6-102 “Z 分层切削”选项卡

❻刀具路径验证、加工仿真。在操作管理区单击“刀路”按钮，即可进入刀具路径，图 6-103 所示为刀具路径的校验效果。在确定了刀具路径正确后，还可以通过真实加工模拟来观察加工结果。单击“刀路管理器”中的“验证已选择的操作”按钮，在弹出的“Mastercam 模拟”对话框中单击“播放”按钮，进行真实加工模拟，图 6-104 所示为加工模拟的效果图。

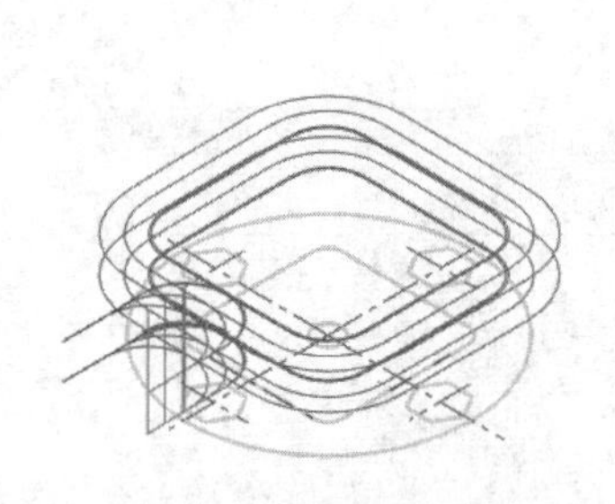

图 6-103 刀具路径校验效果

图 6-104 真实加工模拟效果

03 钻中心孔。

❶单击“刀路”选项卡“2D”面板“2D 铣削”组中的“钻孔”按钮。

❷系统弹出“定义刀路孔”对话框，在绘图区选择圆的中心，如图 6-105 所示。然后单击“确定”按钮。

❸单击“2D 刀路-钻孔/全圆铣削 深孔钻-无啄孔”对话框中的“刀具”选项卡，进入刀具参数设置区。单击“从刀库选择”按钮从刀库选择，选择直径为 5mm 的中心钻孔，设置“进给率”为 80；“主轴转速”为 1500；其他参数采用默认值，如图 6-106 所示。

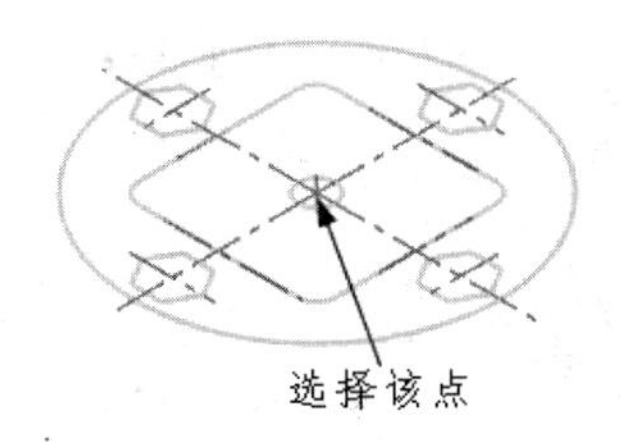

图 6-105　钻孔点选择示意图

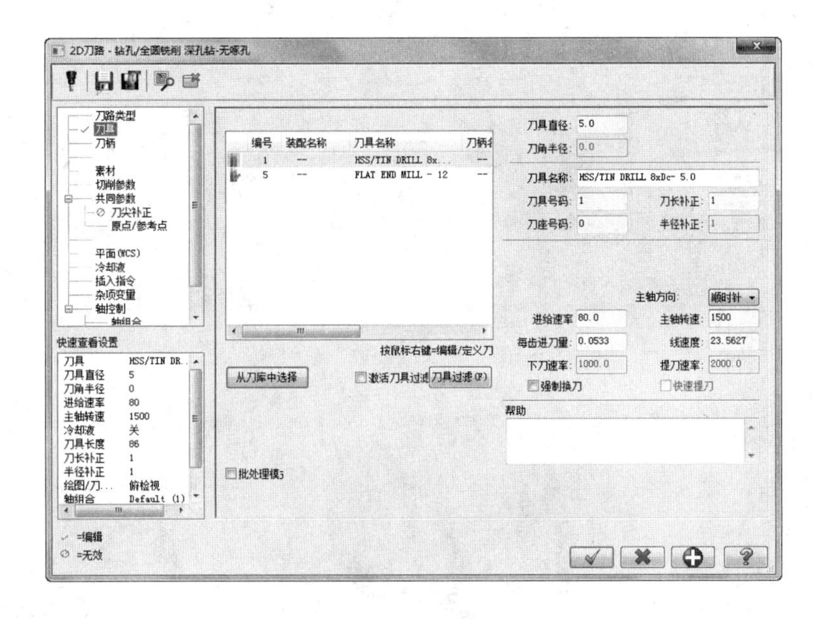

图 6-106　“刀具”选项卡

❹单击“2D 刀路-钻孔/全圆铣削 深孔钻-无啄孔”对话框中的“共同参数”选项卡，进入钻孔加工参数设置区。参数设置如下：“安全高度”为 80，坐标形式为“绝对坐标”；“参考高度”为 45，坐标形式为“绝对坐标”；“工件表面”为 33，坐标形式为“绝对坐标”；“深度”为 0，坐标形式为“绝对坐标”，如图 6-107 所示；单击“2D 刀路-钻孔/全圆铣削 深孔钻-无啄孔”对话框中的“刀尖补正”选项卡，并勾选“刀尖补正”复选框，其他均采用默认值，单击该对话框中的“确定”按钮，即可生成相应的刀具路径。

❺刀具路径验证、加工仿真。在操作管理区单击“刀路”按钮，即可进入刀具路径，图 6-108 所示为刀具路径的校验效果。在确定了刀具路径正确后，还可以通过真实加工模拟来观察加工结果。单击“刀路管理器”中的“验证已选择的操作”按钮，在弹出的“Mastercam 模拟”对话框中单击“播放”按钮，进行真实加工模拟，图 6-109 所示为加工模拟的效果图。

04 扩孔。

❶单击“刀路”选项卡“2D”面板“孔加工”组中的“全圆铣削”按钮，系统弹出“定义刀路孔”对话框，并在绘图区选择中心圆，如图 6-110 所示。然后单击“确定”按钮。

❷单击“2D 刀路 - 全圆铣削”对话框中的“刀具”选项卡，进入刀具参数设置区。单击“从刀库选择”按钮，选择直径为 4mm 的平刀，“进给速率”为 250；“主轴

转速”为 2500；其他参数采用默认值，如图 6-111 所示。

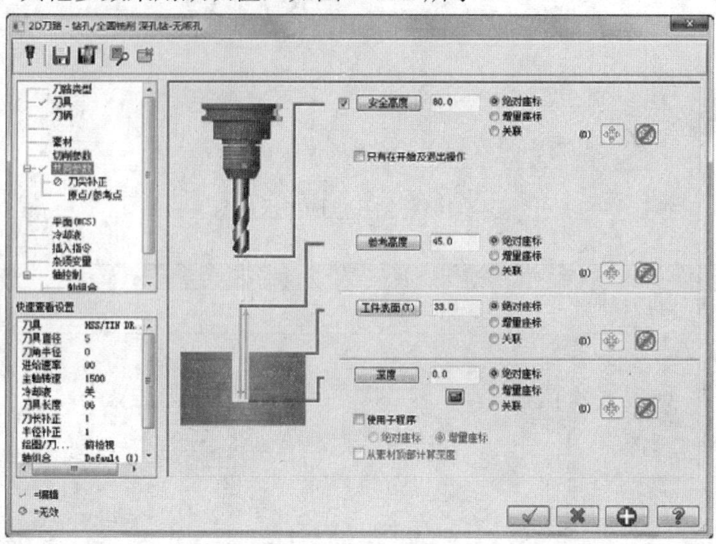

图 6-107　“共同参数”选项卡

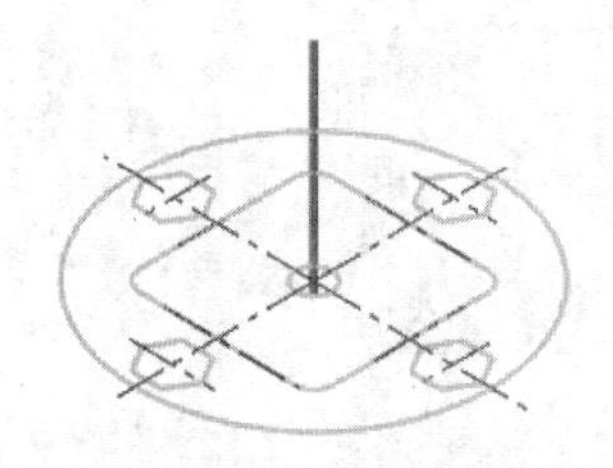

图 6-108　刀具路径校验效果

图 6-109　真实加工模拟效果

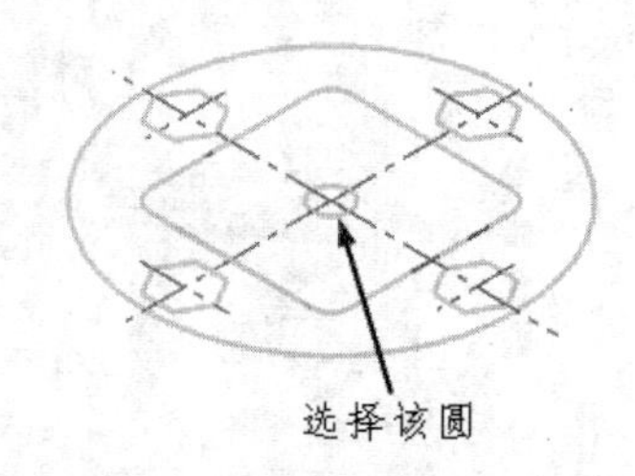

图 6-110　扩孔图素选择示意图

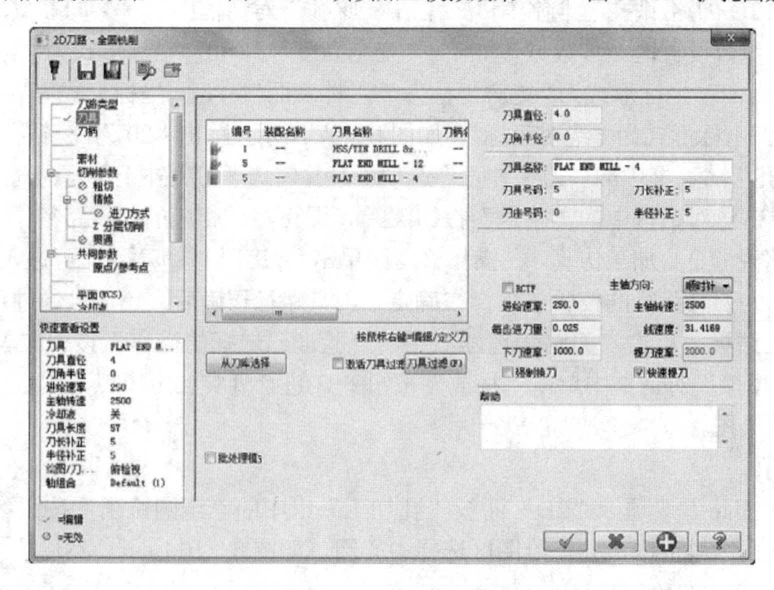

图 6-111　“刀具”选项卡

❸单击“2D 刀路 - 全圆铣削”对话框中的“共同参数”选项卡，进入扩孔参数设置

区。设置参数如下：“安全高度”为 80，坐标形式为“绝对坐标”；“参考高度”为 45，坐标形式为“绝对坐标”；“下刀位置”为 10，坐标形式为“增量坐标”；“工件表面”为 33，坐标形式为“绝对坐标”；“深度”为 0，坐标形式为“绝对坐标”，如图 6-112 所示。

❹单击“2D 刀路 - 全圆铣削”对话框中的“切削参数”选项卡，“起始角度”为 90，其他均采用默认值，如图 6-113 所示。

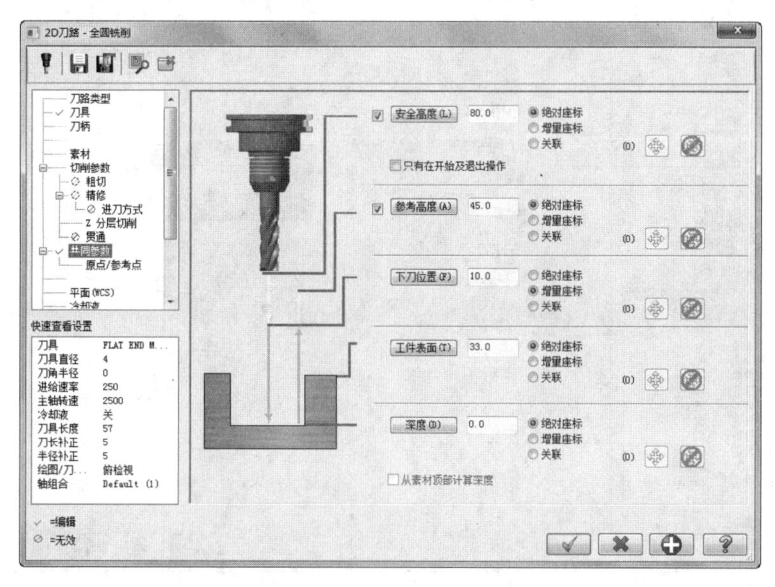

图 6-112 “共同参数”选项卡

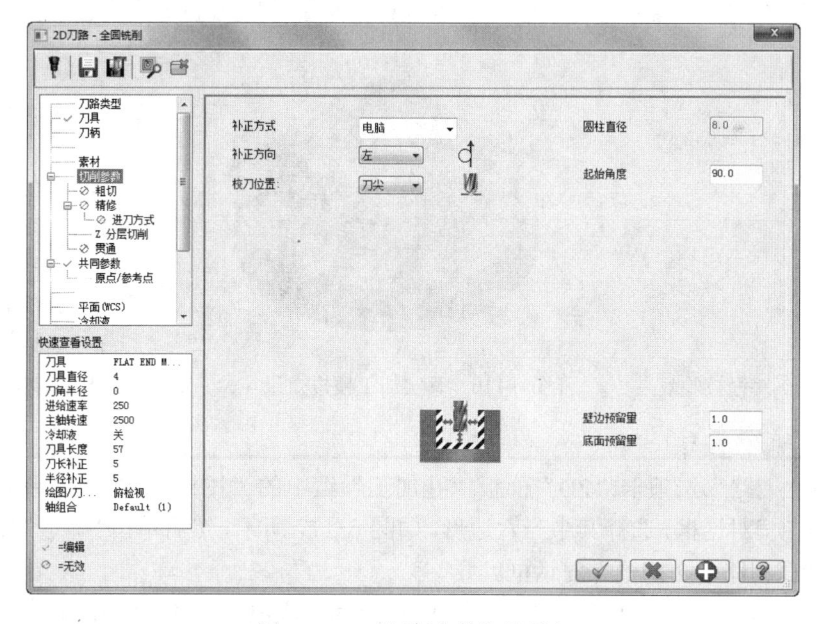

图 6-113 “切削参数”选项卡

❺单击“2D 刀路 - 全圆铣削”对话框中的“Z 分层切削”选项卡，进入深度分层切削设置，设置“最大粗切步进量”为 5，如图 6-114 所示，然后单击“确定”按钮。

❻刀具路径验证、加工仿真。在操作管理区单击“刀路”按钮，即可进入刀具路径，

图 6-115 所示为刀具路径的校验效果。在确定了刀具路径正确后，还可以通过真实加工模拟来观察加工结果。单击“刀路管理器”中的“验证已选择的操作”按钮，在弹出的“Mastercam 模拟”对话框中单击“播放”按钮，进行真实加工模拟，图 6-116 所示为加工模拟的效果图。

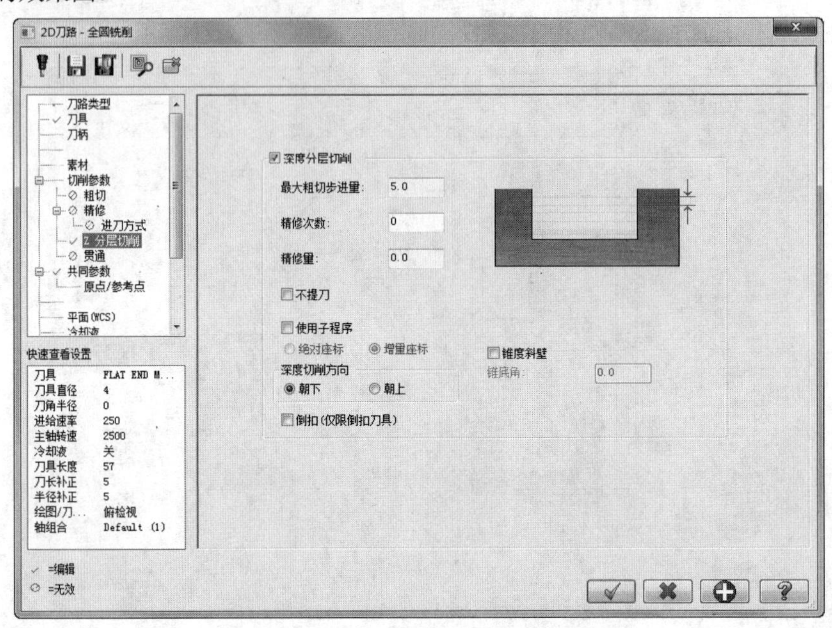

图 6-114 “Z 分层切削”选项卡

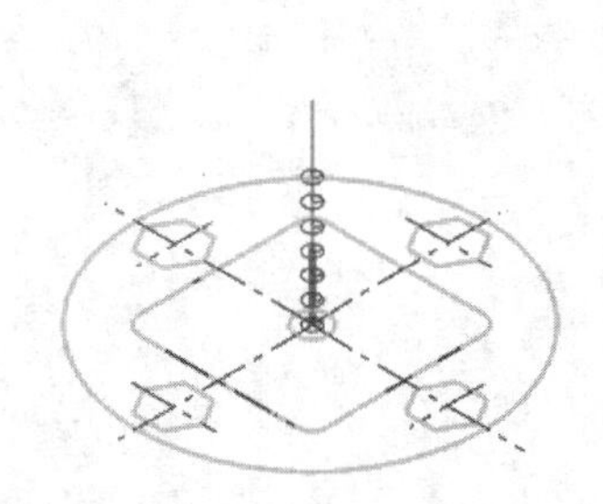

图 6-115 刀具路径校验效果

图 6-116 真实加工模拟效果

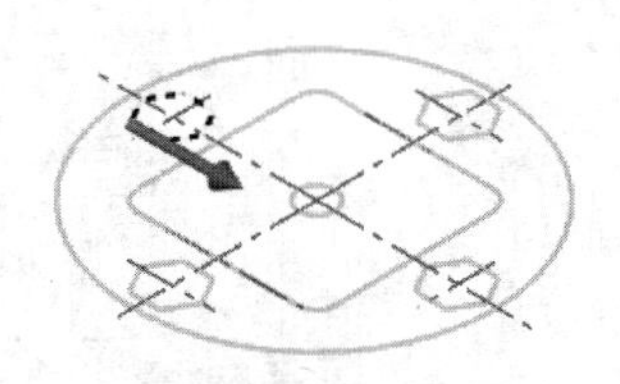

图 6-117 挖槽图素选择

05 粗铣六边形槽。

❶单击“刀路”选项卡“2D”面板“孔加工”组中的“挖槽”按钮，利用系统弹出的“串连选项”对话框，选择其中一六边形，如图 6-117 所示。然后单击“确定”按钮，系统弹出“2D 刀路 －2 挖槽”对话框。

❷单击“2D 刀路 - 2D 挖槽”对话框中的“刀具”选项卡，选中 4mm 的平刀。

❸单击“2D 刀路 - 2D 挖槽”对话框中的“共同参数”选项卡，进入挖槽参数设置区。设置参数如下：“安全高度”为 80，坐标形式为“绝对坐标”；“参考高度”为 45，坐标形式为“绝对坐标”；“下刀位置”为 10，坐标形式为“增量坐标”；“工件表面”为 14，坐标形式为“绝对坐标”；“深度”为 0，坐标形式为“绝对坐标”；其他均采用默认值，如图 6-118

所示。

❹单击“2D 刀路 - 2D 挖槽”对话框中的“Z 分层切削”选项卡，进入 Z 分层切削设置区，设置“最大粗切步进量”为 5，如图 6-119 所示，然后单击“确定”按钮✓。

❺单击“刀路”选项卡“常用工具”面板中的“刀路转换”按钮，系统弹出“转换操作参数设置”对话框，在该对话框的“类型”中选择“旋转”，并在“原始操作”列表中选择挖槽刀具路径，如图 6-120 所示。

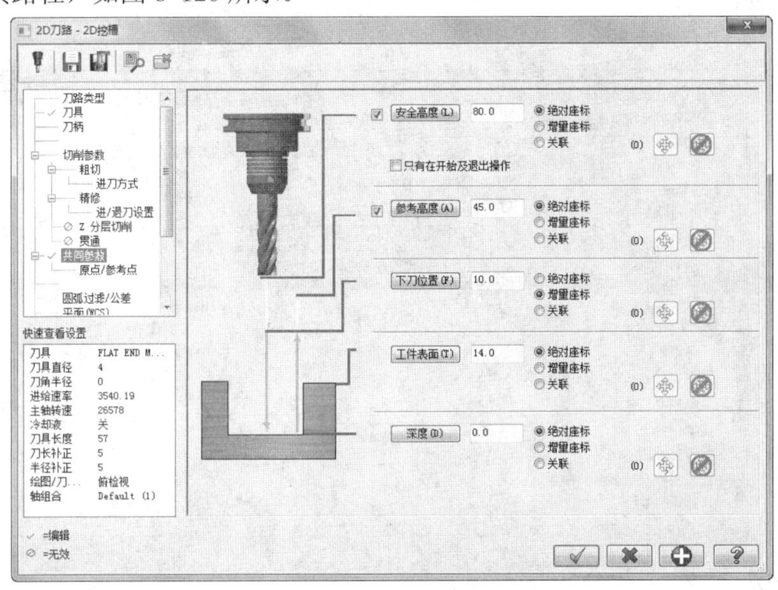

图 6-118　“共同参数”选项卡

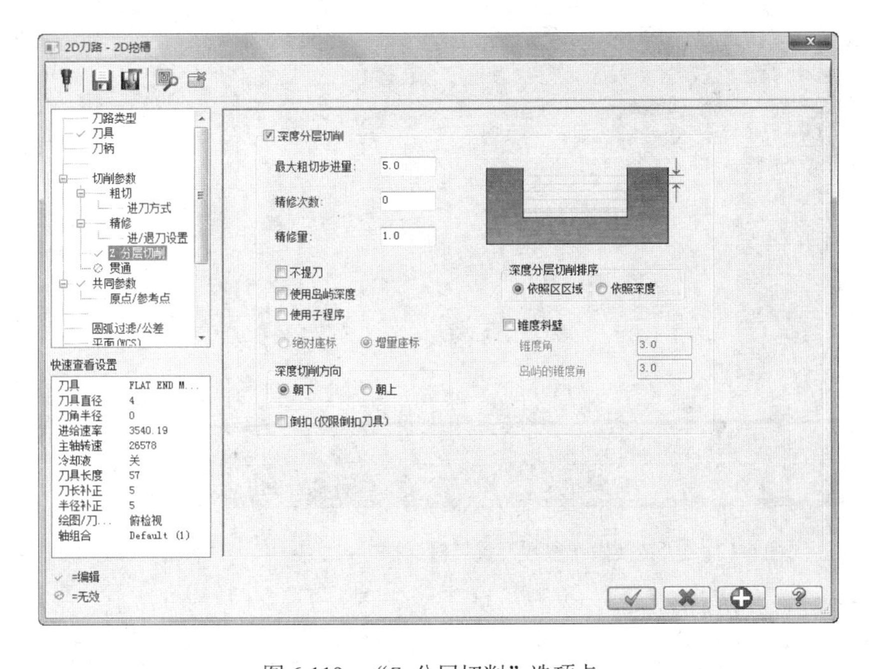

图 6-119　“Z 分层切削”选项卡

❻单击“转换操作参数设置”对话框中的“旋转”选项卡，设置“旋转的基准点”为

原点，“切削次数”为 4，“起始角度”为 90，“旋转角度”为 90，如图 6-121 所示，最后单击“确定”按钮。

❼刀具路径验证、加工仿真。在操作管理区单击“刀路”按钮，即可进入刀具路径，图 6-122 所示为刀具路径的校验效果。在确定了刀具路径正确后，还可以通过真实加工模拟来观察加工结果。单击“刀路管理器”中的“验证已选择的操作”按钮，在弹出的“Mastercam 模拟”对话框中单击“播放”按钮，进行真实加工模拟，图 6-123 所示为加工模拟的效果图。

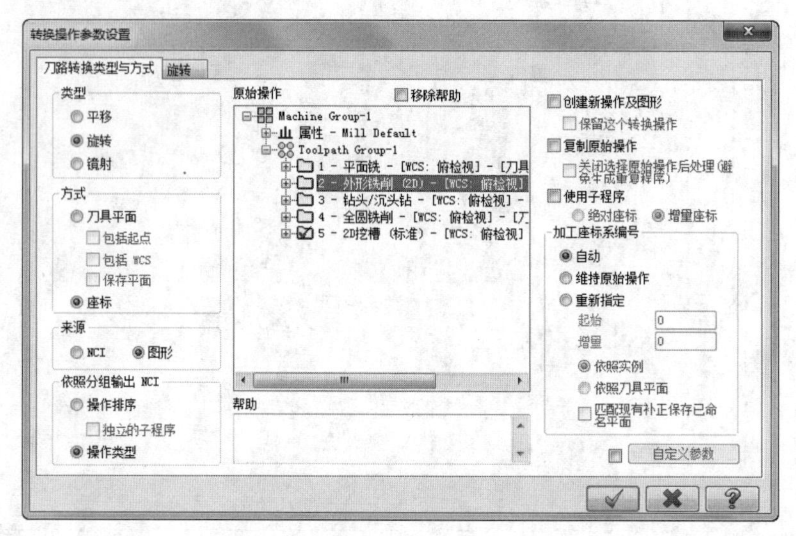

图 6-120 “转换操作参数设置”对话框

图 6-121 “转换操作参数设置”对话框

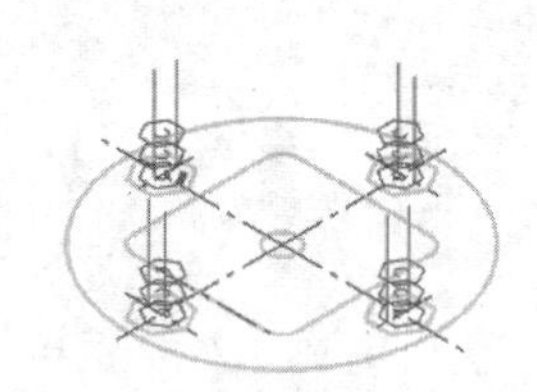

图 6-122 刀具路径校验效果

06 精铣六边形槽。

❶单击“刀路”选项卡“2D”面板“孔加工”组中的“挖槽”按钮，利用系统弹出的“串连选项”对话框，选择其中一六边形。然后单击“确定”按钮。

❷单击“2D 刀路 - 2D 挖槽”对话框中的“刀具”选项卡，选中 3mm 的平刀，并设置

其参数如下：“进给速率”为1000，“主轴转速”为10000，“下刀速率”为500，“提刀速率”为500，如图6-124所示。

❸单击“2D刀路 - 2D挖槽”对话框中的“共同参数”选项卡，进入挖槽参数设置区。设置参数如下：“安全高度”为100，坐标形式为“绝对坐标”；“参考高度”为50，坐标形式为“绝对坐标”；“下刀位置”为10，坐标形式为“增量坐标”；“工件表面”为14，坐标形式为“绝对坐标”；“深度”为0，坐标形式为“绝对坐标”，其他均采用默认值，如图6-125所示。

❹单击“2D刀路 - 2D挖槽”对话框中的“切削参数”选项卡，“挖槽加工方式”为“残料加工”。

❺单击“2D刀路 - 2D挖槽”对话框中的“Z分层切削”选项卡，进入Z分层切削设置区。设置“最大粗切步进量”为5，如图6-126所示，然后单击“确定”按钮✓。

图6-123 真实加工模拟效果

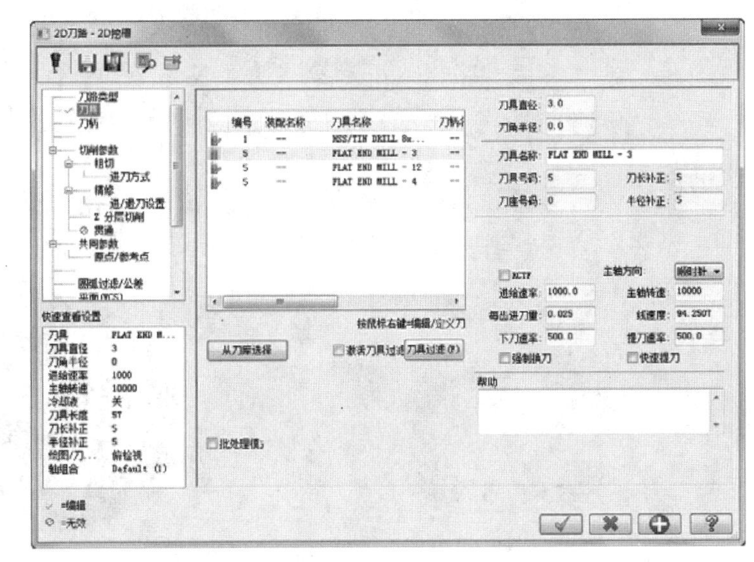

图6-124 精铣槽刀具的选择与设置

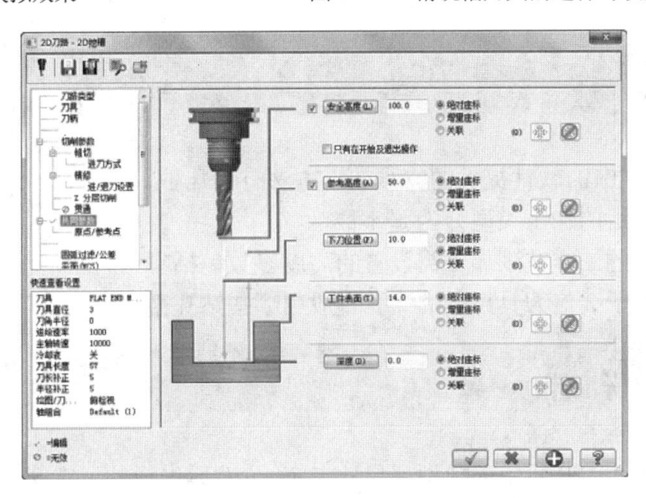

图6-125 “共同参数”选项卡

❻同粗加工槽类似，精加工槽也要对刀具路径进行旋转操作，读者可以结合上述内容自行完成。

❼刀具路径验证、加工仿真。在操作管理区单击“刀路”按钮，即可进入刀具路径，图 6-127 所示为刀具路径的校验效果。在确定了刀具路径正确后，还可以通过真实加工模拟来观察加工结果。单击“刀路管理器”中的“验证已选择的操作”按钮，图 6-128 所示为加工模拟的效果图。

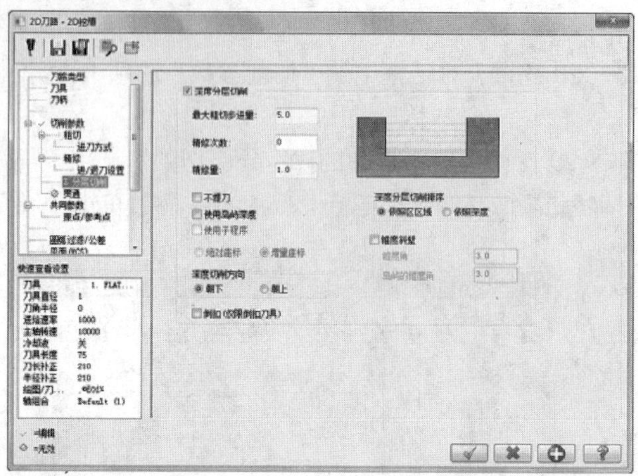

图 6-126　“Z 分层切削”选项卡

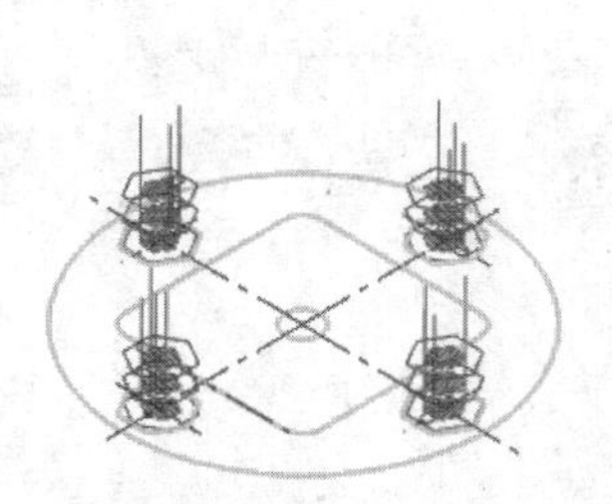

图 6-127　刀具路径校验效果

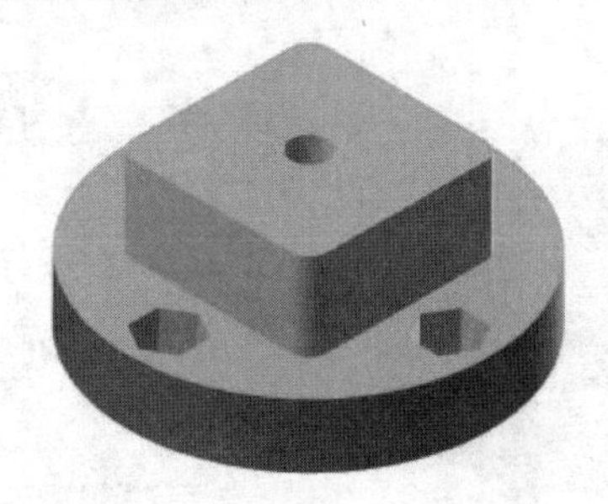

图 6-128　真实加工模拟效果

6.9 思考与练习

1. Mastercam 2019 软件提供的二维加工方法有哪几种？
2. 外形铣削模组的加工类型分为哪 4 种？
3. Mastercam 的二维铣削加工需设置的高度参数包括哪些？它们都有什么意义？
4. 钻孔深度大于 3 倍刀具直径的深孔一般用哪些钻孔循环方式？

6.10 上机操作与指导

1. 自行完成图 6-129 所示的模型（尺寸自定），然后进行外形铣削加工操作，采用直径 20mm 平刀，加工深度 5mm，输出刀具路径、仿真加工结果。

2．在图 6-130 所示的模型中进行钻削加工操作，采用直径 16 mm 和 20mm 钻头，加工深度 10mm，应用操作管理器对模型进行外形铣削与钻削顺序加工，输出刀具路径、仿真加工结果。

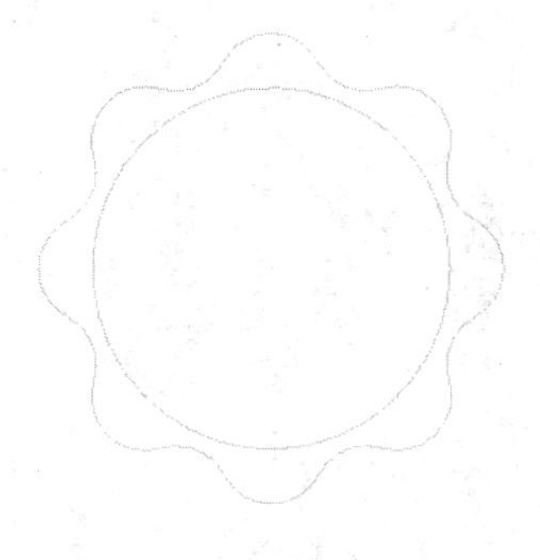

图 6-129 外形铣削练习

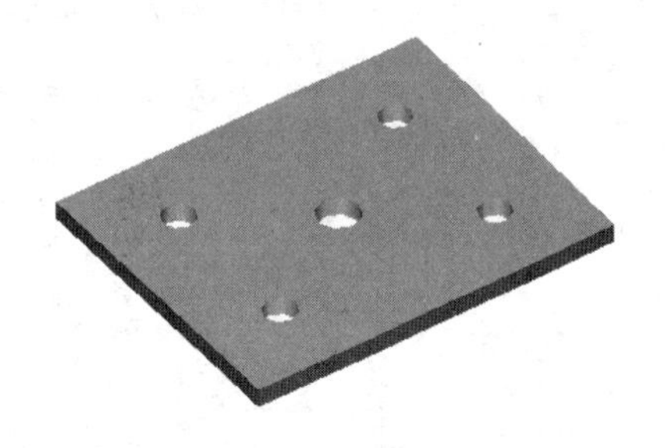

图 6-130 外形钻削练习

曲面粗加工

三维加工又称曲面加工，它和二维加工的最大区别在于：三维加工 Z 向不在是一种间歇运行，而是与 XY 方向一起运动，从而形成三维的刀具路径。三维加工常用于曲面和实体的加工。

三维加工又分为粗加工和精加工，本章将对三维粗加工的加工方法进行讲述。

- 平行粗加工
- 放射粗加工
- 投影粗加工
- 流线粗加工
- 等高外形粗加工
- 残料粗加工
- 挖槽粗加工
- 降速钻削式加工

7.1 曲面加工公用参数设置

曲面粗、精加工的各种类型都有自己的参数，但是可以把这些参数分为共同参数和特定参数两类。共同参数是指刀具参数的设置方法，曲面参数的设置方法对所有曲面加工类型基本相同。

7.1.1 刀具路径的曲面选择

所有的曲面加工都要遇到选择加工曲面的问题，选择曲面时，系统弹出如图 7-1 所示的对话框。

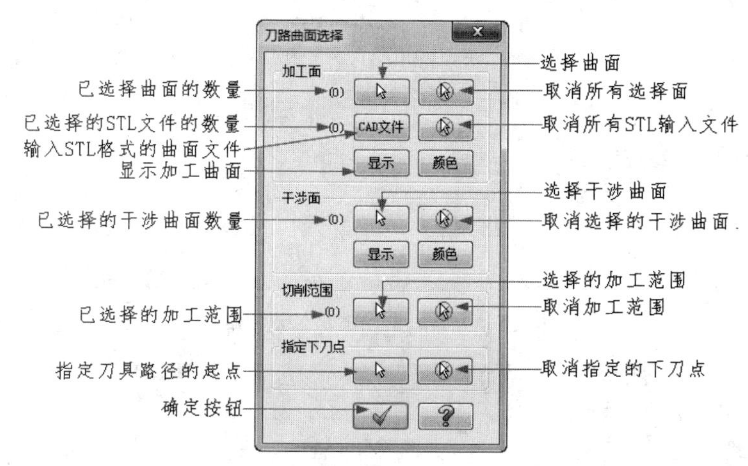

图 7-1 “刀路曲面选择”对话框

加工面、干涉面及边界范围对于曲面加工来说是最基本的概念，分述如下：

1）加工面：是指刀具将要加工的曲面。

2）干涉面：选择干涉面会限制刀具的移动，从而保证不发生过切现象，而且保证干涉表面不被刀具损伤。

3）边界范围：边界范围是一个封闭的串连曲线，用来限制刀具在加工曲面刀具路径的加工区域。利用限制刀具的边界可以使刀具仅在所选的封闭曲线内进行切削。限制刀具的边界是限制刀具的移动范围而特别创建的边界。

7.1.2 刀具选择及参数设置

刀具路径的曲面选取完毕后，系统自动弹出“曲面粗切平行”对话框，以曲面粗切平行为例，对话框如图 7-2 所示。单击对话框所示的“从刀库选择”按钮 从刀库选择 ，打开刀库选择刀具。当然也可在最大空白处单击鼠标右键，接着执行“创建新刀具”命令也可。接下来，新选择的刀具已显示在对话框中，双击刀具图标，进入刀具尺寸参数、加工工艺参数设置，这些步骤与二维加工相同，请参看第 5 章。

7.1.3 高度设置

曲面加工的高度设置与二维加工类似，不同的是二维加工要输入加工深度，而曲面加工中的深度是根据曲面的外形而定的，所以不需要进行深度设置，如图 7-3 所示。

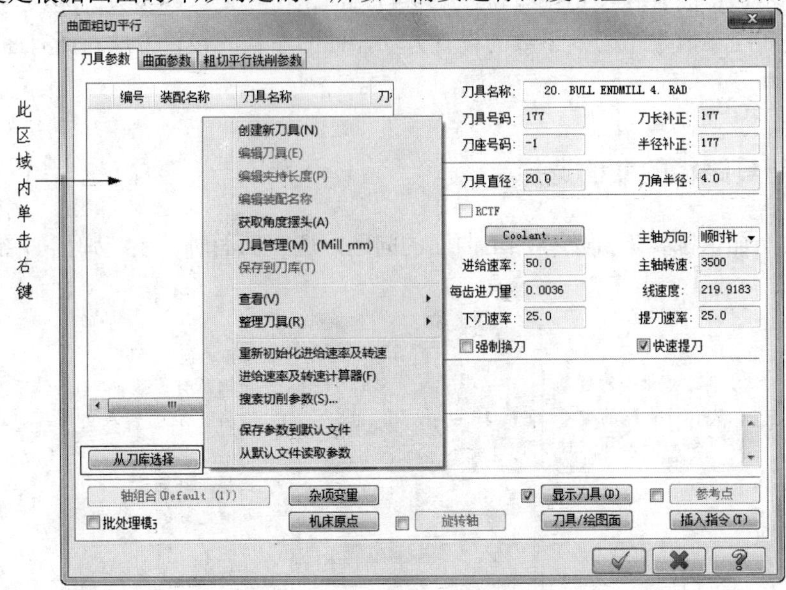

图 7-2 “曲面粗切平行”对话框

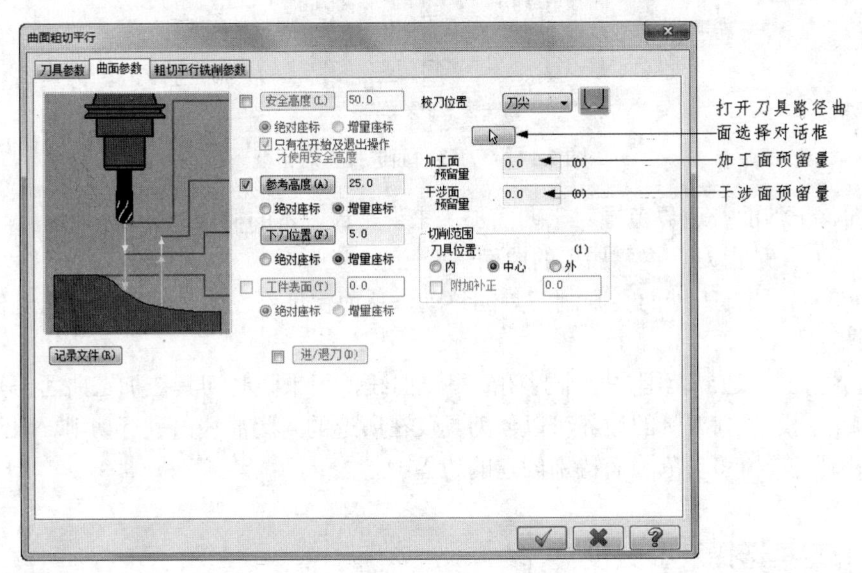

图 7-3 高度设置

对话框中部分选项的说明如下：

1）“加工面预留量”：指材料边界与粗加工完成面所残留的未切削量，它可以设定预留给精加工的量。

2）“干涉面预留量”：对干涉面不发生过切的量。

3）“切削范围”：在对话框中可以设定刀具切削的边界，而刀具将会限于该区域中加工。

7.1.4 进/退刀向量

激活并单击图 7-3 中所示的“进/退刀”按钮，进入“方向”对话框，如图 7-4 所示。此对话框的功能分为两个部分，一部分为“进刀向量”设置，另一部分为“退刀向量”设置。对话框中各选项的意义如下：

“向量”：单击“向量”按钮，系统弹出对话框，在对话框中输入 X、Y、Z 方向的值，即为一空间点的坐标。此坐标与原点的连线构成矢量方向。

“参考线”：单击“参考线”按钮，系统提示选择一条直线，则选择后，系统以此直线的长度作为进/退刀距离，以此直线的方向作为进/退刀方向，赋值框内的参数会随之改变。

“进刀角度/提刀角度”：设置进 /退刀时刀具路径在 Z 方向的角度。

“与 XY 角度”：即与 XY 平面的夹角，设置进刀或退刀时刀具路径在水平方向的角度。

“进/退刀引线长度”：下刀或退刀刀具路径的长度。

“相对于刀具”：定义以上的几个角度是相对于什么基准方向而言的，有相对于刀具平面所在的 X 轴方向与相对于切削方向两个基准方向。

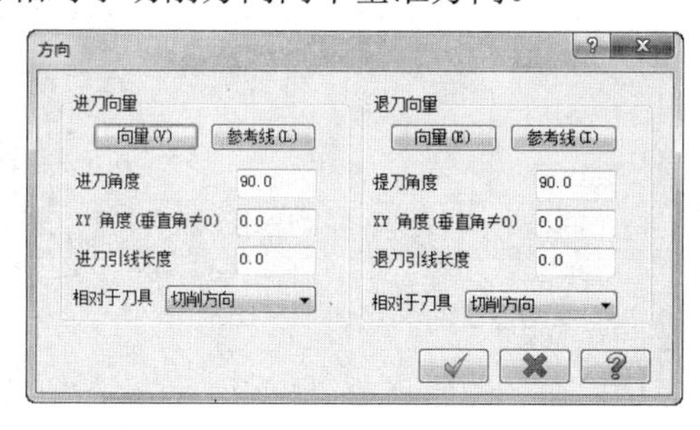

图 7-4 “方向”对话框

7.1.5 记录档

在生成曲面加工刀具路径时，可以设置该曲面加工刀具路径的一个记录档文件，当对该刀具路径修改时，记录档文件可以用来加快刀具路径的刷新。单击图 7-3 中所示的“记录文件”按钮进入存储对话框，设定保存位置与名称后，单击“保存”按钮。

7.2 平行粗加工

平行粗加工是一种通用、简单和有效的加工方法，适合于各种形态的曲面加工。其特点是刀具沿着指定的进给方向进行切削，生成的刀具路径相互平行。

7.2.1 设置平行铣削粗加工参数

单击“机床”选项卡“机床类型”面板中的“铣床”按钮，选择默认选项，在“刀路”管理器中生成机群组属性文件，同时弹出“刀路”选项卡。单击“刀路”选项卡“3D”面板“粗切”组中的“平行”按钮，系统会依次弹出“选取工件型状”和“刀路曲面选择”对话框，根据需要设定相应的参数和选择相应的图素后，单击“确定”按钮，此时系统会弹出“曲面粗切平行”对话框，该对话框有 3 个选项卡，其中“刀具参数”和“曲面参数”选项卡已经在前面叙述过，这里将详细介绍第 3 个选项卡中的内容，如图 7-5 所示。选项卡中的各选项含义如下：

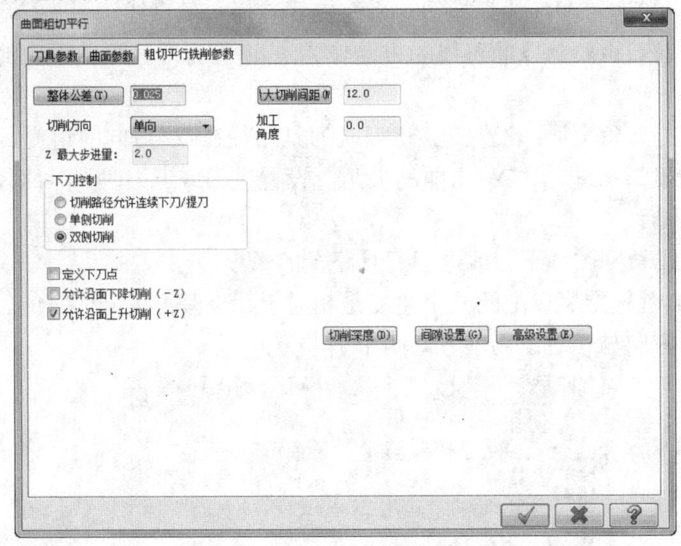

图 7-5　曲面粗切平行选项卡

（1）整体公差：总公差按钮后的编辑框可以设定刀具路径的精度公差。公差值越小，加工得到曲面就越接近真实曲面，当然加工时间也就越长。在粗加工阶段，可以设定较大的公差值以提高加工效率。

（2）切削方向：在切削方式下拉菜单中，有双向和单向两种方式可选。其中，双向是指刀具在完成一行切削后随即转向下一行进行切削；单向是指加工时刀具仅沿一个方向进给，完成一行后，需要抬刀返回到起始点再进行下一行的加工。

双向切削有利于缩短加工时间、提高加工效率，而单向切削则可以保证一直采用顺铣或逆铣加工，进而可以获得良好的加工质量。

（3）Z 最大步进量：该选项定义在 Z 方向上最大的切削厚度。

（4）下刀控制：下刀方式决定了刀具在下刀和退刀时在 Z 方向的运动方式，包含 3 种方式：

1）“切削路径允许连续下刀/提刀”：加工过程中，可顺着工件曲面的起伏连续进刀或退刀，如图 7-6a 所示，其中上图为刀具路径轨迹图，下图为成形效果图。

2）“单侧切削”：沿工件的一边进刀或退刀，如图 7-6b 所示，其中上图为刀具路径轨迹图，下图为成形效果图。

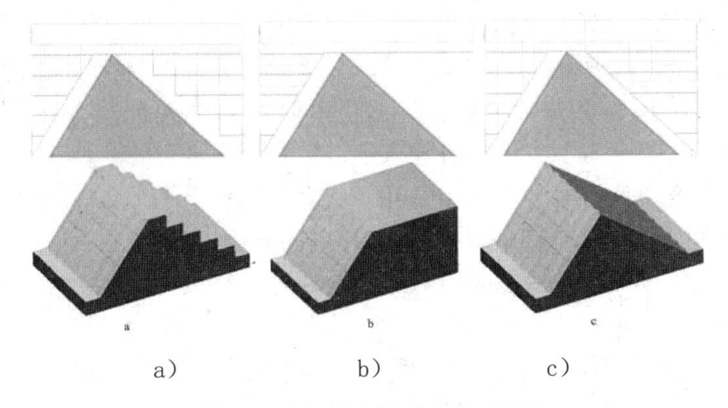

a） b） c）

图 7-6 下刀控制方式刀路示意图

3）“双侧切削”：沿工件的二个外边向内进刀或退刀，如图 7-6c 所示，其中上图为刀具路径轨迹图，下图为成形效果图。

（5）最大切削间距：最大切削间距可以设定同一层相邻两条刀具路径之间的最大距离，亦即 XY 方向上两刀具路径之间的最大距离。用户可以直接在“最大切削间距”文本框中输入指定值。如果要对切削间距进行更为详细的设置，可以单击“最大切削间距”按钮，则系统弹出“最大切削间距”对话框，如图 7-7 所示，其选项参数如下：

1）“最大步进量”：和最大跨距参数相同。

2）“平面残脊高度”：如设定此值，表示平坦面上的残脊高度。

3）“45 度残脊高度”：如设定此值，表示 45° 等距环切高度。

（6）切削深度：单击“切削深度”按钮，系统弹出“切削深度设置”对话框。利用该对话框可以控制曲面粗加工的切削深度以及首次切削深度等，如图 7-8 所示。

该对话框用于设置粗加工的切削深度。当选择绝对坐标时，要求用户输入最高点和最底点的位置，或者利用光标直接在图形上进行选择。如果选择增量坐标，则需要输入顶部预留量和切削边界的距离，同时输入其他部分的切削预留量。

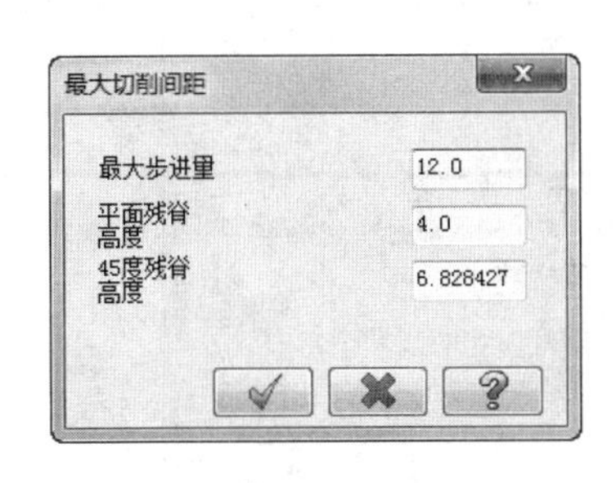

图 7-7 “最大切削间距”对话框

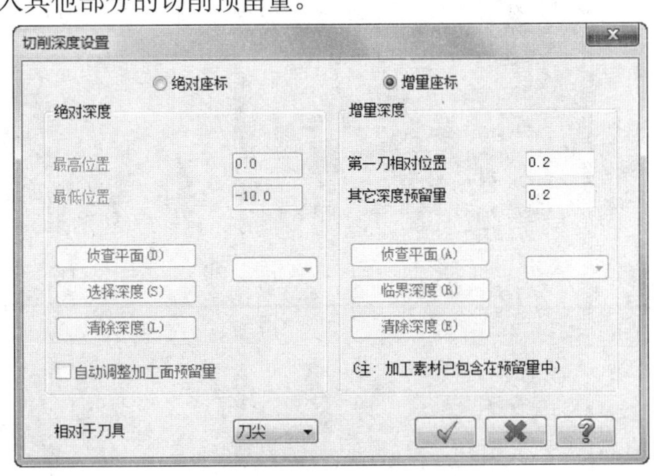

图 7-8 “切削深度设置”对话框

（7）间隙设置：间隙是指曲面上有缺口或曲面有断开的地方，它一般由 3 个方面的原因造成，一是相邻曲面间没有直接相连；二是由曲面修剪造成的；三是删除过切区造成的。

单击“间隙设置”按钮，系统弹出“刀路间隙设置”对话框，如图 7-9 所示，利用该对话框可以设置不同间隙时的刀具运动方式，下面对该对话框中各选项的含义进行说明。

1)“允许间隙大小”：用来设置系统容许的间隙，可以由两种方法来设置，其一是直接在“距离”文本框中输入，其二是通过输入步进量的百分比间接输入。

2)“移动小于允许间隙时，不提刀”：用于设置当偏移量小于允许间隙时，可以不进行提刀而直接跨越间隙，Mastercam 提供了 4 种跨越方式。

①“不提刀”：它是将刀具从间隙一边的刀具路径的终点，以直线的方式移动到间隙另一边刀具路径的起点。

②“打断”：将移动距离分成 Z 方向和 XY 方向两部分来移动，亦即刀具从间隙一边的刀具路径的终点在 Z 方向上上升或下降到间隙另一边的刀具路径的起点高度，然后再从 XY 平面内移动到所处的位置。

③“平滑”：它是指刀具路径以平滑的方式越过间隙，常用于高速加工。

④“沿着曲面”：它是指刀具根据曲面的外形变化趋势，在间隙两侧的刀具路径间移动。

3)“位移大于允许间隙时，提刀至安全高度”：选中该复选项，则当移动量大于允许间隙时，系统自动提刀，且检查返回时是否过切。

4)“切削排序优化”：选中该选项时，刀具路径将会被分成若干区域，在完成一个区域的加工后，才对另一个区域进行加工。

同时为了避免刀具切入边界太突然，还可以采用与曲面相切圆弧或直线设置刀具进刀/退刀动作。设置为圆弧时，圆弧的半径和扫描角度可分别在“切弧半径”、“切弧扫描角度”文本框中给定；设置为直线时，直线的长度可由“切线长度”文本框指定。

(8) 高级设置：所谓高级设置主要是设置刀具在曲面边界的运动方式。单击“高级设置”按钮，系统弹出“高级设置”对话框，如图 7-10 所示。该对话框中各选项的含义如下：

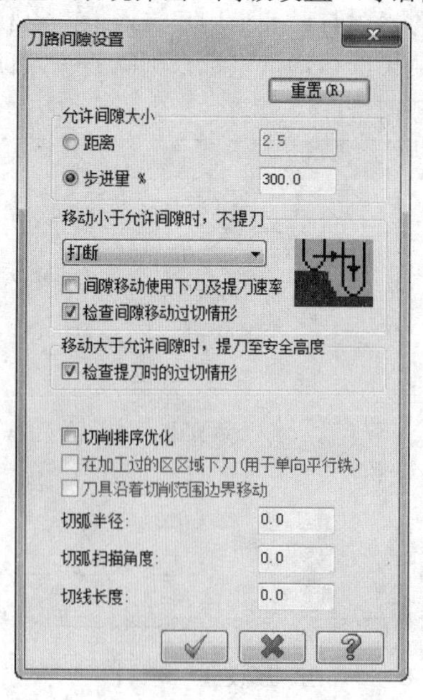

图 7-9 “刀具间隙设置”对话框

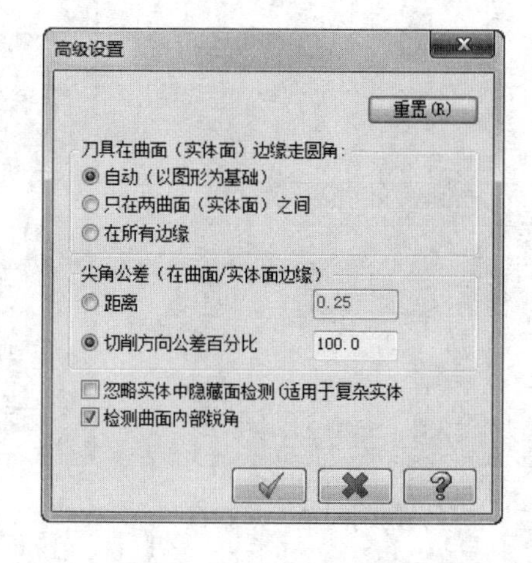

图 7-10 “高级设置”对话框

1)“刀具在曲面（实体面）边缘走圆角”：用于设置曲面或实体面的边缘是否走圆角，

它有三个选项：

①“自动（以图形为基础）”：选择该选项时，允许系统自动根据刀具边界及几何图素决定是否在曲面或实体面边缘走圆角。

②“只在两曲面（实体面）之间”：选择该选项时，则在曲面或实体面相交处走圆角。

③“在所有边缘”：在所有边缘都走圆角。

2)“尖角公差（在曲面/实体面边缘）”：用于设置刀具在走圆弧时移动量的误差，值越大，则生成的锐角越平缓。系统提供了两种设置方法：

①“距离”：它将圆角打断成很多小直线，直线长度为设定值，因此距离越短，则生成直线的数量越多，反之，则生成直线的数量越少。

②“切削方向公差百分比”：用切削误差的百分比来表示直线长度值。

（9）其他参数设定：

1）加工角度：指定刀具路径与X轴的夹角，该角度定向使用逆时针方向。

2）定义下刀点：此选项是要求输入一个下刀点。注意:选下刀点要在一个封闭的角上，且要相对于加工方向。

3）允许沿面下降切削(-Z)/ 允许沿面上升切削(+Z):用于指定刀具是在上升还是下降时进行切削。

7.2.2 平行粗加工实例

对如图7-11所示的模型进行平行粗加工。

网盘\视频教学\第7章\平行粗加工.MP4

操作步骤如下：

01 打开加工模型。单击快速访问工具栏中的“打开”按钮，在“打开”的对话框中打开网盘中源文件名为“7.2.2”的文件，如图7-11所示。

02 选择机床。为了生成刀具路径，首先必须选择一台实现加工的机床，本次加工用系统默认的铣床，单击“机床”选项卡“机床类型”面板中的“铣床”按钮，选择默认选项，在“刀路”管理器中生成机群组属性文件，同时弹出“刀路”选项卡。

03 工件设置。在操作管理区中，单击“属性”下拉菜单中的“素材设置”选项，系统弹出“机床分组属性”对话框；在该对话框中，选择“立方体”单选项，设置素材原点分量X、Y、Z分别为（100、90、300），设置矩形长度分量X、Y、Z分别为（200、180、300），如图7-12所示。最后单击“机床分组属性”对话框中的“确定”按钮，完成毛坯的参数设置。

04 创建刀具路径。

❶选择加工曲面。单击“刀路”选项卡“3D”面板“粗切”组中的“平行”按钮，系统弹出“选择工件形状”对话框，设置曲面的形状为“未定义”，如图7-13所示，然后单击“确定”按钮。

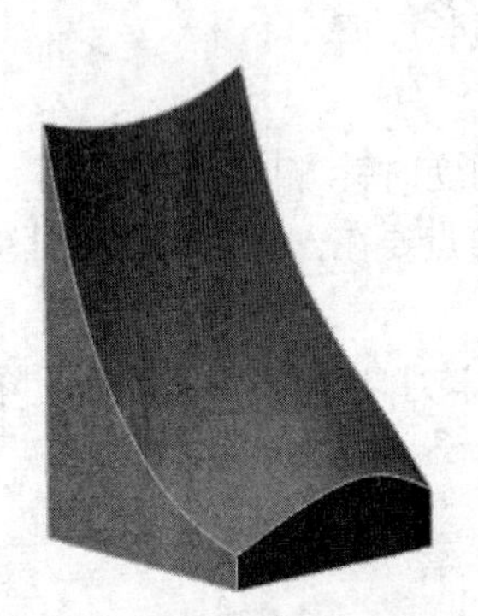

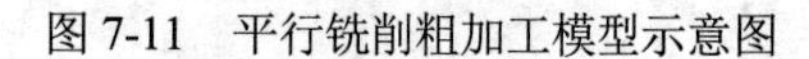

图 7-11　平行铣削粗加工模型示意图

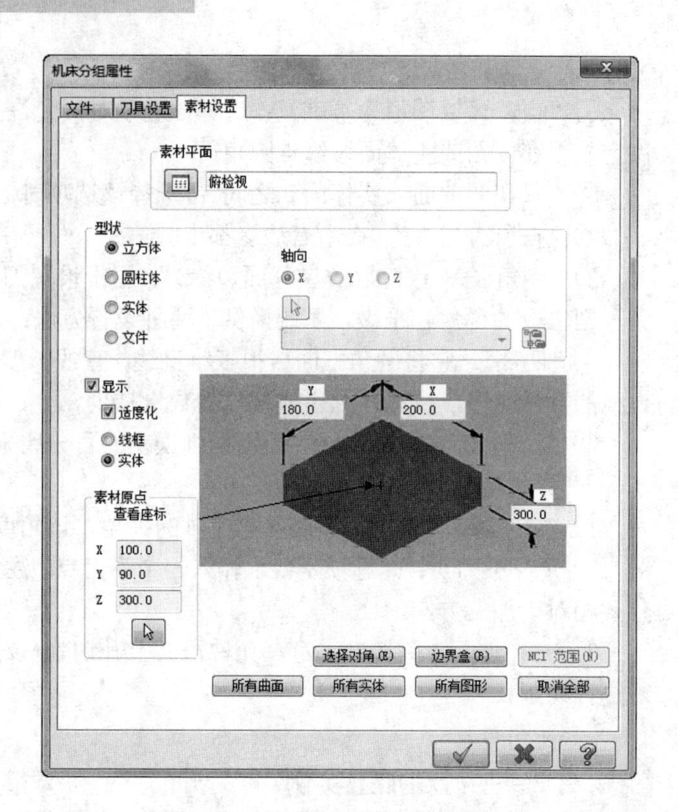

图 7-12　“机床分组属性”对话框

根据系统的提示在绘图区中选择如图 7-14 所示的加工曲面后按 Enter 键，系统弹出“刀路曲面选择”对话框，采取默认设置，单击该对话框中的“确定”按钮，完成加工曲面的选取，弹出“曲面粗切平行”对话框。

❷设置刀具参数。单击“曲面粗切平行”对话框中的“刀具参数”选项卡，进入刀具参数设置区。单击“从刀库选择”按钮从刀库选择，选择直径为 10mm 的球刀，并设置相应的刀具参数，具体如下：“进给速率”为 500，“主轴转速”为 2000，“下刀速率”为 400，“提刀速率”为 400，如图 7-15 所示。

图 7-13　“选择工件形状”对话框

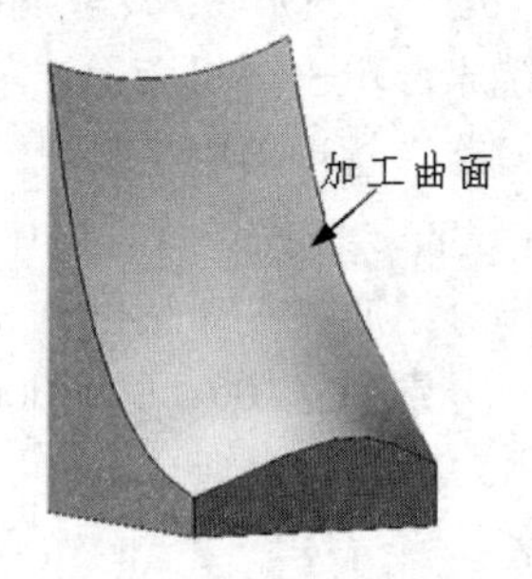

图 7-14　加工曲面的选取

❸设置曲面加工参数。单击“曲面粗切平行”对话框中的“曲面参数”选项卡，设置如下参数：“参考高度”为 10，“下刀位置”为 3，“加工面预留量”为 0.5，如图 7-16 所示。

❹设置粗加工平行铣削参数。单击“曲面粗切平行”对话框中的“粗加工平行铣削参

数”选项卡，设置如下参数：“最大切削间距”为 6，“切削方向”为“双向”，“Z 最大步进量”为 2，勾选“允许沿面下降切削”和“允许沿面上升切削”两个复选框，如图 7-17 所示。

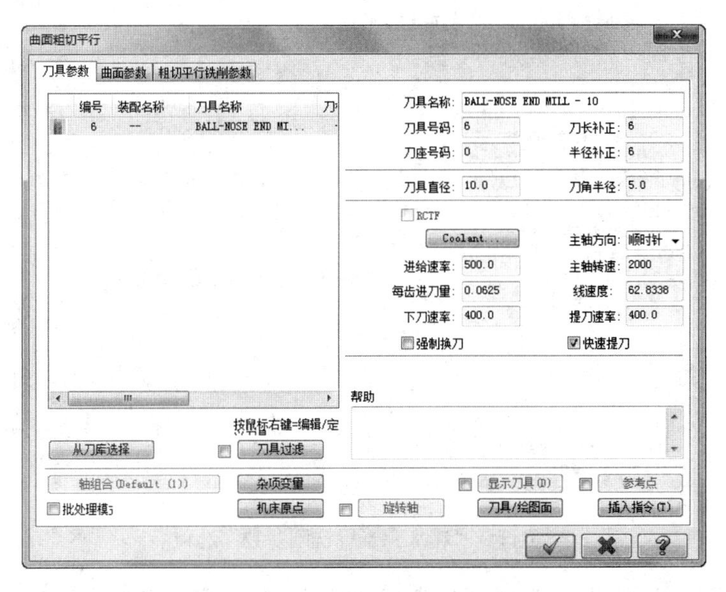

图 7-15　“刀具参数”选项卡

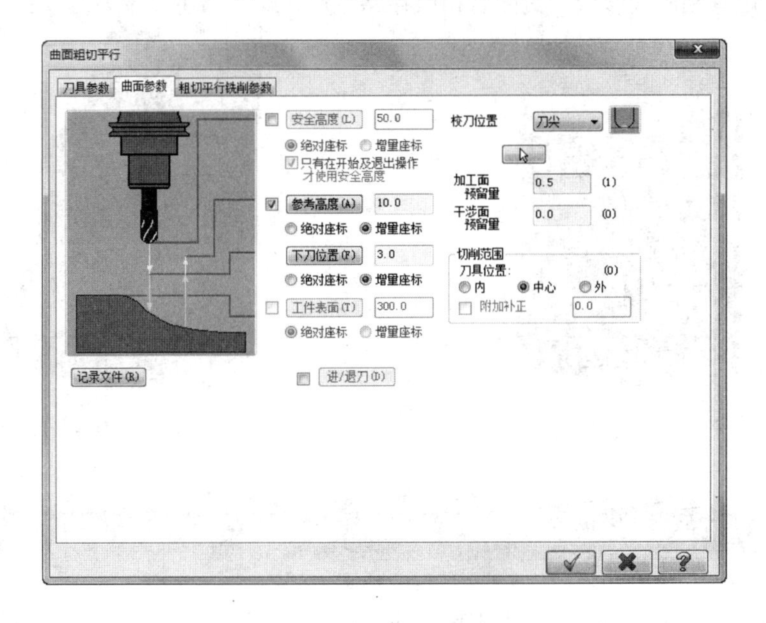

图 7-16　“曲面参数”选项卡

设置完后，最后单击“曲面粗切平行”对话框中的 按钮，系统立即在绘图区生成刀具路径，如图 7-18 所示。

05 刀具路径验证、加工仿真与后处理。完成刀具路径设置以后，接下来就可以通过刀具路径模拟来观察刀具路径是否设置合适。单击“刀路管理器”中的“验证已选择的操作”按钮，在弹出的“Mastercam 模拟”对话框中单击“播放”按钮，进行真实加工模拟，图 7-19 所示为加工模拟的效果图。

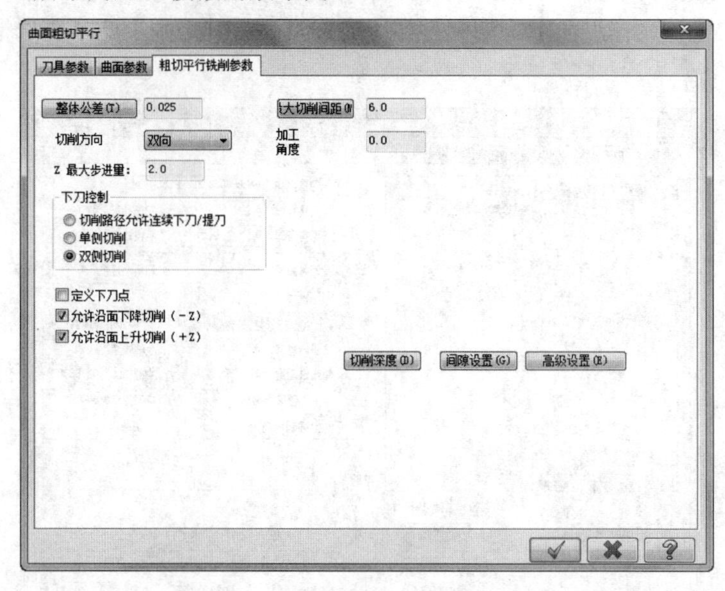

图 7-17 “粗加工平行铣削参数”选项卡

在确认加工设置无误后，即可以生成 NC 加工程序了。单击“运行选择的操作进行后处理”按钮G1，设置相应的参数、文件名和保存路径后，就可以生成本刀具路径的加工程序。

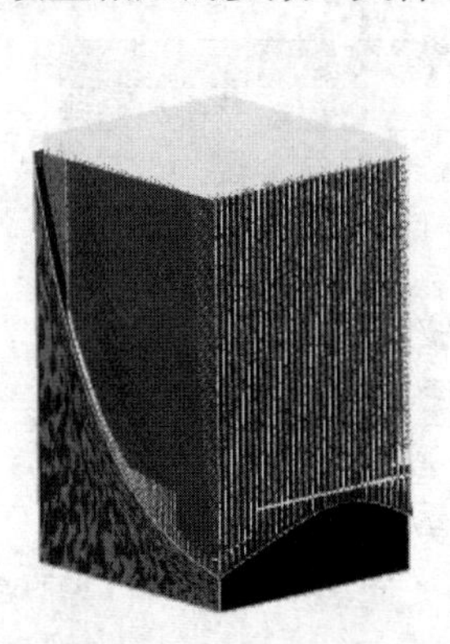

图 7-18 平行粗加工刀具路径示意图

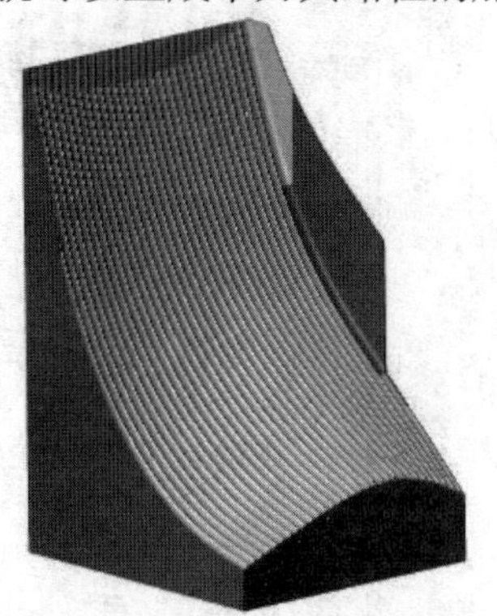

图 7-19 刀具路径模拟效果

7.3 放射粗加工

放射粗加工是指以指定点为径向中心，放射状分层切削加工工件。加工完成后的工件表面刀具路径呈放射状，刀具在工件径向中心密集，刀具路径重叠较多，工件周围刀具间距大，由于该方法提刀次数较多，加工效率低，因此较少采用。

7.3.1 设置放射粗加工参数

单击“机床”选项卡“机床类型”面板中的“铣床”按钮，选择默认选项，在“刀路”管理器中生成机群组属性文件，同时弹出“刀路”选项卡。单击“刀路”选项卡“自定义”面板中的“粗切放射刀路”按钮，系统会依次弹出“选择工件型状”和“刀路曲面选择”对话框，根据需要设定相应的参数和选择相应的图素后，单击“确定”按钮，此时系统会弹出“曲面粗切放射”对话框，如图7-20所示。

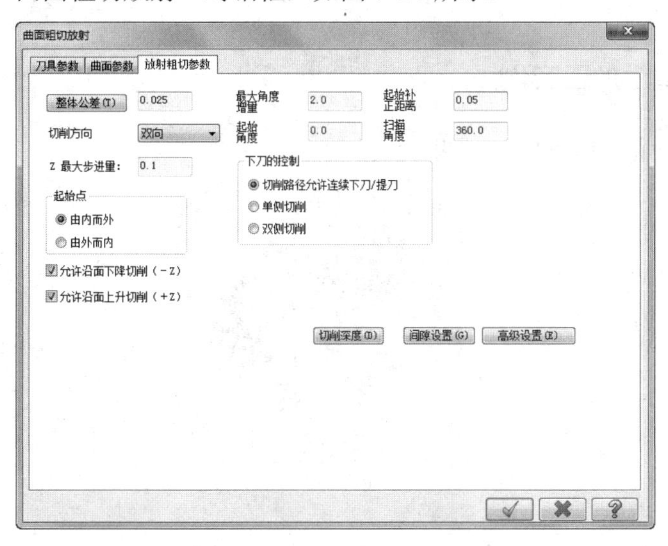

图7-20　“曲面粗切放射”对话框

该对话框的内容和“曲面粗切平行”对话框的内容基本一致，具体含义可以参考相关的内容，下面主要介绍针对放射状加工的专用参数，如图7-21所示。

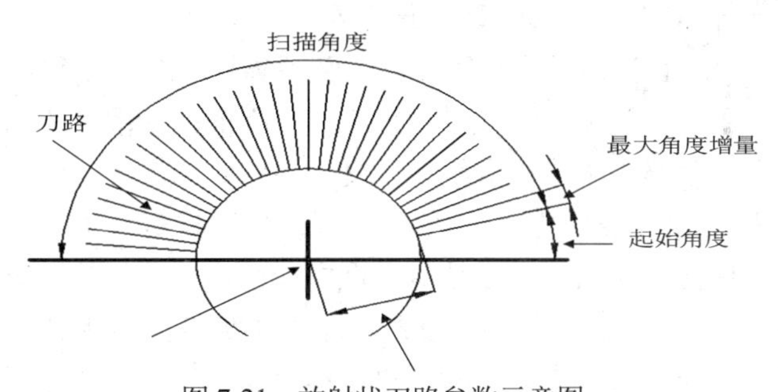

图7-21　放射状刀路参数示意图

提示

“自定义”面板为采用自定义功能区命令，编者自己定义的面板，因为默认的“刀路”选项卡中没有“粗切放射刀路”“粗切等高外形加工”“粗切残料加工”和“粗切流线加工”命令，通过自定义，根据需要用户自己创建。

(1) 最大角度增量：该值是指相邻两条刀具路径之间的距离。由于刀具路径是放射状的，因此，往往在中心部分刀具路径过密，而在外围则比较分散，所以工件越大，如果最大角度增量值也设得较大时，则越可能发生工件外围有些地方加工不到的情形；但反过来，如果最大角度值取得较小，则刀具往复次数又太多，从而加工效率低，因此，必须综合考虑工件大小、表面质量要求以及加工效率3方面的因素来选用最大角度增量。

（2）起始补正距离：是指刀具路径开始点距离刀具路径中心的距离。由于中心部分刀具路径集中，所以要留下一段距离不进行加工，可以防止中心部分刀痕过密。

（3）起始角度：是指起始刀具路径的角度，以与 X 方向的角度为准。

（4）扫描角度：是指起始刀具路径与终止刀具路径之间的角度。

7.3.2 放射粗加工实例

对如图 7-22 所示的模型进行放射粗切加工。

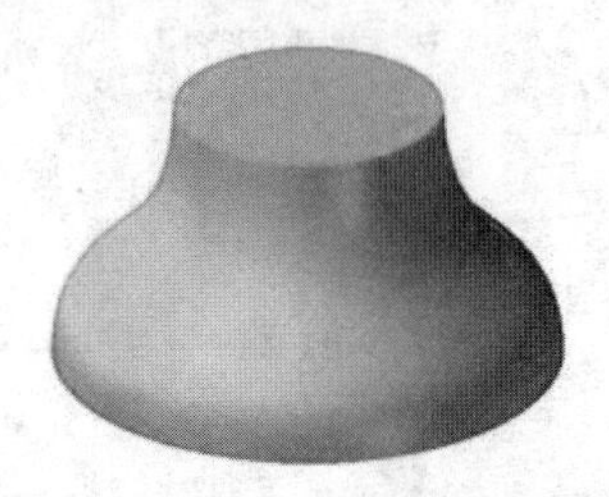

图 7-22　放射粗切模型示意图

网盘\视频教学\第7章\放射粗切加工.MP4

操作步骤如下：

01 打开加工模型。单击快速访问工具栏中的“打开”按钮，在“打开”的对话框中打开网盘中源文件名为“7.3.2”的文件，如图 7-22 所示。

02 选择机床。为了生成刀具路径，首先必须选择一台实现加工的机床，本次加工用系统默认的铣床，单击“机床”选项卡“机床类型”面板中的“铣床”按钮，选择默认选项，在“刀路”管理器中生成机群组属性文件，同时弹出“刀路”选项卡。

03 工件设置。在操作管理区中，单击“属性”下拉菜单中的“素材设置”选项，系统弹出“机床分组属性”对话框；在该对话框中，选择“圆柱体”单选项，设置素材原点分量 X、Y、Z 分别为（50、0、-100），设置圆柱体高度和直径分别为（100、192），如图 7-23 所示。最后单击“机床分组属性”对话框中的“确定”按钮，完成毛坯的参数设置。

04 创建刀具路径。

❶选择加工曲面。单击“刀路”选项卡“自定义”面板中的“粗切放射刀路”按钮。系统弹出“选择工件型状”对话框，设置曲面的形状为“未定义”，如图 7-24 所示，并单击“确定”按钮。

根据系统的提示在绘图区中选择如图 7-25 所示的加工曲面后按 Enter 键，系统弹出“刀路曲面选择”对话框，最后单击该对话框中的“确定”按钮，完成加工曲面的选取，系统弹出“曲面粗切放射”对话框。

❷设置刀具参数。单击“曲面粗切放射”对话框中的“刀具参数”选项卡，进入刀具参数设置区。单击“从刀库选择”按钮从刀库选择，选择直径为 10mm 的球刀，并设置相应的刀具参数，具体如下：“进给速率”为 500，“主轴转速”为 2000，“下刀速率”为

400，“提刀速率”为400，如图7-26所示。

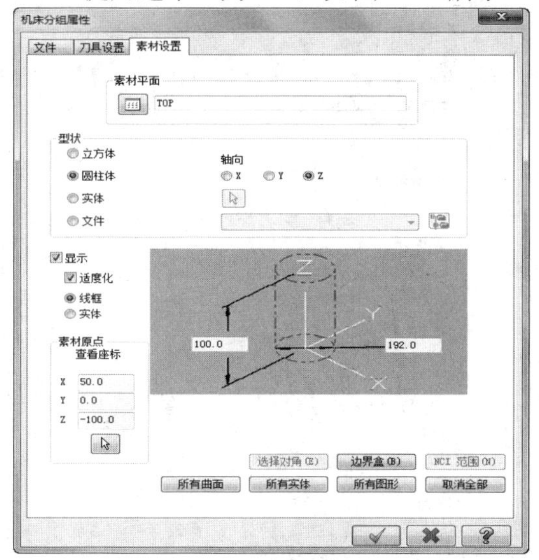

图7-23　“机床分组属性”对话框

图7-24　“选择工件型状”对话框

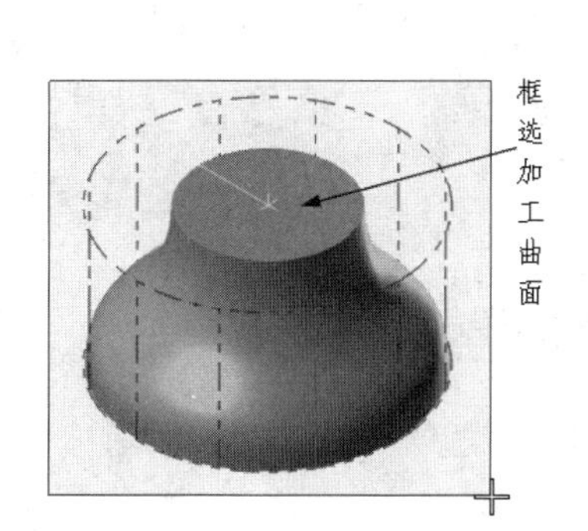

图7-25　加工曲面的选择

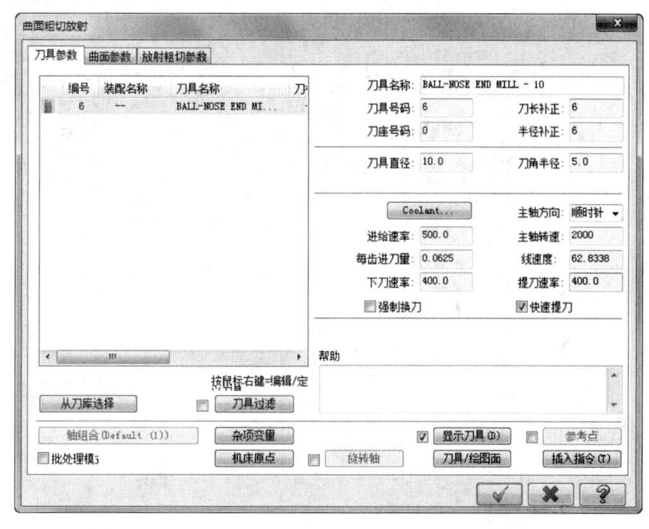

图7-26　“刀具参数”选项卡

❸设置曲面加工参数。单击“曲面粗切放射”对话框中的“曲面参数”选项卡，设置如下参数：“安全高度”为25，“参考高度”为10，“下刀位置”为3，“加工面预留量”为0.5，如图7-27所示。

❹设置放射状粗切参数。单击“曲面粗切放射”对话框中的“放射粗切参数”选项卡，设置如下参数：“整体公差”为0.1，“切削方向”为“双向”，“Z最大步进量”为5，“最大角度增量”为6，勾选“允许沿面下降切削”和“允许沿面上升切削”两个复选框，如图7-28所示。

单击“放射粗切参数”选项卡中的“切削深度”按钮，系统弹出“切削深度设定”对话框，设置“第一刀相对位置”为1，“其他深度预留量”为0，如图7-29所示，然后单击

“确定”按钮。

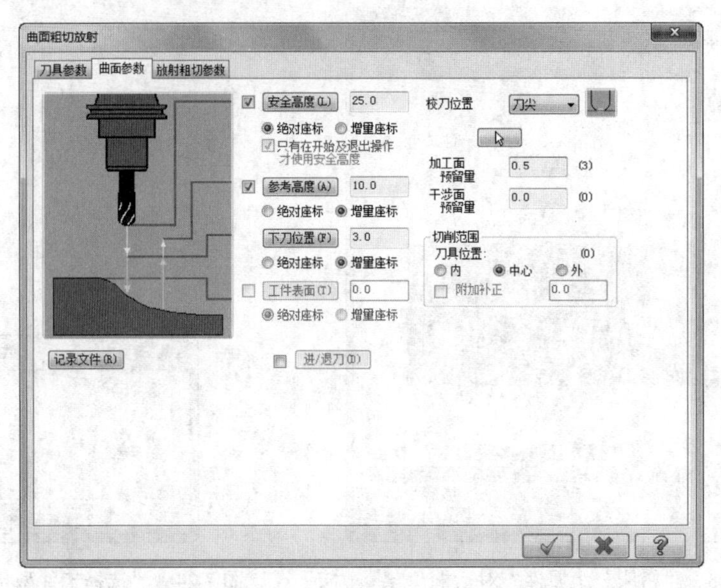

图 7-27 “曲面参数”选项卡

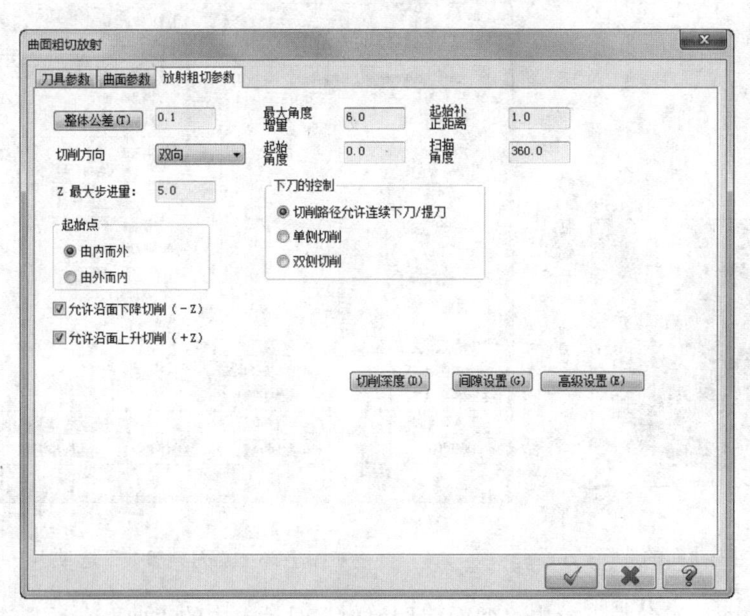

图 7-28 “放射粗切参数”选项卡

最后单击“曲面粗切放射”对话框中的“确定”按钮，系统提示选择放射状中心点，单击“选择工具栏”中的“输入坐标点”按钮，如图 7-30 所示，然后在弹出的文本框中分别输入（50，0，0），并按 Enter 键，此时在绘图区会生成刀具路径，如图 7-31 所示。

05 刀具路径验证、加工仿真与后处理。完成刀具路径设置以后，接下来就可以通过刀具路径模拟来观察刀具路径是否设置合适。单击“刀路管理器”中的“验证已选择的操作”按钮，在弹出的“Mastercam 模拟”对话框中单击“播放”按钮，进行真实加工模拟，图 7-32 所示为加工模拟的效果图。

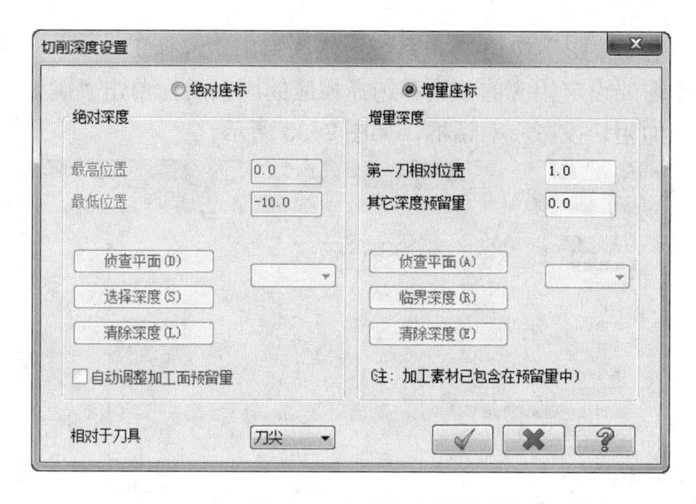

图 7-29　切削深度的设定

图 7-30　单击输入坐标点

在确认加工设置无误后，即可以生成 NC 加工程序了。单击“运行选择的操作进行后处理”按钮G1，设置相应的参数、文件名和保存路径后，就可以生成本刀具路径的加工程序。

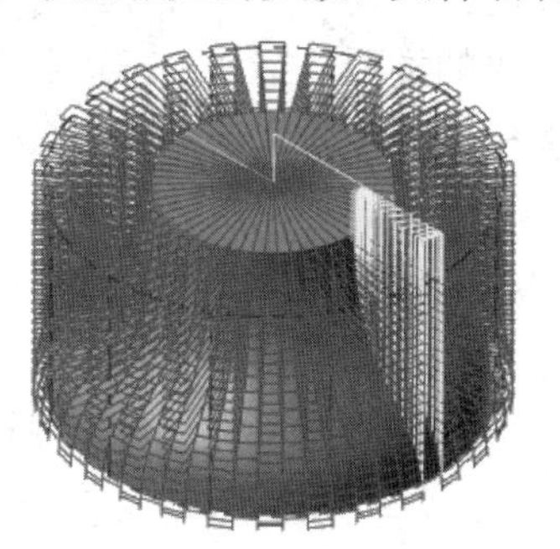

图 7-31　放射粗切刀路

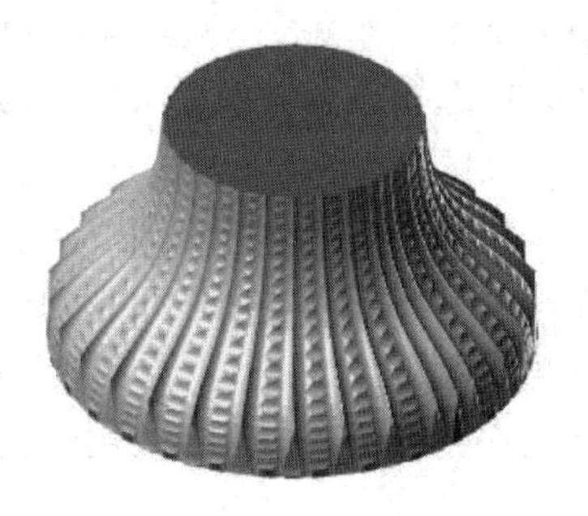

图 7-32　加工模拟效果

7.4 投影粗加工

投影粗加工是指将已有的刀具路径、线条或点投影到曲面上进行加工的方法。投影粗加工的对象，不仅仅可以是一些几何图素，也可以是一些点组成的点集，甚至可以将一个已有的 NCI 文件进行投影。

7.4.1　设置投影粗加工参数

单击“机床”选项卡“机床类型”面板中的“铣床”按钮，选择默认选项，在“刀路”管理器中生成机群组属性文件，同时弹出“刀路”选项卡。单击“刀路”选项卡“3D”

面板“粗切”组中的“投影”按钮，系统会依次弹出“选择工件型状”和“刀路曲面选择”对话框，根据需要设定相应的参数和选择相应的图素后，单击“确定”按钮，此时系统会弹出“曲面粗切投影”对话框，如图 7-33 所示。

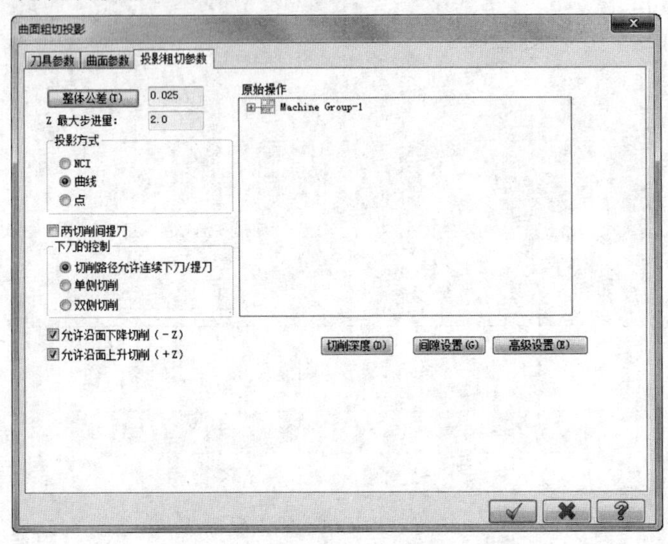

图 7-33　“曲面粗切投影”对话框

针对投影加工的参数主要有投影方式和原始操作两个。其中，投影方式用于设置投影粗加工对象的类型。在 Mastercam 中，可用于投影对象的类型包括 3 种：

1）“NCI”：选择已有的 NCI 文件作为投影的对象。选择该类型，可以在“原始操作”列表栏中选择 NCI 文件。

2）“曲线”：选择已有的曲线作为投影的对象。选择该类型后，系统会关闭该对话框并提示用户在绘图区中选取要用于投影的一组曲线。

3）“点”：选择已有的点进行投影。同选取曲线一样，选择该类型后，系统会关闭该对话框并提示用户在绘图区中选取要用于投影的一组点。

7.4.2　投影粗加工实例

对如图 7-34 所示的模型进行投影粗加工。

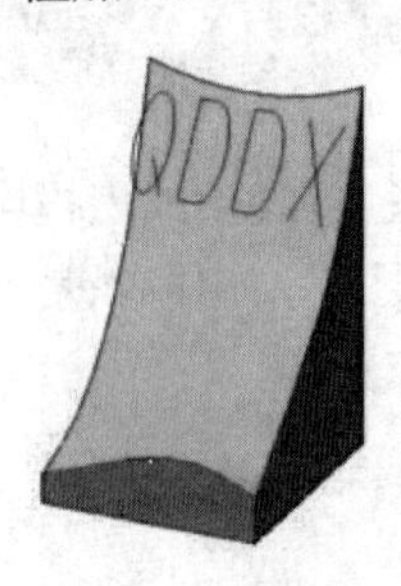

图 7-34　投影粗加工模型示意图

网盘\视频教学\第7章\投影粗切加工.MP4

操作步骤如下：

01 单击快速访问工具栏中的“打开”按钮，在“打开”的对话框中打开网盘中源文件名为“7.4.2”的文件，如图 7-34 所示。

02 选择机床。为了生成刀具路径，首先必须选择一台实现加工的机床，本次加工用系统默认的铣床，单击“机床”选项卡“机床类型”面板中的“铣床”按钮，选择默认选项，在“刀路”管理器中生成机群组属性文件，同时弹出“刀路”选项卡。

03 创建刀具路径

❶选择加工曲面。单击“刀路”选项卡“3D”面板“粗切”组中的“投影”按钮，在系统弹出“选择工件型状”对话框中设置曲面的形状为“未定义”，如图 7-35 所示，并单击“确定”按钮。

根据系统的提示在绘图区中选择如图 7-36 所示的加工曲面后按Enter键，系统弹出“刀路曲面选择”对话框，最后单击该对话框中的“确定”按钮，完成加工曲面的选取，系统弹出“曲面粗切投影”对话框。

图 7-35 “选择工件型状”对话框

图 7-36 加工曲面的选取

❷设置刀具参数。单击“曲面粗切投影”对话框中的“刀具参数”选项卡，进入刀具参数设置区。单击“从刀库选择”按钮，选择直径为 3mm 的球刀，双击“球刀”图标，弹出“编辑刀具”对话框，设置“总长度”为 150，“刀肩长度”为 60，单击“完成”按钮，然后设置相应的刀具参数，具体如下：“进给速率”为 200， “主轴转速”为 3000，“下刀速率”为 100， “提刀速率”为 100，如图 7-37 所示。

❸设置曲面加工参数。单击“曲面粗切投影”对话框中的“曲面参数”选项卡，设置如下参数：“参考高度”为 20， “下刀位置”为 3， “加工面预留量”为-1，如图 7-38 所示。

❹设置投影粗加工参数。单击“曲面粗切投影”对话框中的“投影粗切参数”选项卡，设置如下参数：“整体公差”为 0.05， “最大 Z 轴进给量”为 1，设置“投影方式”为“曲线”，勾选“两切削间提刀”复选框，如图 7-39 所示。

设置完后，单击“曲面粗切投影”对话框中的“确定”按钮，系统弹出“串连选项”对话框。选中该对话框中的“窗选”按钮，然后根据系统的提示选取如图 7-40 所示的投影曲线以及搜寻点后按 Enter 键，此时在绘图区会生成如图 7-41 所示的刀具路径。

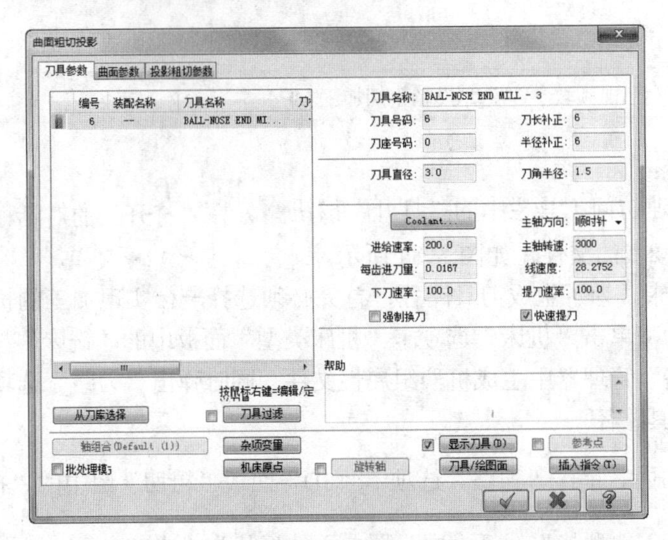

图 7-37 “刀具参数”选项卡

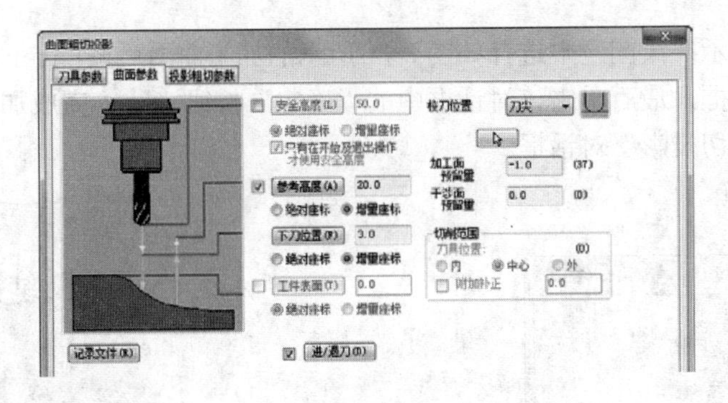

图 7-38 “曲面参数”选项卡

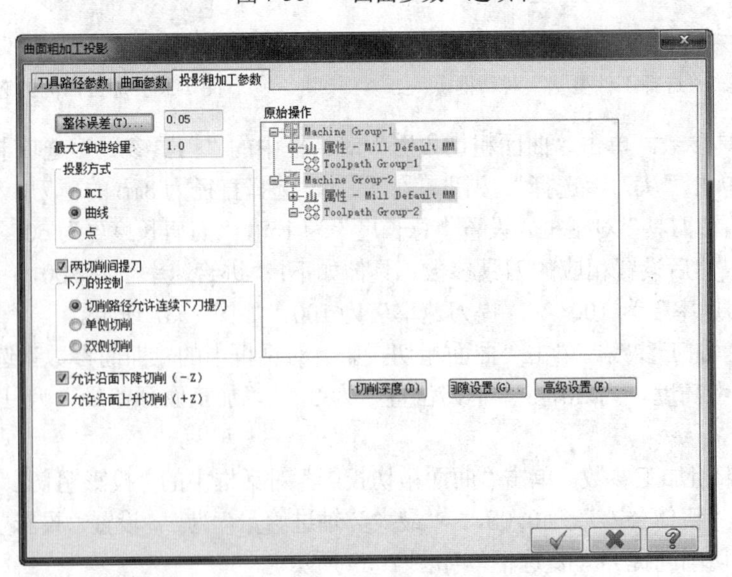

图 7-39 “投影粗切参数”选项卡

04 工件设置。在操作管理区中，单击“属性”下拉菜单中的“素材设置”选项，系统弹出“机床分组属性”对话框；在该对话框中，选择“实体”单选项，然后单击“选择实体”按钮，选择零件实体，然后单击“机床分组属性”对话框中的“确定”按钮。

05 刀具路径验证、加工仿真与后处理

完成刀具路径设置以后，接下来就可以通过刀具路径模拟来观察刀具路径是否设置合适。单击“刀路管理器”中的“验证已选择的操作”按钮，在弹出的“Mastercam 模拟”对话框中单击“播放”按钮，进行真实加工模拟，加工模拟结果如图 7-42 所示。

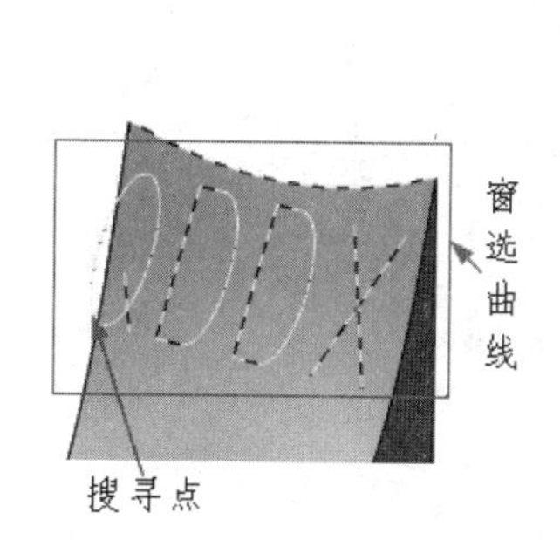

图 7-40　投影曲线的选取

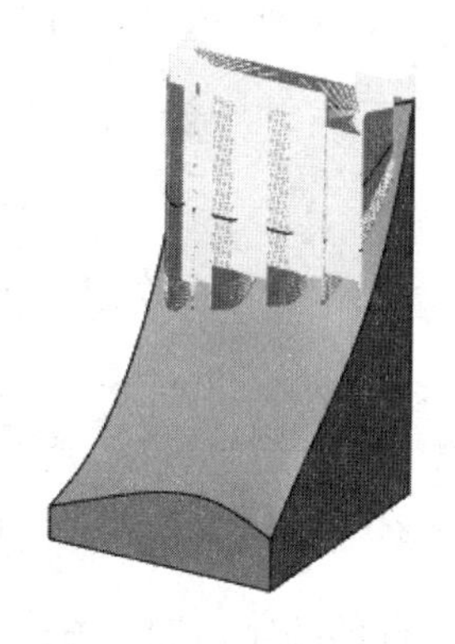

图 7-41　投影粗切刀具路径

图 7-42　刀具路径模拟效果

7.5 流线粗加工

流线粗加工是指依据构成曲面的横向或纵向网格线方向进行加工。由于该方法是顺着曲面的流线方向，且可以控制残留高度（它直接影响加工表面的残留面积，而这正是导致表面粗糙度的主要原因），因而可以获得较好的表面加工质量。该方法常用于曲率半径较大曲面或某些复杂且表面质量要求较高的曲面加工。

7.5.1　设置流线粗加工参数

单击“机床”选项卡“机床类型”面板中的“铣床”按钮，选择默认选项，在“刀路”管理器中生成机群组属性文件，同时弹出“刀路”选项卡。单击“刀路”选项卡“自定义”面板中的“粗切流线加工”按钮，系统会依次弹出“选择工件型状”和“刀路曲面选择”对话框，根据需要设定相应的参数和选择相应的图素后，单击“确定”按钮，此时系统会弹出“曲面粗切流线”对话框，如图 7-43 所示。

该对话框中针对流线加工的参数含义如下：

（1）“切削控制”：刀具在流线方向上切削的进刀量有两种设置方法：一种是在“距离”文本框中直接指定，另一种是按照要求的整体误差进行计算。

（2）“运行过切检查”：选中该复选项，则系统将检查可能出现的过切现象，并自动调整刀具路径以避免过切。如果刀具路径移动量大于设定的整体误差值，则会用自动提刀的方法避免过切。

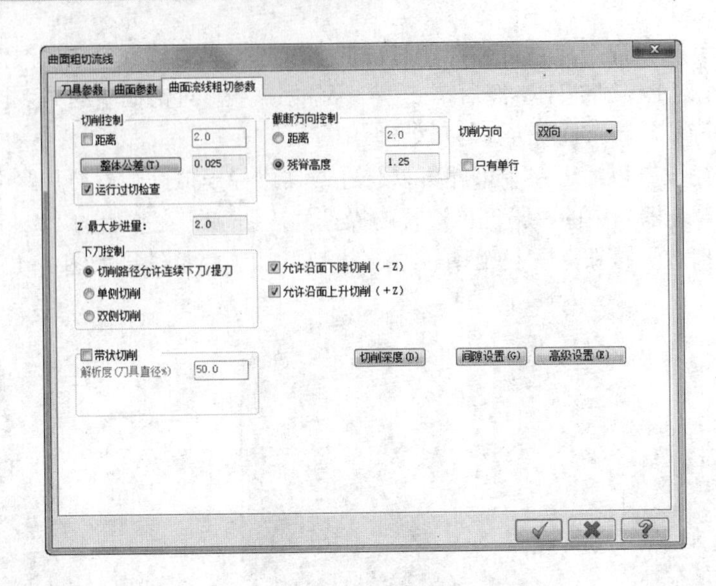

图 7-43 “曲面粗切流线”对话框

(3)“截断方向控制”：横断方向的控制与切削方向控制类似，只不过它控制的是刀具在垂直于切削方向的切削进刀量，它也有两种方法：一种是直接在“距离”文本框中输入一个指定值，作为横断方向的进刀量，另一种是在“残脊高度”文本框中设置刀具的残脊高度，然后由系统自动计算该方向的进刀量。

(4)“只有单行”：在相邻曲面的一行（而不是一个小区域）的上方创建流线加工刀具路径。

7.5.2 流线粗加工实例

对如图 7-44 所示的模型进行粗切流线加工。

网盘\视频教学\第7章\粗切流线加工.avi

操作步骤如下：

01 单击快速访问工具栏中的“打开”按钮，在“打开”的对话框中打开网盘中源文件名为“7.5.2”文件，如图 7-44 所示。

02 选择机床。为了生成刀具路径，首先必须选择一台实现加工的机床，本次加工用系统默认的铣床，单击“机床”选项卡“机床类型”面板中的“铣床”按钮，选择默认选项，在“刀路”管理器中生成机群组属性文件，同时弹出“刀路”选项卡。

03 工件设置。在操作管理区中，单击“素材设置”选项，系统弹出“机床分组属性”对话框；在该对话框中，选择“立方体”单选项，设置素材原点分量 X、Y、Z 分别为（100、0、7.5），设置立方体长度分量 X、Y、Z 分别为（200、60、23），如图 7-45 所示。最后单击“机床分组属性”对话框中的“确定”按钮，完成毛坯的参数设置。

04 创建刀具路径。

❶选择加工曲面。单击“刀路”选项卡“自定义”面板中的“粗切流线加工”按钮，

系统弹出“选择工件型状”对话框，设置曲面的形状为“未定义”，如图7-46所示，并单击“确定”按钮，然后根据系统的提示在绘图区中选择如图7-47所示的加工曲面后按Enter键，系统弹出“刀路曲面选择”对话框，最后单击该对话框中的“确定”按钮，完成加工曲面的选取。

图7-44 流线粗加工模型示意图

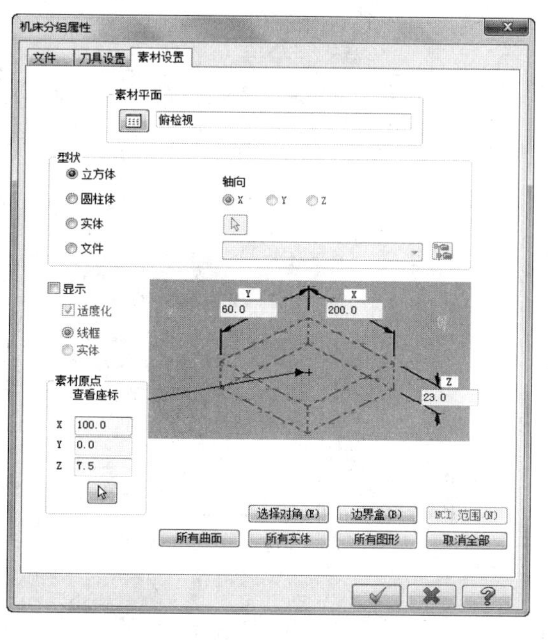

图7-45 “机床分组属性”对话框

图7-46 “选择工件型状”对话框

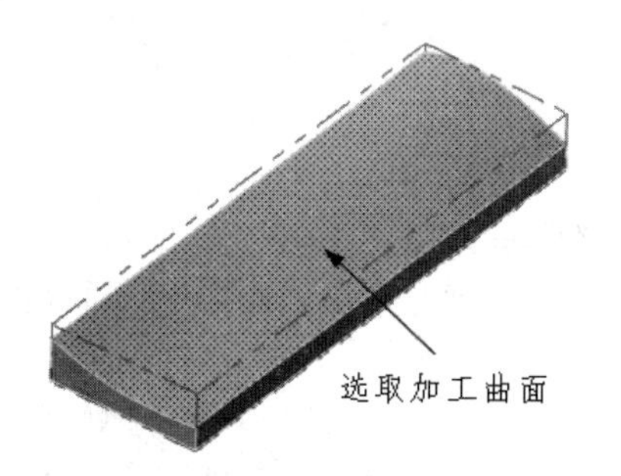

图7-47 加工曲面的选取

❷设置曲面流线参数。单击“刀路曲面选择”对话框中的“流线参数”按钮，系统弹出“曲面流线设置”对话框，如图7-48所示。单击该对话框中的“切削方向”按钮 切削方向 ，调整曲面流线如图7-49所示，然后单击该对话框中的“确定”按钮，完成曲面流线的设置。系统返回“刀路曲面选择”对话框，单击该对话框中的“确定”按钮，系统弹出“曲面粗切流线”对话框。

❸设置刀具参数。单击“曲面粗切流线”对话框中的“刀具参数”选项卡，进入刀具参数设置区。单击“从刀库选择”按钮 从刀库选择 ，选择直径为10mm的球刀，并设置相应的刀具参数，具体如下：“进给速率”为500，“主轴转速”为2000，“下刀速率”为400，“提刀速率”为400，如图7-50所示。

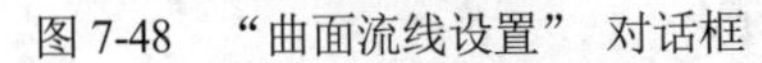

图 7-48 “曲面流线设置” 对话框　　图 7-49 曲面流线设置示意

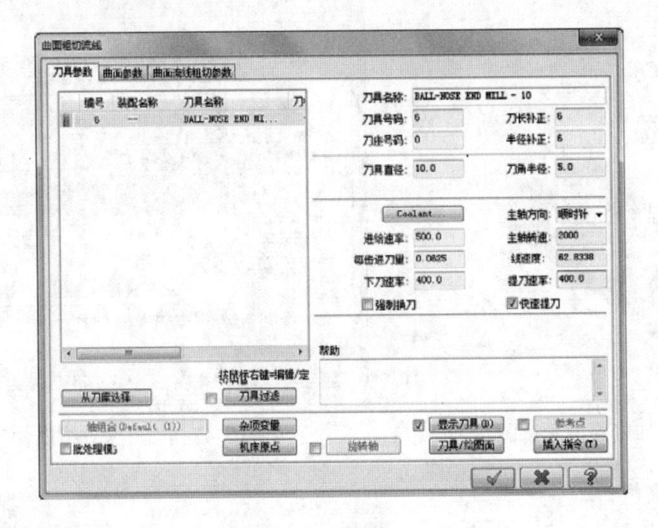

图 7-50 “刀具参数”选项卡

❹设置曲面加工参数。单击“曲面粗切流线”对话框中的“曲面参数”选项卡，设置如下参数：“参考高度”为 10，“下刀位置”为 2，“加工面预留量”为 0.2，如图 7-51 所示。

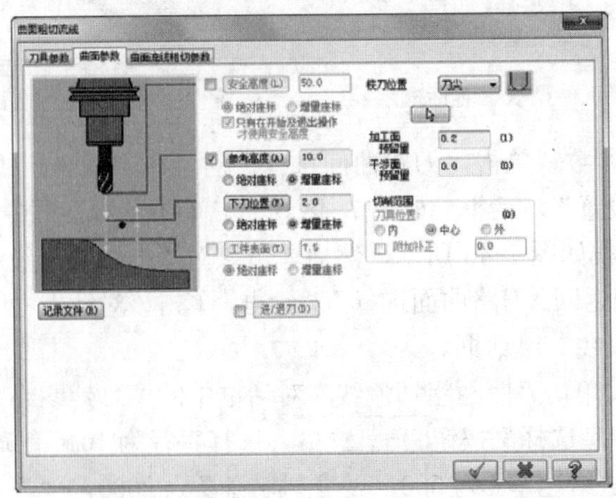

图 7-51 “曲面参数”选项卡

❺设置粗加工平行铣削参数。单击“曲面粗切流线”对话框中的“曲面流线粗切参数”选项卡，设置如下参数：“整体公差”为0.1，“残脊高度”为1.25，“Z 最大步进量”为1.5，勾选“允许沿面下降切削”和“允许沿面上升切削”两个复选框，如图7-52所示。

设置完后，最后单击“曲面粗切流线”对话框中的“确定”按钮✔，系统立即在绘图区生成刀具路径，如图7-53所示。

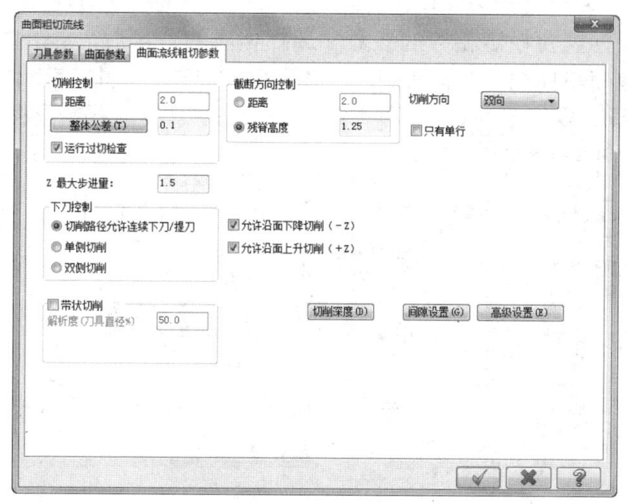

图7-52 “曲面粗切流线”选项卡

05 刀具路径验证、加工仿真与后处理。完成刀具路径设置以后，接下来就可以通过刀具路径模拟来观察刀具路径是否设置合适。单击“刀路管理器”中的“验证已选择的操作”按钮，在弹出的“Mastercam 模拟”对话框中单击“播放”按钮▶，进行真实加工模拟，图7-54所示为加工模拟的效果图。

在确认加工设置无误后，即可以生成NC加工程序了。单击“运行选择的操作进行后处理”按钮G1，设置相应的参数、文件名和保存路径后，就可以生成本刀具路径的加工程序。

图7-53 流线粗切刀路示意图

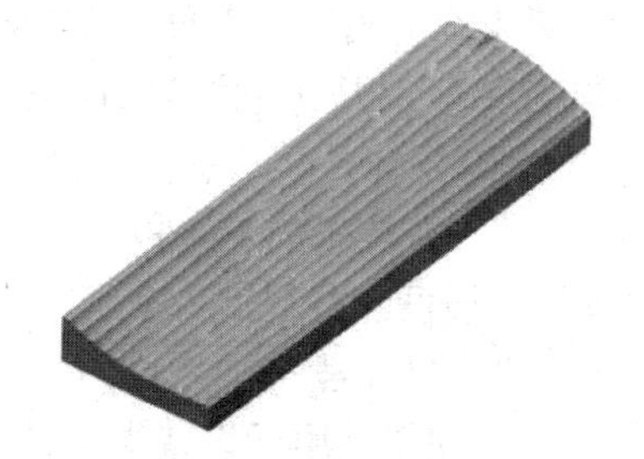

图7-54 刀具路径模拟效果

7.6 等高外形粗加工

等高粗加工顾名思义是将毛坯一层一层的切去，将一层外形铣至要求的形状后，在进行Z方向的进给，加工下一层，直到最后加工完成。

7.6.1 设置等高外形粗加工参数

单击“机床”选项卡“机床类型”面板中的“铣床”按钮，选择默认选项，在“刀路”管理器中生成机群组属性文件，同时弹出“刀路”选项卡。单击“刀路”选项卡“自定义”面板中的“粗切等高外形加工”按钮，选取加工曲面之后，系统会弹出“刀路曲面选择”对话框，根据需要设定相应的参数和选择相应的图素后，单击“确定”按钮，此时系统会弹出“曲面粗切等高”对话框，如图 7-55 所示。该对话框中各选项的含义如下：

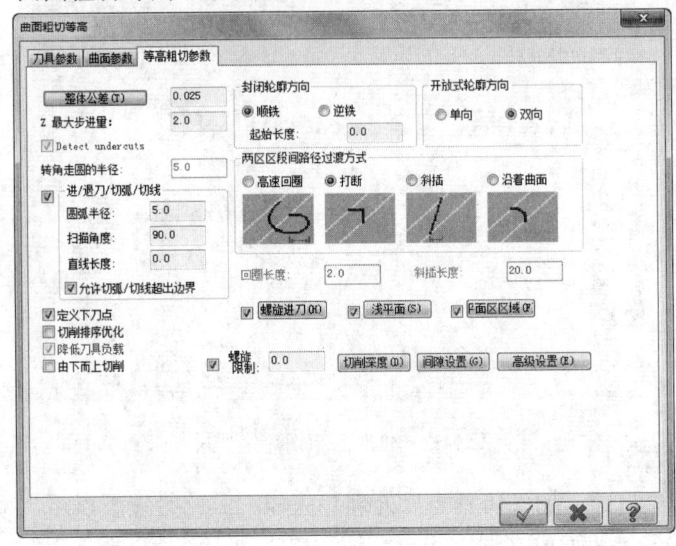

图 7-55 “曲面粗切等高”对话框

(1)“封闭轮廓方向”：用于设置封闭式轮廓外形加工时，加工方式是顺铣还是逆铣。同时“起始长度”文本框还可以设置加工封闭式轮廓的下刀时的起始长度。

(2)“开放式轮廓方向”：加工开放式轮廓时，因为没有封闭，所以加工到边界时刀具就需要转弯以避免在无材料的空间做切削动作，Mastercam 提供了两种动作方式：

1)“单向”：刀具加工到边界后，提刀，快速返回到另一头，再下刀沿着下一条刀具路径进行加工。

2)“双向”：刀具在顺方向和反方向都进行切削，即来回切削。

(3)“两区区段间路径过渡方式”：当要加工的两个曲面相距很近时或一个曲面因某种原因被隔开一个距离时，就需要考虑刀具如何从这个区域过渡到另一个区域。“两区区段间路径过渡方式”选项就是用于设置当刀具移动量小于设定的间隙时，刀具如何从一条路径过渡到另一条路径上。Mastercam 提供了 4 种过渡方式：

1)“高速回圈”：是指刀具以平滑的方式从一条路径过渡到另一条路径上。

2)“打断”：将移动距离分成 Z 方向和 XY 方向两部分来移动，亦即刀具从间隙一边的刀具路径的终点在 Z 方向上上升或下降到间隙另一边的刀具路径的起点高度，然后再从 XY 平面内移动到所处的位置

3)“斜插”：是将刀以直线的方式从一条路径过渡到另一条路径上。

4)“沿着曲面”：是指刀具根据曲面的外形变化趋势，从一条路径过渡到另一条路径上。

当选择高速回圈或斜降过渡方式，则“回圈长度”或“斜插长度”文本框被激活，具体含义可参考对话框中红线标识。

(4)“螺旋进刀”：该功能可以实现螺旋下刀功能，选中“螺旋进刀”复选框并单击其按钮，系统弹出“螺旋下刀参数”对话框，如图 7-56 所示。

(5)“浅平面”：是指曲面上的较为平坦的部分。单击“浅平面加工”按钮，系统弹出“浅平面加工设置”对话框，如图 7-57 所示，利用该对话框可以在等高外形加工中增加或去除浅平面刀具路径，从而保证曲面上浅平面的加工质量。

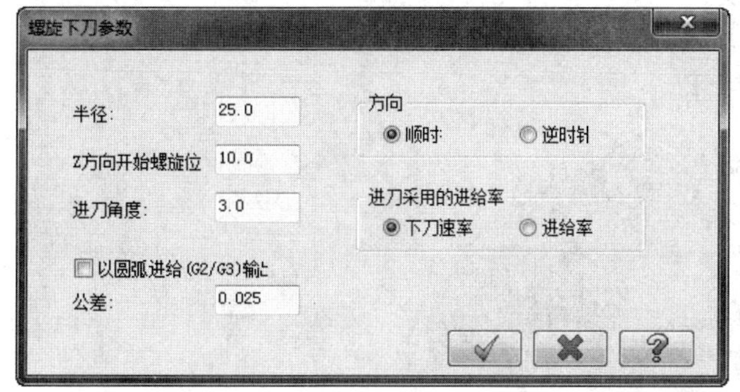
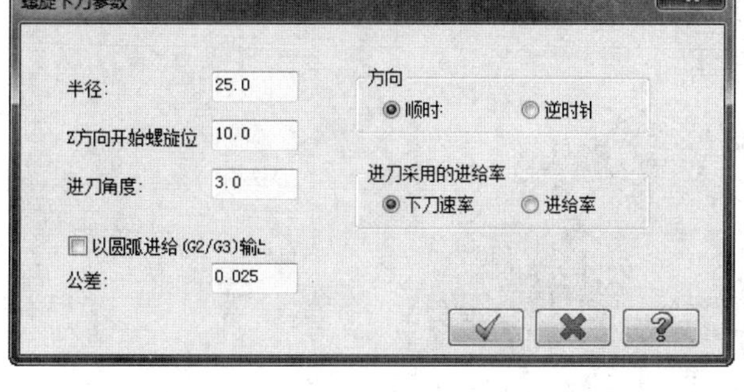

图 7-56 “螺旋下刀参数”对话框

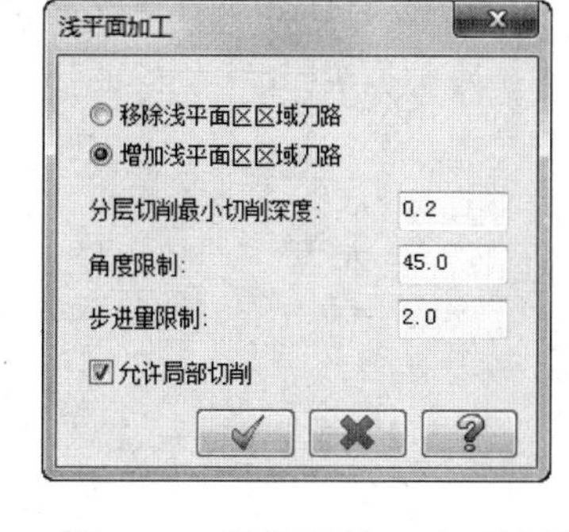

图 7-57 “浅平面加工”对话框

“浅平面加工”对话框中各选项含义如下：

1）“移出浅平面区区域刀路”：复选此项，系统去除曲面浅区域中的道路。

2）“增加浅平面区区域刀路”：复选此项，系统将根据设置在曲面浅区域中增加道路。

3）“分层切削最小切削深度”：该输入框中设置限制刀具 Z 向移动的最小值。

4）“角度限制”：在此输入框中定义曲面浅区域的角度（默认值 45°）。系统去除或增加从 0° 到该设定角度之间曲面浅区域中的刀路。

5）“步进量限制”：该输入框中的值在向曲面浅区域增加刀路时，作为刀具的最小进刀量；去除曲面浅区域的刀路时，作为刀具的最大进刀量。如果输入 0，曲面的所有区域都被视为曲面浅区域，此值与加工角度极限相关联，二者设置一个即可。

6）“允许局部切削”：该复选框与“移出浅平面区区域刀路”和“增加浅平面区区域刀路”复选框配合使用，如图 7-57 所示。复选此项，则在曲面浅区域中增加刀路时，不产生封闭的等 Z 值切削。不选此复选项，曲面浅区域中增加刀路时，可产生封闭的等 Z 值切削。

(6)“平面区区域”：单击“平面区区域”按钮，系统弹出“平面区区域加工设置”对话框，如图 7-58 所示。选择 3D 方式时，则切削间距为刀具路径在二维平面的投影。

(7)“螺旋限制”：螺旋限制功能可以将一系列的等高切削转换为螺旋斜坡切削，从而消除切削层之间移动带来的刀痕，对于陡斜壁加工效果尤为明显。

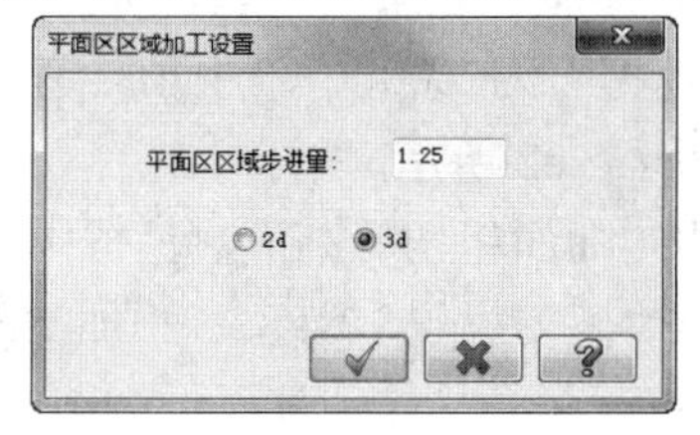

图 7-58 平面区区域加工设置对话框

7.6.2　粗切等高外形加工实例

对如图 7-59 所示的模型进行粗切等高外形加工。

网盘\视频教学\第7章\粗切等高外形加工.MP4

操作步骤如下：

01 单击快速访问工具栏中的“打开”按钮，在“打开”的对话框中打开网盘中源文件名为“7.6.2”文件，如图 7-59 所示。

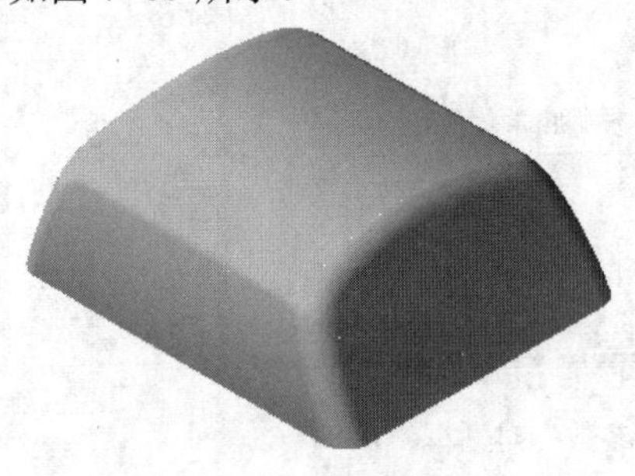

图 7-59　粗切等高外形加工模型示意图

02 选择机床。为了生成刀具路径，首先必须选择一台实现加工的机床，本次加工用系统默认的铣床，单击“机床”选项卡“机床类型”面板中的“铣床”按钮，选择默认选项，在“刀路”管理器中生成机群组属性文件，同时弹出“刀路”选项卡。

03 工件设置。在操作管理区中，单击“素材设置”选项，系统弹出“机床分组属性”对话框；在该对话框中，选择“立方体”单选项，设置素材原点分量 X、Y、Z 分别为（0、0、0），设置立方体长度分量 X、Y、Z 分别为（95、80、33），如图 7-60 所示。最后单击“机床分组属性”对话框中的“确定”按钮，完成毛坯的参数设置。

04 创建刀具路径

❶选择加工曲面。单击“刀路”选项卡“自定义”面板中的“粗切等高外形加工”按钮。

根据系统的提示在绘图区中选择如图7-61所示的加工曲面后按Enter键，系统弹出“刀路曲面选择”对话框，最后单击该对话框中的“确定”按钮，完成加工曲面的选取，系统弹出“曲面粗切等高”对话框。

❷设置刀具参数。单击“曲面粗切等高”对话框中的“刀具参数”选项卡，进入刀具参数设置区。单击“从刀库选择”按钮 从刀库选择 ，选择直径为 10mm 的球刀，并设置相应的刀具参数，具体如下：“进给速率”为 500，　“主轴转速”为 2000，　“下刀速率”为 400，　“提刀速率”为 400，如图 7-62 所示。

❸设置曲面加工参数。单击“曲面粗切等高”对话框中的“曲面参数”选项卡，设置如下参数：“参考高度”为 10，　“下刀位置”为 3，　“加工面预留量”为 0.5，如图 7-63 所示。

❹设置曲面粗加工等高外形参数。单击“曲面粗切等高”对话框中的“等高粗切参数”

选项卡，设置如下参数："整体公差"为0.1，"Z 最大步进量"为3，如图7-64所示。

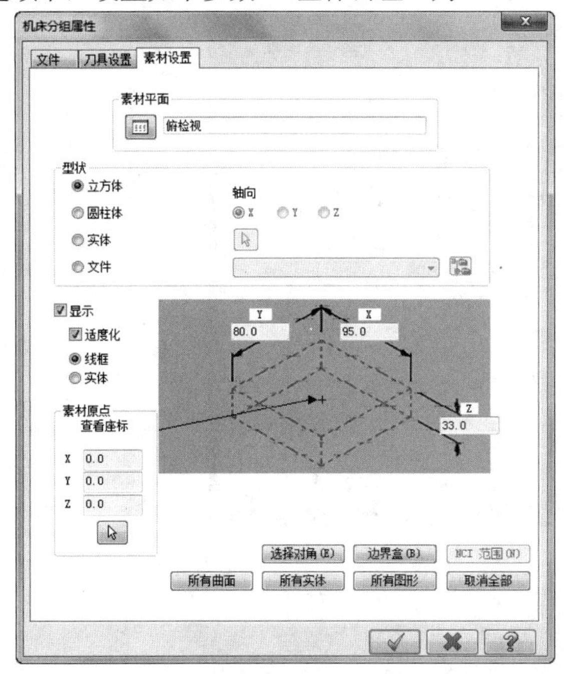

图7-60 "机床分组属性"对话框

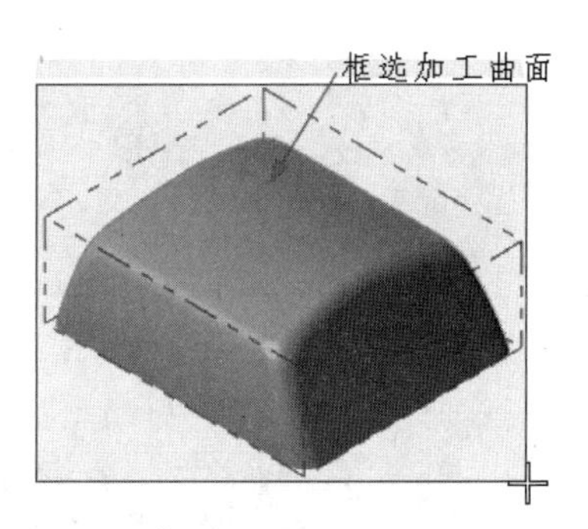

图7-61 加工曲面的选取

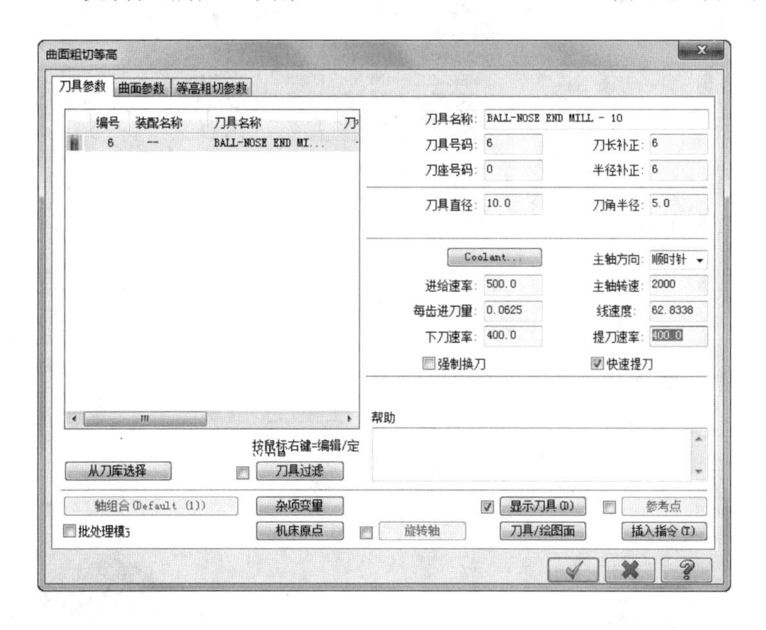

图7-62 "刀具参数"选项卡

设置完后，最后单击"曲面粗切等高"对话框中的"确定"按钮，系统立即在绘图区生成刀具路径，如图7-65所示。

05 刀具路径验证、加工仿真与后处理。完成刀具路径设置以后，接下来就可以通过刀具路径模拟来观察刀具路径是否设置合适。单击"刀路管理器"中的"验证已选择的操作"按钮，在弹出的"Mastercam模拟"对话框中单击"播放"按钮，进行真实加工模拟，图 7-66 所示为加工模拟的效果图。

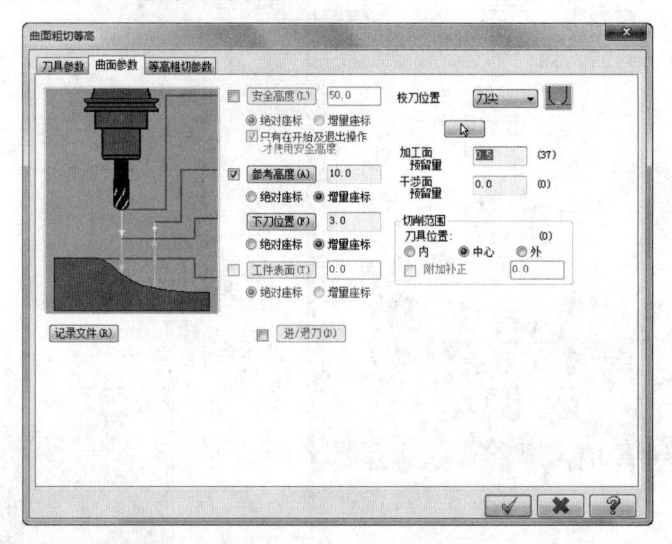

图 7-63 “曲面参数”选项卡

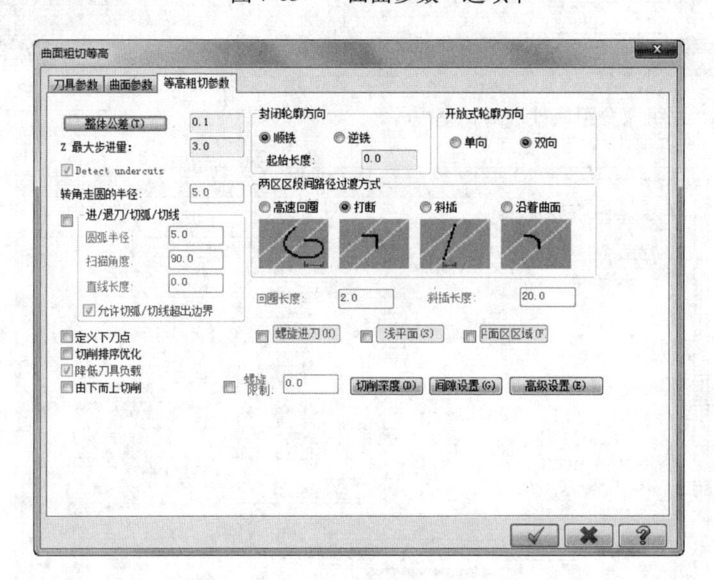

图 7-64 “等高粗切参数”选项卡

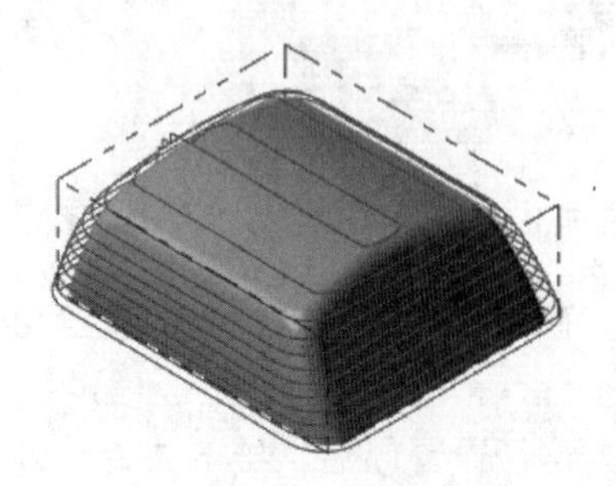

图 7-65 多曲面五轴加工刀具路径示意图

图 7-66 刀具路径模拟效果

在确认加工设置无误后，即可以生成NC加工程序了。单击“运行选择的操作进行后处理”按钮G1，设置相应的参数、文件名和保存路径后，就可以生成本刀具路径的加工程序。

7.7 残料粗加工

一般在粗加工后，往往会留下一些没有加工到的地方，对这些地方的加工被称作残料加工。

7.7.1 设置残料粗加工参数

单击“机床”选项卡“机床类型”面板中的“铣床”按钮，选择默认选项，在“刀路”管理器中生成机群组属性文件，同时弹出“刀路”选项卡。单击“刀路”选项卡“自定义”面板中的“粗切残料加工”按钮，选取加工曲面之后，系统会弹出“刀路曲面选择”对话框，根据需要设定相应的参数和选择相应的图素后，单击“确定”按钮，此时系统会弹出“曲面残料粗切”对话框。除了定义残料粗加工特有参数外，还需通过如图7-67所示的“剩余素材参数”选项卡来定义残余材料参数。该选项卡各选项含义如下：

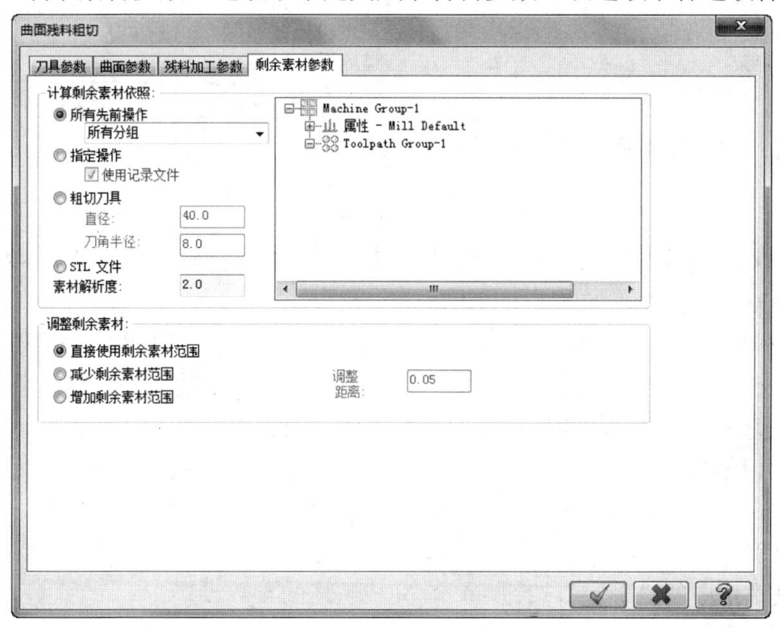

图7-67 “剩余素材参数”选项卡

（1）“计算剩余素材依照”：用于设置计算残料粗加工中需清除的材料的方式，Mastercam提高了4种计算残余材料的方法：

1)“所有先前操作”：将前面各加工模组不能切削的区域作为残料粗加工需切削的区域。

2)“指定操作”：将某一个加工模组不能切削的区域作为残料粗加工需切削的区域。

3)“粗切刀具”：根据刀具直径和刀角半径来计算出残料粗加工需切削的区域。

4)“STL文件”：使用该选项，则用户可以指定一个STL文件作为残余材料的计算来源。同时材料的解析度还可以设置残料粗加工的误差值。

（2）调整剩余素材：用于放大或缩小定义的残料粗加工区域。包括以下 3 种方式：

1）“直接使用剩余素材范围”：不改变定义的残料粗加工区域。

2）“减少剩余素材范围”：允许残余小的尖角材料通过后面的精加工来清除，这种方式可以提高加工速度。

3）“增加剩余素材范围”：在残料粗加工中需清除小的尖角材料。

7.7.2　残料粗加工实例

对如图 7-68 所示的模型进行粗切残料加工。

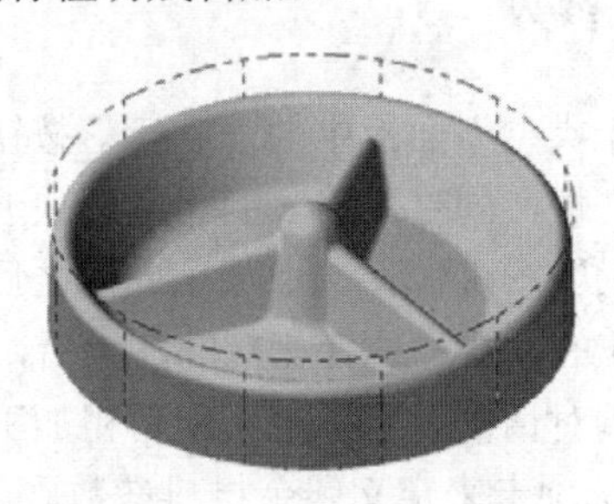

图 7-68　粗切残料加工模型示意图

网盘\视频教学\第7章\粗切残料加工.MP4

操作步骤如下：

01 单击快速访问工具栏中的“打开”按钮，在“打开”的对话框中打开网盘中源文件名为“7.7.2”文件，如图 7-68 所示。

02 选择机床。为了生成刀具路径，首先必须选择一台实现加工的机床，本次加工用系统默认的铣床，单击“机床”选项卡“机床类型”面板中的“铣床”按钮，选择默认选项，在“刀路”管理器中生成机群组属性文件，同时弹出“刀路”选项卡。

03 工件设置。在操作管理区中，单击“素材设置”选项，系统弹出“机床分组属性”对话框；在该对话框中，选择“圆柱体”单选项，轴向设置为“Z”，设置素材原点分量 X、Y、Z 分别为（0、0、0），设置圆柱体高度和直径分别为 40 和 160。最后单击“机床分组属性”对话框中的“确定”按钮，完成毛坯的参数设置。

04 创建刀具路径。

❶选择加工曲面。单击“刀路”选项卡“自定义”面板中的“粗切残料加工”按钮。

根据系统的提示在绘图区中窗选如图 7-69 所示的加工曲面后按 Enter 键，系统弹出“刀路曲面选择”对话框；单击该对话框“切削范围”栏中的“选择”按钮，然后根据系统的提示在绘图区中选取如图 7-70 所示的串连图素并按 Enter 键，系统返回“刀路曲面选择”对话框，最后单击该对话框中的“确定”按钮，完成加工曲面的选取，系统弹出“曲面残料粗切”对话框。

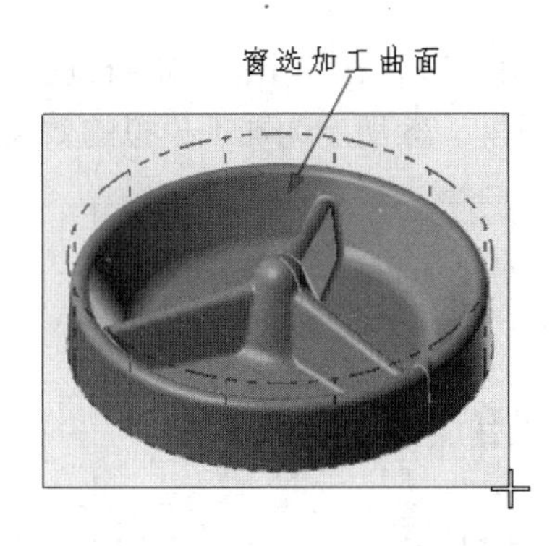

图 7-69　加工曲面的选取

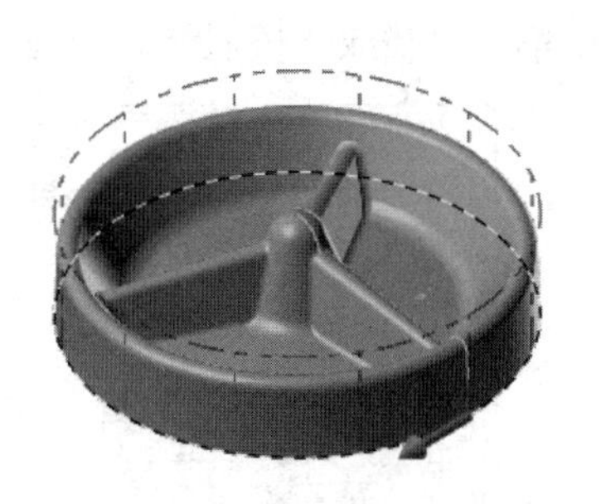

图 7-70　设置切削范围

❷设置刀具参数。单击“曲面残料粗切”对话框中的“刀具参数”选项卡，进入刀具参数设置区。单击“从刀库选择”按钮从刀库选择，选择直径为 10mm 的平刀，并设置相应的刀具参数，具体如下：“进给速率”为 500，　“主轴转速”为 2000，　“下刀速率”为 400，　“提刀速率”为 400，如图 7-71 所示。

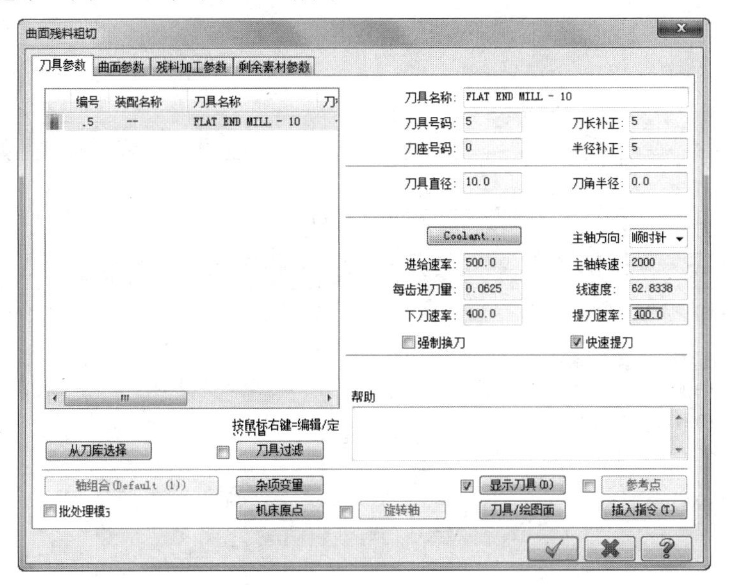

图 7-71　“刀具参数”选项卡

❸设置曲面加工参数。单击“曲面残料粗切”对话框中的“曲面参数”选项卡，设置如下参数：“参考高度”为 10，　“下刀位置”为 3，　“加工面预留量”为 0，如图 7-72 所示。

❹设置残料加工参数。单击“曲面残料粗切”对话框中的“残料加工参数”选项卡，设置如下参数：“整体公差”为 0.05，　“Z 最大步进量”为 2，勾选“切削排序优化”和“降低刀具负载”两个复选框，如图 7-73 所示。

设置完后，最后单击“曲面残料粗切”对话框中的“确定”按钮✔，系统立即在绘图区生成刀具路径，如图 7-74 所示。

05 刀具路径验证、加工仿真与后处理。

完成刀具路径设置以后，接下来就可以通过刀具路径模拟来观察刀具路径是否设置合适。单击“刀路管理器”中的“验证已选择的操作”按钮，在弹出的“Mastercam 模拟”对话框中单击“播放”按钮，进行真实加工模拟，图 7-75 所示为加工模拟的效果图。

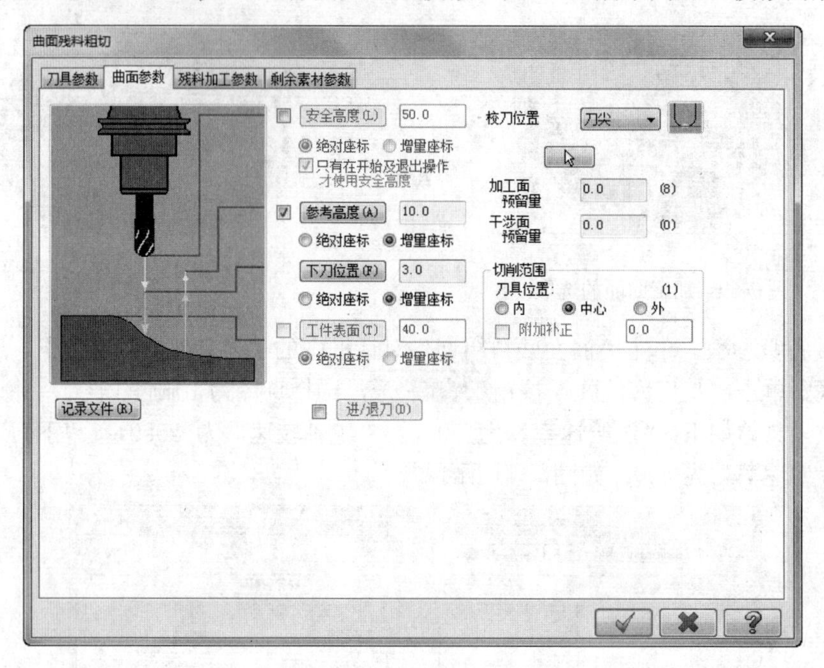

图 7-72　“曲面参数”选项卡

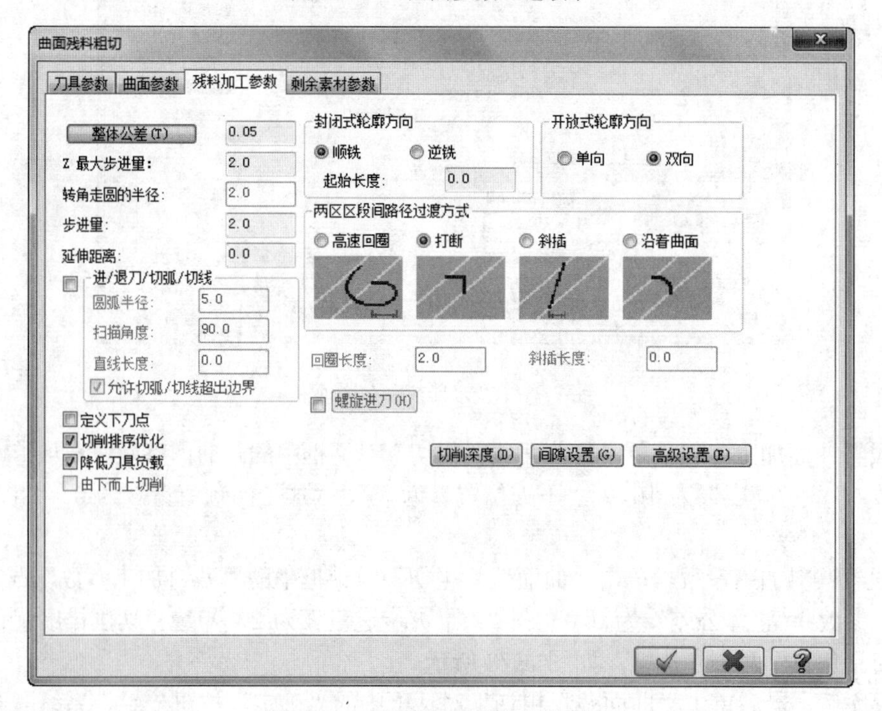

图 7-73　“残料加工参数”选项卡

在确认加工设置无误后，即可以生成 NC 加工程序了。单击“运行选择的操作进行后处理”按钮，设置相应的参数、文件名和保存路径后，就可以生成本刀具路径的加工程序。

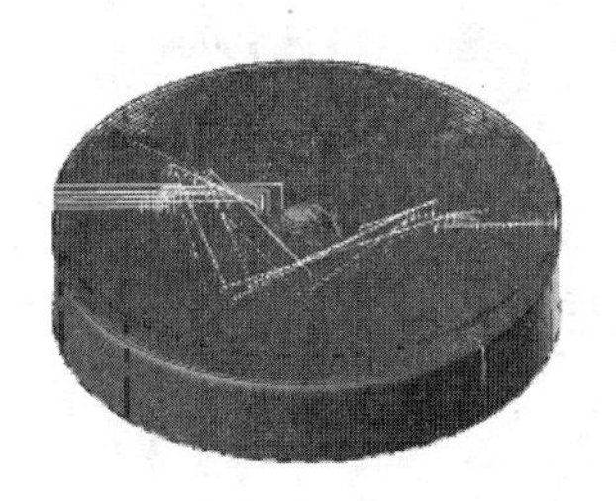
图 7-74　多曲面五轴加工刀具路径示意图

图 7-75　刀具路径模拟效果

7.8 挖槽粗加工

挖槽加工可以根据曲面的形态（凸面或凹面）自动选取不同的刀具运动轨迹来去除材料，如图 7-76 所示。它主要用来对凹槽曲面进行加工，加工质量不太高，如果是加工凸面，还需要创建一个切削的边界。

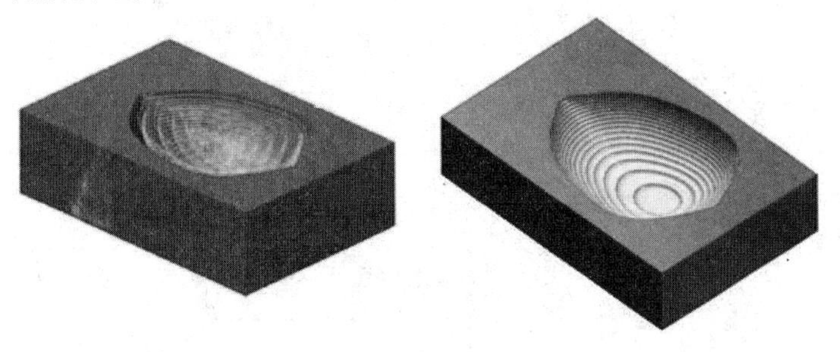
图 7-76　挖槽粗加工示意图

7.8.1　设置挖槽粗加工参数

单击“机床”选项卡“机床类型”面板中的“铣床”按钮，选择默认选项，在“刀路”管理器中生成机群组属性文件，同时弹出“刀路”选项卡。单击“刀路”选项卡“3D”面板“粗切”组中的“挖槽”按钮，选取加工曲面之后，系统会弹出“刀路曲面选择”对话框，根据需要设定相应的参数和选择相应的图素后，单击“确定”按钮，此时系统会弹出“曲面粗切挖槽”对话框，如图 7-77 所示，该对话框的内容和第 6 章介绍的二维挖槽参数基本相同，所增加的几个参数在前面也已经进行了介绍，读者可以参考相关的内容。

“曲面粗切挖槽”对话框中各选项含义如下：

（1）“进刀选项”：此项是用来设置刀具的进刀方式，分别如下：

1）“指定进刀点”：系统在加工曲面前，以指定的点作为切入点。

2）“由切削范围外下刀”：选择此项，刀具将从指定边界以外下刀。

3）“下刀位置对齐起始孔”：表示下刀位置会跟随起始孔排序而定位。

（2）“铣平面”：复选此项，将根据图 7-78 所示对话框中设置的参数加工平面，此对话框中的参数读者可以设置不同的参数，通过模拟来理解它们的意义。

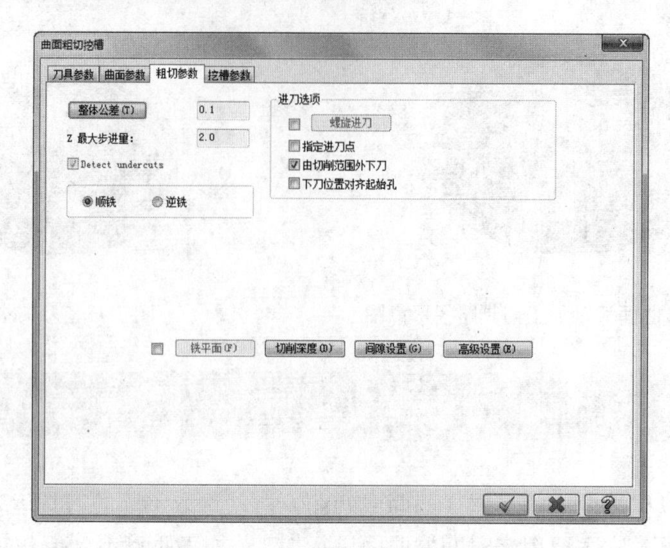

图 7-77 “曲面粗切挖槽”对话框

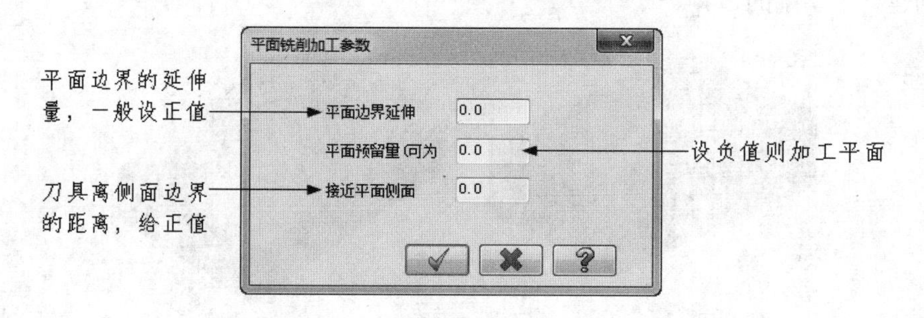

图 7-78 “平面铣削加工参数”对话框

单击“曲面粗切挖槽”对话框中的“挖槽参数”选项卡，系统切换到“挖槽参数”对话框，如图 7-79 所示。对话框中的部分参数说明如下：

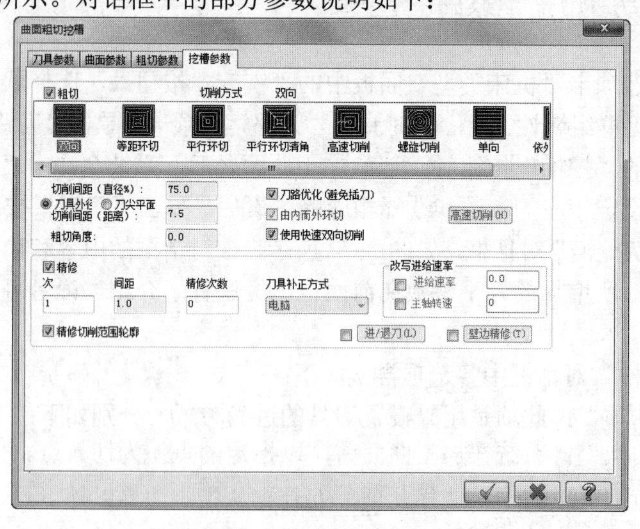

图 7-79 “挖槽参数”选项卡

“切削方式”：系统为挖槽粗加工提供了 8 种走刀方式，选择任意一种对话框中相应的参数就会被激活。例如选择“双向”则对话框中的“粗切角度”输入栏就会被激活，用户可以输入角度值，此值代表切削方向与X向的角度。对话框中其他参数都比较直观，前面已有介绍。

7.8.2 挖槽粗加工实例

对如图7-81所示的模型进行挖槽粗加工。

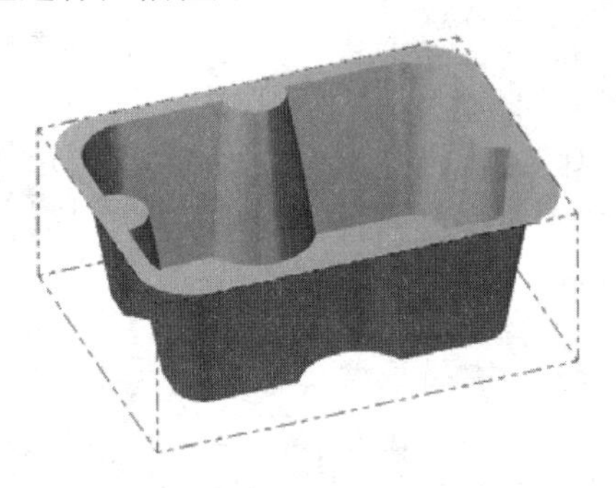

图7-80 挖槽粗加工模型示意图

网盘\视频教学\第7章\挖槽粗加工.MP4

操作步骤如下：

01 单击快速访问工具栏中的“打开”按钮，在“打开”的对话框中打开网盘中源文件名为“7.8.2”文件，如图7-80所示。

02 选择机床。为了生成刀具路径，首先必须选择一台实现加工的机床，本次加工用系统默认的铣床，单击“机床”选项卡“机床类型”面板中的“铣床”按钮，选择默认选项，在“刀路”管理器中生成机群组属性文件，同时弹出“刀路”选项卡。

03 工件设置。在操作管理区中，单击“素材设置”选项，系统弹出“机床分组属性”对话框；在该对话框中，设置工件材料的形状为“立方体”单选项，设置素材原点分量X、Y、Z分别为（55、41、43），设置矩形长度分量X、Y、Z分别为（110、82、43），如图7-81所示。最后单击“机床分组属性”对话框中的“确定”按钮，完成毛坯的参数设置。

04 创建刀具路径。

❶选择加工曲面。单击“刀路”选项卡“3D”面板“粗切”组中的“挖槽”按钮，根据系统的提示在绘图区中选择如图7-82所示的加工曲面后按Enter键，系统弹出“刀路曲面选择”对话框，最后单击该对话框中的“确定”按钮，完成加工曲面的选取。

❷设置刀具参数。单击“曲面粗切挖槽”对话框中的“刀具参数”选项卡，进入刀具参数设置区。单击“从刀库选择”按钮 从刀库选择 ，选择直径为14mm的平刀，并设置相应的刀具参数，具体如下：“进给速率”为800，“主轴转速”为1500，“下刀速率”为500，“提刀速率”为500，如图7-83所示。

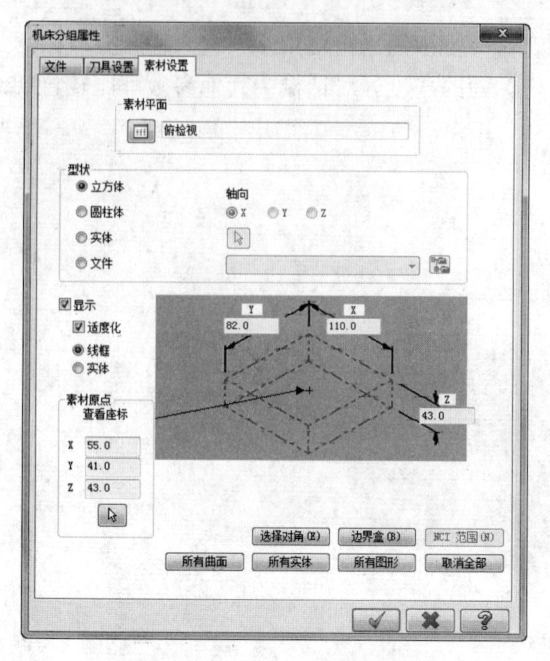

图 7-81 “机床分组属性”对话框

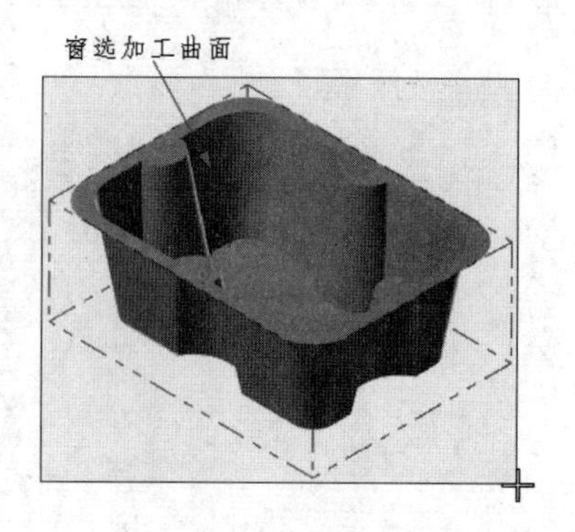

图 7-82 加工曲面的选取

❸设置曲面加工参数。单击“曲面粗切挖槽”对话框中的“曲面参数”选项卡，设置如下参数：“参考高度”为 10，“下刀位置”为 3，“加工面预留量”为 0.5，如图 7-84 所示。

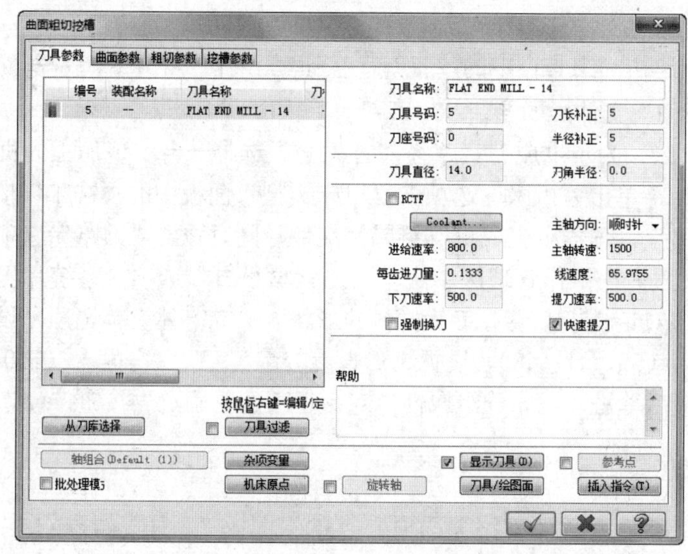

图 7-83 “刀具参数”选项卡

❹设置粗加工参数。单击“曲面粗切挖槽”对话框中的“粗切参数”选项卡，设置如下参数：“整体公差”为 0.01，“进刀选项”为“螺旋进刀”，“Z 最大步进量”为 1，如图 7-85 所示。

❺设置挖槽参数。单击“曲面粗切挖槽”对话框中的“挖槽参数”选项卡，设置如下参数：“切削方式”为“双向”，勾选“精修”复选框，其他设置如图 7-86 所示。

设置完后，最后单击“曲面粗切挖槽”对话框中的“确定”按钮，系统立即在绘图区生成刀具路径，如图7-87所示。

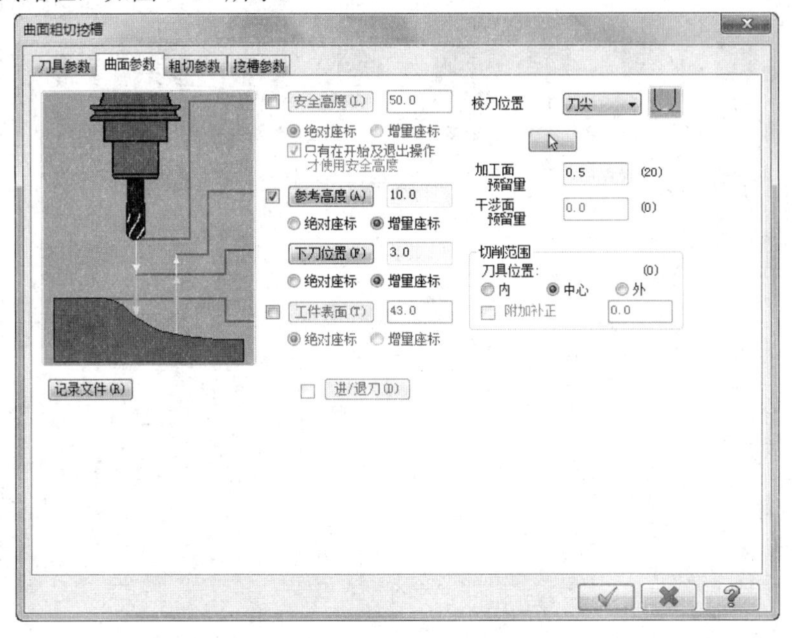

图7-84 “曲面参数”选项卡

05 刀具路径验证、加工仿真与后处理。完成刀具路径设置以后，接下来就可以通过刀具路径模拟来观察刀具路径是否设置合适。单击“刀路管理器”中的“验证已选择的操作”按钮，在弹出的“Mastercam模拟”对话框中单击“播放”按钮，进行真实加工模拟，图7-88所示为加工模拟的效果图。

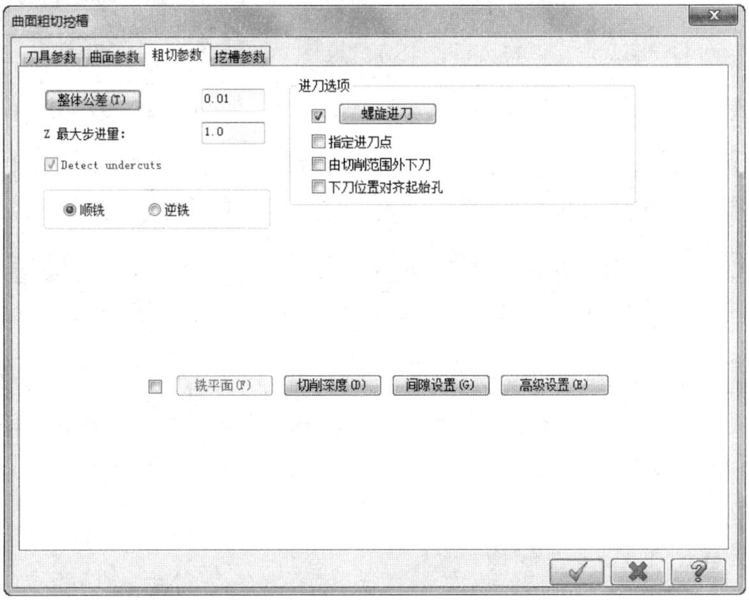

图7-85 “粗切参数”选项卡

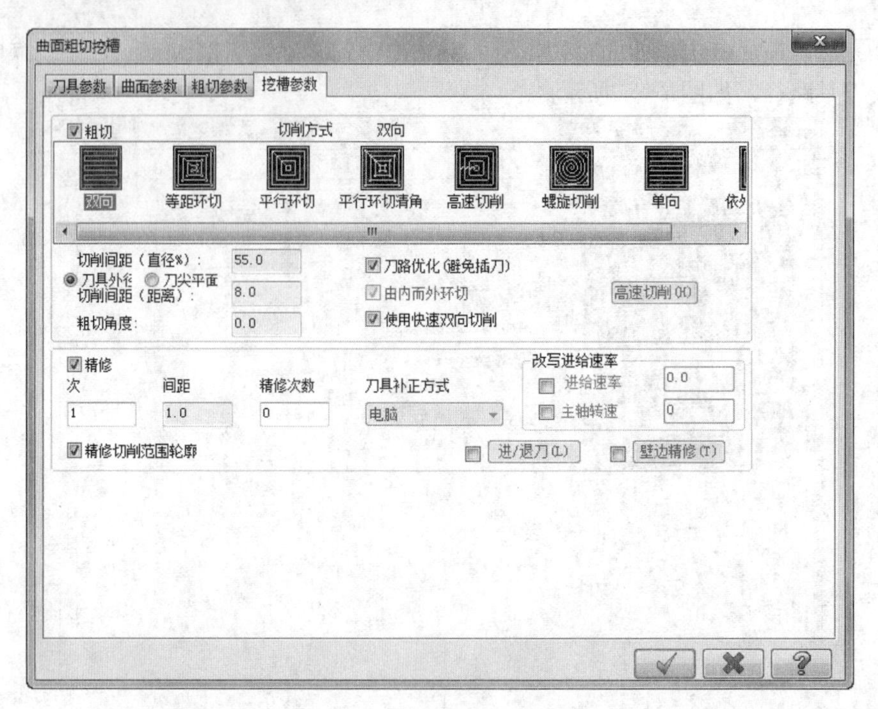

图 7-86　“挖槽参数”选项卡

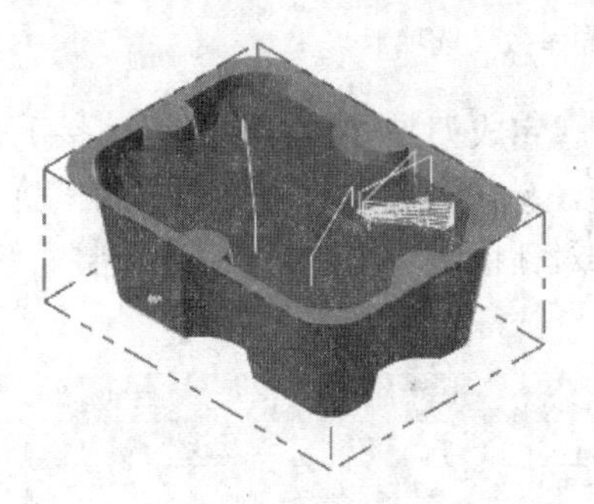

图 7-87　挖槽粗加工刀具路径示意图

图 7-88　刀具路径模拟效果

在确认加工设置无误后，即可以生成 NC 加工程序了。单击“运行选择的操作进行后处理”按钮G1，设置相应的参数、文件名和保存路径后，就可以生成本刀具路径的加工程序。

7.9　降速钻削式加工

如果选择的坯料是块料，且与零件的形状相差较大时，意味着要去掉很多的材料，为此可以考虑用刀具连续的在毛坯上采用类似钻孔的方式来去除材料。这种方法的加工特点就是速度快，但并不是所有的机床都支持，因为它对刀具和机床的要求也比较高。

7.9.1　设置钻削式加工参数

单击“机床”选项卡“机床类型”面板中的“铣床”按钮，选择默认选项，在“刀路”管理器中生成机群组属性文件，同时弹出“刀路”选项卡。单击“刀路”选项卡“3D”

面板“粗切”组中的“钻削式”按钮，选取加工曲面之后，系统弹出“刀路曲面选择”对话框，根据需要设定相应的参数和选择相应的图素后，单击“确定”按钮，此时系统会弹出“曲面粗切钻削”对话框，如图 7-89 所示。下面对“下刀路径”选项解释如下：

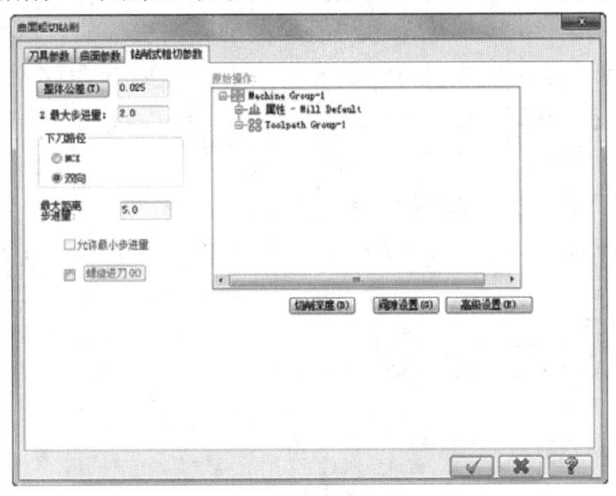

图 7-89　“曲面粗切钻削”对话框

（1）“NCI”：是指用其他加工方法产生的 NCI 文件（如挖槽加工，其中已有刀具的运动轨迹记录）来获取钻削式加工的刀具路径轨迹。值得注意的是，必须针对同一个表面或同一个区域的加工才行。

（2）“双向”：刀具的下降深度由要加工的曲面控制，在顺着加工区域的形状来回往复运动，刀具在水平方向进给距离由用户在“最大距离步进量”文本框中指定。

7.9.2　降速钻削式加工实例

对如图 7-90 所示的模型进行降速钻削加工。

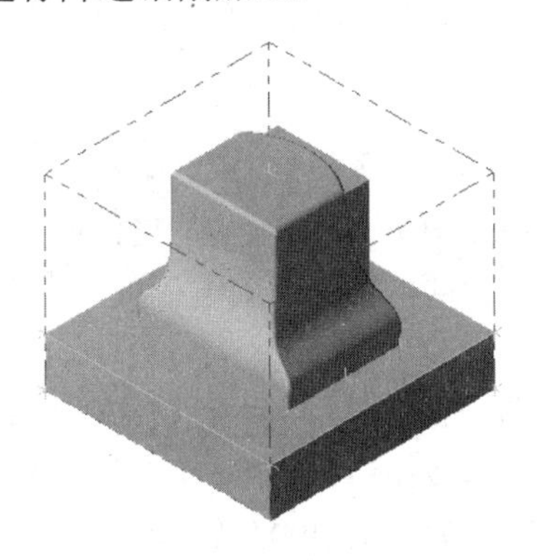

图 7-90　降速钻削加工模型示意图

网盘\视频教学\第7章\钻削式加工.MP4

操作步骤如下：

01 单击快速访问工具栏中的“打开”按钮，在“打开”的对话框中打开网盘中源文件名为“7.9.2”文件，如图 7-90 所示。

02 选择机床。为了生成刀具路径，首先必须选择一台实现加工的机床，本次加工用系统默认的铣床，单击“机床”选项卡“机床类型”面板中的“铣床”按钮，选择默认选项，在“刀路”管理器中生成机群组属性文件，同时弹出“刀路”选项卡。

03 工件设置。在操作管理区中，单击“素材设置”选项，系统弹出“机床分组属性”对话框；在该对话框中，设置工件材料的形状为“立方体”单选项，设置素材原点分量 X、Y、Z 分别为（0、0、0），设置立方体长度分量 X、Y、Z 分别为（70、70、58），如图 7-91 所示。最后单击“机床分组属性”对话框中的“确定”按钮，完成毛坯的参数设置。

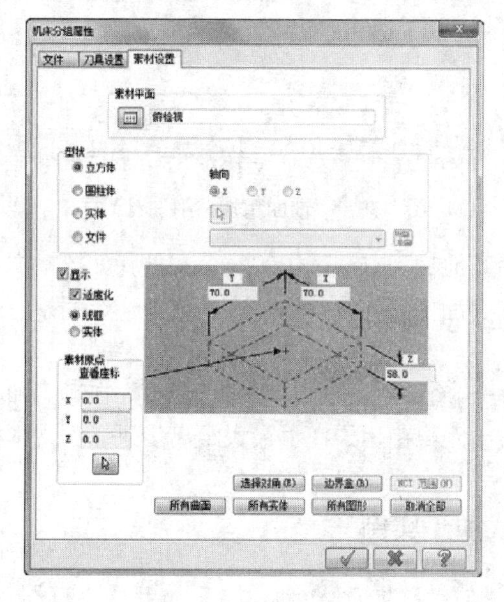

图 7-91 “机床分组属性”对话框

04 创建刀具路径。

❶选择加工曲面。单击“刀路”选项卡“3D”面板“粗切”组中的“钻削式”按钮，根据系统的提示在绘图区中选择如图 7-92 所示的加工曲面后按 Enter 键，系统弹出“刀路曲面选择”对话框，最后单击该对话框中的“确定”按钮，完成加工曲面的选取，弹出“曲面粗切钻削”对话框。

❷设置刀具参数。单击“曲面粗切钻削”对话框中的“刀具参数”选项卡，进入刀具参数设置区。单击“从刀库选择”按钮 从刀库选择 ，选择直径为 10mm 的钻孔刀，并设置相应的刀具参数，具体如下：“进给速率”为 400，“主轴转速”为 2000，“下刀速率”为 300，“提刀速率”为 300，如图 7-93 所示。

❸设置曲面加工参数。单击“曲面粗切钻削”对话框中的“曲面参数”选项卡，设置如下参数：“参考高度”为 20，“下刀位置”为 3，“加工面预留量”为 0.5，如图 7-94 所示。

❹设置钻削式粗加工参数。单击“曲面粗切钻削”对话框中的“钻削式粗切参数”选项卡，设置如下参数：“整体公差”为 0.05，“Z 最大步进量”为 5，“下刀路径”为“双向”，

“最大距离步进量”为5，如图7-95所示。

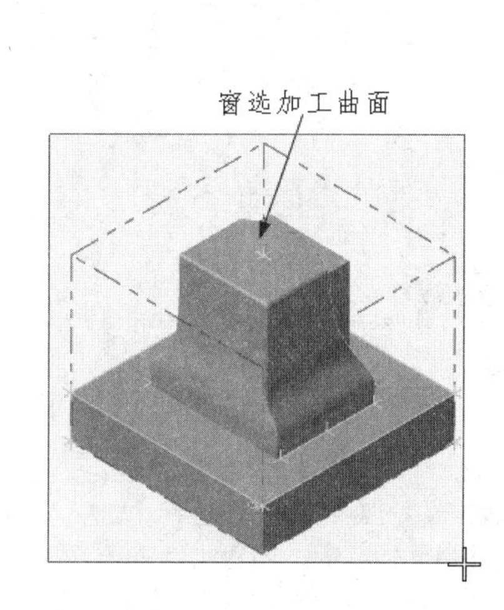

图7-92 加工曲面的选取

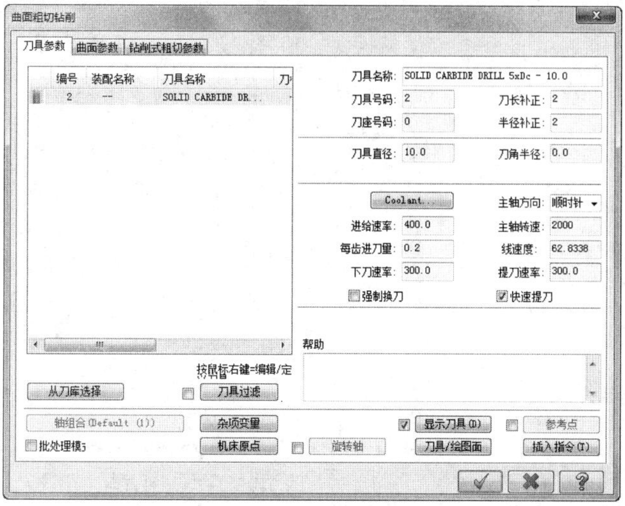

图7-93 “刀具参数”选项卡

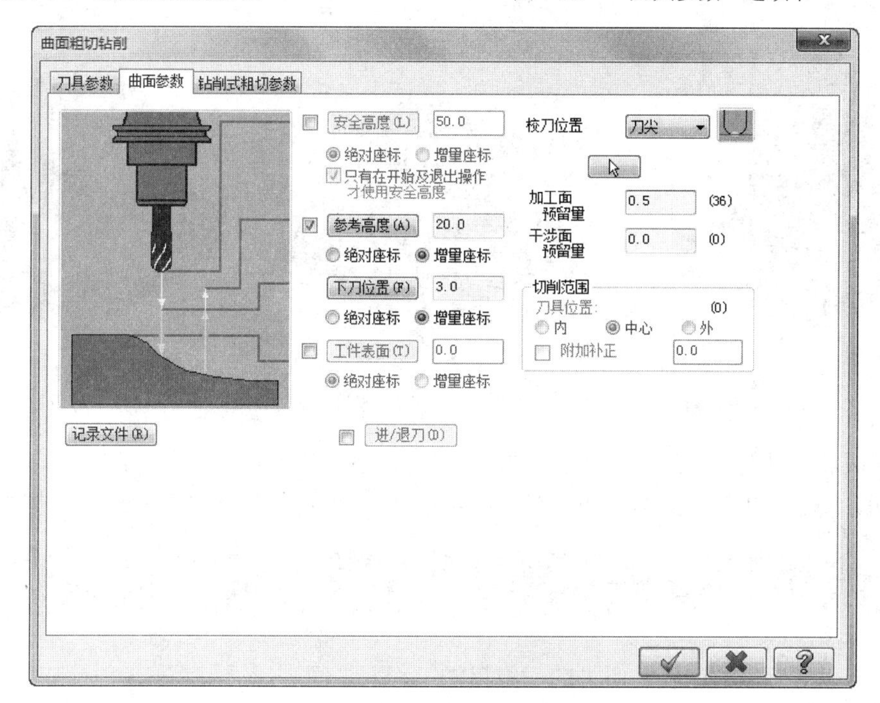

图7-94 “曲面参数”选项卡

设置完后，最后单击“曲面粗切钻削”对话框中的“确定”按钮，根据系统的提示在绘图区中选择如图7-96所示的P1、P2两点后，系统在绘图区生成如图7-97所示的刀具路径。

05 刀具路径验证、加工仿真与后处理。完成刀具路径设置以后，接下来就可以通过刀具路径模拟来观察刀具路径是否设置合适。单击“刀路管理器”中的“验证已选择的操作”按钮，在弹出的“Mastercam模拟”对话框中单击“播放”按钮，进行真实加工模拟，图7-98所示为加工模拟的效果图。

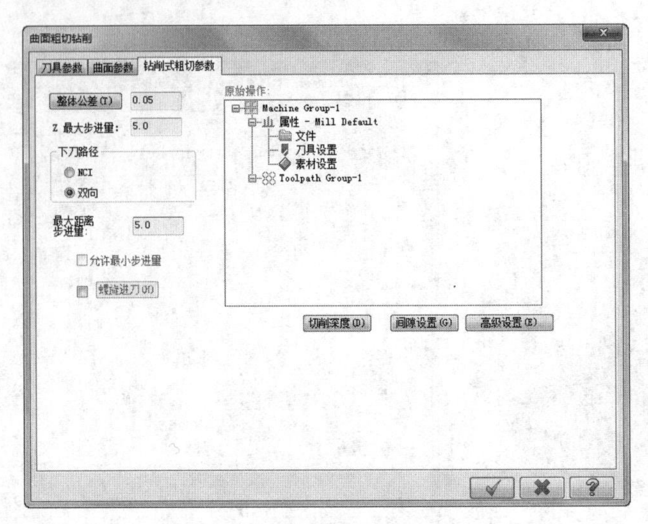

图 7-95 “钻削式粗加工参数”选项卡

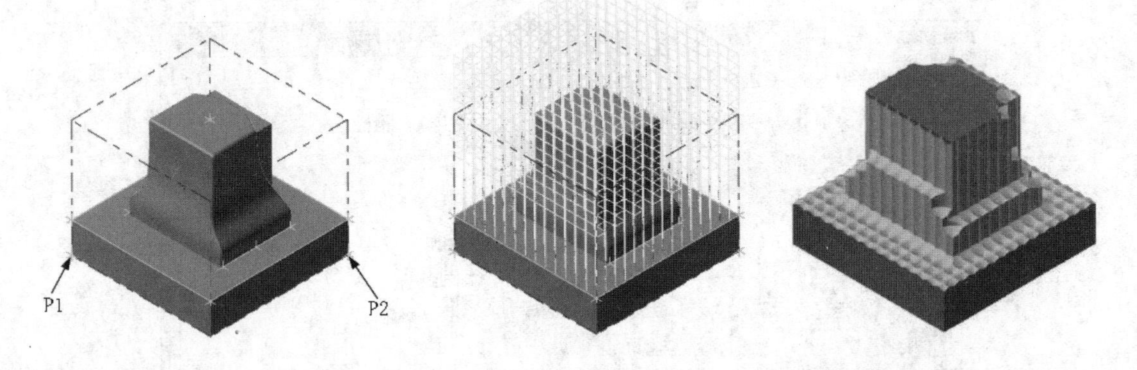

图 7-96 钻削范围设置　图 7-97 多曲面五轴加工刀具路径示意图　图 7-98 刀具路径模拟效果

在确认加工设置无误后，即可以生成 NC 加工程序了。单击“运行选择的操作进行后处理”按钮G1，设置相应的参数、文件名和保存路径后，就可以生成本刀具路径的加工程序。

7.10 三维粗加工综合应用

本节将以实例来说明以上所讲的三维粗加工相互之间进行混用，在 8 种粗加工中，其实实际常用的也只有两三种，其他几种也少用，而且这常用的几种基本上能满足实际的需要。

对如图 7-99 所示的图形进行开粗加工，加工结果如图 7-100 所示。

网盘\视频教学\第7章\三维粗加工综合应用.MP4

操作步骤如下：

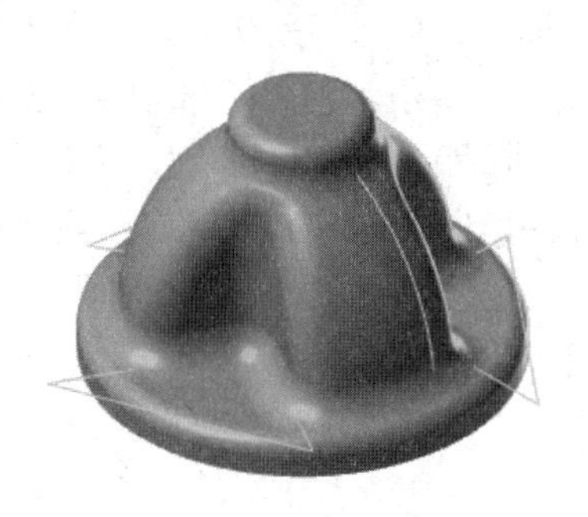

图 7-99 加工图形

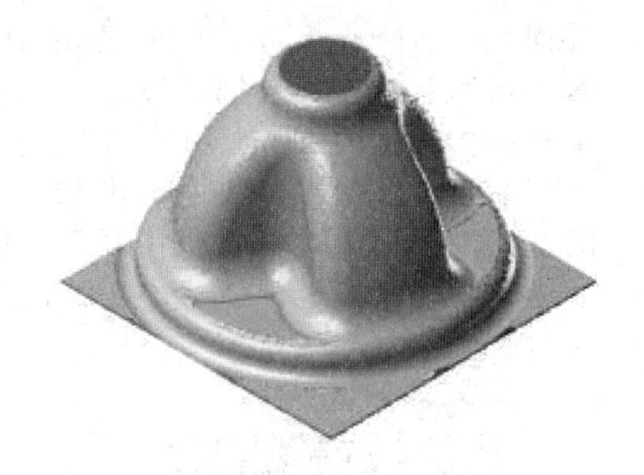

图 7-100 加工结果

7.10.1 规划刀具路径

此例是笔记本计算机电源插头，通过分析可知，倒圆角曲面最小圆角半径为 *R*=5mm，因此本例可以先用大刀开粗，再用小刀二次开粗即可。具体加工方案如下：

1）用 D20R5 的圆鼻刀采用挖槽粗切开粗。

2）用 D8 的球刀采用粗切等高外形加工进行二次开粗。

3）用 D8 的平刀采用挖槽粗加工铣削平面。

下面将详细讲解刀具路径编制步骤。

7.10.2 刀具路径编制步骤

由于此图档系统坐标系与编程坐标系不一致，为了方便编程，所以先对其进行处理。其步骤如下：

01 单击快速访问工具栏中的“打开”按钮，在“打开”的对话框中打开网盘中源文件名为“7.10.2”文件，单击“打开”按钮 打开(O) ，完成文件的调取。

02 单击“线框”选项卡“形状”面板中的“边界盒”按钮，弹出“边界盒”对话框，根据系统提示，框选所有曲面，按 Enter 键，在“尺寸组”的“X”“Y”“Z”文本框中输入（110,110,70），如图 7-101 所示，单击“确定”按钮，创建曲面最大外围线框。如图 7-102 所示。

03 单击“线框”选项卡“线”面板中的“任意线”按钮，选取边界盒顶面对角线。如图 7-103 所示。

04 单击“转换”选项卡“位置”面板中的“移动到原点”按钮，选中刚才对角线的中点，系统自动将中点移动到起点。然后删除绘制的斜线。这样编程坐标系原点和系统坐标系原点重合，便于编程。结果如图 7-104 所示。

将顶面中心平移到系统坐标系原点后，编程坐标系即和系统坐标系重合。接下来便可以进行刀具路径编制。

05 用 D20R5 的圆鼻刀采用挖槽粗加工开粗。

下面将进行首次开粗，首次开粗采用挖槽刀具路径，其编制步骤如下：

❶单击“机床”选项卡“机床类型”面板中的“铣床”按钮，选择默认选项，在“刀路”管理器中生成机群组属性文件，同时弹出“刀路”选项卡。单击“刀路”选项卡“3D”面板“粗切”组中的“挖槽”按钮，根据系统提示选择加工曲面后，按 Enter 键，弹出“刀路曲面选择”对话框，单击“切削范围”组中的“选择”按钮，弹出“串连选项”对话框，选择如图 7-105 所示的边界盒为加工范围线，单击“确定”按钮，完成曲面和加工范围线的选择。

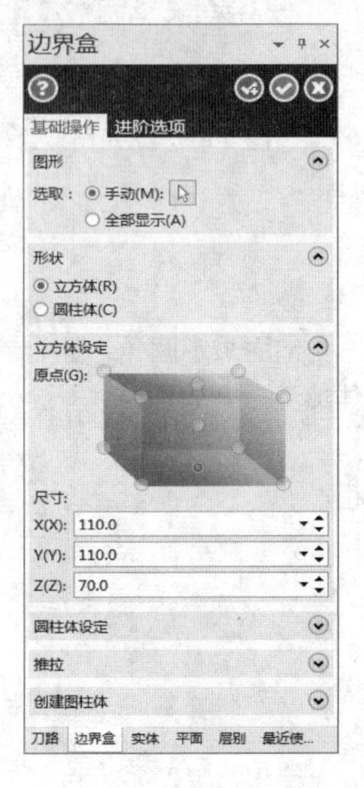

图 7-101 “边界盒”对话框

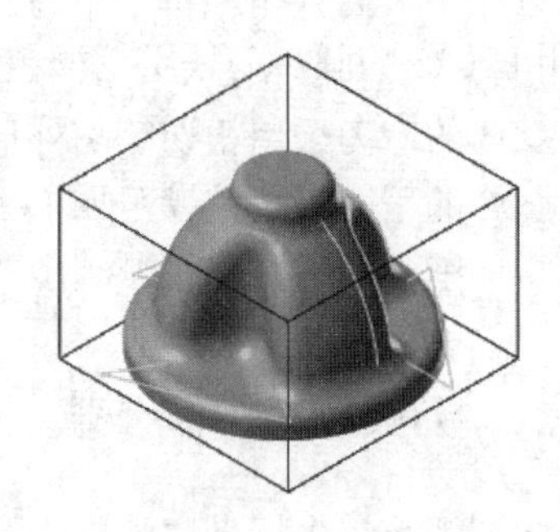

图 7-102 创建边界盒

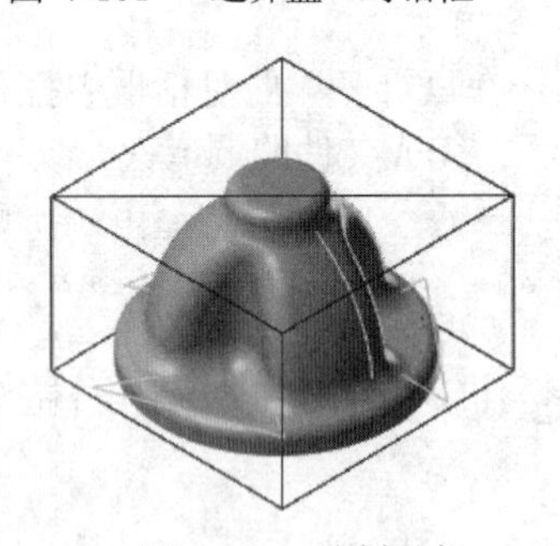

图 7-103 绘制对角

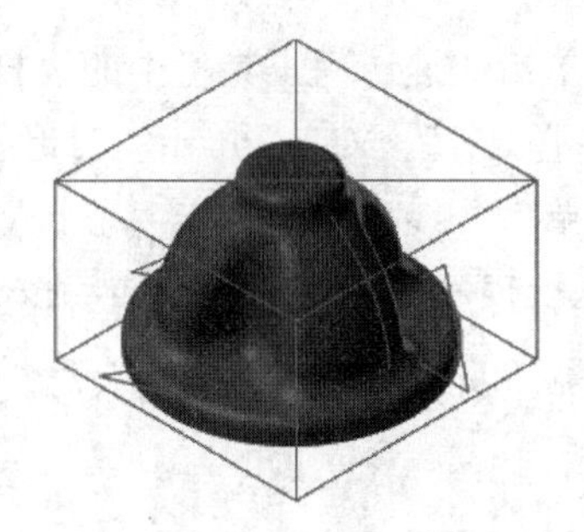

图 7-104 平移结果

❷系统弹出“曲面粗切挖槽”对话框，在“曲面粗切挖槽”对话框单击“刀具参数”选项卡，弹出“刀具参数”面板，如图 7-106 所示。

❸在“曲面粗切挖槽”对话框中单击“从刀库选择”按钮从刀库选择，在弹出的“选择刀具”选项卡中选择直径为 20 的圆鼻刀，然后双击刀具图标系统弹出“编辑刀具”对话框。

❹设置圆鼻刀参数，如图 7-107 所示。单击“完成”按钮完成，完成刀具参数设置。

❺在“刀具参数”面板中即创建了 D20R5 圆鼻刀。设置“进给速率”为 600， “主轴转速”为 3000，“下刀速率”为 800，“提刀速率”为 1000，如图 7-108 所示。

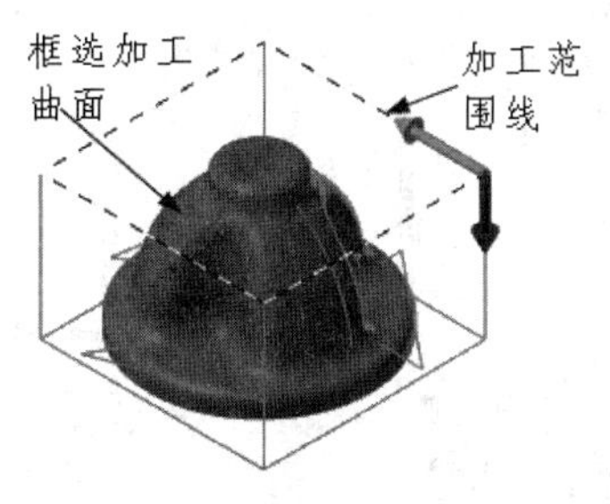

图 7-105 选取的曲面

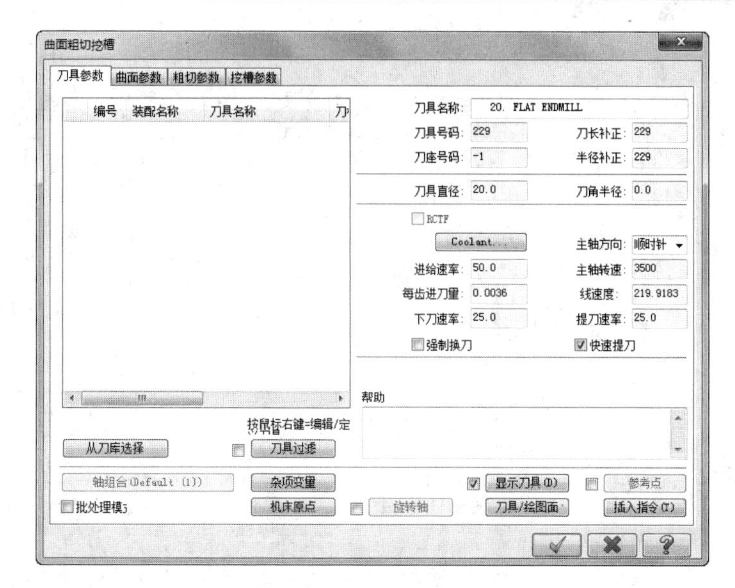

图 7-106 “刀具参数”面板

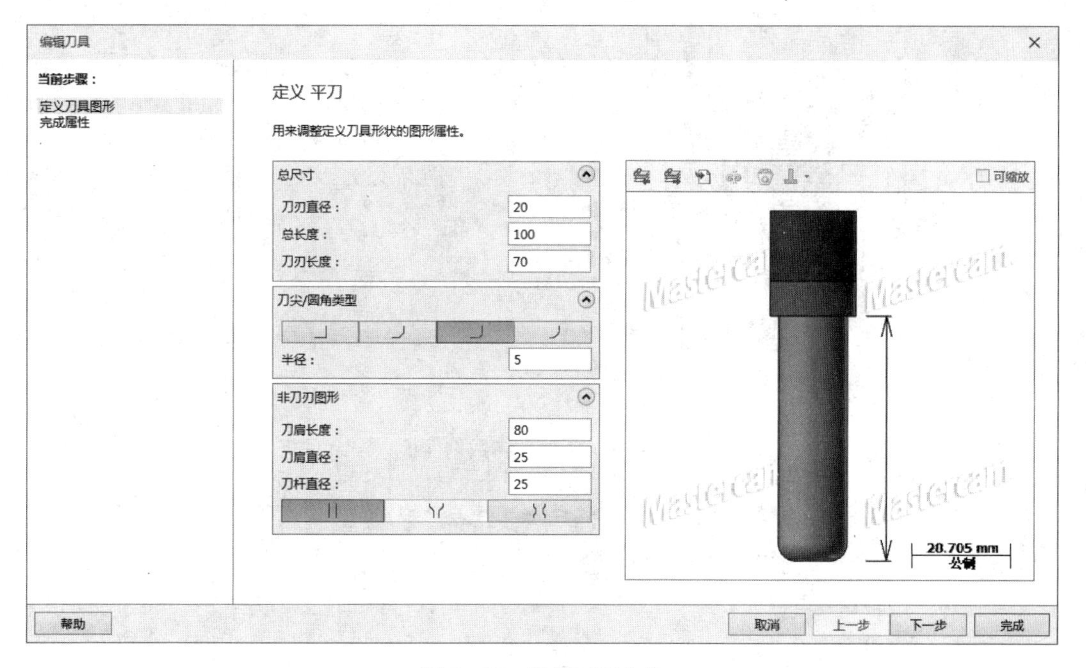

图 7-107 编辑刀具参数

❻在“曲面粗切挖槽”对话框中单击“曲面参数”选项卡，弹出“曲面参数”面板，设置“参考高度”为 25，“下刀位置”为 5，“加工面预留量”为 0.5。如图 7-109 所示。

❼在“曲面粗切挖槽”对话框中单击“粗切参数”选项卡，弹出“粗切参数”面板，该对话框用来设置曲面粗加工挖槽铣削加工参数。“整体公差”为 0.025，“Z 最大步进量”为 1，“进刀选项”选择“由切削范围外下刀”，如图 7-110 所示。

❽在“曲面粗切挖槽”对话框中单击“挖槽参数”选项卡，弹出“挖槽参数”面板，该面板用来设置曲面粗加工挖槽专用参数。将“切削方式”设为“等距环切”，“切削间距”（距离）设为 6，并勾选“精修”选项卡，如图 7-111 所示。

❾系统根据所设参数生成曲面粗加工挖槽铣削刀具路径，如图 7-112 所示。

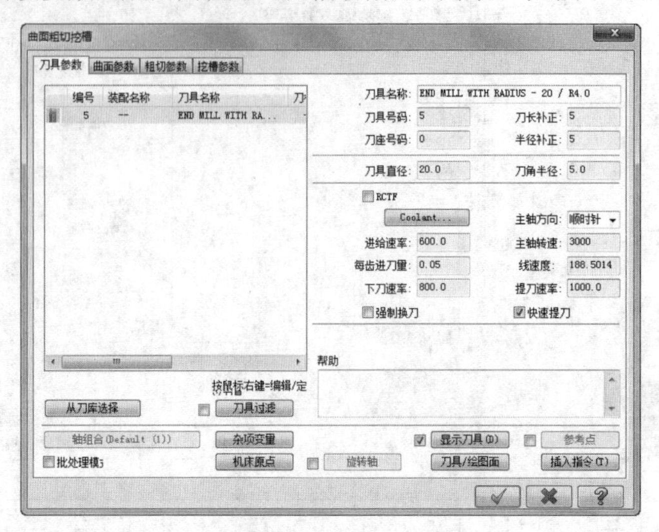

图 7-108　设置切削参数

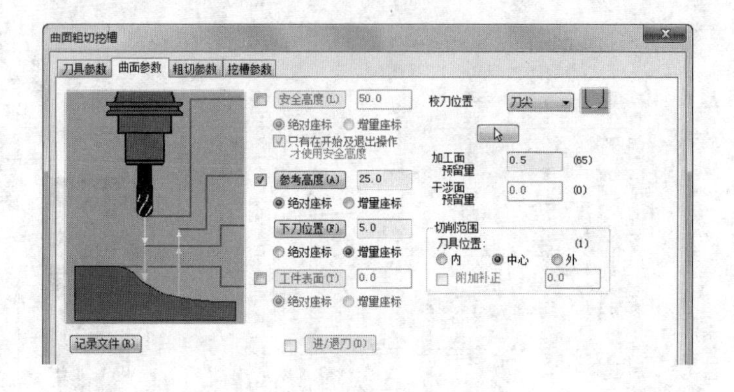

图 7-109　“曲面参数”面板

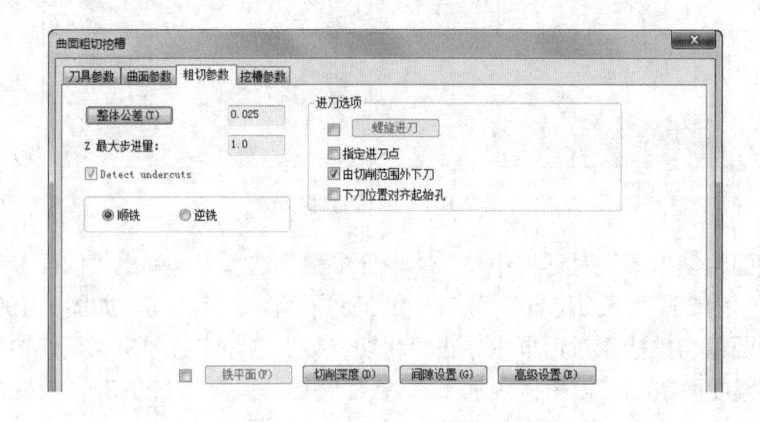

图 7-110　“粗切参数”面板

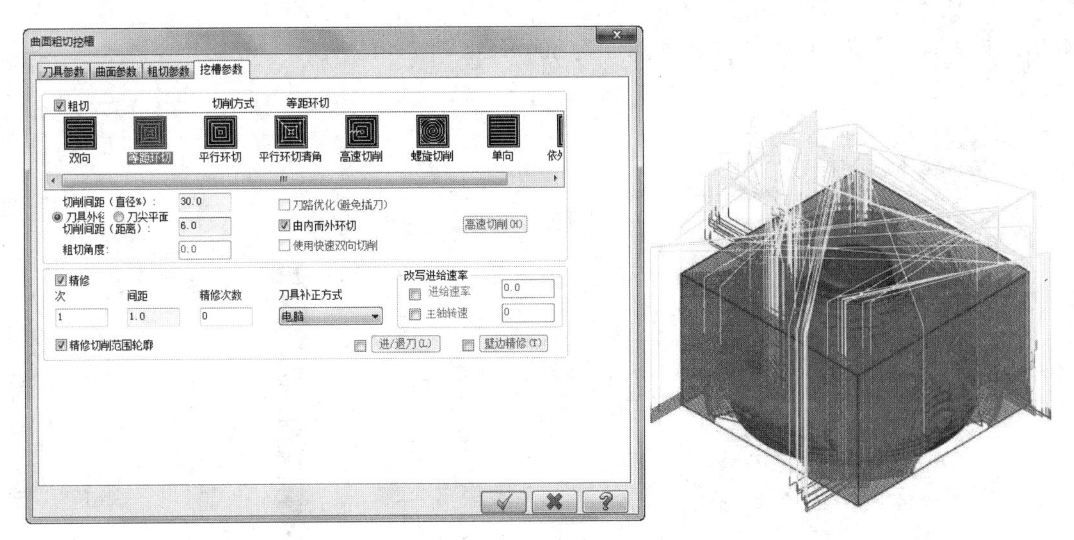

图 7-111　“挖槽参数”面板　　　　图 7-112　生成刀具路径

06 用 D8 的球刀采用等高外形粗加工进行二次开粗。采用等高外形加工，其刀具路径编制步骤如下：

❶单击“刀路”选项卡“自定义”面板中的“粗切等高外形加工”按钮，选择加工曲面后，按 Enter 键，弹出“刀路曲面选择”对话框，单击“确定”按钮，完成曲面的选择。

❷系统弹出“曲面粗切等高”对话框，在该对话框中单击“刀具参数”选项卡，弹出“刀具参数”面板如图 7-113 所示。

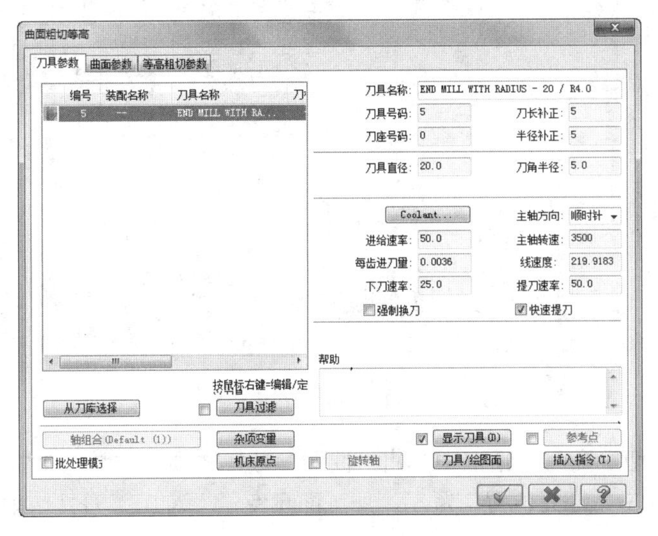

图 7-113　“刀具参数”面板

❸在“曲面粗切等高”对话框中单击“从刀库选择”按钮从刀库选择，在弹出的“选择刀具”选项框中选择直径为 8 的球刀，然后双击刀具图标，系统弹出“编辑刀具”对话框。

❹设置球刀参数，如图 7-114 所示。单击“完成”按钮完成，完成刀具路径参数设置。

❺在“刀具参数”面板中即创建了 D8 球刀。设置“进给速率”为 600，“下刀速率”为

400，“提刀速率”为 1000，“主轴转速”为 3000，如图 7-115 所示。

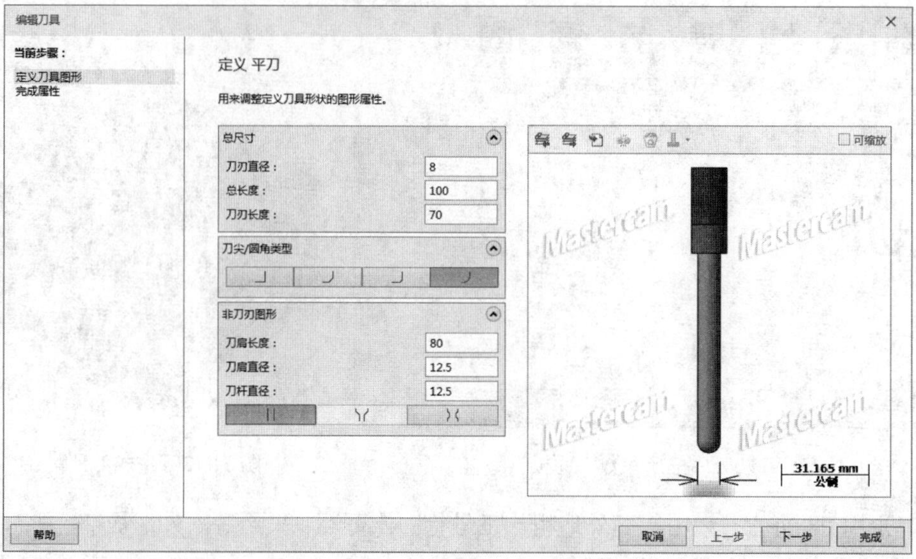

图 7-114　定义刀具参数

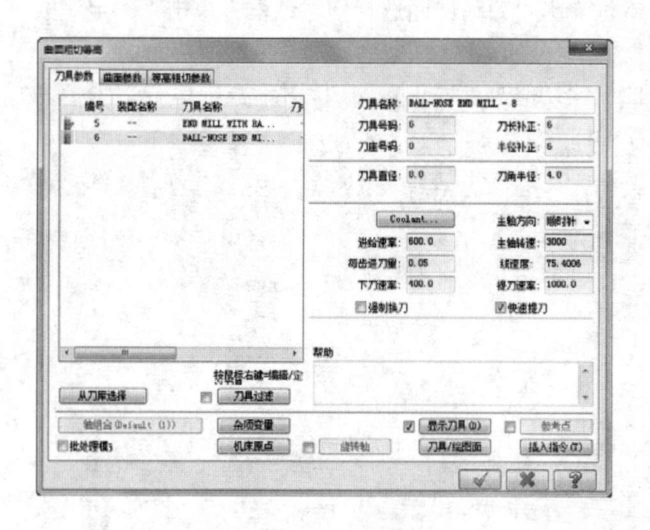

图 7-115　设置切削参数

❻在“曲面粗切等高”对话框中单击“曲面参数”选项卡，弹出“曲面参数”面板，设置“参考高度”为 25，“下刀位置”为 5，“加工面预留量”为 0，“刀具切削范围”设为“外”，如图 7-116 所示。

❼在“曲面粗切等高”对话框中单击“等高粗切参数”选项卡，弹出“等高粗切参数”面板，该面板用来设置曲面粗加工等高铣削加工参数。切削方式设为“双向”，“Z 最大步进量”设为 0.4，“进/退刀”设为直线进刀，将“浅平面”按钮前的复选框选中，如图 7-117 所示。

❽在“等高粗切参数”面板中单击“浅平面”按钮 浅平面(S)，弹出“浅平面加工”对

话框如图 7-118 所示。

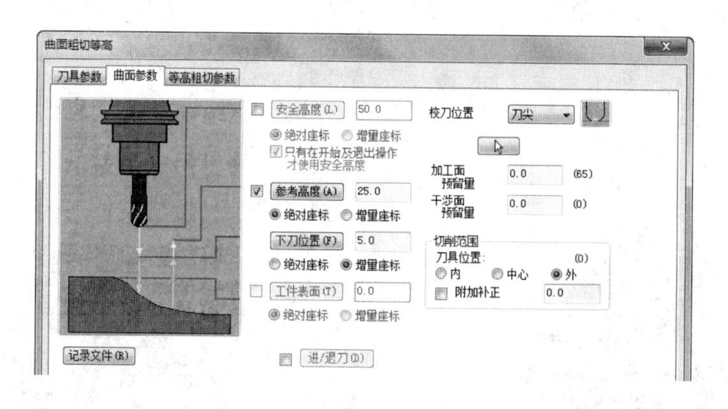

图 7-116 “曲面参数”面板

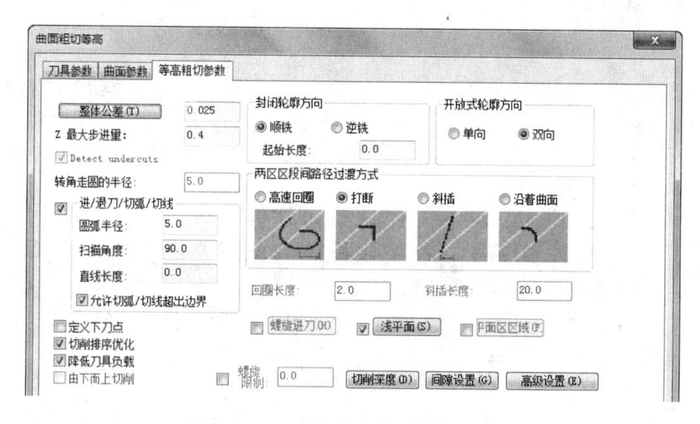

图 7-117 “等高粗切参数”面板

图 7-118 “浅平面加工”对话框

将类型设为“移除浅平区区域刀路”，将“角度限制”设为 10，即所有夹角小于 10 度的曲面被认为是浅平面，系统都移除刀具路径不予加工。

❾系统根据所设参数生成曲面粗加工等高铣削刀具路径如图 7-119 所示。

07 用 D8 的平刀采用挖槽平面加工铣削平面。接下来将对工件平面区域进行加工，采用挖槽平面加工功能进行铣削。其加工步骤如下：

❶单击“刀路”选项卡“3D”面板“粗切”组中的“挖槽”按钮，根据系统提示选择加工曲面，按 Enter 键，弹出“刀路曲面选择”对话框，选择“切削范围”组中的“选

择”按钮，选择加工范围线，如图 7-120 所示，单击“确定”按钮，完成曲面和加工范围线的选择。

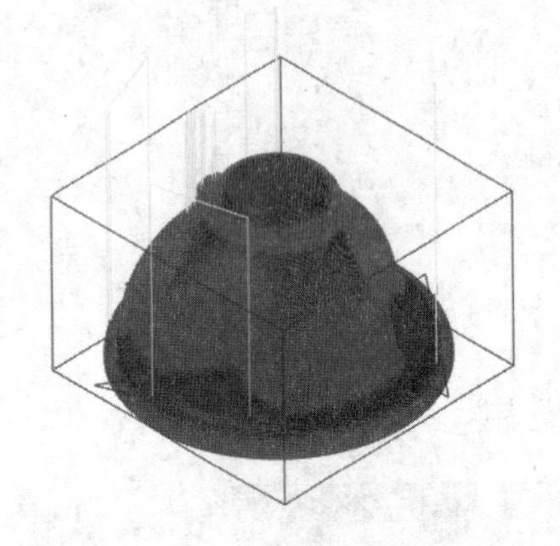

图 7-119　生成刀具路径图

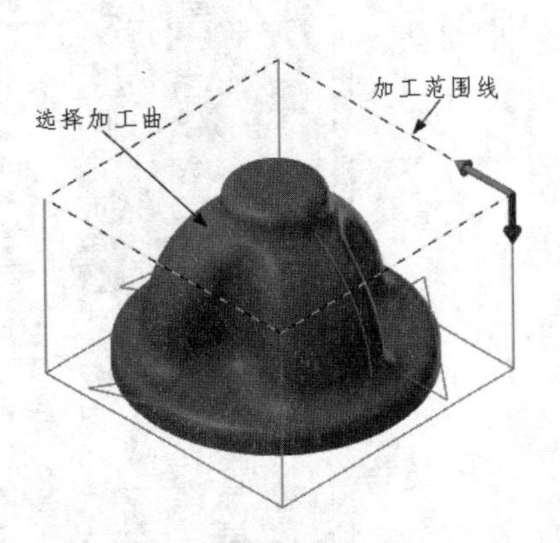

图 7-120　选取的曲面

❷系统弹出“曲面粗切挖槽”对话框，在该对话框中单击“刀具参数”选项卡，弹出“刀具参数”面板如图 7-121 所示。

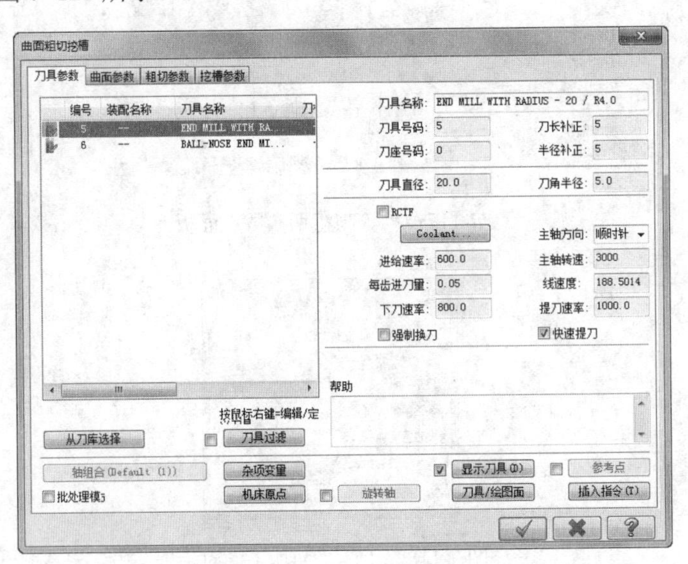

图 7-121　“刀具参数”面板

❸在“曲面粗切挖槽”对话框中单击“从刀库选择”按钮，在弹出的“选择刀具”选项卡中选择直径为 8 的平刀，然后双击刀具图标系统弹出“编辑刀具”对话框。

❹设置平刀参数，如图 7-122 所示。单击“完成”按钮，完成刀具参数设置。

❺在“刀具参数”面板中即创建了 D8 平刀。设置“进给速率”为 800，“下刀速率”为 400，“提刀速率”为 1000，“主轴转速”为 3000，如图 7-123 所示。

❻在“曲面粗切挖槽”对话框中单击“曲面参数”选项卡，弹出“曲面参数”面板，设置“参考高度”为 25，“下刀位置”为 5，“加工面预留量”为 0，如图 7-124 所示。

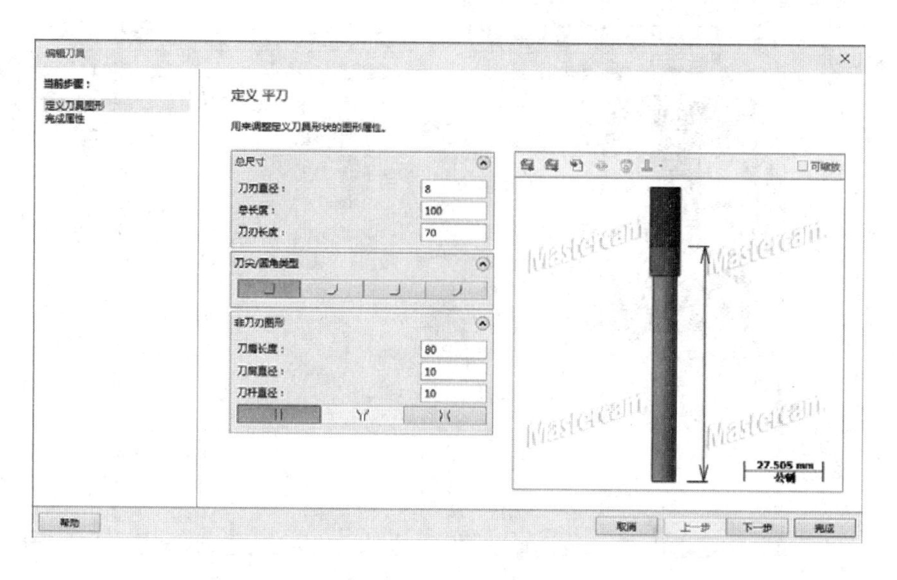

图 7-122　定义刀具参数

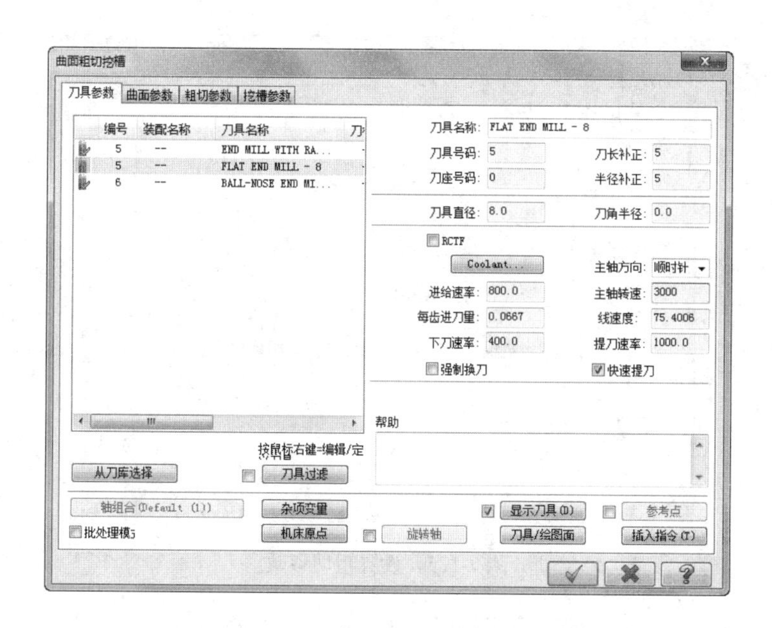

图 7-123 设置刀具参数

❼在“曲面粗切挖槽”对话框中单击“粗切参数”选项卡，弹出“粗切参数”面板，该面板用来设置曲面粗加工挖槽铣削加工参数。“Z 最大步进量”设为 1，采用“由切削范围外下刀”，并将“铣平面”按钮前复选框选中，如图 7-125 所示。

❽在“粗切参数”面板中单击“铣平面”按钮，弹出“平面铣削加工参数”对话框，如图 7-126 所示。

❾在“曲面粗切挖槽”对话框中单击“挖槽参数”选项卡，弹出“挖槽参数”面板，该对话框用来设置曲面粗加工挖槽专用参数。将“切削方式”设为“等距环切”，切削间距（距离）设为 4，并勾选“精修”选项卡。如图 7-127 所示。

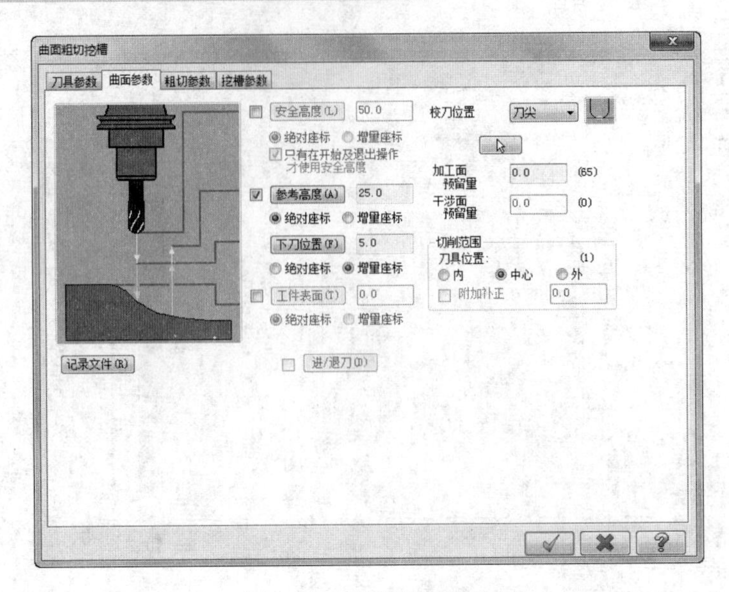

图 7-124　设置曲面加工参数

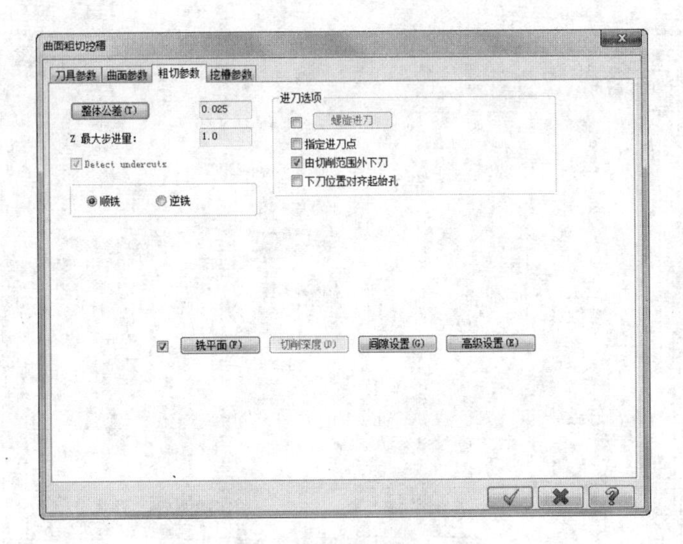

图 7-125　设置粗切参数

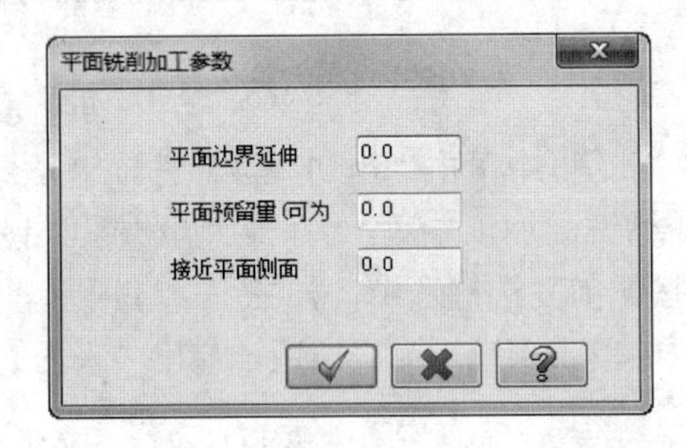

图 7-126　“平面铣削加工参数”对话框

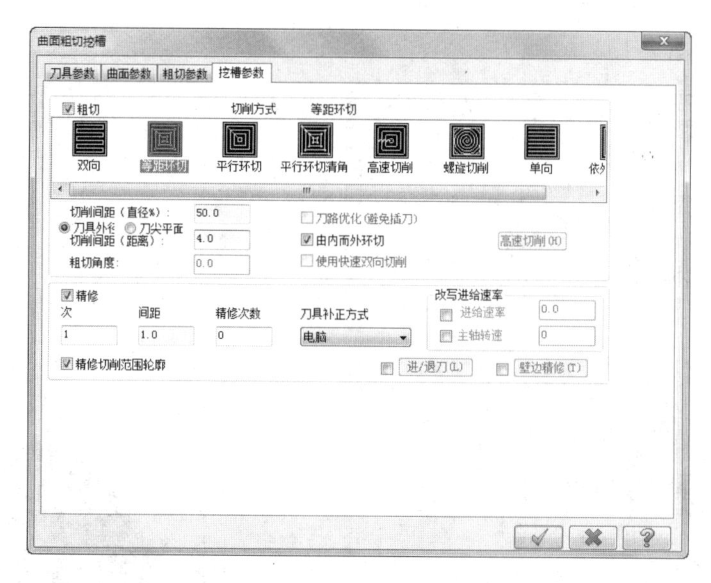

图 7-127 “挖槽参数”面板

⑩系统根据所设参数生成曲面粗加工挖槽铣削刀具路径，如图 7-128 所示。

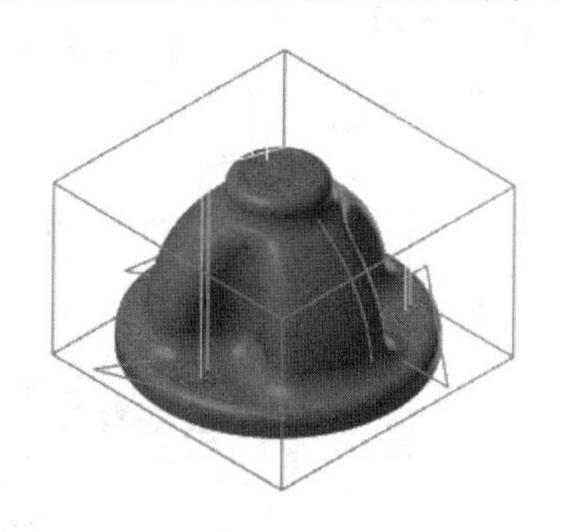

图 7-128 生成刀具路径

7.10.3 模拟加工

刀具路径编制完后，需要进行模拟检查刀具路径，如果无误即执行后处理生成 G、M 标准代码。其步骤如下：

01 在刀具路径管理器中单击“属性”下拉菜单中的“素材设置”命令，弹出“机床分组属性”对话框，该对话框用来设置工件参数。在“型状”设置栏选取“立方体”前的复选框。如图 7-129 所示。

02 设置工件大小为 110×110×70。单击“确定”按钮，完成工件参数设置。生成的毛坯如图 7-130 所示。

03 在刀路管理器中单击“选择全部操作”按钮，然后在刀路管理器中单击“验证已选择的操作”按钮，在弹出的“Mastercam 模拟”对话框中单击“播放”按钮，进行真实加工模拟，模拟结果如图 7-131 所示。

04 模拟检查无误后，在刀路管理器中单击“运行选择的操作进行后处理”按钮G1，生成 G、M 代码如图 7-132 所示。

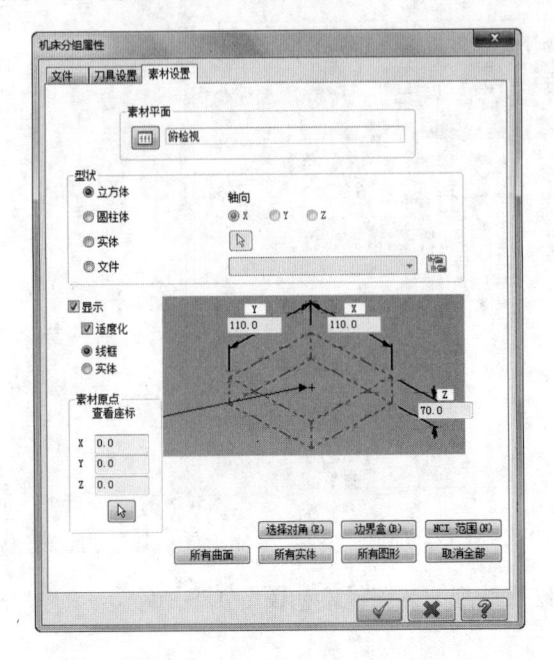

图 7-129　选取“立方体”为毛坯

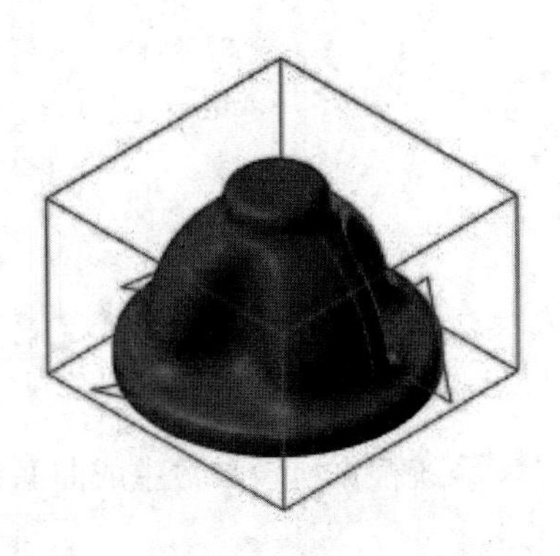

图 7-130　毛坯

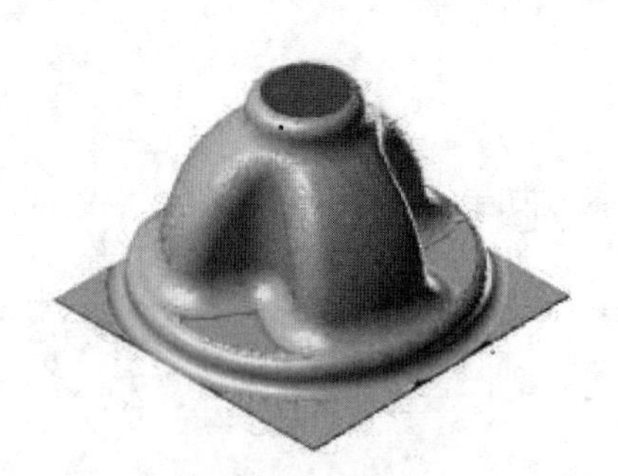

图 7-131　模拟结果

图 7-132 生成 G、M 代码

7.11　思考与练习

1. Mastercam 2019 软件提供哪些粗加工方法？

3. Mastercam 2019 软件提供哪些精加工方法？

3. 曲面加工公用参数设置包含哪些选项？

4. 曲面粗/精加工平行式铣削的加工角度是如何计算的。

第8章

曲面精加工

学习要点

- 三维精加工
- 平行精加工
- 陡斜面精加工
- 放射精加工
- 投影精加工
- 流线精加工
- 等高精加工
- 浅平面精加工
- 精修清角加工
- 残料精加工
- 环绕等距精加工
- 熔接精加工

8.1 三维精加工

在实际过程中，大多数零件都需要通过粗加工和精加工来完成。和粗加工不同的是，精加工的目的则是获取最终的加工面，因此加工质量是精加工首要考虑的问题。

Mastercam 不仅提供了强大的三维加工支持，同时也提供了 11 种精加工方法，本章将对各种精加工方法进行详细介绍。

8.2 平行精加工

精加工平行铣削可以生成某一特定角度的平行切削精加工刀具路径，一般与粗加工刀具路径成 90 度的精加工路径要好，因为这样可以很好的去除粗加工留下的刀痕。

8.2.1 设置平行铣削精加工参数

单击“刀路”选项卡“自定义”面板中的“精修平行铣削”按钮，根据系统提示选择加工曲面，然后单击“结束选取”按钮，系统会弹出“刀路曲面选择”对话框，根据需要设定相应的参数和选择相应的图素后，单击“确定”按钮，系统弹出“曲面精修平行”对话框，如图 8-1 所示。该对话框和平行铣削粗加工基本类似，只是少了一些项目而已。下面对精加工相关的设置进行介绍。

1．“整体公差”：在精加工阶段，往往需要把公差值设定的更低，并且采用能获得更好加工效果的切削方式。

2．“加工角度”：在加工角度的选择上，可以与粗加工时的角度不同，如设置成 90°，这样可与粗加工时产生的刀痕形成交叉形刀路，从而减少粗加工的刀痕，以获得更好的加工表面质量。

3．“限定深度”：该选项用来设置在深度方向上的加工范围。勾选“限定深度”复选框并单击其按钮，系统弹出“限定深度”对话框，如图 8-2 所示，对话框中的深度值应均为绝对值。

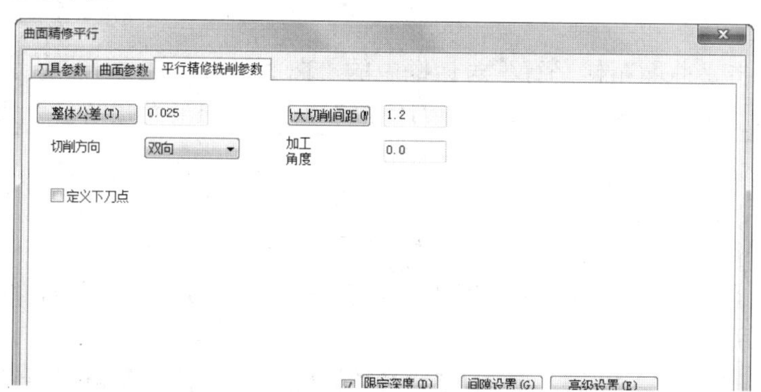

图 8-1 “曲面精修平行”对话框

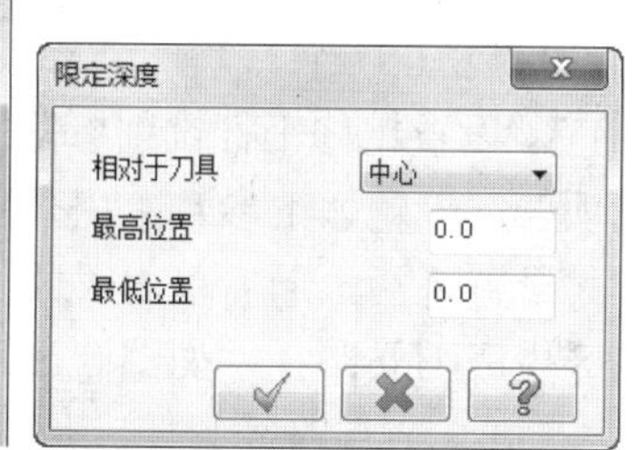

图 8-2 “限定深度”对话框

8.2.2 平行精加工实例

对如图 8-3 所示的模型进行平行精加工。

网盘\视频教学\第8章\平行精加工.MP4

操作步骤如下：

01 打开加工模型。单击快速访问工具栏中的“打开”按钮，在“打开”的对话框中打开网盘中源文件名为“8.2.2”的文件，如图 8-3 所示。

02 创建刀具路径

❶选择加工曲面。单击“刀路”选项卡“自定义”面板中的“精修平行铣削”按钮，根据系统提示选择如图 8-4 所示的加工曲面，然后单击“结束选取”按钮，系统弹出“刀路曲面选择”对话框，最后单击该对话框中的“确定”按钮，完成加工曲面的选取，系统弹出“曲面精修平行”对话框。

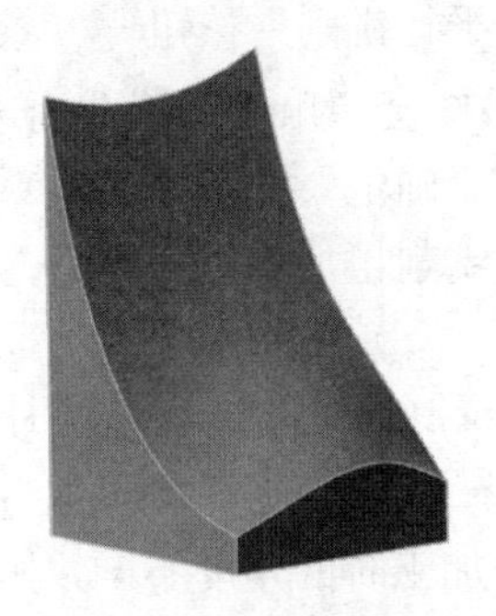

图 8-3 平行精加工模型

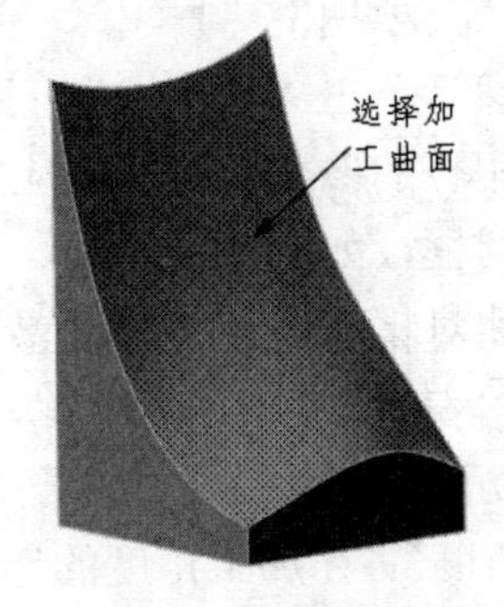

图 8-4 加工曲面的选取

❷设置刀具参数。单击“曲面精修平行”对话框中的“刀具参数”选项卡，进入刀具参数设置区。单击“从刀库选择”按钮，选择直径为 5mm 的球刀，并设置相应的刀具参数，具体如下：“进给速率”为 400，“主轴转速”为 2500，“下刀速率”为 300，“提刀速率”为 300，如图 8-5 所示。

❸设置曲面加工参数。单击“曲面精修平行”对话框中的“曲面参数”选项卡，设置如下参数：“安全高度”为 25，“参考高度”为 10，“下刀位置”为 3，“加工面预留量”为 0，如图 8-6 所示。

❹设置精修平行铣削参数。单击“曲面精修平行”对话框中的“平行精修铣削参数”选项卡，设置如下参数：“整体公差”为 0.01，“最大切削间距”为 0.8，如图 8-7 所示。

设置完后，最后单击“曲面精修平行”对话框中的“确定”按钮，系统立即在绘图区生成刀具路径，如图 8-8 所示。

03 刀具路径验证、加工仿真与后处理。完成刀具路径设置以后，接下来就可以通过刀具路径模拟来观察刀具路径是否设置合适。在刀路管理器中单击“选择全部操作”按钮，然后单击“刀路管理器”中的“验证已选择的操作”按钮，在弹出的“Mastercam

模拟”对话框中单击“播放”按钮▶，进行真实加工模拟，图 8-9 所示为加工模拟的效果图。

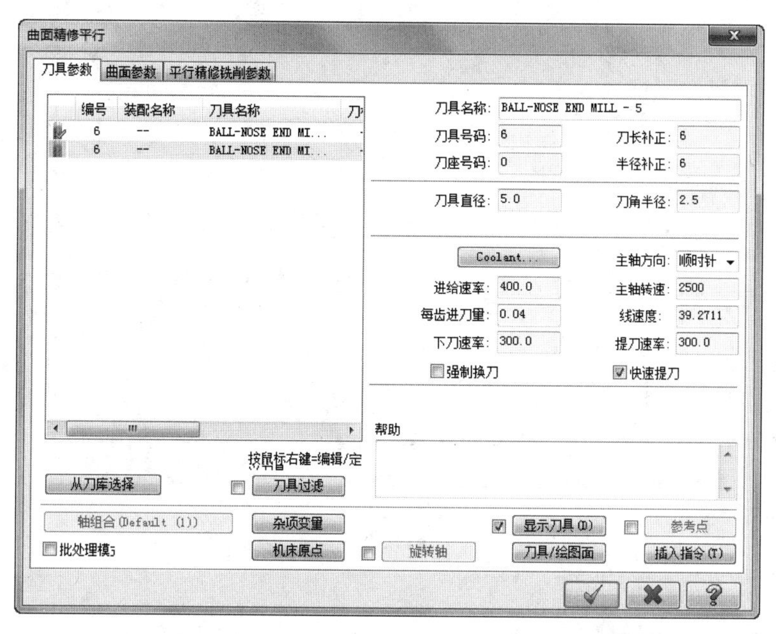

图 8-5 “刀具参数”选项卡

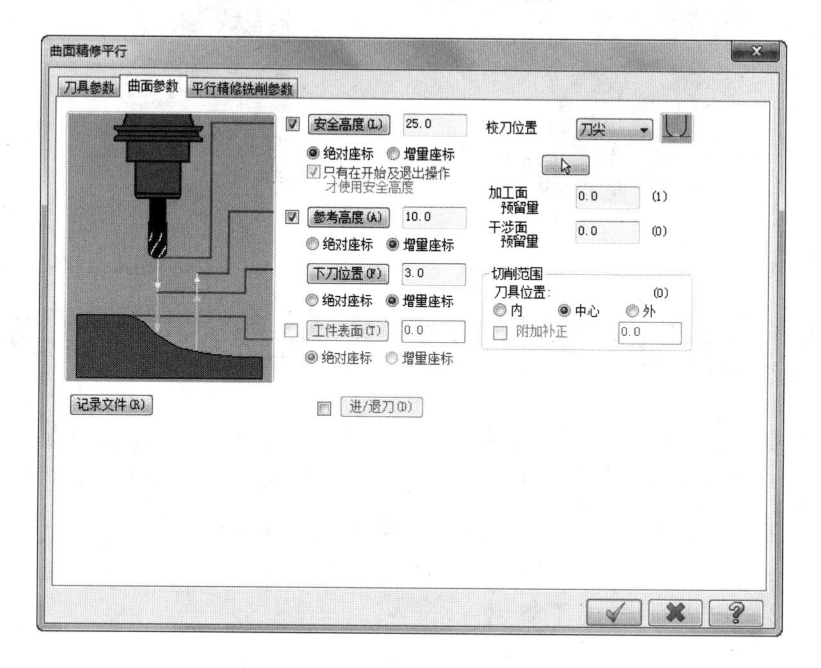

图 8-6 “曲面参数”选项卡

在确认加工设置无误后，即可以生成 NC 加工程序了。单击“运行选择的操作进行后处理”按钮G1，设置相应的参数、文件名和保存路径后，就可以生成本刀具路径的加工程序。

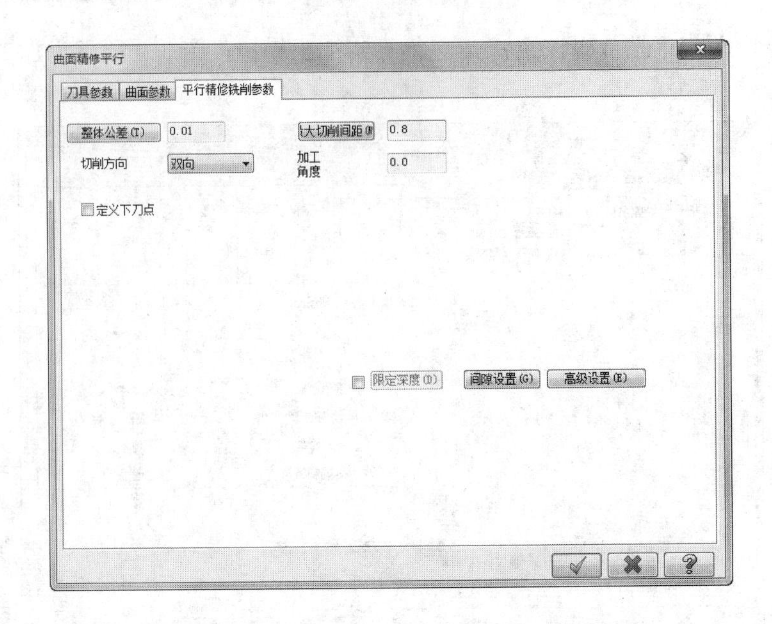

图 8-7 “平行精修铣削参数”选项卡

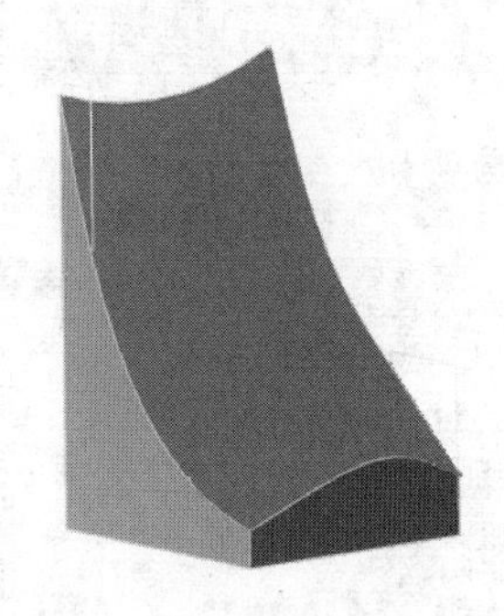

图 8-8 平行精加工刀路示意图

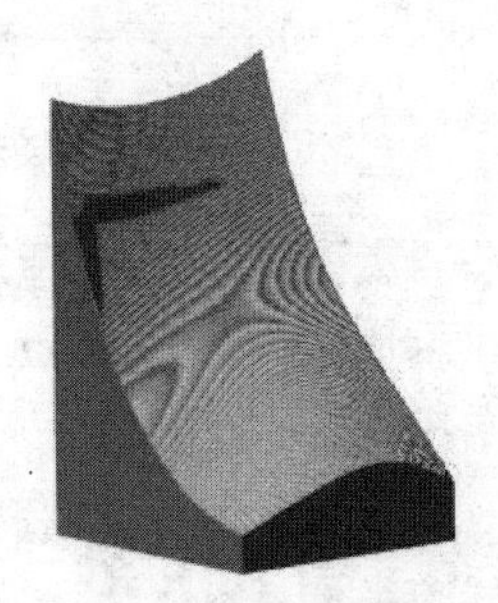

图 8-9 刀路模拟效果

8.3 陡斜面精加工

受刀具切削间距的限制，平坦的曲面上刀路密，而陡斜面（指接近垂直的面，包括垂直面）上的刀具路径要稀一些，从而容易导致有较多余料。陡斜面精加工是用于清除粗加工时残留在曲面较陡的斜坡上的材料，常与其他精加工方法协作使用。

8.3.1 设置陡斜面精加工参数

单击“刀路”选项卡“自定义”面板中的“精修平行陡斜面”按钮，根据系统提示选择加工曲面，然后单击“结束选取”按钮，系统会弹出“刀路曲面选择”对话框，根据需要设定相应的参数和选择相应的图素后，单击“确定”按钮，系统弹出“曲面精修平行式陡斜面”对话框，如图 8-10 所示。下面对平行陡斜坡精加工特定的设置进行介绍。

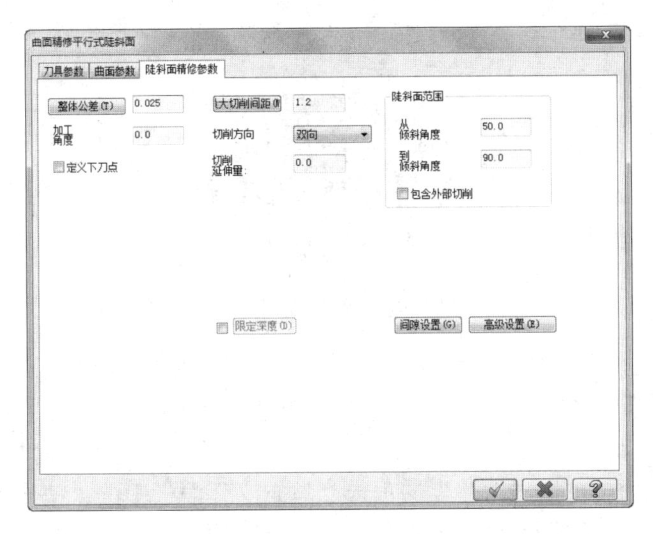

图 8-10 “曲面精修平行式陡斜面”对话框

（1）“切削延伸量”：刀具在前面加工过的区域开始进刀，经过了设置的距离即延伸量后，才正式切入需要加工的陡斜面区，退出陡斜面区时也要超出这样一个距离，等于是将刀具路径的两端增长了一点，而且能够顺应路径的形状圆滑过渡，这样一来，刀具的切削范围实际上扩大了一点。

（2）“陡斜面范围”：在加工时用两个角度来定义工件的陡斜面，这个角度是指曲面法线与 Z 轴的夹角。在加工时，仅只对在这个倾斜范围内的曲面进行陡斜面精加工，如图 8-11 所示。

1）“从倾斜角度”：加工范围的最小坡度。

2）“到倾斜角度”：加工范围的最大坡度。

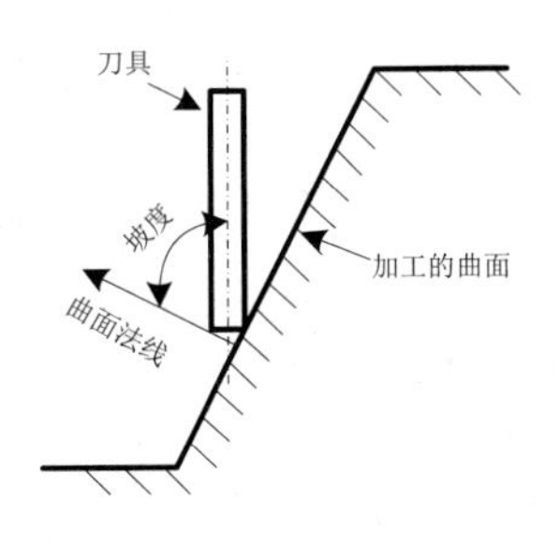

图 8-11 陡斜面精加工参数设置

8.3.2 陡斜面精加工实例

对如图 8-12 所示的模型进行陡斜面精加工。

网盘\视频教学\第8章\陡斜面精加工.MP4

操作步骤如下：

图 8-12　陡斜面精加工模型

01 打开加工模型。单击快速访问工具栏中的“打开”按钮，在“打开”的对话框中打开网盘中源文件名为“8.3.2”的文件，如图 8-12 所示。

02 创建刀具路径。

❶选择加工曲面。单击“刀路”选项卡“自定义”面板中的“精修平行陡斜面”按钮，根据系统的提示在绘图区中选择如图 8-13 所示的加工曲面，然后单击“结束选取”按钮，系统弹出“刀路曲面选择”对话框，最后单击该对话框中的“确定”按钮，完成加工曲面的选取，系统弹出“曲面精修平行式陡斜面” 对话框。

❷设置刀具参数。单击“曲面精修平行式陡斜面”对话框中的“刀具参数”选项卡，进入刀具参数设置区。单击“从刀库选择”按钮，选择直径为 5mm 的球刀，并设置相应的刀具参数，具体如下：“进给速率”为 400，“主轴转速”为 2500，“下刀速率”率为 300，“提刀速率”为 300，如图 8-14 所示。

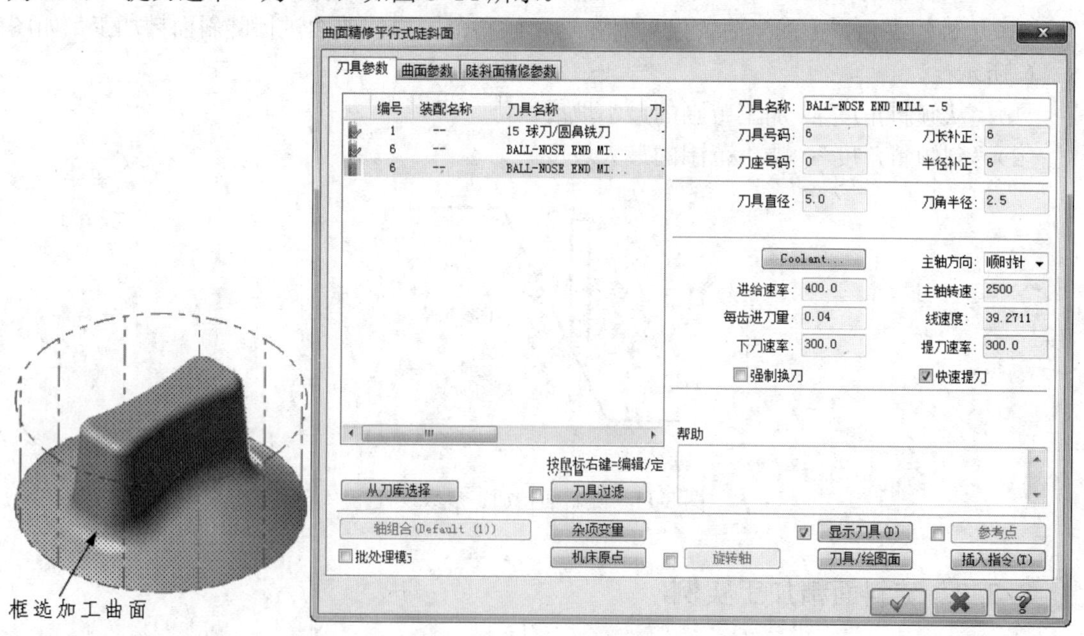

图 8-13　加工曲面的选取　　　　图 8-14　刀具参数设置

❸设置曲面加工参数。单击“曲面精修平行式陡斜面对话框”对话框中的“曲面参数”选项卡，设置如下参数：“参考高度”为 15，“下刀位置”为 5，“加工面预留量”为 0，如图 8-15 所示。

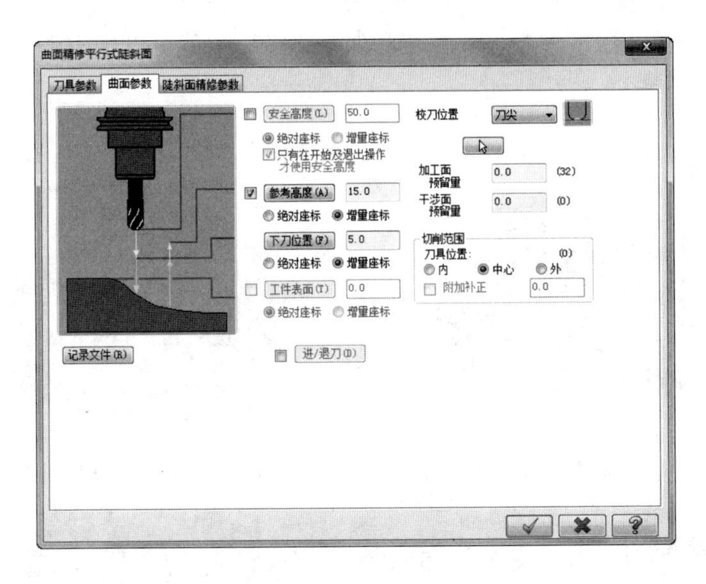

图 8-15 “曲面参数”选项卡

❹设置陡斜面精加工参数。单击“曲面精修平行式陡斜面”对话框中的“陡斜面精修参数”选项卡，设置如下参数：“整体公差”为 0.01，“最大切削间距”为 1.0，如图 8-16 所示。

设置完后，最后单击“曲面精修平行式陡斜面”对话框中的“确定”按钮，系统立即在绘图区生成刀具路径，如图 8-17 所示。

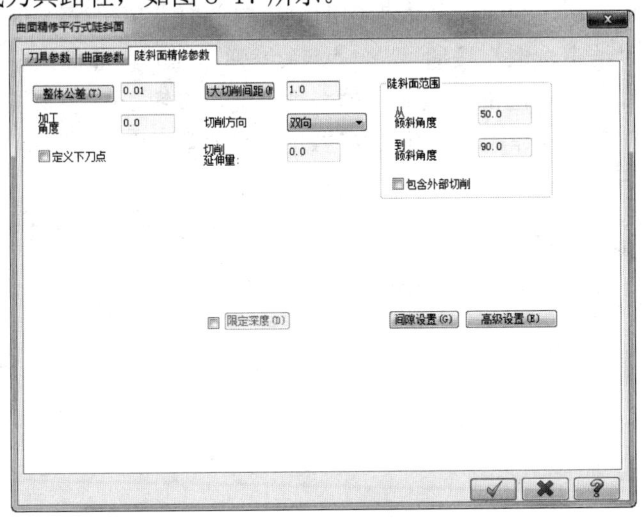

图 8-16 “陡斜面精修参数”选项卡

03 刀具路径验证、加工仿真与后处理。完成刀具路径设置以后，接下来就可以通过刀具路径模拟来观察刀具路径是否设置合适。在刀路管理器中单击“选择全部操作”按钮，然后单击“刀路管理器”中的“验证已选择的操作”按钮，在弹出的“Mastercam 模拟”对话框中单击“播放”按钮，进行真实加工模拟，图 8-18 所示为加工模拟的效果图。

在确认加工设置无误后，即可以生成 NC 加工程序了。单击“运行选择的操作进行后处理”按钮G1，设置相应的参数、文件名和保存路径后，就可以生成本刀具路径的加工程序。

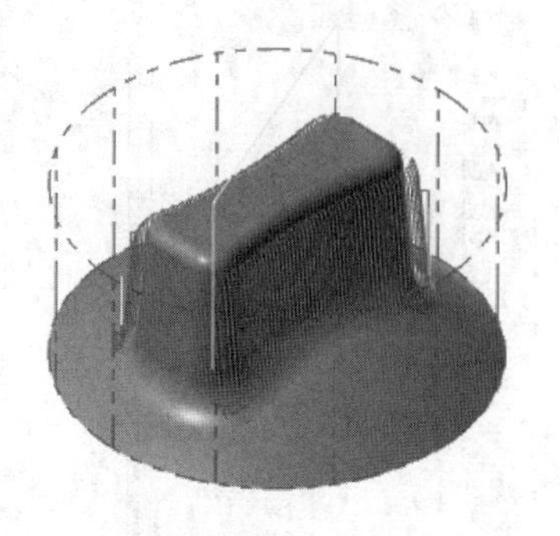

图 8-17　陡斜面精加工刀路示意图

图 8-18　刀路模拟效果

8.4 放射精加工

曲面放射状精加工主要用于在圆形、球形的工件上产生精确的精加工刀具路径。与粗加工放射状加工一样，系统会提示“选择放射极点”。

8.4.1　设置放射精加工参数

单击“刀路”选项卡“自定义”面板中的“精修放射”按钮，根据系统提示选择加工曲面，然后单击“结束选取”按钮，系统弹出“刀路曲面选择”对话框，根据需要设定相应的参数和选择相应的图素后，单击“确定”按钮，系统弹出“曲面精修放射”对话框，如图 8-19 所示。该对话框的参数的设置在粗加工中都有，只是比粗加工中少了几个项目，故不再重复。

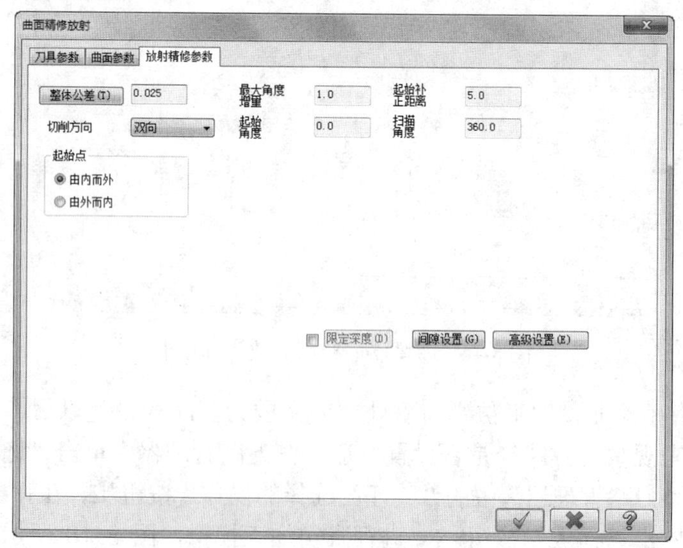

图 8-19　“曲面精修放射”对话框

8.4.2 放射精加工实例

对如图 8-20 所示的模型进行放射精加工。

网盘\视频教学\第8章\放射精加工.MP4

操作步骤如下：

01 打开加工模型。单击快速访问工具栏中的“打开”按钮，在“打开”的对话框中打开网盘中源文件名为“8.4.2”的文件，如图 8-20 所示。

02 创建刀具路径。

❶选择加工曲面。单击“刀路”选项卡“自定义”面板中的“精修放射”按钮，根据系统的提示在绘图区中选择如图 8-21 所示的加工曲面，然后单击“结束选取”按钮，系统弹出“刀路曲面选择”对话框，最后单击该对话框中的“确定”按钮，完成加工曲面的选取，系统弹出“曲面精修放射”对话框。

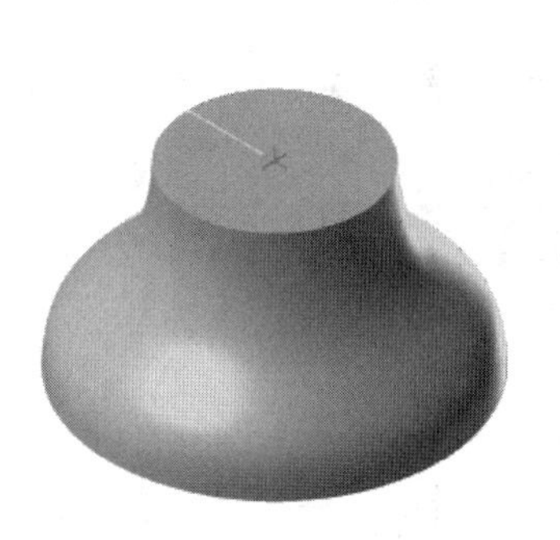

图 8-20 放射精加工模型

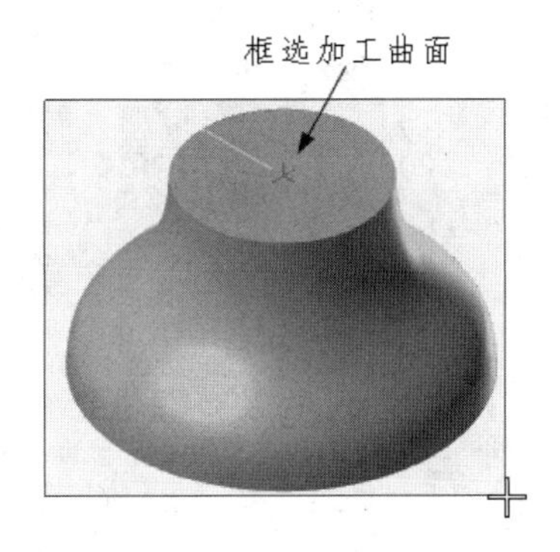

图 8-21 加工曲面的选取

❷设置刀具参数。单击“曲面精修放射”对话框中的“刀具参数”选项卡，进入刀具参数设置区。单击“从刀库选择”按钮，选择直径为 5mm 的球刀，并设置相应的刀具参数，具体如下：“进给速率”为 400，“主轴转速”为 2500，“下刀速率”为 300，“提刀速率”为 300，如图 8-22 所示。

❸设置曲面加工参数。单击“曲面精修放射”对话框中的“曲面参数”选项卡，设置如下参数：“安全高度”为 25，“参考高度”为 10，“下刀位置”为 3，“加工面预留量”为 0，如图 8-23 所示。

❹设置粗加工平行铣削参数。单击“曲面精修放射”对话框中的“放射精修参数”选项卡，设置如下参数：“整体公差”为 0.01，“最大角度增量”为 1，“起始补正距离”为 0，如图 8-24 所示。

最后单击“曲面精修放射”对话框中的“确定”按钮，系统提示“选择放射状中心”。单击“选择工具栏”中的“输入坐标点”按钮，如图 8-25 所示，然后在弹出的文本框中分别输入（50、0、0），并按 Enter 键，此时在绘图区会生成刀具路径，如图 8-26 所示。

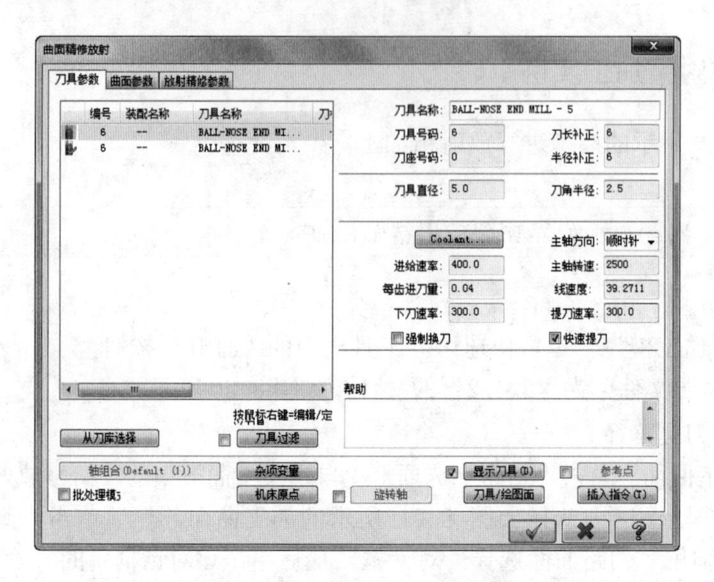

图 8-22 “刀具参数”选项卡

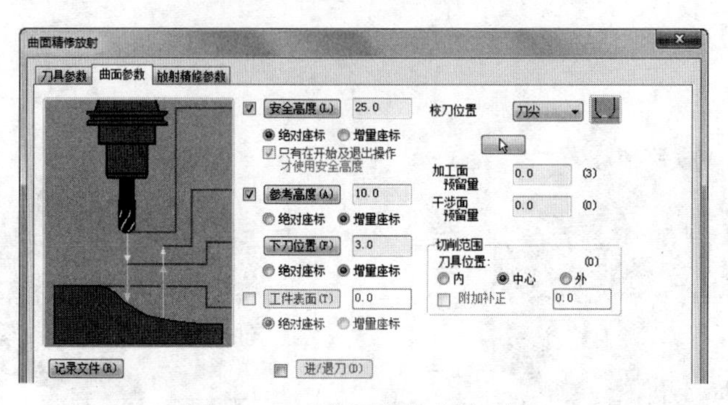

图 8-23 “曲面参数”选项卡

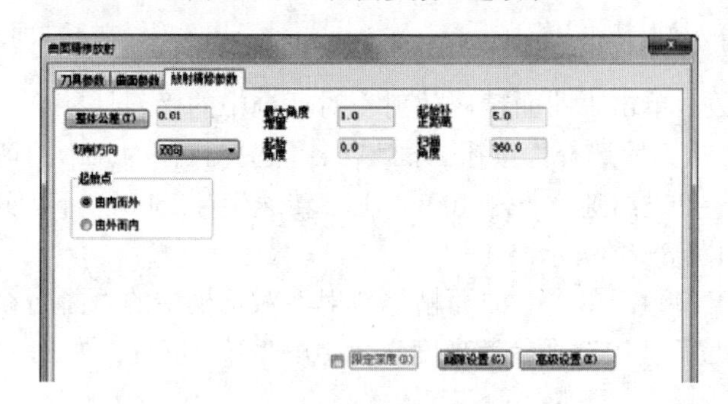

图 8-24 “放射精修参数”选项卡

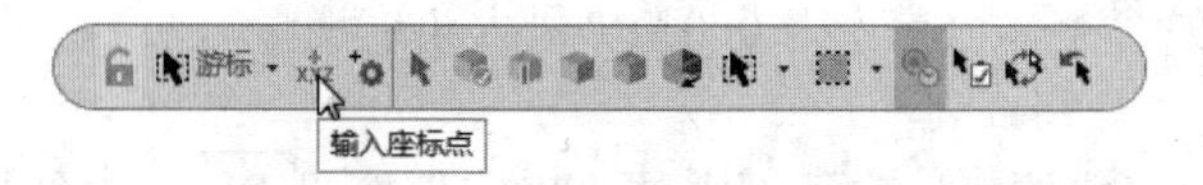

图 8-25 单击输入坐标点

03 刀具路径验证、加工仿真与后处理。完成刀具路径设置以后，接下来就可以通过刀具路径模拟来观察刀具路径是否设置合适。在刀路管理器中单击“选择全部操作”按钮，然后单击“刀路管理器”中的“验证已选择的操作”按钮，在弹出的“Mastercam模拟”对话框中单击“播放”按钮，进行真实加工模拟，图 8-27 所示为加工模拟的效果图。

在确认加工设置无误后，即可以生成 NC 加工程序了。单击“运行选择的操作进行后处理”按钮G1，设置相应的参数、文件名和保存路径后，就可以生成本刀具路径的加工程序。

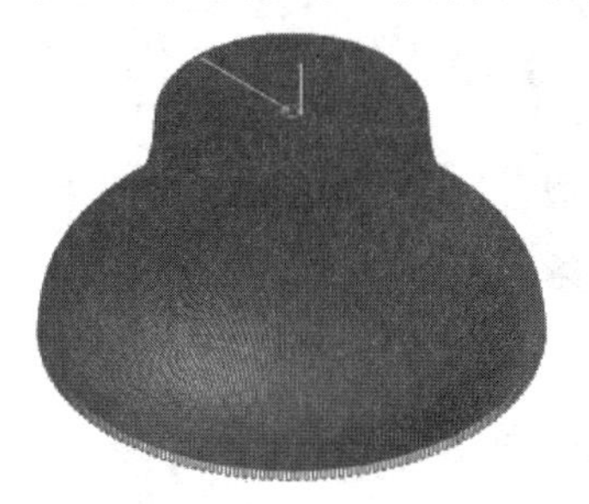

图 8-26　加工刀路示意图

图 8-27　刀路吗结果

8.5 投影精加工

投影精加工是将已有的刀具路径或者几何图形投影在要加工的曲面上，生成刀具路径来进行切削。

8.5.1　设置投影精加工参数

单击“刀路”选项卡“自定义”面板中的“精修投影加工”按钮，根据系统提示选择加工曲面，然后单击“结束选取”按钮，系统会弹出“刀路曲面选择”对话框，根据需要设定相应的参数和选择相应的图素后，单击“确定”按钮，系统弹出“曲面精修投影”对话框，如图 8-28 所示。该对话框的“投影精修参数”选项卡与“投影粗切参数”对话框有点类似，但参数的设置与粗加工时的有点不同，取消了每次最大进刀量、下刀/提刀方式和刀具沿 Z 向移动方式设置，另外还新增了如下几项：

“增加深度”：将 NCI 文件中定义的 Z 轴深度作为投影后刀具路每项的深度，将比未选中该选项时的下刀高度高出一个距离值，刀具将在离曲面很高的地方就开始采用工作进给速度下降，一直切入曲面内。

“两切削间提刀”：在两次切削的间隙提刀。

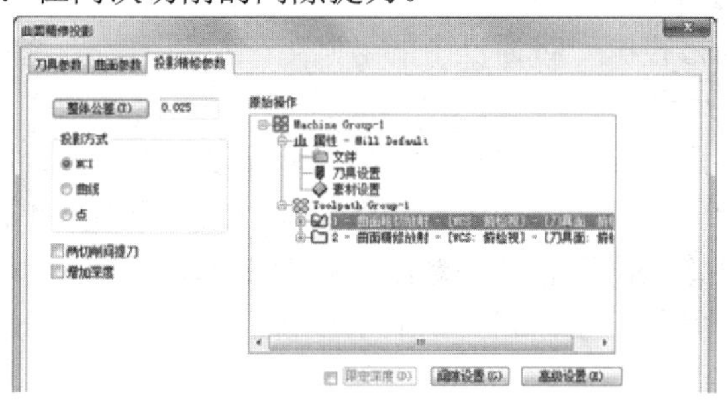

图 8-28　“曲面精修投影”对话框

8.5.2 投影精加工实例

对如图 8-29 所示的模型进行投影精加工。

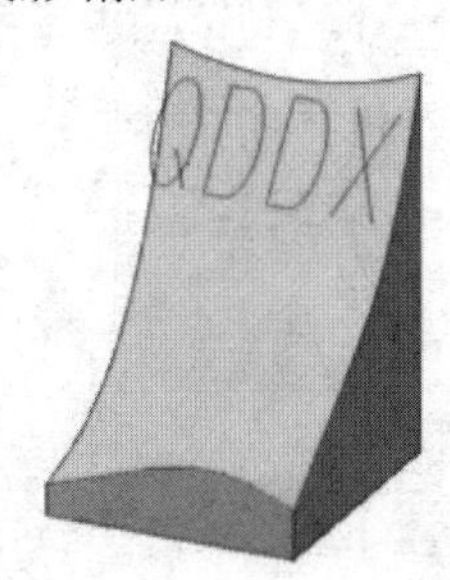

图 8-29 投影精加工模型

网盘\视频教学\第8章\投影精加工.MP4

操作步骤如下：

01 打开加工模型。单击快速访问工具栏中的“打开”按钮，在“打开”的对话框中打开网盘中源文件名为“8.5.2”的文件，如图 8-29 所示。

02 创建刀具路径

❶选择加工曲面。单击“刀路”选项卡“自定义”面板中的“精修投影加工”按钮，根据系统的提示在绘图区中选择如图 8-30 所示的加工曲面，然后单击“结束选取”按钮，系统弹出“刀路曲面选择”对话框，最后单击该对话框中的“确定”按钮，完成加工曲面的选取，系统弹出“曲面精修投影”对话框。

❷设置刀具参数。单击“曲面精修投影”对话框中的“刀具参数”选项卡，进入刀具参数设置区。单击“从刀库选择”按钮，选择直径为 3mm 的球刀，并设置相应的刀具参数，具体如下：“进给速率”为 200，“主轴转速”为 2000，“下刀速率”为 200，“提刀速率”为 200，如图 8-31 所示。

❸设置曲面加工参数。单击“曲面精修投影”对话框中的“曲面参数”选项卡，设置如下参数：“参考高度”为 10，“下刀位置”为 3，“加工面预留量”为 0，如图 8-32 所示。

❹设置投影精加工参数。单击“曲面精修投影”对话框中的“投影精修参数”选项卡，设置如下参数：“整体公差”为 0.001，“投影方式”为“NCI”，如图 8-33 所示。

最后单击“曲面精修投影”对话框中的“确定”按钮，系统就会在绘图区会生成刀具路径，如图 8-34 所示。

03 刀具路径验证、加工仿真与后处理。完成刀具路径设置以后，接下来就可以通过刀具路径模拟来观察刀具路径是否设置合适。在刀路管理器中单击“选择全部操作”按钮，然后单击“刀路管理器”中的“验证已选择的操作”按钮，在弹出的“Mastercam 模拟”对话框中单击“播放”按钮，进行真实加工模拟，图 8-35 所示为加工模拟的效果图。

在确认加工设置无误后，即可以生成 NC 加工程序了。单击“运行选择的操作进行后处理”按钮G1，设置相应的参数、文件名和保存路径后，就可以生成本刀具路径的加工程序。

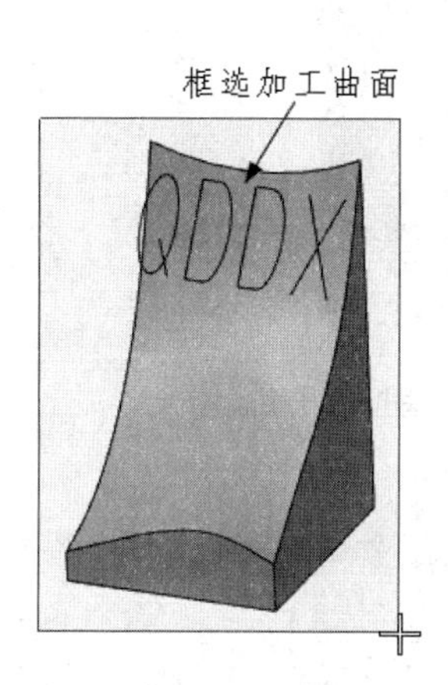

图 8-30　加工曲面的选取

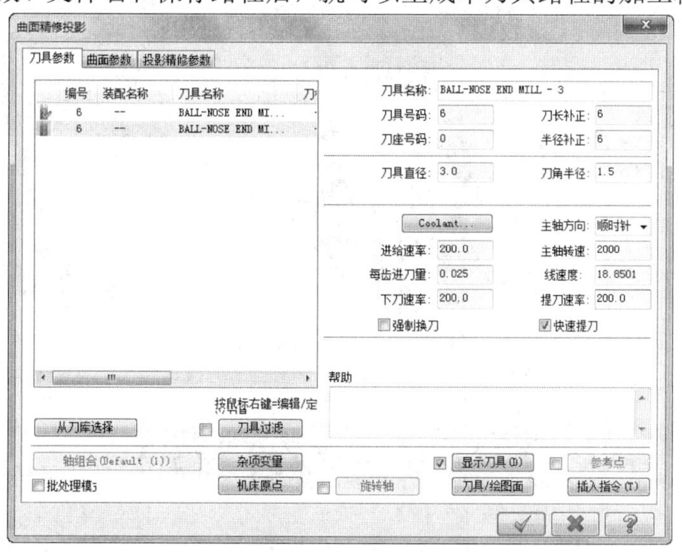

图 8-31　刀具参数设置

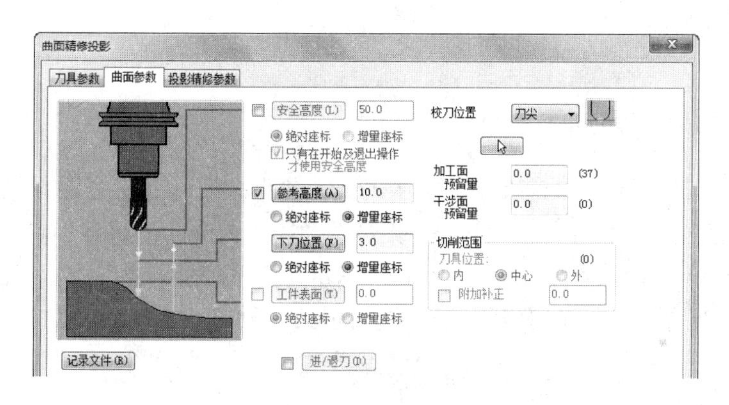

图 8-32　“曲面参数”选项卡

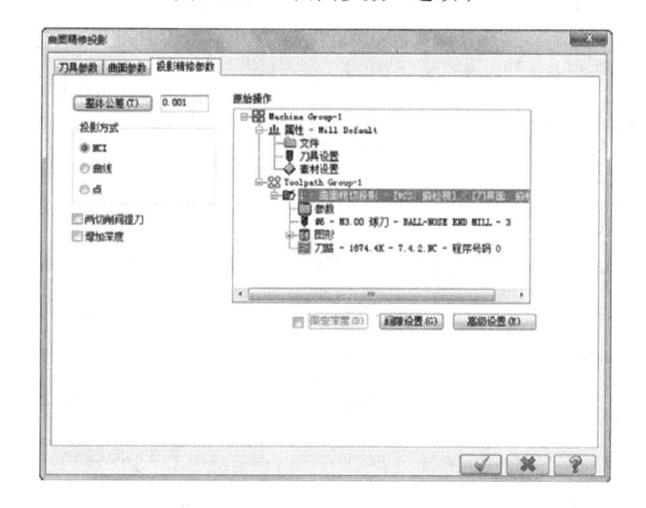

图 8-33　“投影精修参数”选项卡

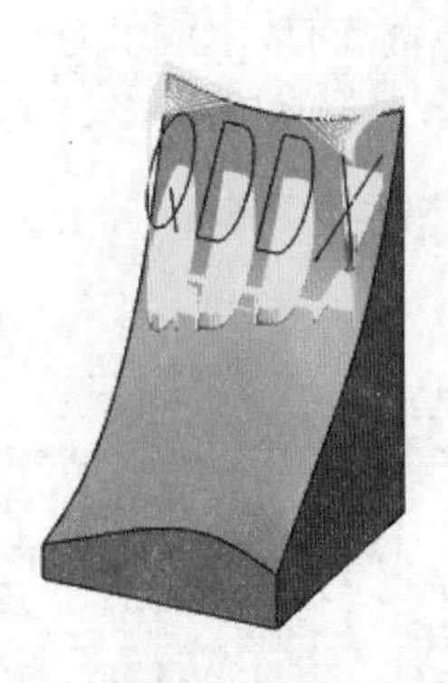

图 8-34 投影精修刀路示意图

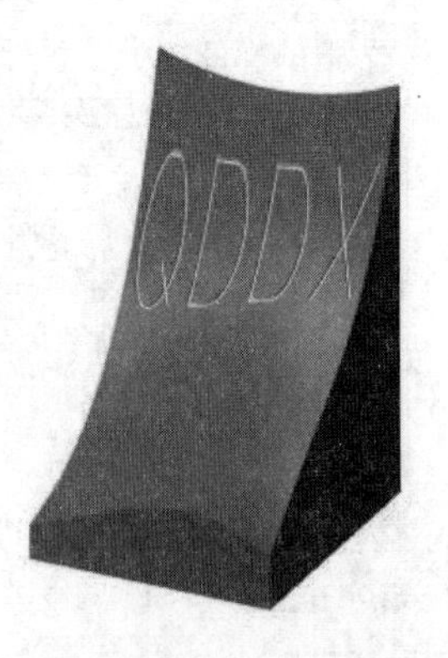

图 8-35 刀路模拟效果

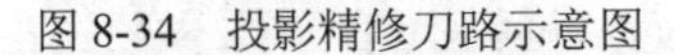

8.6 流线精加工

流线精加工是沿曲面的方向产生精加工刀路，由于其进刀量沿曲面计算，因此加工出来的曲面比较光滑。由于流线精加工是每个曲面单独加工，因此在加工每一个曲面时，应考虑不能损伤其他曲面。

8.6.1 设置流线精加工参数

单击“刀路”选项卡“自定义”面板中的“流线”按钮，根据系统提示选择加工曲面，然后单击“结束选取”按钮，系统会弹出“刀路曲面选择”对话框，根据需要设定相应的参数和选择相应的图素后，单击“确定”按钮，系统弹出“曲面精修流线”对话框，如图 8-36 所示。曲面精修流线参数设置与其粗加工含义相同，这里不再一一赘述。

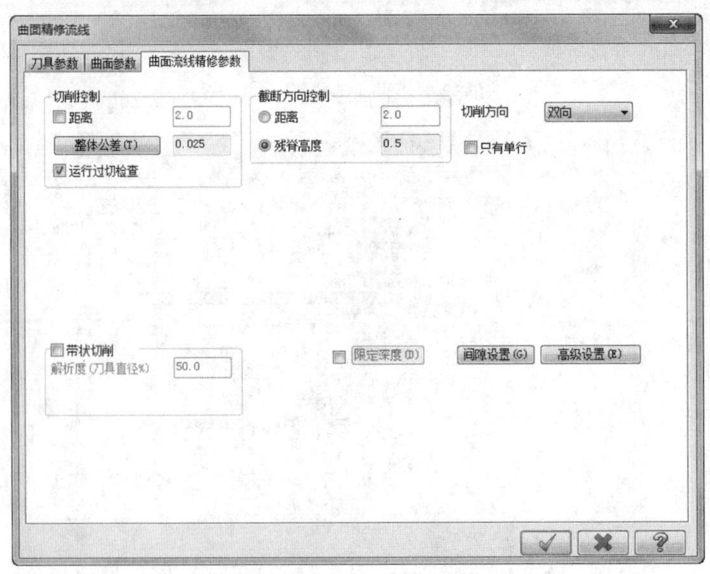

图 8-36 “曲面精修流线”对话框

8.6.2 流线精加工实例

对如图 8-37 所示的模型进行流线精加工。

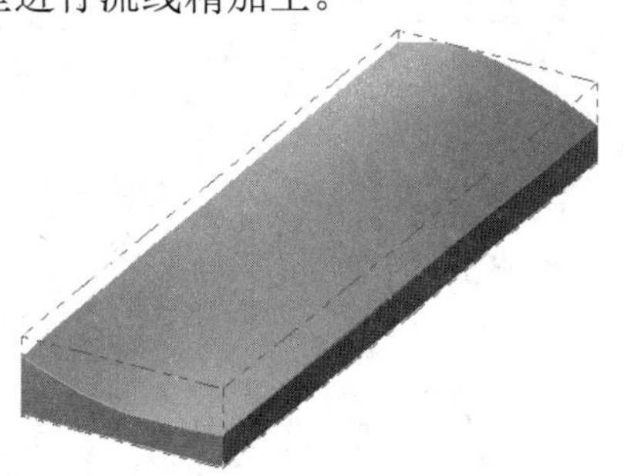

图 8-37 流线精加工模型

网盘\视频教学\第8章\流线精加工.MP4

操作步骤如下：

01 打开加工模型。单击快速访问工具栏中的“打开”按钮，在“打开”的对话框中打开网盘中源文件名为“8.6.2”的文件，如图 8-37 所示。

02 创建刀具路径。

❶选择加工曲面。单击“刀路”选项卡“自定义”面板中的“流线”按钮，根据系统的提示在绘图区中选择如图 8-38 所示的加工曲面，然后单击“结束选取”按钮，系统弹出“刀路曲面选择”对话框。

❷设置曲面流线参数。单击“刀路曲面选择”对话框“曲面流线”组中的“流线参数”按钮，系统弹出“曲面流线设置”对话框，如图 8-39 所示。单击该对话框中的“切削方向”按钮，调整曲面流线如图 8-40 所示，然后单击该对话框中的“确定”按钮，完成曲面流线的设置，此时系统返回“刀路曲面选择”对话框，单击该对话框中的“确定”按钮，系统弹出“曲面精修流线”对话框。

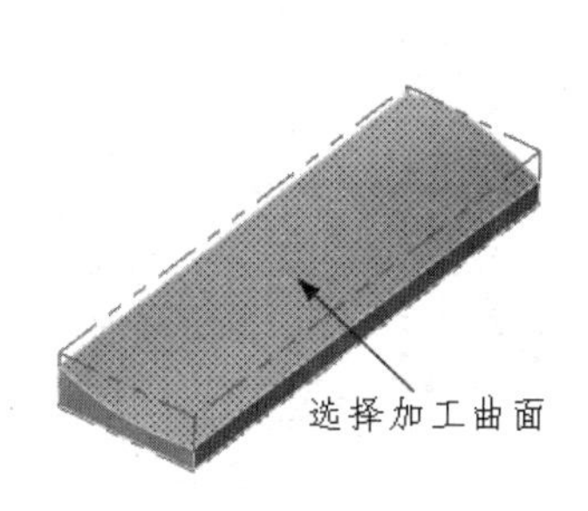

图 8-38 加工曲面的选取

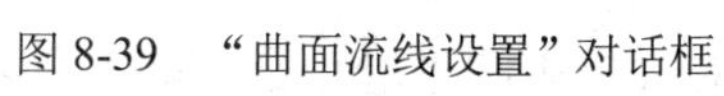

图 8-39 “曲面流线设置”对话框

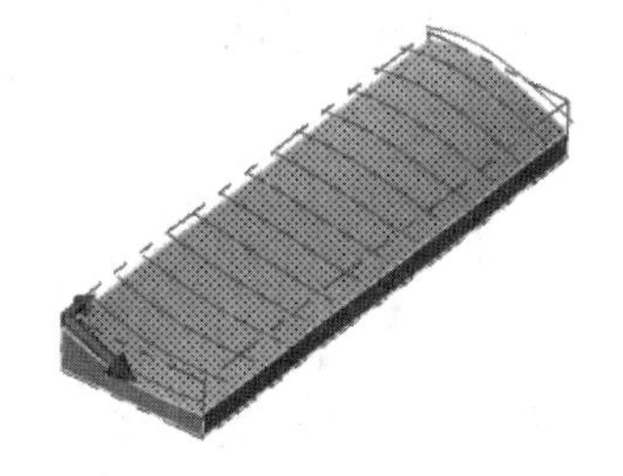

图 8-40 曲面流线设置示意图

❸设置刀具参数。单击“曲面精修流线”对话框中的“刀具参数”选项卡，进入刀具参数设置区。单击“从刀库选择”按钮，选择直径为 5mm 的球刀，并设置相应的

刀具参数，具体如下："进给速率"为 400，"主轴转速"为 2500，"下刀速率"为 300，"提刀速率"为 300，如图 8-41 所示。

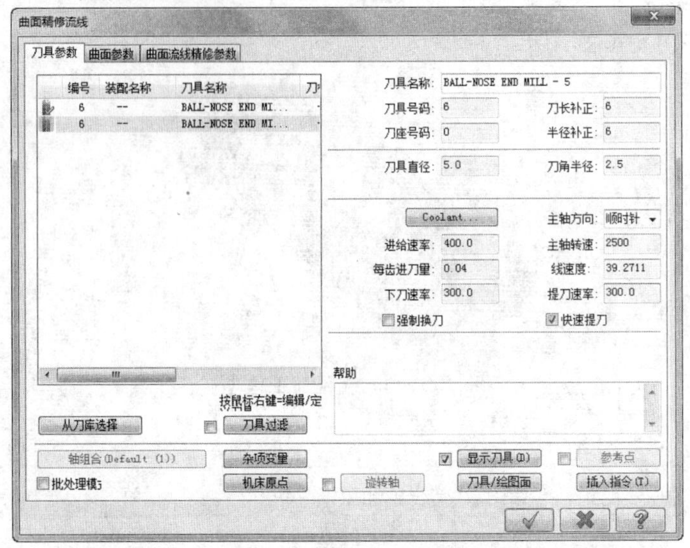

图 8-41 "刀具参数"选项卡

❹设置曲面加工参数。单击"曲面精修流线"对话框中的"曲面参数"选项卡，设置如下参数："参考高度"为 10，"下刀位置"为 1，"加工面预留量"为 0，如图 8-42 所示。

❺设置曲面流线精加工参数。单击"曲面精修流线"对话框中的"曲面流线精修参数"选项卡，设置如下参数："整体公差"为 0.01，"残脊高度"为 0.1，如图 8-43 所示。

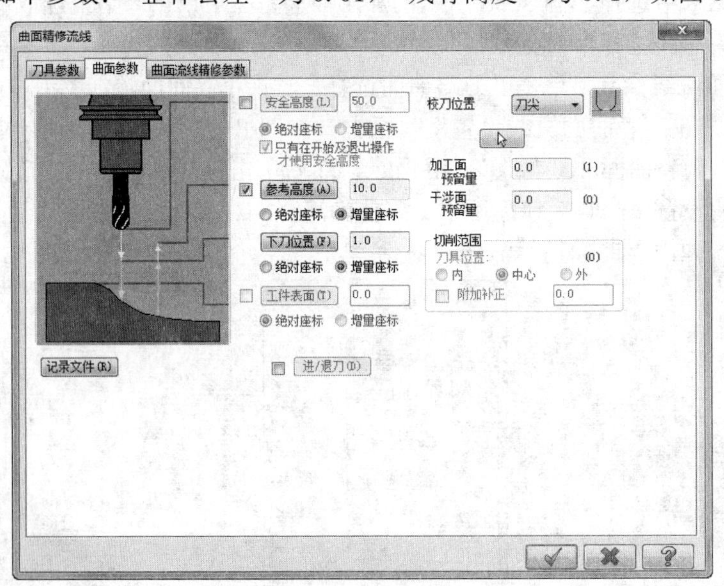

图 8-42 "曲面参数"选项卡

最后单击"曲面精修流线"对话框中的"确定"按钮✓，系统就会在绘图区生成刀具路径，如图 8-44 所示。

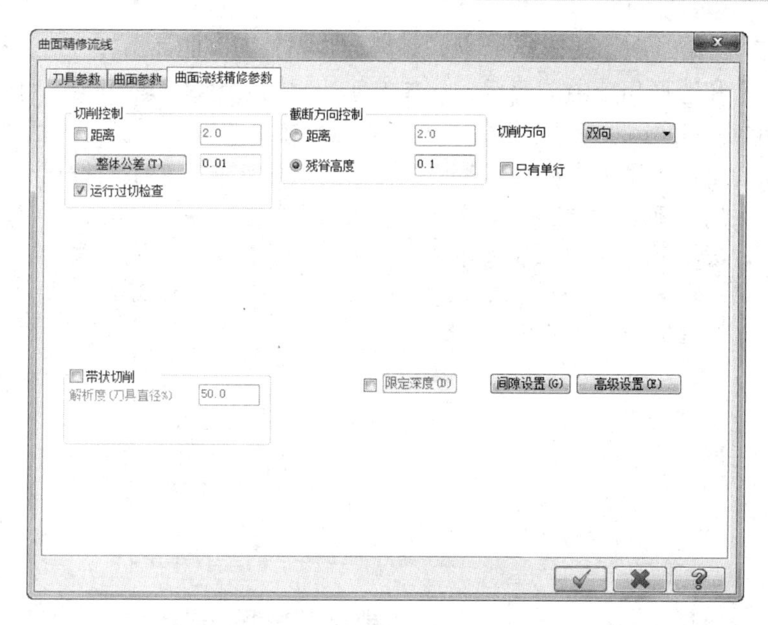

图 8-43 “曲面流线精修参数”选项卡

03 刀具路径验证、加工仿真与后处理。完成刀具路径设置以后，接下来就可以通过刀具路径模拟来观察刀具路径是否设置合适。在刀路管理器中单击“选择全部操作”按钮，然后单击“刀路管理器”中的“验证已选择的操作”按钮，在弹出的“Mastercam模拟”对话框中单击“播放”按钮，进行真实加工模拟，图 8-45 所示为加工模拟的效果图。

在确认加工设置无误后，即可以生成 NC 加工程序了。单击“运行选择的操作进行后处理”按钮G1，设置相应的参数、文件名和保存路径后，就可以生成本刀具路径的加工程序。

图 8-44 曲面流线精修刀路示意图

图 8-45 刀路模拟效果

8.7 等高精加工

等高外形精加工的刀具是首先完成一个高度面上的所有加工后，才进行下一个高度的加工。

8.7.1 设置等高外形精加工参数

单击“刀路”选项卡“自定义”面板中的“等高”按钮，根据系统提示选择加工曲面，然后单击“结束选取”按钮，系统会弹出“刀路曲面选择”对话框，根据需要设定相应的参数和选择相应的图素后，单击“确定”按钮，系统弹出“曲面精修等高”对话框，如图 8-46 所示。该对话框的设置和等高粗加工的参数设置基本相同。

值得注意的是，采用等高精加工时，在曲面的顶部或坡度较小的位置有时不能进行切削，这时可以采用浅平面精加工来对这部分的材料进行铣削。

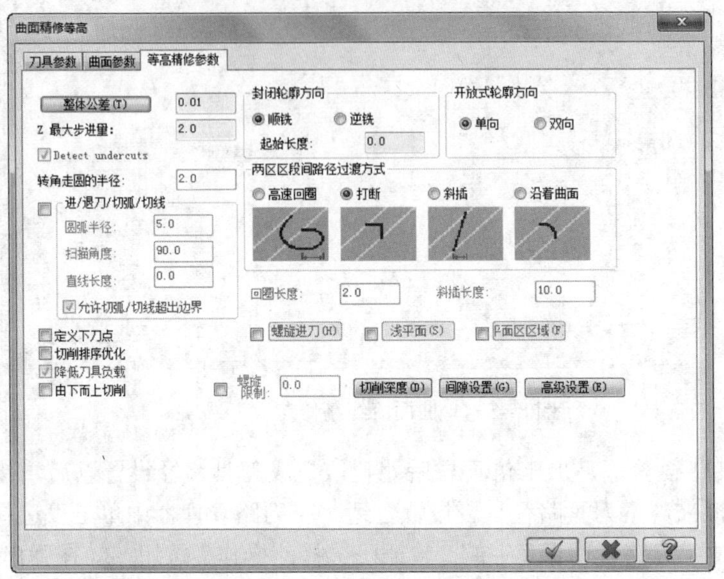

图 8-46 “曲面精修等高”对话框

8.7.2 等高精加工实例

对如图 8-47 所示的模型进行等高精加工。

网盘\视频教学\第8章\等高精加工.MP4

操作步骤如下：

01 打开加工模型。单击快速访问工具栏中的“打开”按钮，在“打开”的对话框中打开网盘中源文件名为“8.7.2”的文件，如图 8-47 所示。

02 创建刀具路径。

❶选择加工曲面。单击“刀路”选项卡“自定义”面板中的“等高”按钮，根据系统的提示在绘图区中选择如图 8-48 所示的加工曲面，然后单击“结束选取”按钮，系统弹出“刀路曲面选择”对话框，最后单击该对话框中的“确定”按钮，完成加工曲面的选取，系统弹出“曲面精修等高”对话框。

❷设置刀具参数。单击“曲面精修等高”对话框中的“刀具参数”选项卡，进入刀具参数设置区。单击“从刀库选择”按钮，选择直径为 5mm 的球刀，并设置相应的刀具参数，具体如下：“进给速率”为 400，“主轴转速”为 2000，“下刀速率”为 300，“提

刀速率”为300，如图8-49所示。

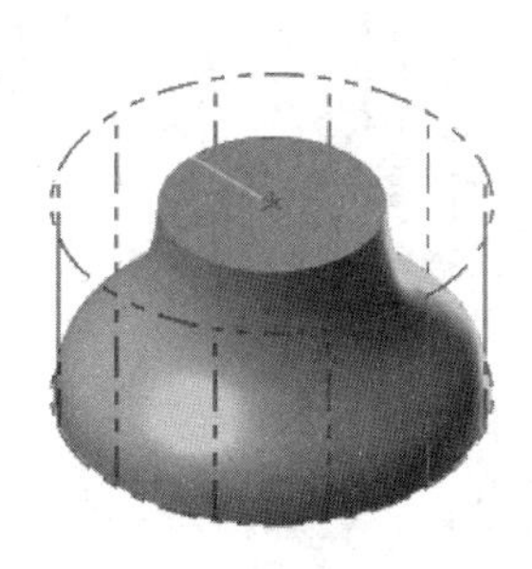

图 8-47　等高外形精加工模型

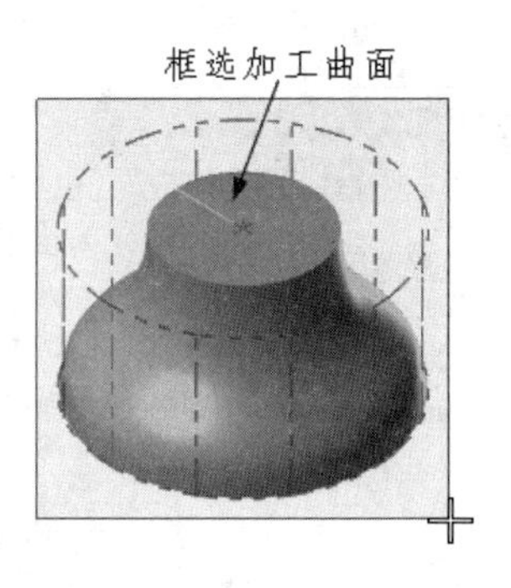

图 8-48　加工曲面的选取

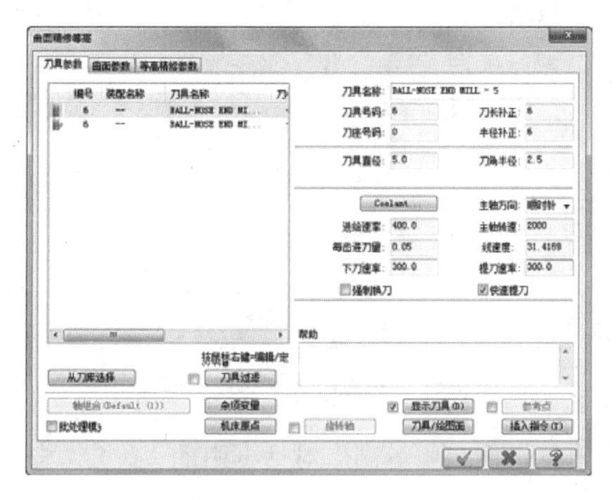

图 8-49　“刀具参数”选项卡

❸设置曲面加工参数。单击“曲面精修等高”对话框中的“曲面参数”选项卡，设置如下参数：“参考高度”为10，“下刀位置”为3，“加工面预留量”为0，如图8-50所示。

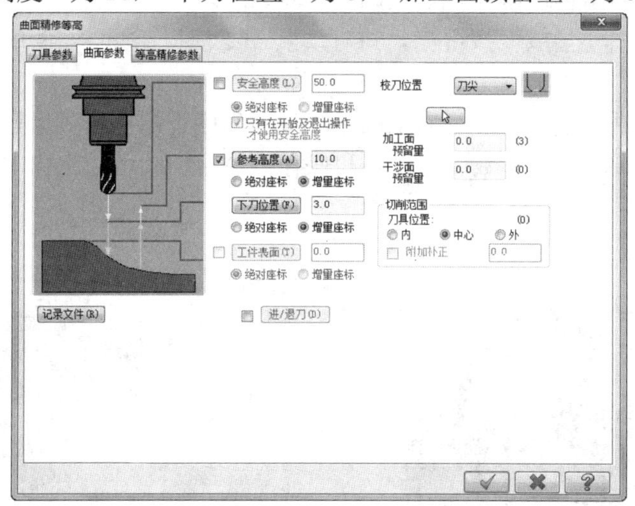

图 8-50　“曲面参数”选项卡

❹设置等高外形精加工参数。单击“曲面精修等高”对话框中的“等高精修参数”选

项卡，设置如下参数：“整体公差”为0.01，“Z 最大步进量”为0.8，如图8-51所示。

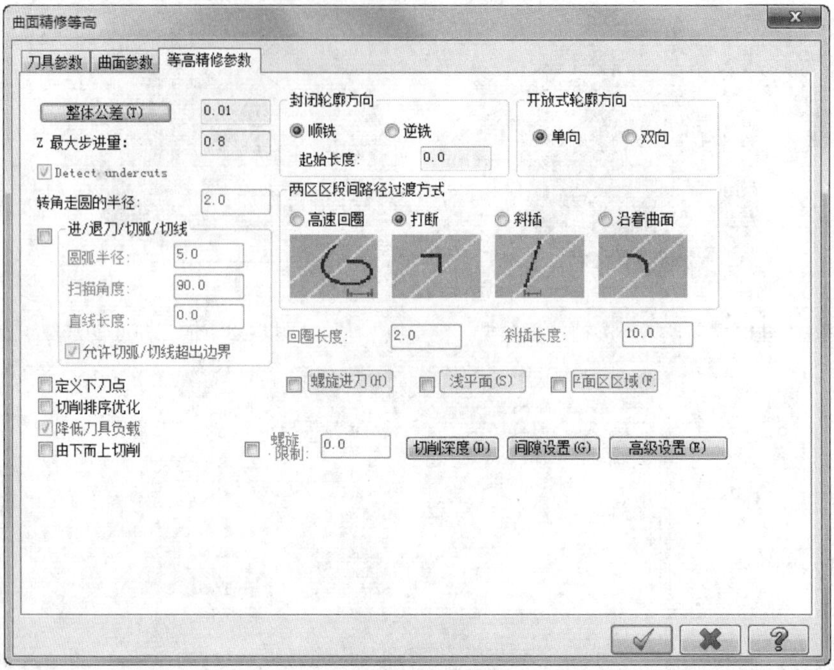

图8-51 “等高精修参数”选项卡

设置完后，最后单击“曲面精修等高”对话框中的“确定”按钮，系统立即在绘图区生成刀具路径，如图8-52所示。

03 刀具路径验证、加工仿真与后处理。完成刀具路径设置以后，接下来就可以通过刀具路径模拟来观察刀具路径是否设置合适。在刀路管理器中单击“选择全部操作”按钮，然后单击“刀路管理器”中的“验证已选择的操作”按钮，在弹出的“Mastercam 模拟”对话框中单击“播放”按钮，进行真实加工模拟，图8-53所示为加工模拟的效果图。

在确认加工设置无误后，即可以生成 NC 加工程序了。单击“运行选择的操作进行后处理”按钮，设置相应的参数、文件名和保存路径后，就可以生成本刀具路径的加工程序。

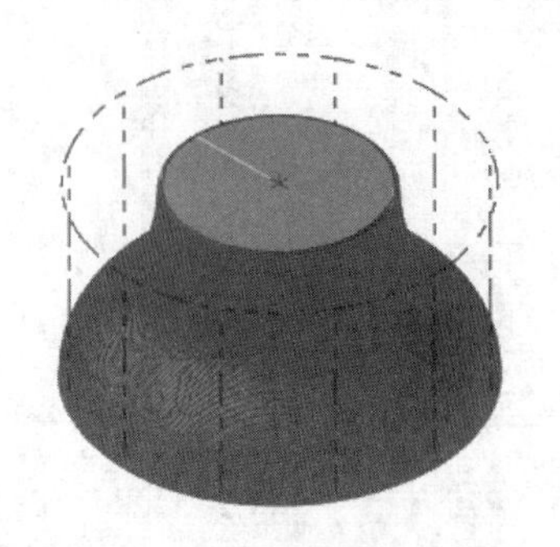

图8-52 等高外形精修刀路示意

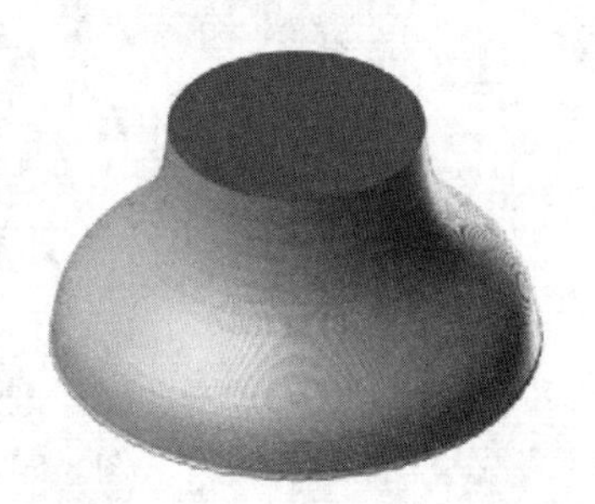

图8-53 刀具路径模拟效果

8.8 浅平面精加工

与陡平面精加工正好相反，浅平面精加工主要用于加工一些比较平坦的曲面。在大多数精加工时，往往会对平坦部分的加工不够，因此需要在后面使用浅平面精加工来保障加工质量。

8.8.1 设置浅平面精加工参数

单击“刀路”选项卡“自定义”面板中的“精修浅平面加工”按钮，根据系统提示选择加工曲面，然后单击“结束选取”按钮，系统会弹出“刀路曲面选择”对话框，根据需要设定相应的参数和选择相应的图素后，单击“确定”按钮，系统弹出“曲面精修浅平面”对话框，如图8-54所示。该对话框中主要参数的含义如下：

（1）“切削方向”：浅平面精加工有“双向”、“单向”以及“3D环绕”3种切削方式。其中，“3D 环绕”是指围绕切削区构建一个范围，切削该区域的周边，然后用最大步距去补正外部边界，构建一个切削范围。

（2）“从倾斜角度/到倾斜角度”：与陡斜面类似，也是由两斜坡角度所决定的，凡坡度在“从倾斜角度”和“到倾斜角度”之间的曲面被视为浅平面。系统默认的坡度范围为 0° ～ 10°，用户可以改变，将加工范围扩大到更陡一点的斜坡上，但是不能超过 90°，角度不区分正负，只看值的大小。

（3）“环绕设置”：浅平面加工增加了一种环绕切削的方法，它围绕切削区去构建一个边界，刀具沿着这个边界去切削一周，然后按照设定的切削间距将边界朝加工区内偏置一个距离，得到一个与边界线平行的轨迹，刀具按照新的轨迹线进行加工，如此反复，直到该区域加工完毕。

单击“环绕设置”按钮，弹出如图 8-55 所示为“环绕设置”对话框。勾选“复盖自动精度计算”复选框则三维环绕精度是用“步进量百分比”文本框中指定的值，而不考虑自动分析计算后的结果；如果不选择，则系统按刀具、切削间距和切削公差来计算合适的环绕刀具路径。“将限定区区域边界存为图形”用于构建极限边界区域的几何图形。

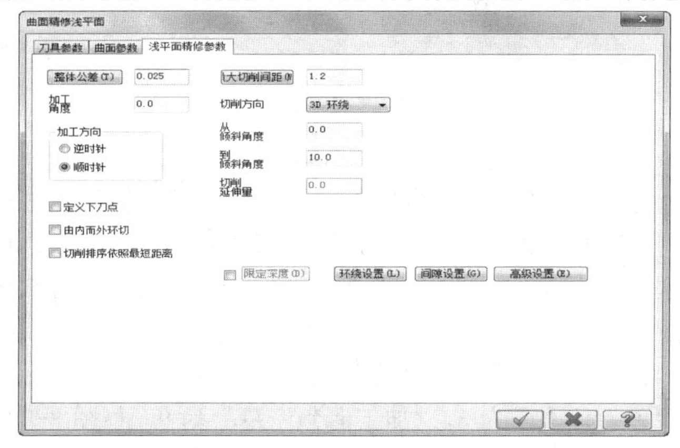

图 8-54 “曲面精修浅平面”对话框

图 8-55 “环绕设置”对话框

8.8.2 浅平面精加工实例

对如图 8-56 所示的模型进行浅平面精加工。

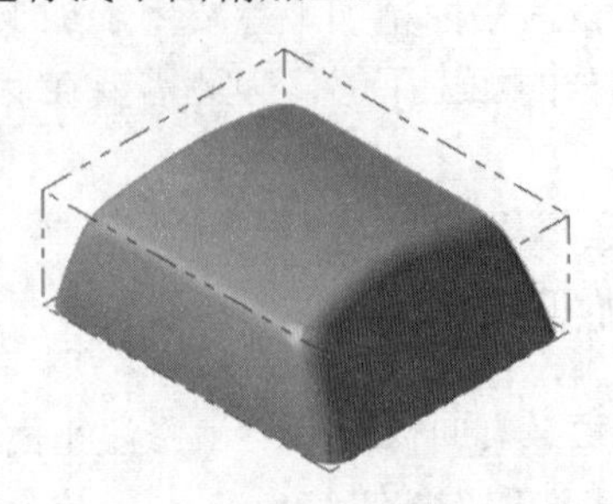

图 8-56 浅平面精加工模型

网盘\视频教学\第8章\浅平面精加工.MP4

操作步骤如下：

01 打开加工模型。单击快速访问工具栏中的“打开”按钮，在“打开”的对话框中打开网盘中源文件名为“8.8.2”的文件，如图 8-56 所示。

02 创建刀具路径。

❶选择加工曲面。单击“刀路”选项卡“自定义”面板中的“精修浅平面加工”按钮，根据系统的提示在绘图区中选择如图 8-57 所示的加工曲面，然后单击“结束选取”按钮，系统弹出“刀路曲面选择”对话框，最后单击 “确定”按钮，完成加工曲面的选取，系统弹出“曲面精修浅平面”对话框。

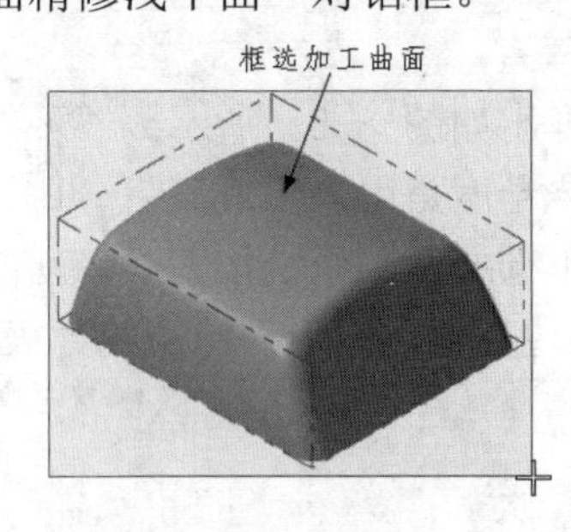

图 8-57 加工曲面的选取

❷设置刀具参数。单击“曲面精修浅平面”对话框中的“刀具参数”选项卡，进入刀具参数设置区。单击“从刀库选择”按钮，选择直径为 3mm 的球刀，并设置相应的刀具参数，具体如下：“进给速率”为 400，“主轴转速”为 2500， “下刀速率”为 300，“提刀速率”为 300，如图 8-58 所示。

❸设置曲面加工参数。单击“曲面精修浅平面”对话框中的“曲面参数”选项卡，设置如下参数：“参考高度”为 10，“下刀位置”为 3，“加工面预留量”为 0，如图 8-59 所示。

❹设置浅平面精加工参数。单击“曲面精修浅平面”对话框中的“浅平面精修参数”

选项卡，设置如下参数：“整体公差”为0.01，“最大切削间距”为0.8，“从倾斜角度”为0，“到倾斜角度”为15，如图8-60所示。

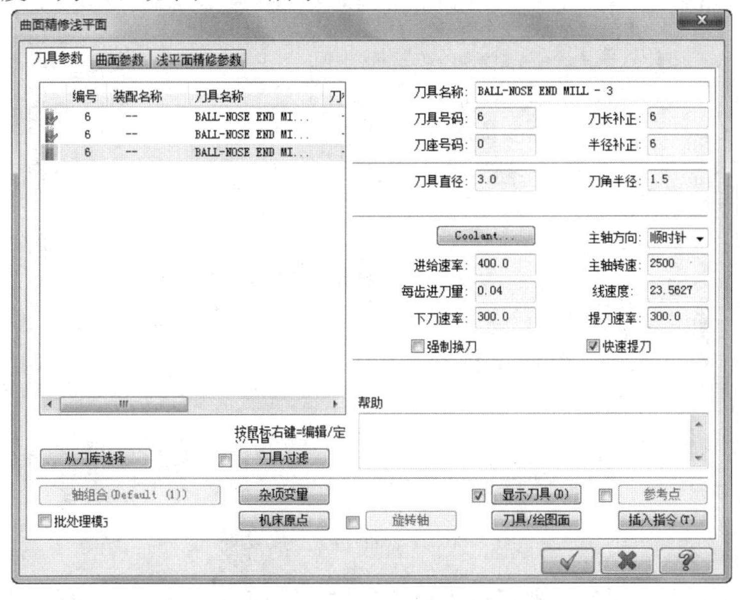

图8-58　“刀具参数”选项卡

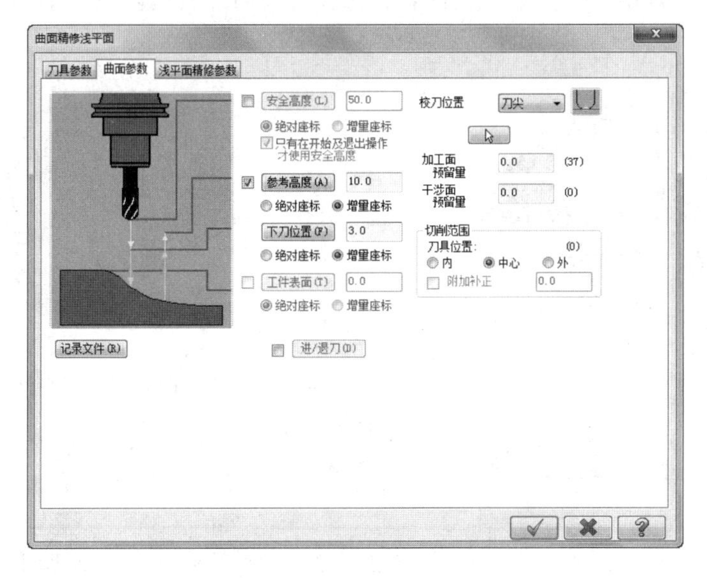

图8-59　“曲面参数”选项卡

设置完后，最后单击“曲面精修浅平面”对话框中的“确定”按钮，系统立即在绘图区生成刀具路径，如图8-61所示。

03 刀具路径验证、加工仿真与后处理。完成刀具路径设置以后，接下来就可以通过刀具路径模拟来观察刀具路径是否设置合适。在刀路管理器中单击“选择全部操作”按钮，然后单击“刀路管理器”中的“验证已选择的操作”按钮，在弹出的“Mastercam模拟”对话框中单击“播放”按钮，进行真实加工模拟，图8-62所示为加工模拟的效果图。

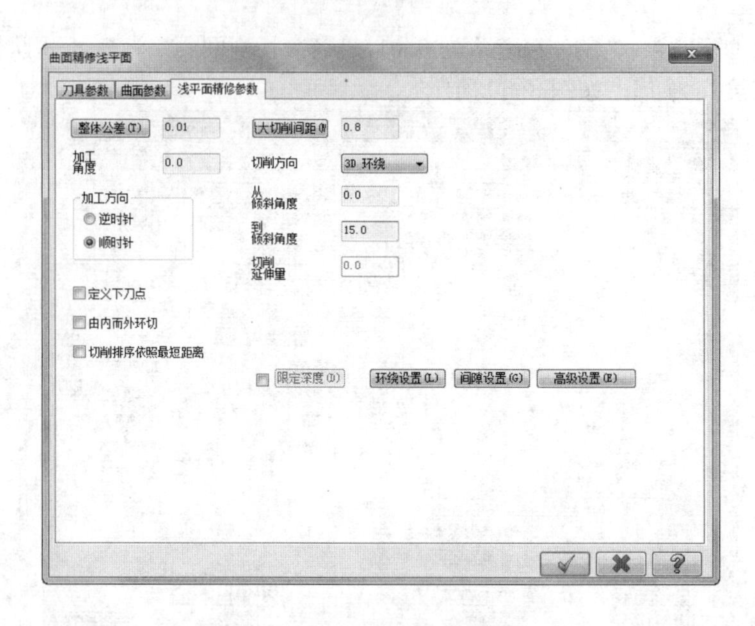

图 8-60 浅平面精修参数设置

在确认加工设置无误后，即可以生成 NC 加工程序了。单击“运行选择的操作进行后处理”按钮G1，设置相应的参数、文件名和保存路径后，就可以生成本刀具路径的加工程序。

图 8-61 浅平面精修刀路示意图

图 8-62 刀路模拟效果

8.9 精修清角加工

精修清角加工用于清除曲面之间的交角部分残余材料，须与其他加工方法配合使用。该种精加工方法刀具路径可在两种方法中使用：作为粗加工操作切除交角上的残余材料，所以随已粗加工曲面使用该方法可更容易清除交角上的残渣；作为精加工操作从交角上清除毛坯材料。

8.9.1 设置精修清角加工参数

单击“刀路”选项卡“自定义”面板中的“精修清角加工”按钮，根据系统提示选择加工曲面，然后单击“结束选取”按钮，系统会弹出“刀路曲面选择”对话框，根据需要设定相应的参数和选择相应的图素后，单击“确定”按钮，系统弹出“曲面精修清角”对话框，如图 8-63 所示。参数设置与前面各加工方式中的一样，设置好参数后，系统自动计算出哪些地方需要清角，然后进行加工。

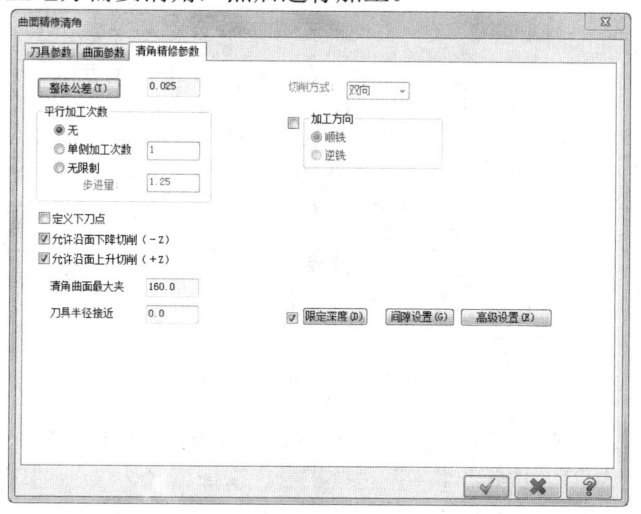

图 8-63 “曲面精修清角”对话框

8.9.2 精修清角加工实例

对如图 8-64 所示的模型进行精修清角加工。

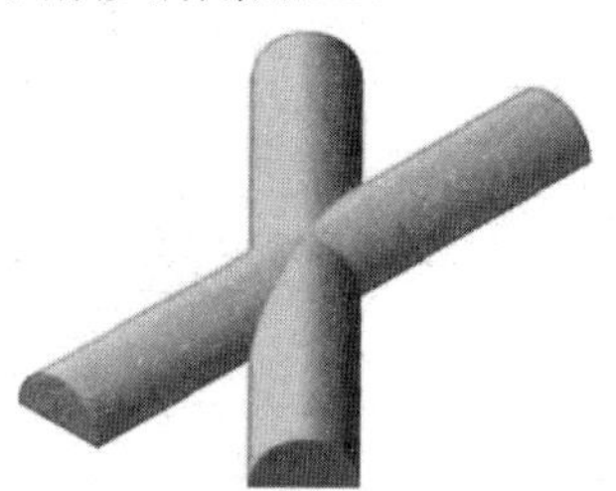

图 8-64 精修清角加工模型

网盘\视频教学\第8章\精修清角加工.MP4

操作步骤如下：

01 打开加工模型。单击快速访问工具栏中的“打开”按钮，在“打开”的对话框中打开网盘中源文件名为“8.9.2”文件，如图 8-64 所示。

02 创建刀具路径。

❶选择加工曲面。单击“刀路”选项卡“自定义”面板中的“精修清角加工”按钮，根据系统的提示在绘图区中选择如图 8-65 所示的加工曲面，然后单击“结束选取”按钮，系统弹出“刀路曲面选择”对话框，最后单击 “确定”按钮，完成加工曲

面的选取，系统弹出“曲面精修清角”对话框。

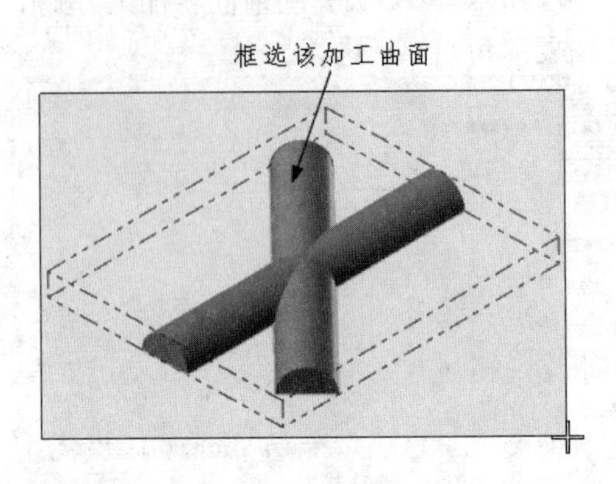

图 8-65　加工曲面的选取

❷设置刀具参数。单击“曲面精修清角”对话框中的“刀具参数”选项卡，进入刀具参数设置区。单击“从刀库选择”按钮，选择直径为 3mm 的球刀，并设置相应的刀具参数，具体如下：“进给速率”为 200，“主轴转速”为 3000，“下刀速率”为 150，“提刀速率”为 150，如图 8-66 所示。

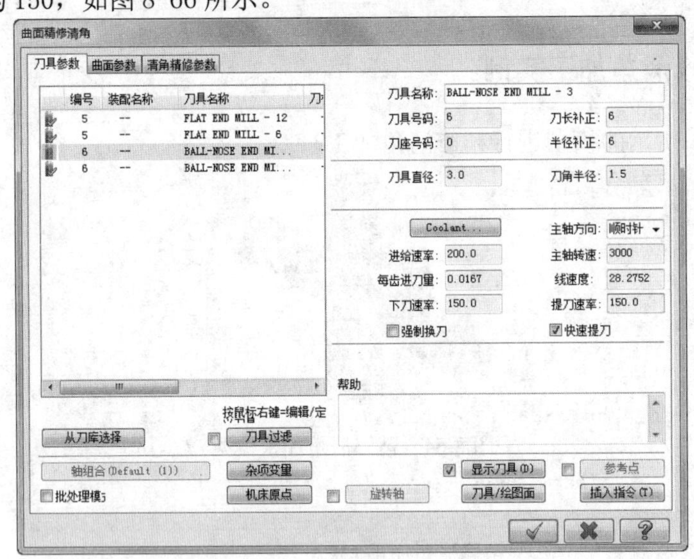

图 8-66　“刀具参数”选项卡

❸设置曲面加工参数。单击“曲面精修清角”对话框中的“曲面参数”选项卡，设置如下参数：“参考高度”为 10，“下刀位置”为 3，“加工面预留量”为 0，如图 8-67 所示。

❹设置交线清角精加工参数。单击“曲面精修清角”对话框中的“清角精修参数”选项卡，设置如下参数：“整体公差”为 0.01，其他参数采用默认值，如图 8-68 所示。

设置完后，最后单击“曲面精修清角”对话框中的“确定”按钮，系统立即在绘图区生成刀具路径，如图 8-69 所示。

03 刀具路径验证、加工仿真与后处理。完成刀具路径设置以后，接下来就可以通过刀具路径模拟来观察刀具路径是否设置合适。在刀路管理器中单击“选择全部操作”按钮，然后单击“刀路管理器”中的“验证已选择的操作”按钮，在弹出的“Mastercam模拟”对话框中单击“播放”按钮，进行真实加工模拟，图 8-70 所示为加工模拟的效果图。

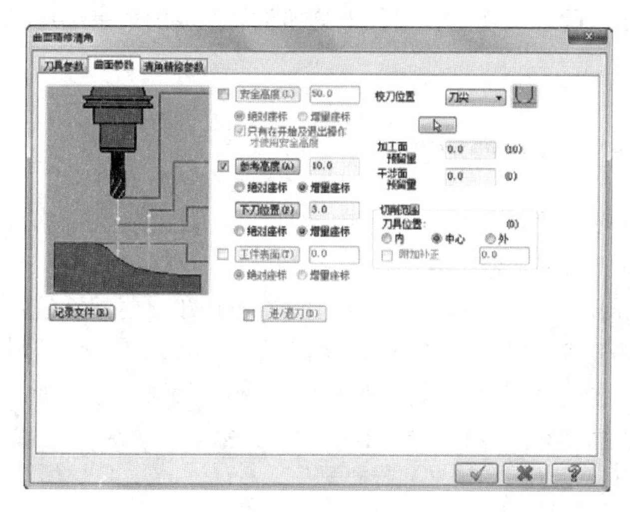

图 8-67 “曲面参数”选项卡

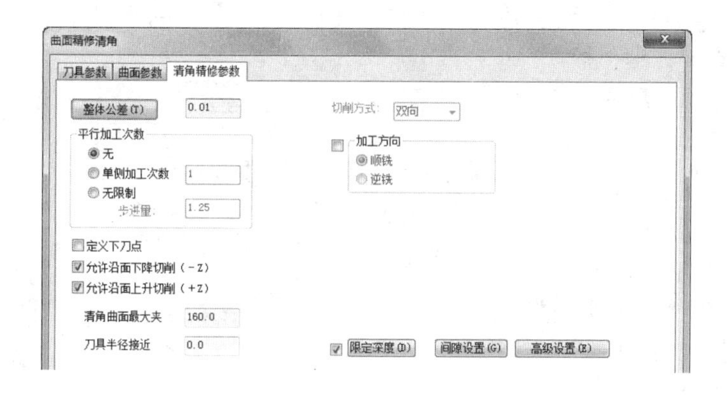

图 8-68 “清角精修参数”选项卡

在确认加工设置无误后，即可以生成 NC 加工程序了。单击“运行选择的操作进行后处理”按钮G1，设置相应的参数、文件名和保存路径后，就可以生成本刀具路径的加工程序。

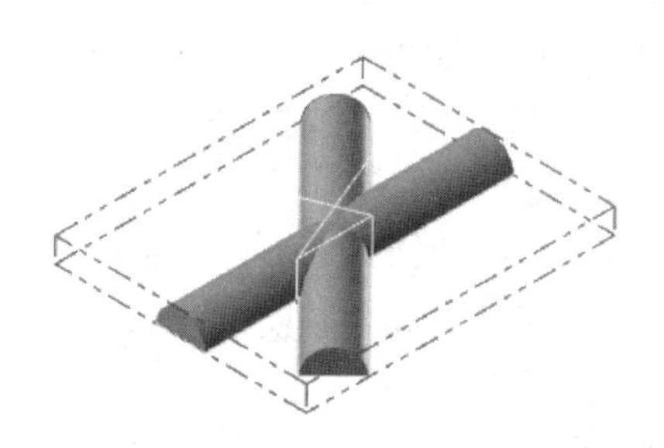

图 8-69 交线清角精修刀路示意图

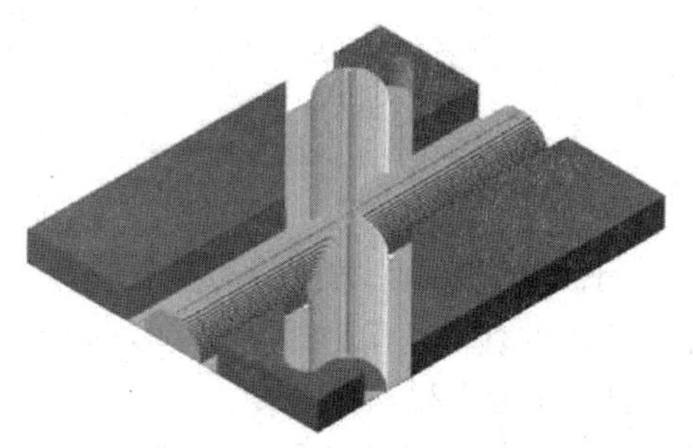

图 8-70 刀路模拟效果

8.10 残料精加工

残料精加工用于清除前面使用大口径刀具加工而造成的残余毛坯材料，也应与其他加工方法配合使用。

8.10.1 设置残料清角精加工参数

单击“刀路”选项卡“自定义”面板中的“残料”按钮，根据系统提示选择加工曲面，然后单击“结束选取”按钮，系统会弹出“刀路曲面选择”对话框，根据需要设定相应的参数和选择相应的图素后，单击“确定”按钮，系统弹出“曲面精修残料清角”对话框，如图 8-71 和图 8-72 所示。加工方法与粗加工中的残料加工类似，除了两个共同的设置菜单项外，还有两个特征菜单项，与粗加工有不同之处。

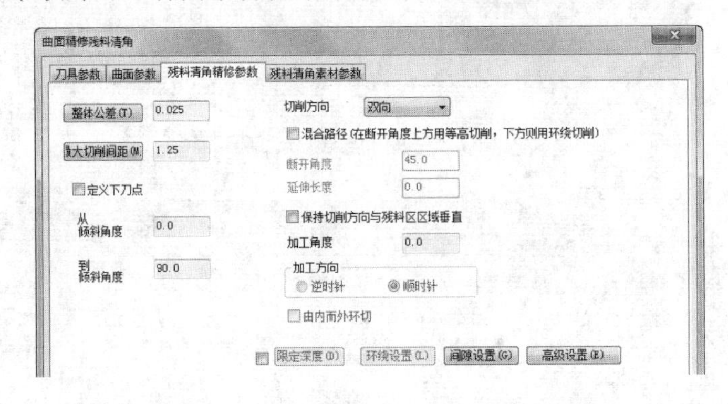

图 8-71　“残料清角精修参数”选项卡

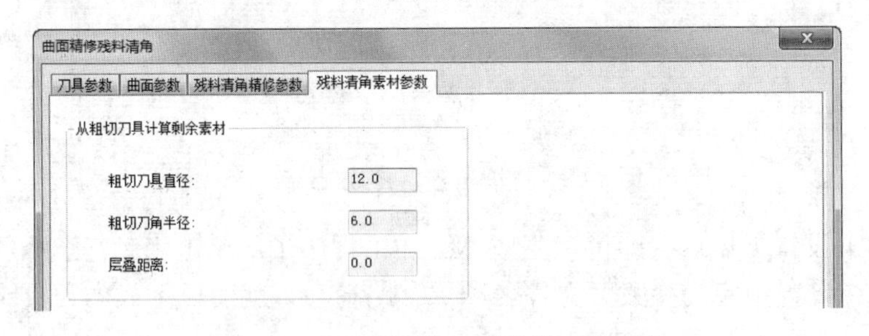

图 8-72　“残料清角素材参数”选项卡

（1）“混合路径”：它是 2D 加工形式和 3D 加工形式的混合，在 3D 环绕切削方式下无效。大于转折角度时为 2D 方式，这时曲面比较陡；小于转折角度时为 3D 方式，这时曲面比较平缓。① 2D 方式：是指在切削一周的过程中，切入深度 Z 不变，刀具路径在二维方向是等距的。② 3D 方式：是指在切削一周的过程中，Z 值根据曲面的形态而变化，刀具路径在空间是保持等距的，这可以使得在加工陡面时自动增加刀具路径，免得在陡面上刀具切削的路径太稀。

（2）“从粗切刀具计算剩余素材”：该选项有“粗切刀具直径”、“粗切刀角半径”以及“层叠距离”3 个选项，设置该值后，系统会自动根据粗加工刀具直径及重叠距离来计算清除材料的加工范围。例如：若粗加工刀具的直径选择为 12mm 的刀具，若重叠距离设为 2，则系统认为粗加工的区域是用直径为 14mm 的刀具按原刀具路径加工出来的区域，当然，这个区域是系统假想的，要比实际粗加工的区域要大，那么，在清除残料精加工时，搜索的加工范围也就大一些，因此残料清除可能更彻底。

8.10.2 残料精加工实例

对如图 8-73 所示的模型进行残料精加工。

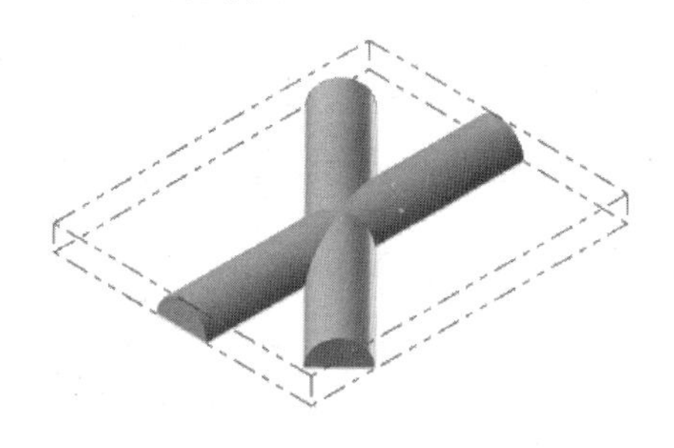

图 8-73 残料精加工模型

网盘\视频教学\第8章\残料精加工.MP4

操作步骤如下：

01 打开加工模型。单击快速访问工具栏中的“打开”按钮，在“打开”的对话框中打开网盘中源文件名为“8.10.2”的文件，如图 8-73 所示。

02 创建刀具路径。

❶选择加工曲面。单击“刀路”选项卡“自定义”面板中的“残料”按钮，根据系统的提示在绘图区中选择如图 8-74 所示的加工曲面，然后单击“结束选取”按钮，系统弹出“刀路曲面选择”对话框，最后单击该对话框中的“确定”按钮，完成加工曲面的选取，系统弹出“曲面精修残料清角”对话框。

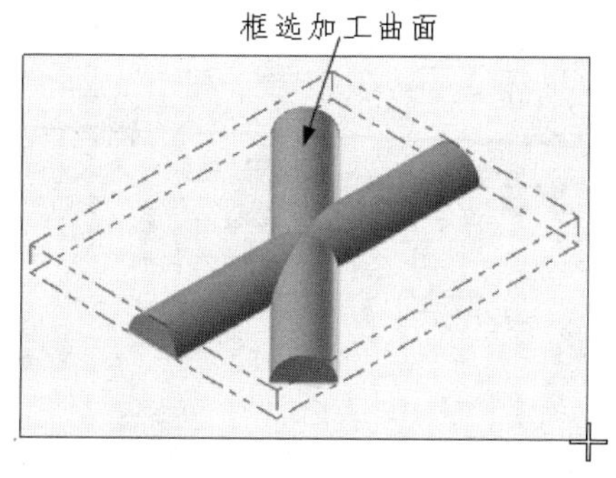

图 8-74 加工曲面的选取

❷设置刀具参数。单击“曲面精修残料清角”对话框中的“刀具参数”选项卡，进入

刀具参数设置区。单击“从刀库选择”按钮 从刀库选择 ，选择直径为3mm的球刀，并设置相应的刀具参数，具体如下：“进给速率”为200，“主轴转速”为3000，“下刀速率”为150，“提刀速率”为150，如图8-75所示。

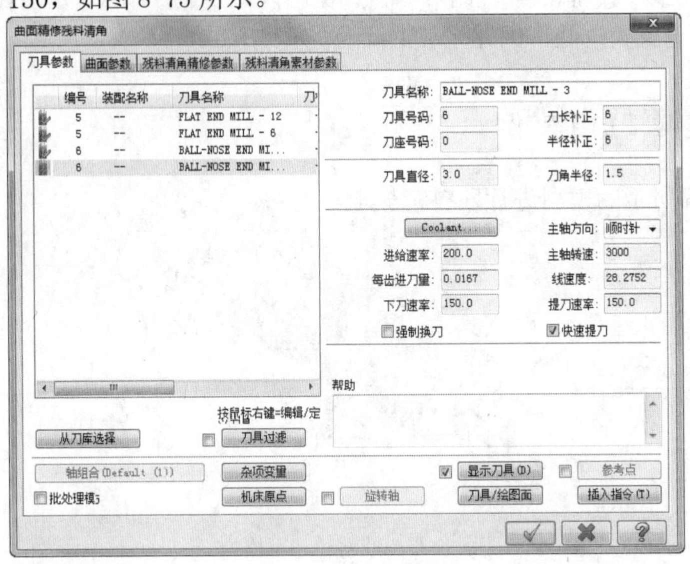

图8-75 “刀具参数”选项卡

❸设置曲面加工参数。单击“曲面精修残料清角”对话框中的“曲面参数”选项卡，设置如下参数：“参考高度”为10，“下刀位置”为3，“加工面预留量”为0，如图8-76所示。

❹设置残料清角精修参数。单击“曲面精修残料清角”对话框中的“残料清角精修参数”选项卡，设置如下参数：“整体公差”为0.01，“最大切削间距”为0.5，如图8-77所示。

设置完后，最后单击“曲面精修残料清角”对话框中的“确定”按钮 ，系统立即在绘图区生成刀具路径，如图8-78所示。

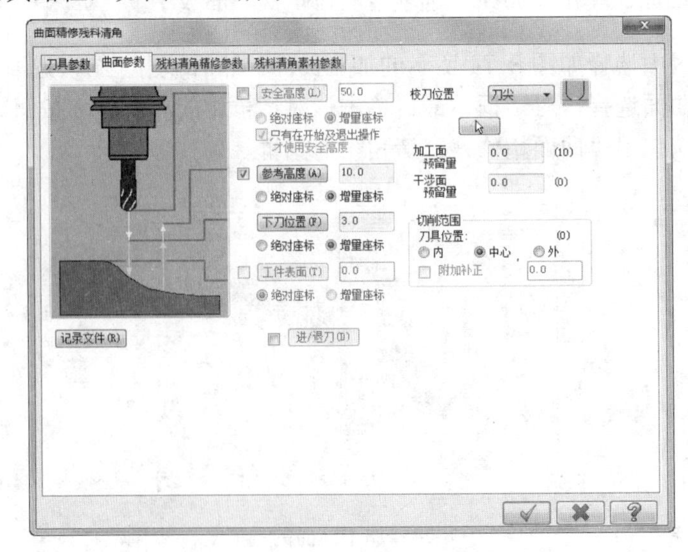

图8-76 “曲面参数”选项卡

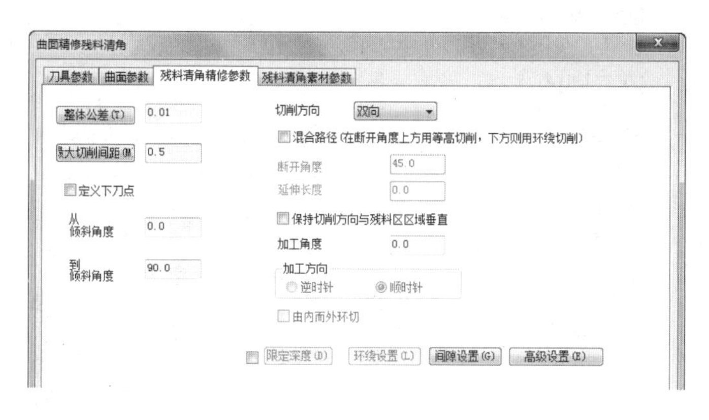

图 8-77 “残料清角精修参数”选项卡

03 刀具路径验证、加工仿真与后处理。完成刀具路径设置以后，接下来就可以通过刀具路径模拟来观察刀具路径是否设置合适。在刀路管理器中单击“选择全部操作”按钮，然后单击“刀路管理器”中的“验证已选择的操作”按钮，在弹出的“Mastercam 模拟”对话框中单击“播放”按钮，进行真实加工模拟，图 8-79 所示为加工模拟的效果图。

在确认加工设置无误后，即可以生成 NC 加工程序了。单击“运行选择的操作进行后处理”按钮G1，设置相应的参数、文件名和保存路径后，就可以生成本刀具路径的加工程序。

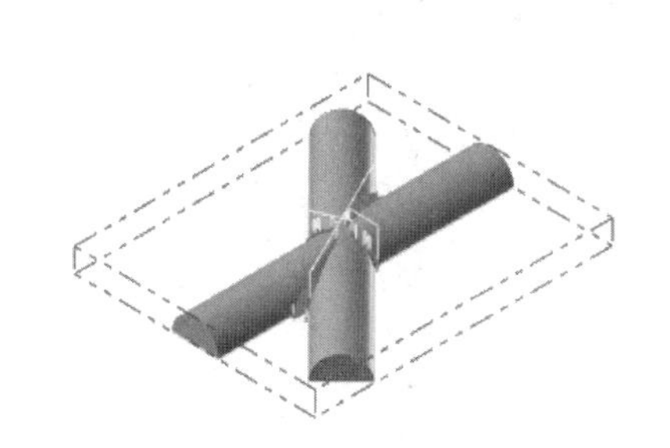

图 8-78 残料精加工刀路示意图

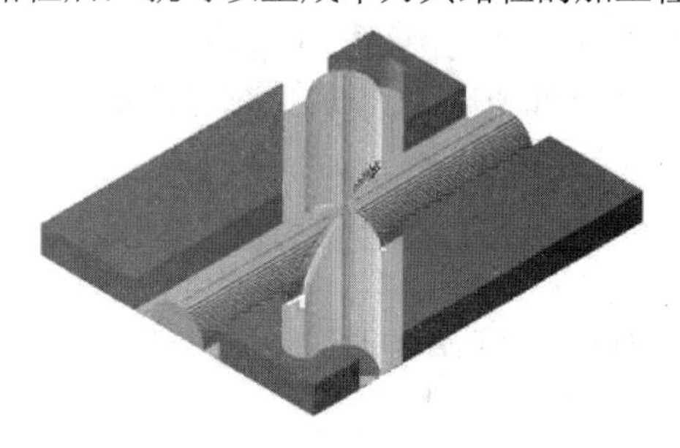

图 8-79 刀路模拟效果

8.11 环绕等距精加工

环绕等距精加工是指刀具在加工多个曲面零件时，刀具路径沿曲面环绕并且相互等距，即残留高度固定。它与流线加工类似，是根据曲面的形态决定切除深度，而不管毛坯是何形状，所以若毛坯尺寸和形状接近零件时用此法较为稳妥。

8.11.1 设置环绕等距精加工参数

单击“刀路”选项卡“自定义”面板中的“精修环绕等距加工”按钮，根据系统提示选择加工曲面，然后单击“结束选取”按钮，系统会弹出“刀路曲面选择”对话框，根据需要设定相应的参数和选择相应的图素后，单击“确定”按钮，系统弹出“曲面精修环绕等距”对话框，如图 8-80 所示。该对话框中的参数设置与前面加工方法中的同名项相同，在此仅介绍不同的选项。

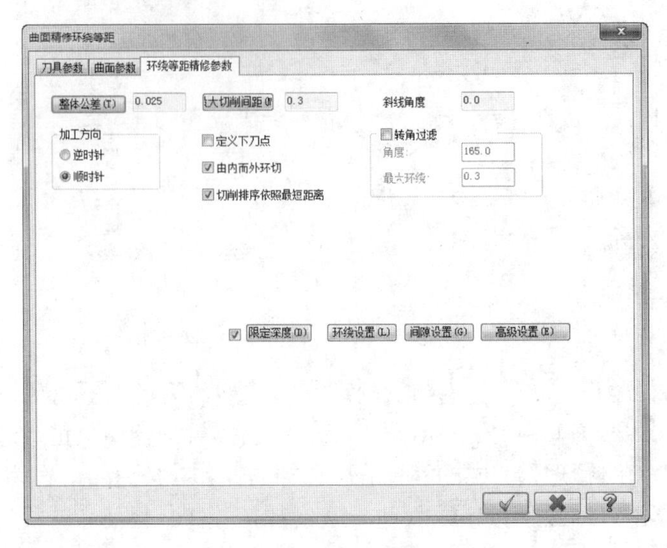

图 8-80　“曲面精修环绕等距”对话框

1）“切削排序依照最短距离”：此项为刀具路径优化项，目的在于减少刀具从一条切削线到另一条切削线的距离，同时对刀具的返回高度也采取优化。

2）“斜线角度”：设置进到时的角度值。

8.11.2　环绕等距精加工实例

对如图 8-81 所示的模型进行环绕等距精加工。

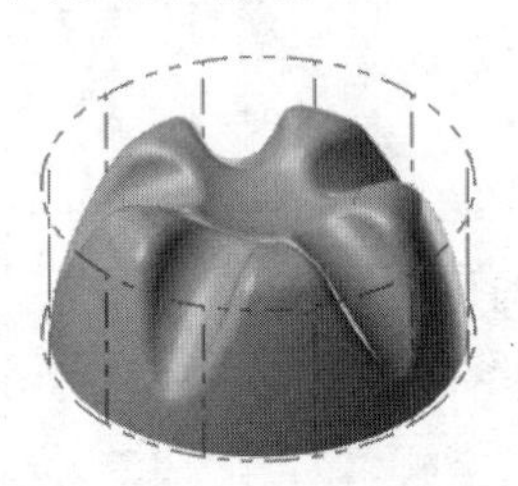

图 8-81　环绕等距精加工模型

网盘\视频教学\第8章\环绕等距精加工.MP4

操作步骤如下：

01 打开加工模型。单击快速访问工具栏中的“打开”按钮，在“打开”的对话框中打开网盘中源文件名为“8.11.2”的文件，如图 8-81 所示。

02 创建刀具路径

❶选择加工曲面。单击“刀路”选项卡“自定义”面板中的“精修环绕等距加工”按

钮，根据系统的提示在绘图区中选择如图 8-82 所示的加工曲面，然后单击“结束选取”按钮，系统弹出“刀路曲面选择”对话框，最后单击该对话框中的“确定”按钮，完成加工曲面的选取，系统弹出“曲面精修环绕等距”对话框。

❷设置刀具参数。单击“曲面精修环绕等距”对话框中的“刀具参数”选项卡，进入刀具参数设置区。单击“从刀库选择”按钮，选择直径为 5mm 的球刀，并设置相应的刀具参数，具体如下：“进给速率”为 500，“主轴转速”为 2500，“下刀速率”为 400，“提刀速率”为 400，如图 8-83 所示。

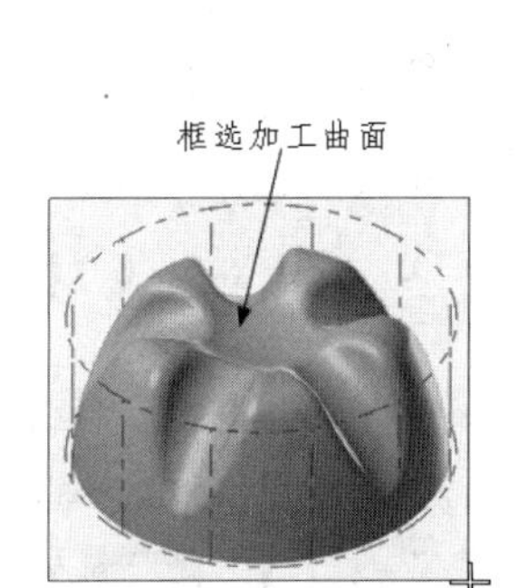

图 8-82　加工曲面的选取

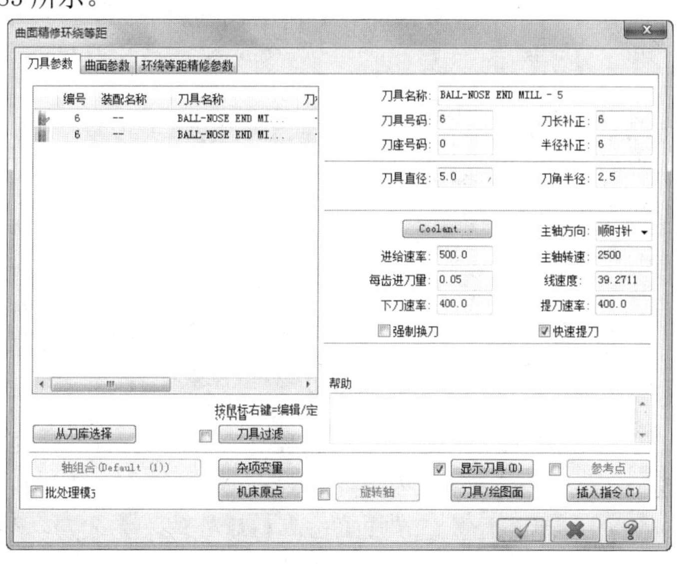

图 8-83　“刀具参数”选项卡

❸设置曲面加工参数。单击“曲面精修环绕等距”对话框中的“曲面参数”选项卡，设置如下参数：“参考高度”为 10，“下刀位置”为 3，“加工面预留量”为 0，如图 8-84 所示。

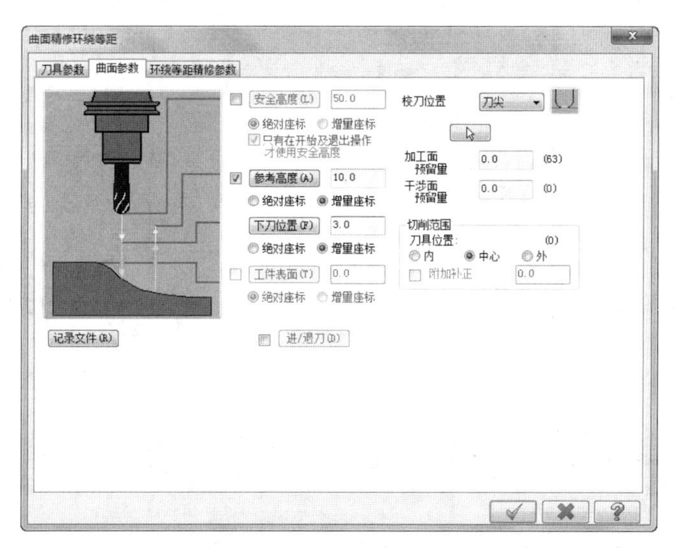

图 8-84　“曲面参数”选项卡

❹设置精加工平行铣削参数。单击“曲面精修环绕等距”对话框中的“环绕等距精修参数”选项卡，设置如下参数：“整体公差”为0.01，“最大切削间距”为0.8，如图8-85所示。

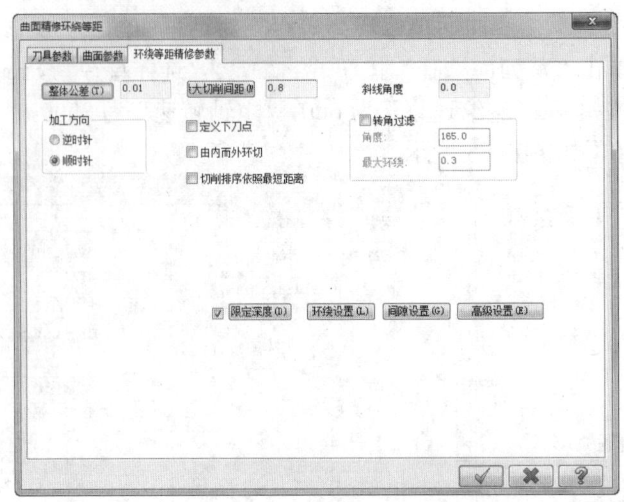

图8-85 “环绕等距精修参数”选项卡

设置完后，最后单击“曲面精修环绕等距”对话框中的“确定”按钮，系统立即在绘图区生成刀具路径，如图8-86所示。

03 刀具路径验证、加工仿真与后处理。完成刀具路径设置以后，接下来就可以通过刀具路径模拟来观察刀具路径是否设置合适。在刀路管理器中单击“选择全部操作”按钮，然后单击“刀路管理器”中的“验证已选择的操作”按钮，在弹出的“Mastercam模拟”对话框中单击“播放”按钮，进行真实加工模拟，图8-87所示为加工模拟的效果图。

在确认加工设置无误后，即可以生成NC加工程序了。单击“运行选择的操作进行后处理”按钮G1，设置相应的参数、文件名和保存路径后，就可以生成本刀具路径的加工程序。

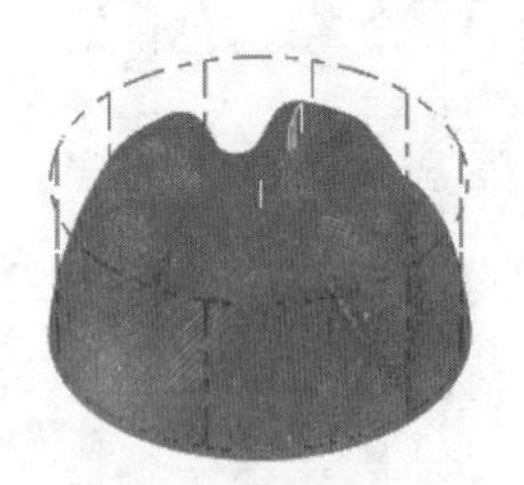

图8-86 环绕等距精加工刀路示意图

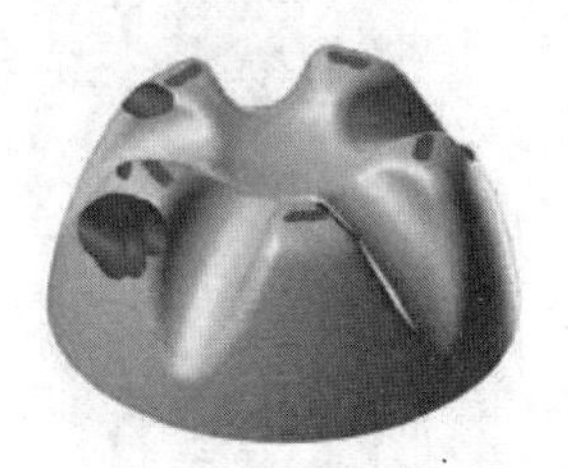

图8-87 刀路模拟效果

8.12 熔接精加工

熔接精加工是针对由两条曲线决定的区域进行切削。

8.12.1 设置熔接精加工参数

单击“刀路”选项卡“自定义”面板中的“熔接”按钮，根据系统提示选择加工曲面，然后单击“结束选取”按钮，系统弹出“刀路曲面选择”对话框，根据需要设定相应的参数和选择相应的图素后，单击“确定”按钮，系统弹出“曲面精修熔接”对话框，如图 8-88 所示。对话框中各选项含义如下：

1)“截断方向/引导方向”：用于设置熔接加工刀具路径沿曲面运动融合形式。其中“截断方向”用于设置刀具路径与截断方向同向，即生成一组横向刀具路径；“引导方向”用于设置刀具路径与引导方向相同，即生成一组纵向刀具路径。

图 8-88 “曲面精修熔接”对话框

2)“熔接设置”：选择“引导方向”时，“熔接设置”被激活。单击其按钮，系统弹出“引导方向熔接设置”对话框，如图 8-89 所示，用于引导方向熔接设置。

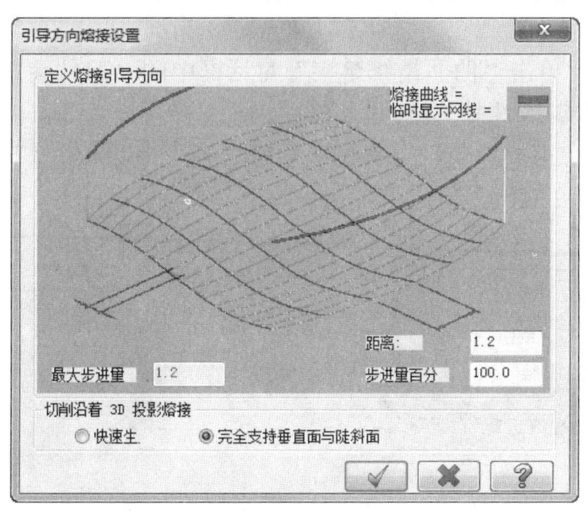

图 8-89 “引导方向熔接设置”对话框

8.12.2 熔接精加工实例

对如图 8-90 所示的模型进行熔接精加工。

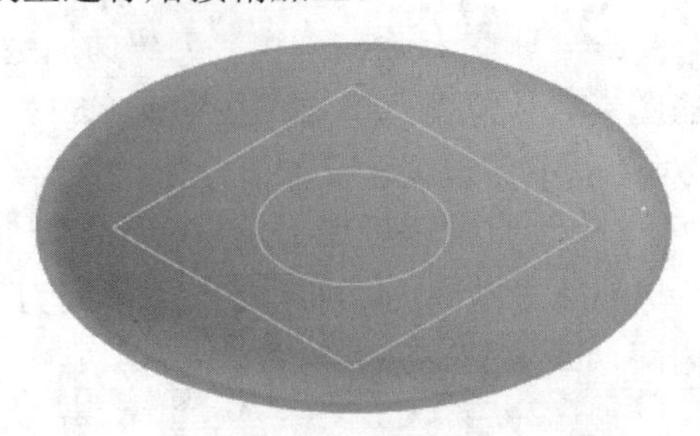

图 8-90 熔接精加工模型

网盘\视频教学\第8章\熔接精加工.MP4

操作步骤如下：

01 打开加工模型。单击快速访问工具栏中的“打开”按钮，在“打开”的对话框中打开网盘中源文件名为“8.12.2”的文件，如图 8-90 所示。

02 创建刀具路径。

❶选择加工曲面。单击“刀路”选项卡“自定义”面板中的“熔接”按钮，根据系统的提示在绘图区中选择如图 8-91 所示的加工曲面，然后单击“结束选取”按钮，系统弹出“刀路曲面选择”对话框，单击“刀路曲面选择”对话框“选择熔接曲线”组中的“熔接曲线”按钮，然后根据系统的提示选择如图 8-92 所示的熔接边界，然后单击“串连选项”对话框中的“确定”按钮。系统返回到“刀路曲面选择”对话框，最后单击该对话框中的“确定”按钮，完成加工曲面的选取，系统弹出“曲面精修熔接”对话框。

❷设置刀具参数。单击“曲面精修熔接”对话框中的“刀具参数”选项卡，进入刀具参数设置区。单击“从刀库选择”按钮，选择直径为 5mm 的球刀，并设置相应的刀具参数，具体如下：“进给速率”为 400，“主轴转速”为 2500，“下刀速率”为 300，“提刀速率”为 300，如图 8-93 所示。

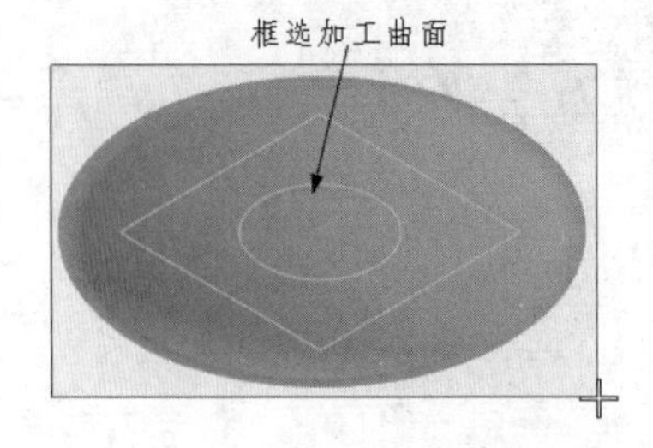

图 8-91 加工曲面的选取

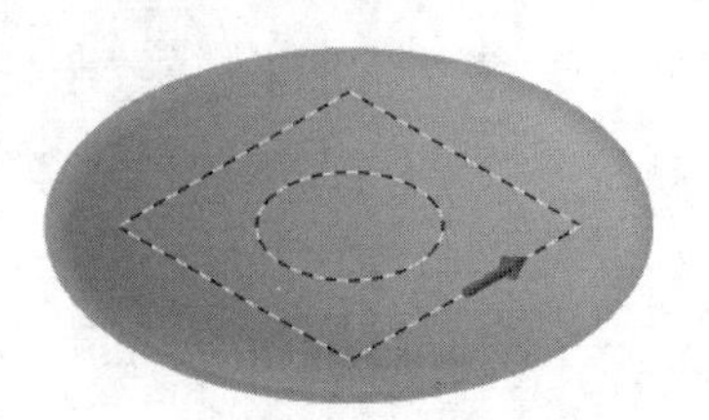

图 8-92 熔接边界的选择

❸设置曲面加工参数。单击“曲面精修熔接”对话框中的“曲面参数”选项卡，设置如下参数：“参考高度”为 15，“下刀位置”为 3，“加工面预留量”为 0，如图 8-94 所示。

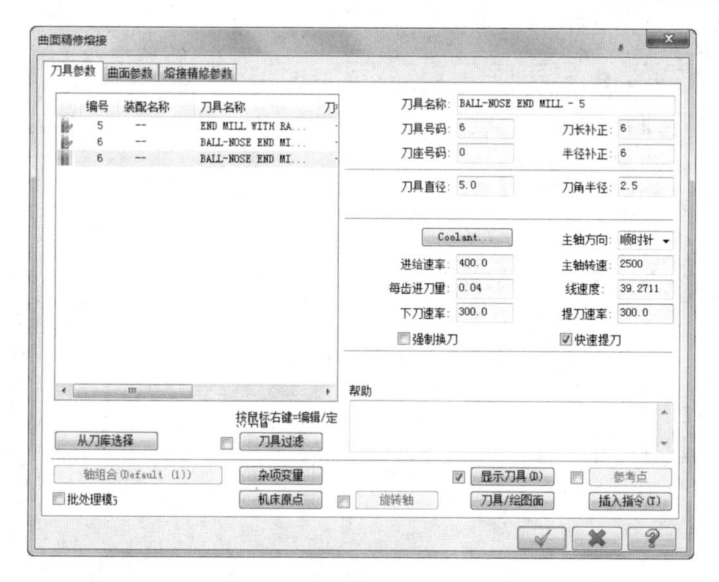

图 8-93 “刀具参数”选项卡

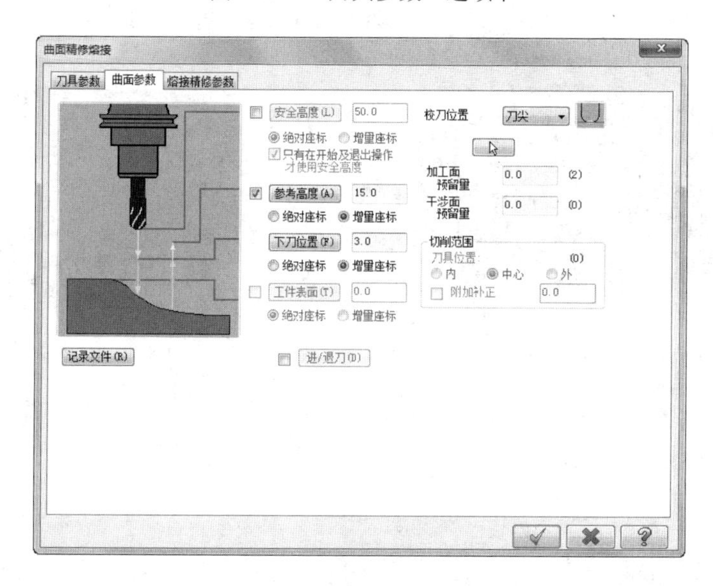

图 8-94 曲面参数设置

❹设置精加工平行铣削参数。单击“曲面精修熔接”对话框中的“熔接精修参数”选项卡，设置如下参数：“整体公差”为0.01，“最大步进量”为0.5，如图8-95所示。

设置完后，最后单击“曲面精修熔接”对话框中的“确定”按钮，系统立即在绘图区生成刀具路径，如图8-96所示。

03 刀具路径验证、加工仿真与后处理。完成刀具路径设置以后，接下来就可以通过刀具路径模拟来观察刀具路径是否设置合适。在刀路管理器中单击“选择全部操作”按钮，然后单击“刀路管理器”中的“验证已选择的操作”按钮，在弹出的“Mastercam模拟”对话框中单击“播放”按钮，进行真实加工模拟，图8-97所示为加工模拟的效果图。

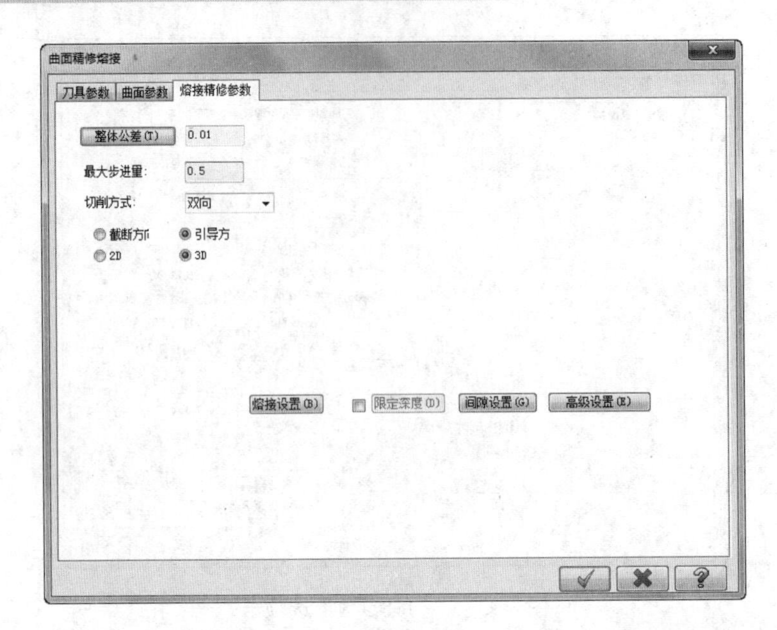

图 8-95 “熔接精修参数”选项卡

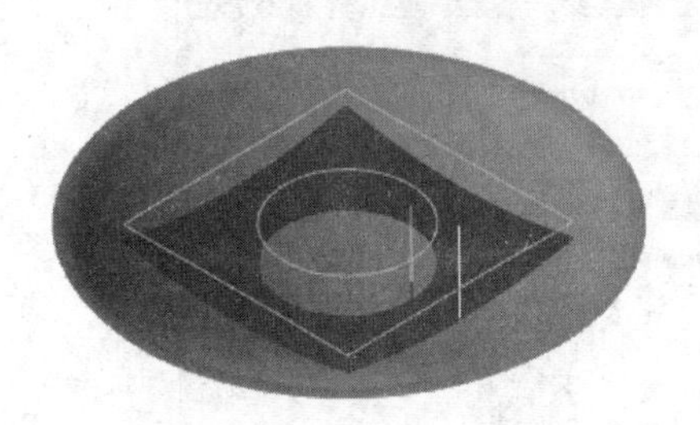

图 8-96 熔接精加工刀路示意图

图 8-97 刀路模拟效果

在确认加工设置无误后，即可以生成 NC 加工程序了。单击“运行选择的操作进行后处理”按钮G1，设置相应的参数、文件名和保存路径后，就可以生成本刀具路径的加工程序。

8.13 综合实例——吹风机

精加工主要目的是将工件加工到所要求的精度和表面粗糙度或接近所要求的精度和表面粗糙度。因此，有时候会牺牲效率来满足精度要求，往往不只用一种精加工，而是多种精加工配合使用。下面以实例来说明精加工综合运用。

对如图 8-98 所示的图形进行光刀，结果如图 8-99 所示。

网盘\视频教学\第8章\吹风机.MP4

操作步骤如下：

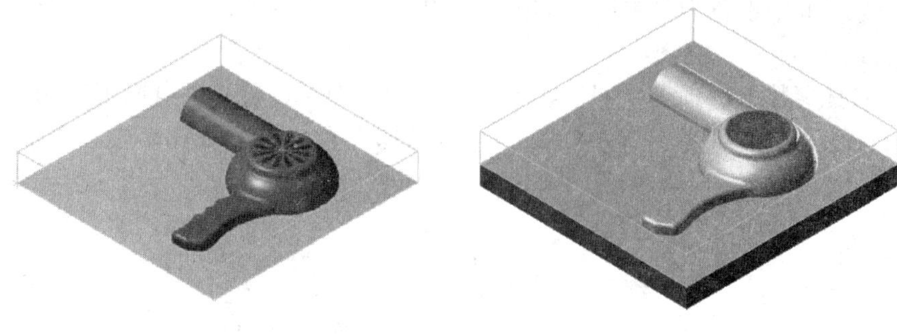

图 8-98 加工图形　　图 8-99 加工结果

8.13.1 刀具路径编制

此图已经经过挖槽粗加工，接下来将用精加工刀具路径进行光刀，其步骤如下：

01 用 D=20R2 的圆鼻刀采用等高外形精加工。

❶单击快速访问工具栏中的“打开”按钮，在“打开”的对话框中打开网盘中源文件名为“8.13.1”的文件，单击“打开”按钮 打开(O) ，完成文件的调取。

❷单击“刀路”选项卡“自定义”面板中的“等高”按钮，根据系统的提示在绘图区中选择加工曲面，单击“结束选取”按钮 结束选取 ，弹出“刀路曲面选择”对话框，单击“刀路曲面选择”对话框“切削范围”组中的“选择”按钮，选择加工边界，如图 8-100 所示，单击“确定”按钮，完成加工面和加工边界的选择。

❸系统弹出“曲面精修等高”对话框，单击该对话框中的“刀具参数”选项卡，来设置刀具和切削参数，如图 8-101 所示。

图 8-100 选取串联

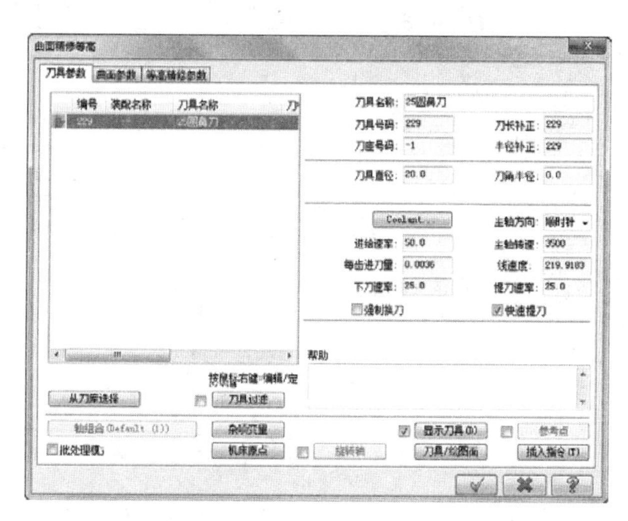

图 8-101 “刀具参数”选项卡

❹在“刀具参数”选项卡中单击“从刀库选择”按钮 从刀库选择 ，在弹出的“选择刀具”选项卡中选择直径为 20 的圆鼻刀，双击刀具图标系统弹出“编辑刀具”对话框。

❺在该对话框中设置刀具参数，如图 8-102 所示。单击“完成”按钮 完成 ，完成刀具参数设置。

❻在“刀具参数”选项卡中即创建了 D20 的圆鼻刀。设置“进给速率”为 1000，“下刀速率”为 600，“提刀速率”为 1000 ，“主轴转速”为 3000，如图 8-103 所示。

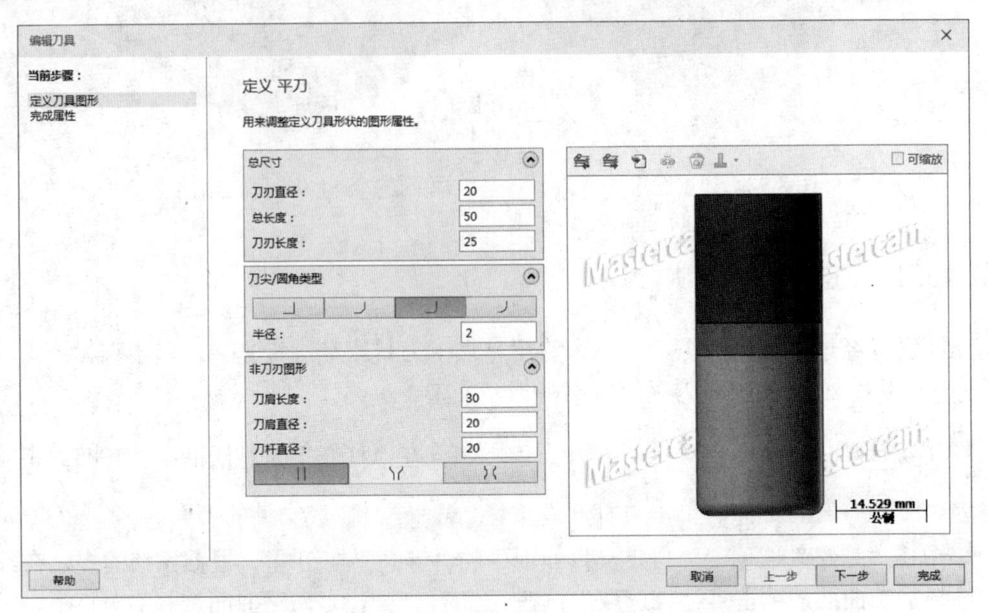

图 8-102　“编辑刀具”对话框

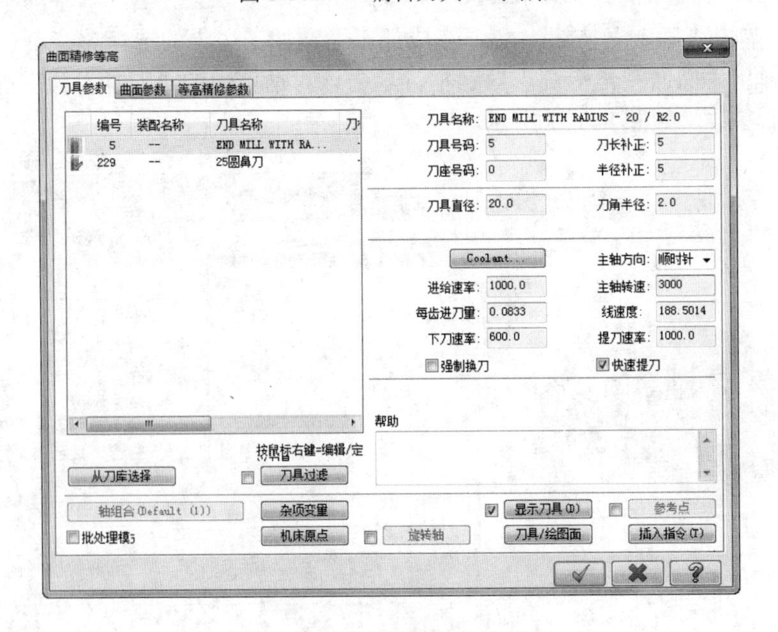

图 8-103　“刀具参数”选项卡

❼在“曲面精修等高”对话框中单击“曲面参数”选项卡，并在该选项卡中设置“参考高度”为 25，“下刀位置”为 5，“加工面预留量”为 0.3，“刀具位置”设为“中心”，如图 8-104 所示。

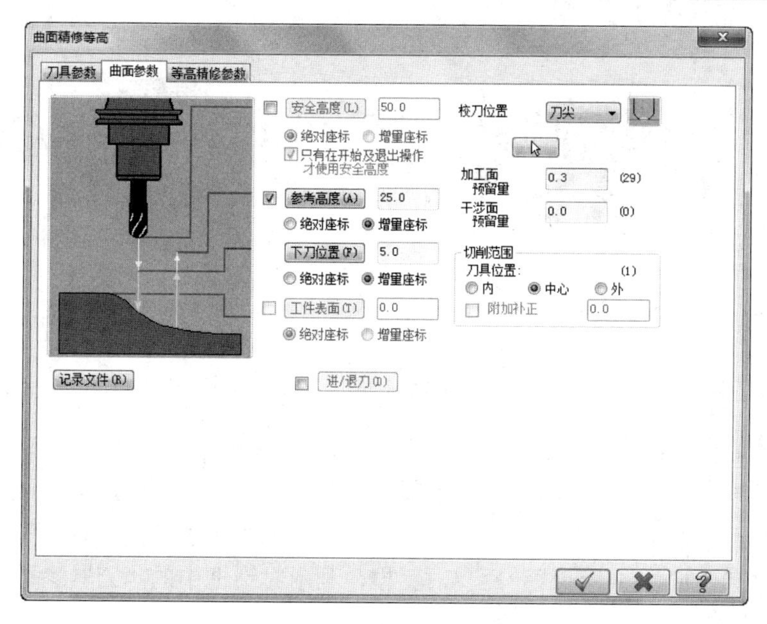

图 8-104 “曲面参数”选项卡

❽在“曲面精修等高”对话框中单击“等高精修参数”选项卡，在该选项卡中设置等高外形精加工参数。“开放式轮廓方向”设为“双向”，“Z 最大步进量”设为 0.2，“进/退刀/切弧/切线”设为“圆弧半径”，如图 8-105 所示。

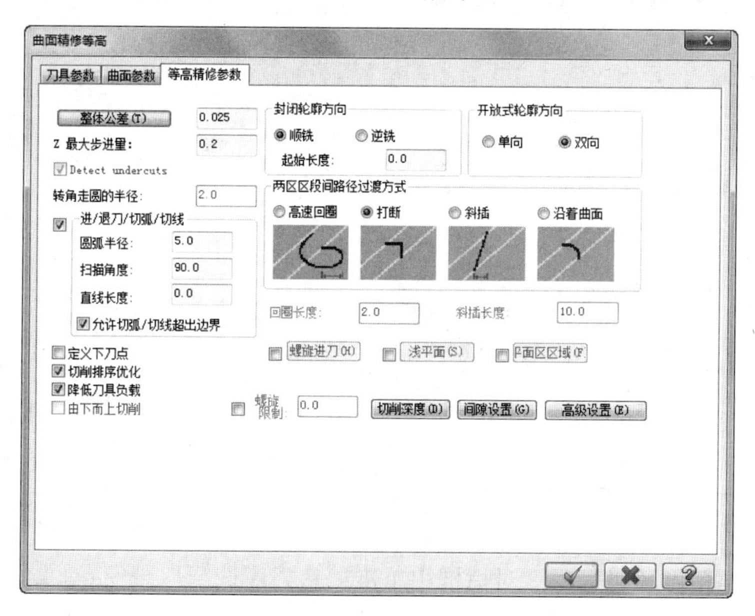

图 8-105 “等高精修参数”选项卡

❾设置完毕后，单击“曲面精修等高”对话框中的“确定”按钮✓，系统根据所设参数生成曲面精修等高铣削刀具路径如图 8-106 所示。

接下来采用环绕等距精加工，刀具直径为 *D*=10mm 的球刀。

02 用 *D*=10mm 的球刀进行环绕等距精加工。

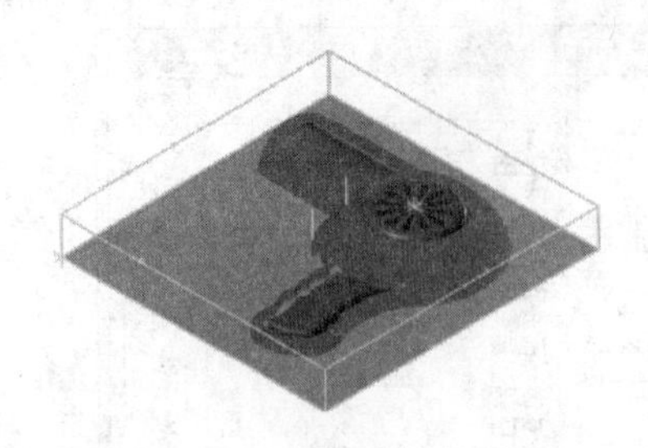

图 8-106　生成刀具路径

图 8-107　选取曲面和加工范围

❶单击“刀路”选项卡“自定义”面板中的“精修环绕等距加工”按钮，根据系统的提示在绘图区中选择加工曲面，然后单击“结束选取”按钮，系统弹出“刀路曲面选择”对话框，单击该对话框“切削范围”组中的“选择”按钮，选择加工边界，如图 8-107 所示，单击“确定”按钮，完成曲面和加工边界的选择。

❷系统弹出“曲面精修环绕等距”对话框，利用对话框中的“刀具参数”选项卡来设置刀具和切削参数，如图 8-108 所示。

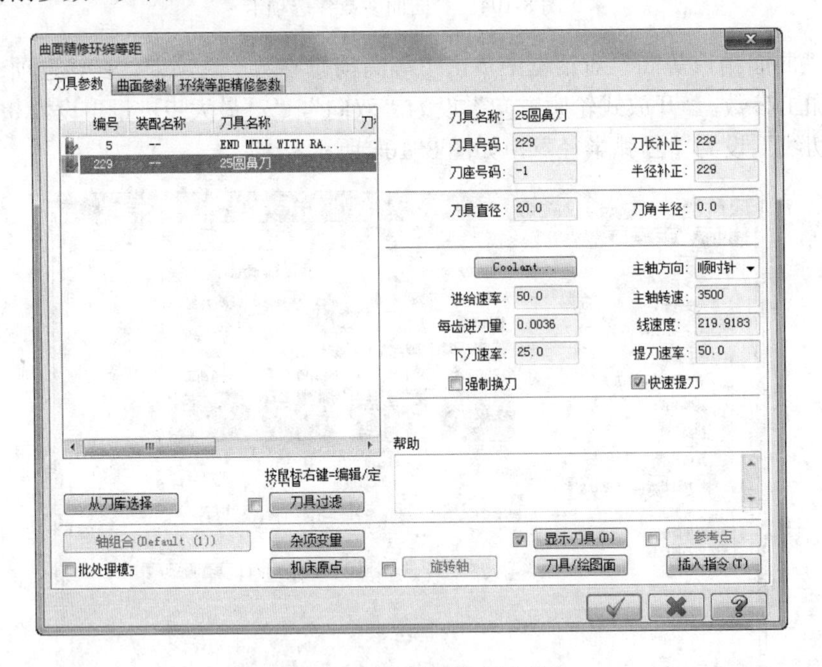

图 8-108　“刀具参数”选项卡

❸在“曲面精修环绕等距”对话框中单击“从刀库选择”按钮，在弹出的“选择刀具”选项框中选择直径为 10 的球刀，然后双击刀具图标系统弹出“编辑刀具”对话框。

❹在该对话框中设置刀具参数，如图 8-109 所示。单击“完成”按钮，完成刀具参数设置。

❺在“刀具参数”选项卡中即创建了 D10 球刀。设置“进给速率”为 800，“下刀速率”为 600，“提刀速率”为 600，“主轴转速”为 3000，如图 8-110 所示。

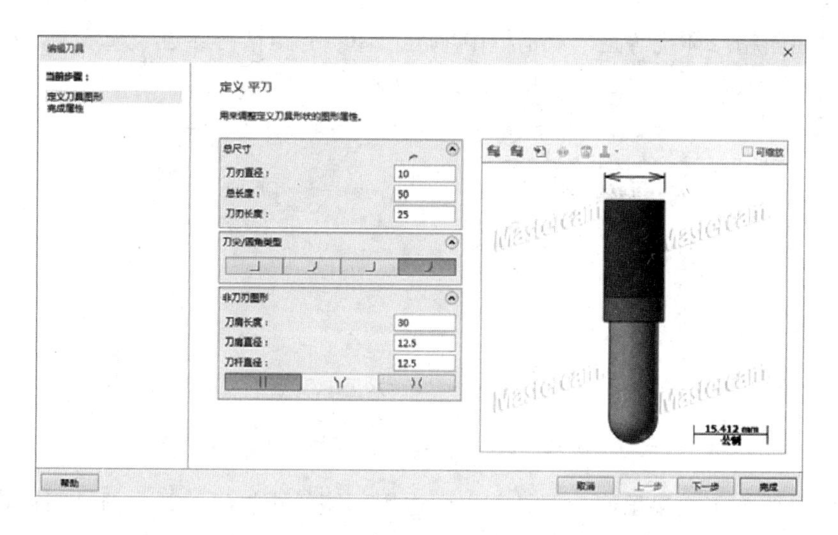

图 8-109　“编辑刀具”对话框

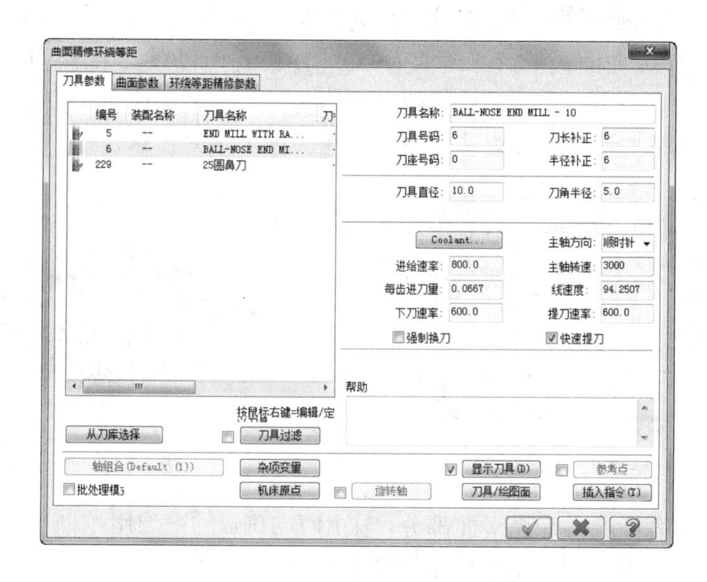

图 8-110　“刀具参数”选项卡

❻在“曲面精修环绕等距”对话框中单击“曲面参数”选项卡，在该选项卡中设置“参考高度”为 25，“下刀位置”为 5，“加工面预留量”为 0。如图 8-111 所示。

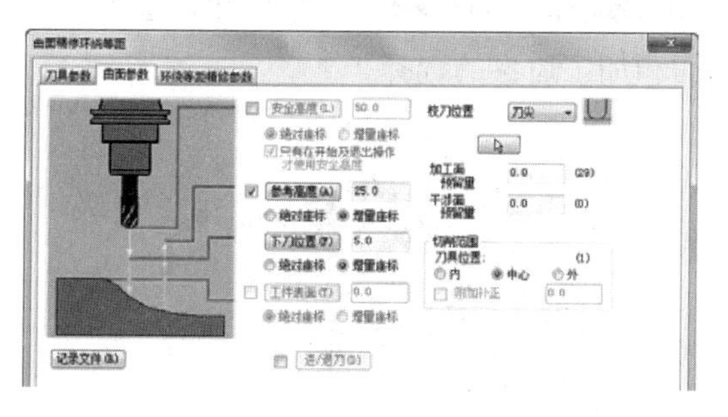

图 8-111　“曲面参数”选项卡

❼在“曲面精修环绕等距”对话框中单击“环绕等距精修参数”选项卡，在该选项卡中设置“最大切削间距”为 0.3。如图 8-112 所示。

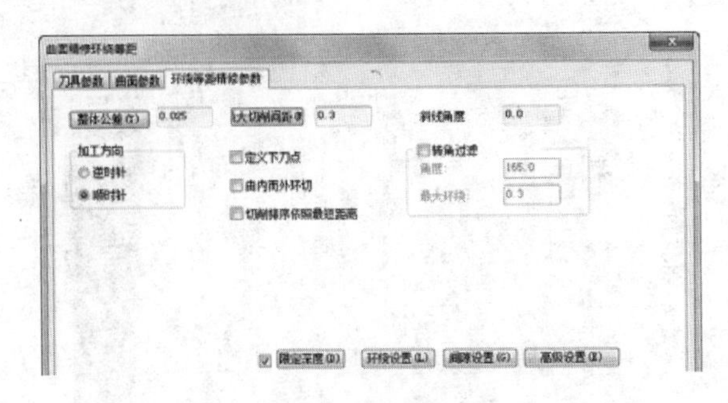

图 8-112　“环绕等距精修参数”选项卡

❽环绕等距加工效果虽好，但是若平面也用环绕等距加工的话，刀具路径将非常大，耗时也非常长，因此，要限制环绕等距加工平面部分。在“环绕等距精修参数”对话框中单击“限定深度”按钮限定深度(D)，弹出“限定深度”对话框，如图 8-113 所示。该对话框用来设置切削的深度，曲面最低点深度值为-29.878168，所以设置限定深度范围为 0～-29。

❾设置完毕后，单击“曲面精修环绕等距”对话框中的“确定”按钮，系统根据所设参数生成曲面精加工环绕等距铣削刀具路径如图 8-114 所示。

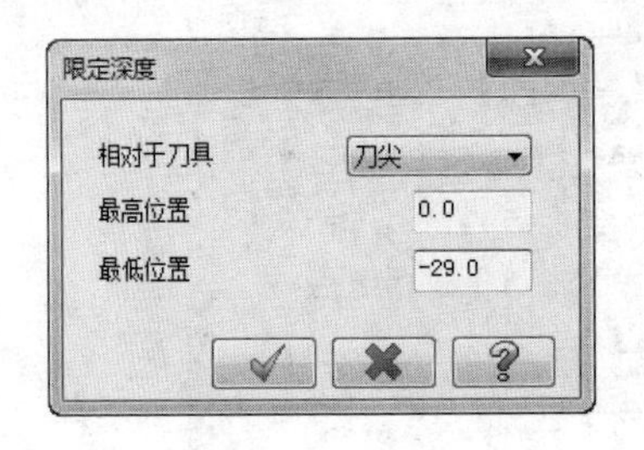

图 8-113　限定深度

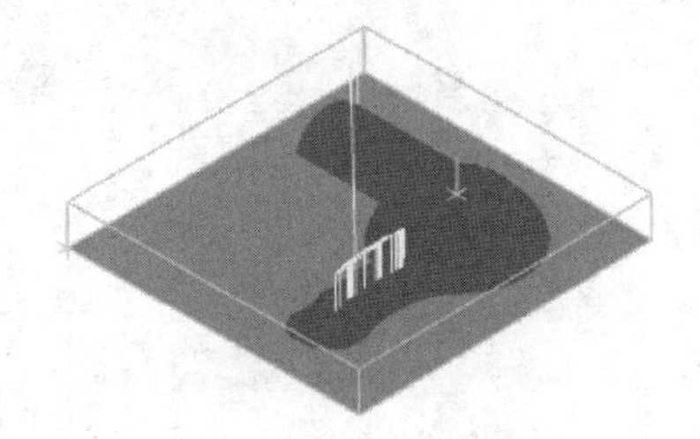

图 8-114　生成刀具路径

环绕等距加工完毕，再来光平面部分，采用 D=10mm 的平刀用挖槽平面功能进行加工。

03 用 D=10mm 的平刀采用挖槽平面加工光平面。

❶单击“刀路”选项卡“3D”面板“粗切”组中的“挖槽”按钮，根据系统提示选择加工曲面，然后单击“结束选取”按钮，弹出“刀路曲面选择”对话框，单击该对话框“切削范围”组中的“选择”按钮，选择加工边界，如图 8-115 所示，单击“确定”按钮，完成曲面和加工边界的选择。

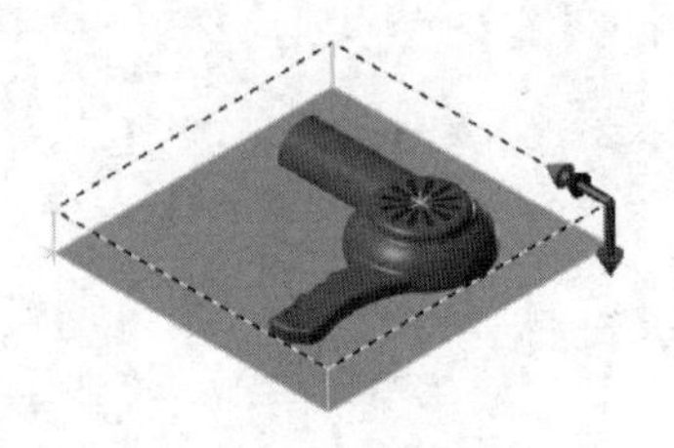

图 8-115　选取曲面和加工范围

❷系统弹出“曲面粗切挖槽”对话框，利用对话框中的“刀具参数”选项卡来设置刀具和切削参数，如图 8-116 所示。

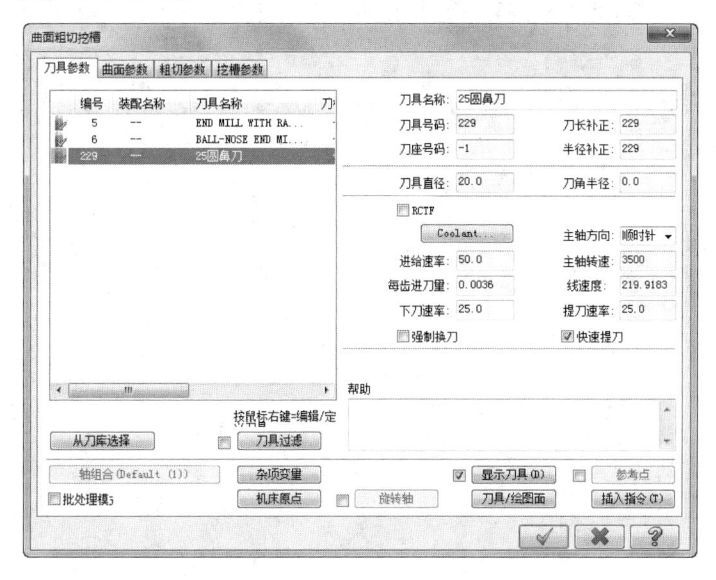

图 8-116 “刀具参数”选项卡

❸在“曲面粗切挖槽”对话框中单击“从刀库选择”按钮，在弹出的“选择刀具”选项框中选择直径为 10 的平刀，双击刀具图标系统弹出“编辑刀具”对话框。

❹在该对会话框中设置刀具参数，如图 8-117 所示。单击“完成”按钮 完成 ，完成刀具参数设置。

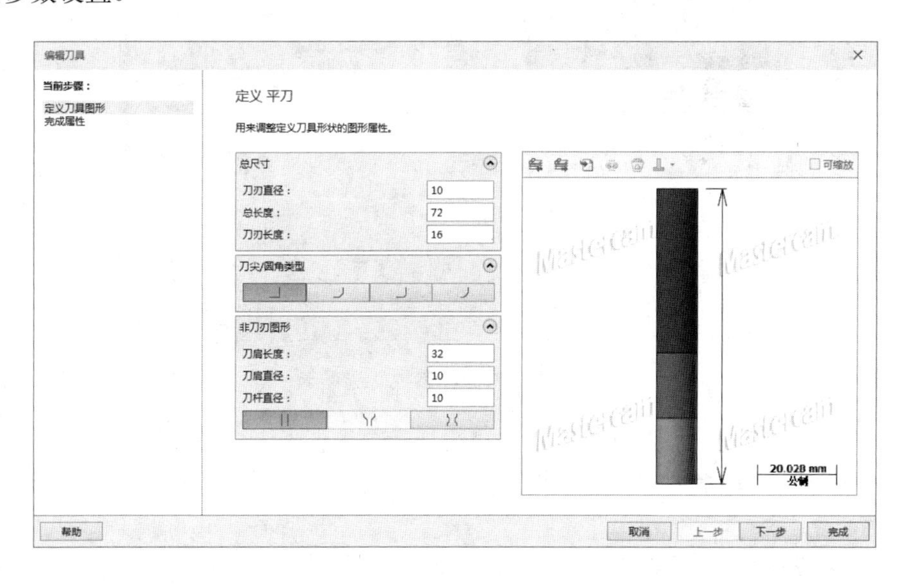

图 8-117 “编辑刀具”对话框

❺在“刀具参数”选项卡中即创建了 D10 平刀。设置“进给速率”为 800，“下刀速率”为 600，“提刀速率”为 1000，“主轴转速”为 3000，如图 8-118 所示。

❻在“曲面粗切挖槽”对话框中单击“曲面参数”选项卡，在该选项卡中设置“参考

高度”为 25，“下刀位置”为 5，“加工面预留量”为 0。如图 8-119 所示。

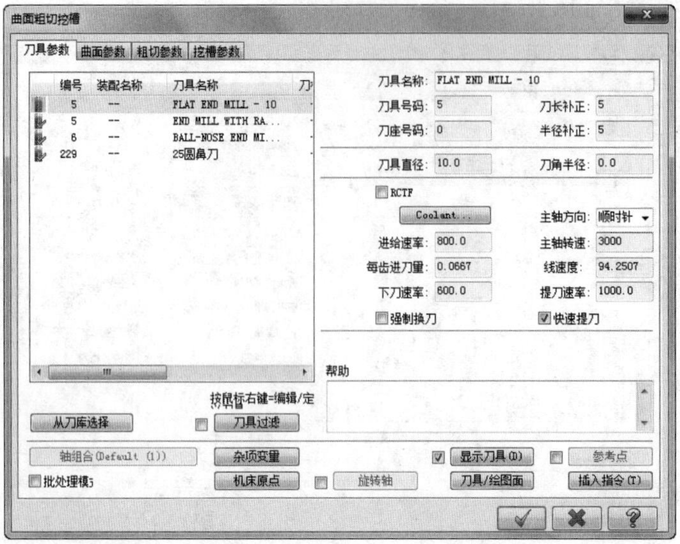

图 8-118 “刀具参数”选项卡

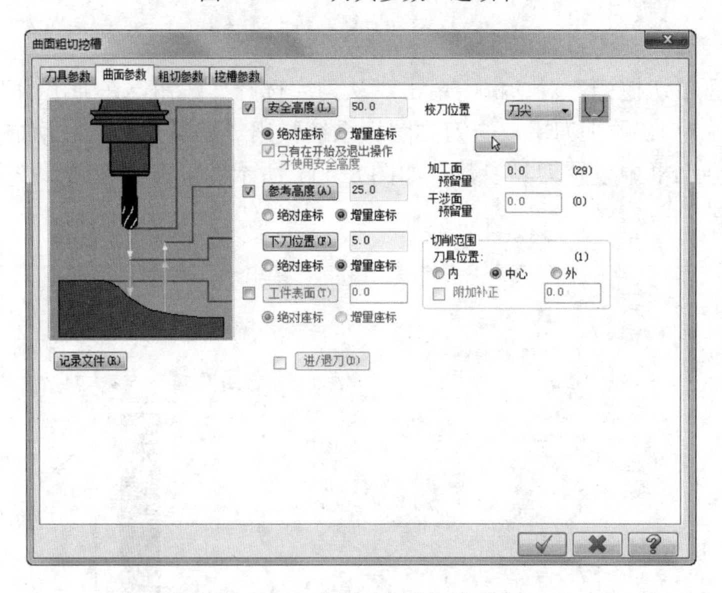

图 8-119 “曲面参数”选项卡

❼在“曲面粗切挖槽”对话框中单击“粗切参数”选项卡，在该选项卡中设置曲面挖槽粗加工参数。将“Z 最大步进量”设为 1，并勾选“由切削范围外下刀”复选框。如图 8-120 所示。

❽在“粗切参数”选项卡中单击“铣平面”按钮 铣平面(F)，弹出“平面铣削加工参数”对话框，如图 8-121 所示。该对话框用来设置平面加工参数。

❾在“曲面粗加工挖槽”对话框中单击“挖槽参数”选项卡，在该选项卡中设置挖槽专用加工参数。如图 8-122 所示。

❿设置完成后，单击“确定”按钮 ✔，完成参数设置，系统根据所设的参数生成刀具路径如图 8-123 所示。

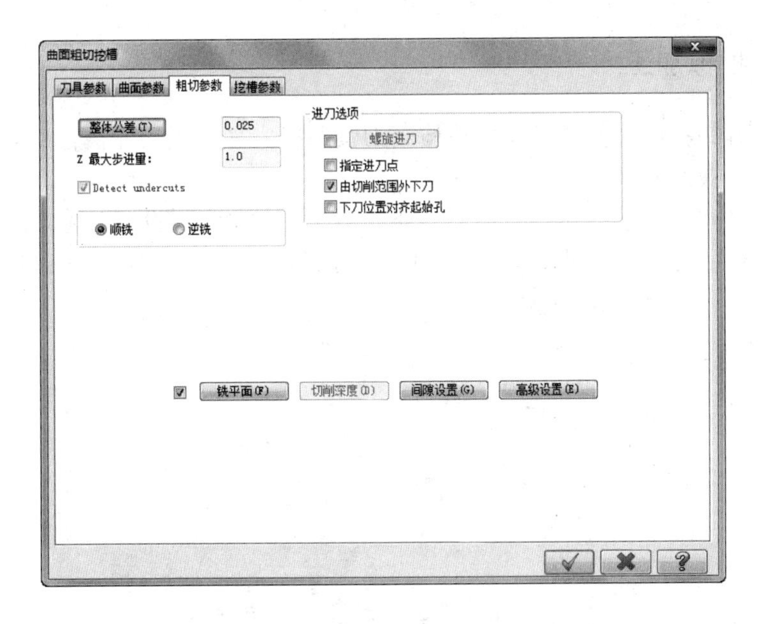

图 8-120 “粗切参数”选项卡

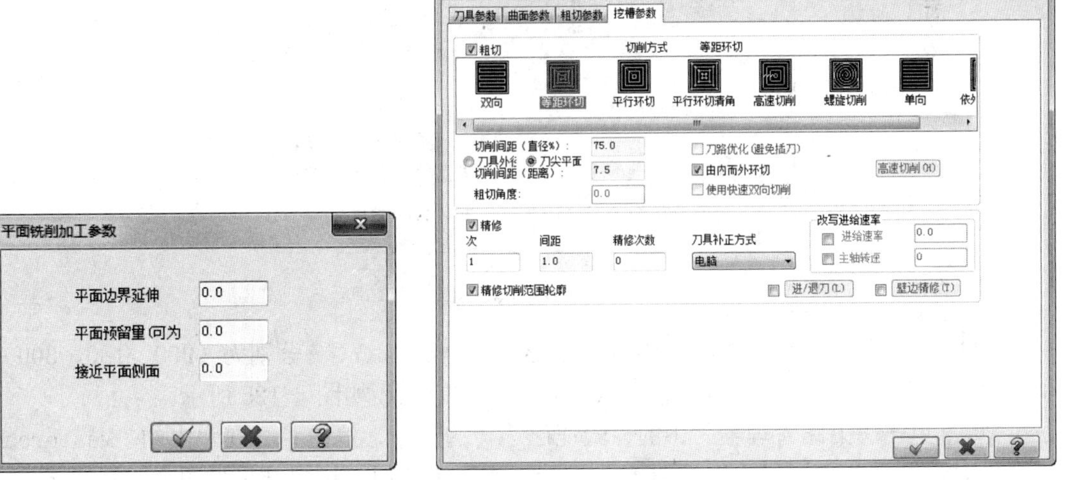

图 8-121 “平面铣削加工参数” 对话框

图 8-122 “挖槽参数”选项卡

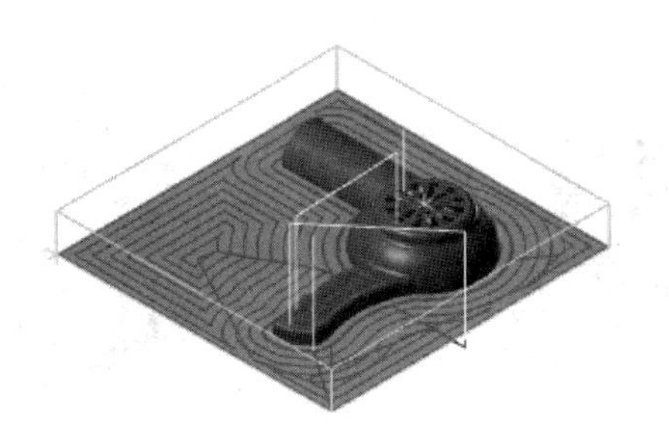

图 8-123 生成的刀具路径

8.13.2 模拟加工

刀具路径编制完后，需要进行模拟检查刀具路径，如果无误即执行后处理生成 G、M 标准代码。其步骤如下：

01 在操作管理区中，单击“属性”下拉菜单中的“素材设置”选项，系统弹出“机床分组属性”对话框；在该对话框中，选择“立方体”单选项，如图 8-124 所示。

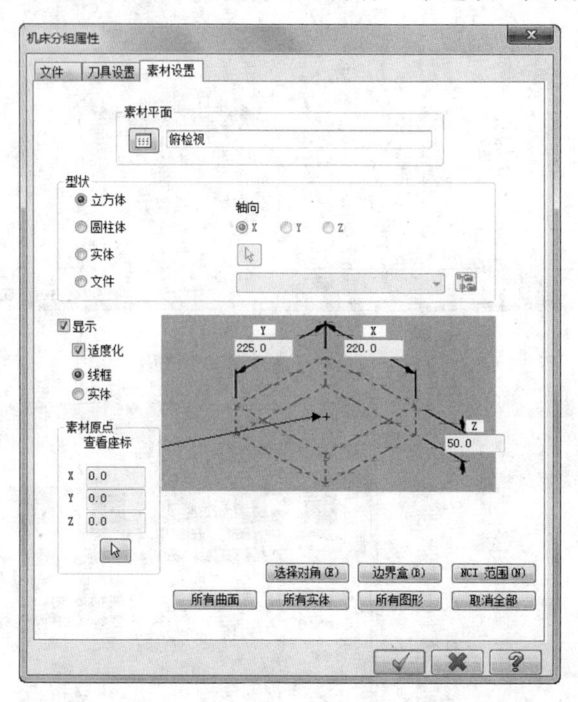

图 8-124 “机床分组属性”对话框

02 在“素材设置”对话框中设置矩形长度分量 X、Y、Z 分别为（200、180、300），单击“确定”按钮，完成工件参数设置。生成的毛坯如图 8-125 所示。

03 单击“刀路管理器”中的“验证已选择的操作”按钮，在弹出的“Mastercam 模拟”对话框中单击“播放”按钮，进行真实加工模拟，模拟结果如图 8-126 所示。

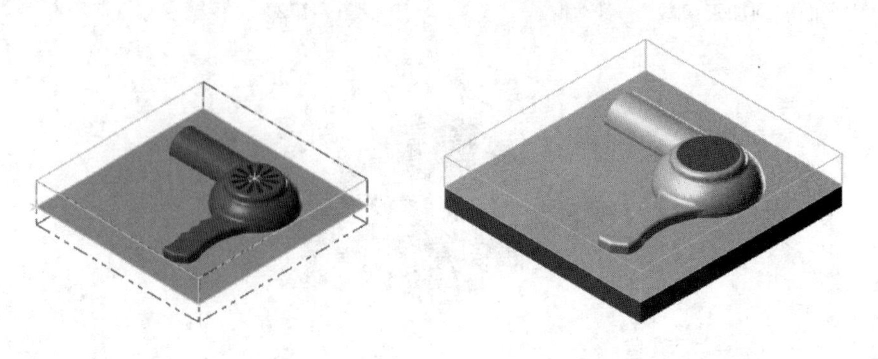

图 8-125 毛坯

图 8-126 模拟结果

04 模拟检查无误后，单击“运行选择的操作进行后处理”按钮，生成 G、M 代码如图 8-127 所示。

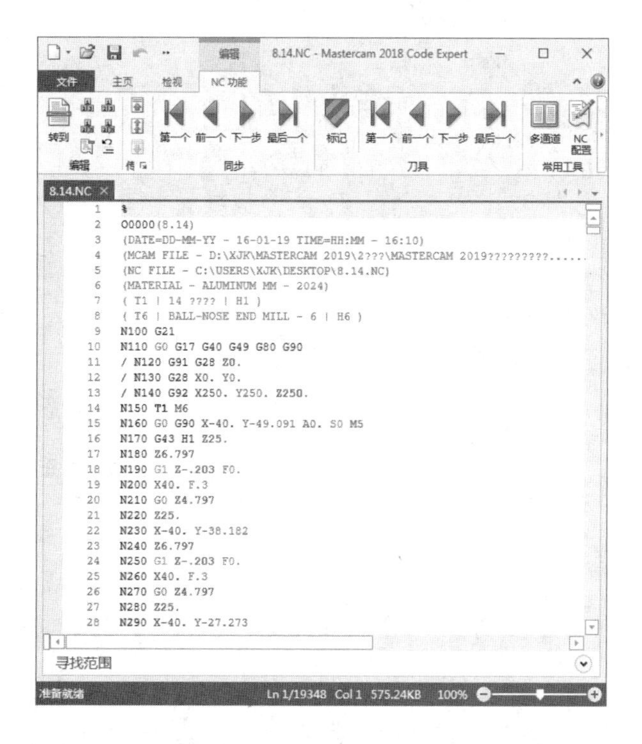

图 8-127 生成 G、M 代码

8.14 上机操作与指导

根据 8.2 节的提示，完成图 7-128 所示图形的三维精加工，要求模拟粗/精加工的刀具路径。

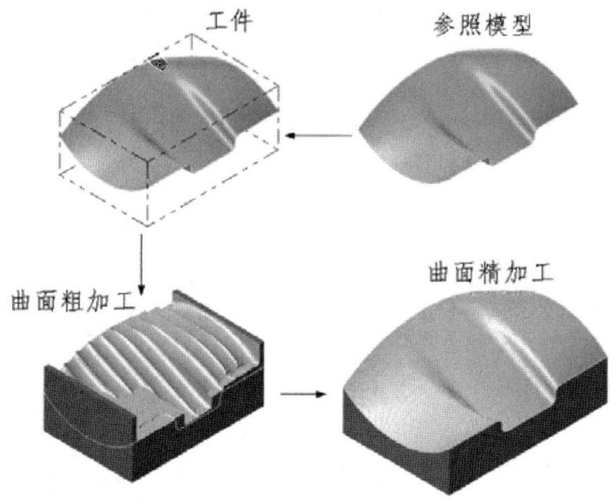

图 8-128 精加工过程图